普通高等教育农业部"十二五"规划教材
全国高等农林院校"十二五"规划教材

免 疫 学

张吉斌　主编

中国农业出版社

内 容 简 介

全书共分13章，涉及免疫进化、免疫系统、抗原、抗体及免疫球蛋白、补体系统、主要组织相容性抗原（MHC）、固有免疫、特异性免疫应答与调节、超敏反应与自身免疫病、感染免疫与免疫缺陷、植物免疫、免疫学技术、免疫学的应用等内容。本书较为系统地阐述了免疫学的基本概念和基础理论，并结合现代免疫学最新进展，简明扼要、深入浅出地介绍了重要免疫学现象的分子机制和免疫学技术及其应用，主要适用于高等农林院校和综合性大学生命科学类各专业的本科免疫学教学，也可供高等院校生命科学类研究生和免疫学专业人员作为学习和掌握现代免疫学理论的参考书。

编 写 人 员

主　编　张吉斌
副主编　苏　莉　胡咏梅　刘明秋
　　　　　庄振宏　田文霞
编　者　（按姓名笔画排序）
　　　　　王国华　湖北大学
　　　　　田文霞　山西农业大学
　　　　　庄振宏　福建农林大学
　　　　　刘明秋　复旦大学
　　　　　祁高富　华中农业大学
　　　　　苏　莉　华中科技大学
　　　　　李　瑞　复旦大学
　　　　　余晓岚　湖北大学
　　　　　张吉斌　华中农业大学
　　　　　周　燚　长江大学
　　　　　郑　芳　华中科技大学
　　　　　胡咏梅　华中农业大学
　　　　　虞　沂　武汉大学

前　言

免疫学是生命科学中发展最为迅速的学科之一，已经超出了传统的医学免疫而扩展到植物免疫，并且形成众多分支。为体现农林和综合性大学免疫学的特点，对传统免疫学内容进行了扩展，例如根据免疫进化的最新研究进展对其相关内容进行了归纳；增加了植物免疫学；对固有免疫部分内容进行了加强；免疫的范围除了涉及到人的医学免疫外，内容推及动物和植物，免疫学的应用也日益广泛，故专门列为一章。

在生理学与医学领域历届诺贝尔生理学和医学奖中，免疫学占近 1/5，本教材在章节中融入诺贝尔奖获得者的成果，以诺贝尔奖获得者的科学发现为主线，培养学生的科学精神（如创新精神、想象力、批判性思维和为科学献身的精神等）和介绍相关的科学方法。

本书共分 13 章，均由在免疫学教学第一线、具有丰富教学经验的老师编写，具体分工如下：张吉斌（第一章），胡咏梅（第二章），虞沂（第三章），刘明秋、李瑞（第四章），庄振宏（第五章），郑芳（第六章），祁高富（第七章），余晓岚（第八章），田文霞（第九章和第十章），周燚（第十一章），苏莉（第十二章），王国华（第十三章）。华中科技大学同济医学院的沈关心教授和华中农业大学的毕丁仁教授对本书的编写格局和内容提出了大量宝贵意见，并进行了认真细致的审稿修改，在此表示衷心的感谢！主编研究团队的研究生景雪萍、王延英、傅坚英、翟义乐、张可、陈圆圆、仲威达、朱剑梅在资料整理方面做了大量工作，在此一并致谢！

由于编者水平所限，本书在内容和图表等方面还存在疏漏和不妥之处，恳请读者批评指正。

编　者

2016 年 6 月

目　　录

前言

第一章　免疫学导论 ……………………………………………………………………… 1
第一节　概述 …………………………………………………………………………… 1
一、免疫的本质 …………………………………………………………………………… 1
二、免疫系统的组成 ……………………………………………………………………… 1
三、免疫系统的功能 ……………………………………………………………………… 2
四、免疫应答 ……………………………………………………………………………… 2
五、抗原、抗体及免疫反应的应用 ……………………………………………………… 3
第二节　免疫进化 ……………………………………………………………………… 3
一、固有免疫的进化 ……………………………………………………………………… 4
二、适应性免疫的进化 …………………………………………………………………… 4
三、免疫系统的进化 ……………………………………………………………………… 6
四、固有免疫和适应性免疫的进化关系 ………………………………………………… 8
第三节　免疫学的分支学科 …………………………………………………………… 8

第二章　免疫系统 ……………………………………………………………………… 12
第一节　免疫系统的功能 ……………………………………………………………… 12
第二节　免疫器官 ……………………………………………………………………… 13
一、中枢免疫器官 ………………………………………………………………………… 14
二、外周免疫器官 ………………………………………………………………………… 16
第三节　免疫细胞 ……………………………………………………………………… 19
一、T/B 淋巴细胞 ………………………………………………………………………… 19
二、固有免疫细胞 ………………………………………………………………………… 26
第四节　免疫分子 ……………………………………………………………………… 29
一、免疫细胞表面分子 …………………………………………………………………… 29
二、免疫效应/活性分子 ………………………………………………………………… 30

第三章　抗原 …………………………………………………………………………… 35
第一节　构成抗原的条件 ……………………………………………………………… 35
一、抗原的理化性质 ……………………………………………………………………… 35
二、异己性 ………………………………………………………………………………… 36

三、进入机体的途径 ·· 37
第二节　抗原的特异性 ·· 37
　　一、抗原表位及其类型 ·· 37
　　二、决定抗原特异性的因素 ·· 38
　　三、共同抗原 ·· 38
　　四、研究抗原特异性的意义 ·· 39
第三节　抗原的分类 ··· 39
第四节　重要天然抗原 ·· 42
　　一、细菌抗原 ·· 42
　　二、真菌抗原 ·· 43
　　三、病毒抗原 ·· 43
　　四、动、植物的组织成分抗原 ··· 43
　　五、人类血型抗原 ·· 44
　　六、MHC 分子 ··· 45
　　七、移植抗原 ·· 45
　　八、超抗原 ·· 46

第四章　抗体

第一节　抗体的概念和理化性质 ·· 50
　　一、抗体的概念 ··· 50
　　二、抗体的理化性质 ··· 51
第二节　抗体的基本结构 ··· 51
　　一、抗体分子基本结构 ·· 52
　　二、Ig 分子的轻链（L 链） ·· 53
　　三、Ig 分子的重链（H 链） ··· 53
　　四、Ig 分子的可变区、恒定区和铰链区 ·· 54
　　五、IgG 的酶解和化学分解片段 ·· 56
　　六、Ig 分子的功能区 ·· 57
　　七、Ig 分子的单体、双体和五聚体 ·· 58
　　八、Ig 分子的抗原结合价 ·· 58
　　九、J 链和分泌片段 ··· 59
　　十、Ig 分子的构象 ··· 59
第三节　抗体的分类 ··· 60
　　一、IgG ··· 60
　　二、IgM ··· 61
　　三、IgA ··· 61
　　四、IgE ··· 62
　　五、IgD ··· 62
　　六、IgY ··· 62

第四节 抗体的生物学活性 ································ 63
一、V区介导的中和作用 ································ 64
二、C区的功能 ································ 65
第五节 抗体基因多样性的遗传基础 ································ 66
一、一级水平的免疫球蛋白基因重排 ································ 66
二、二级水平的抗体库多样化机制 ································ 71
第六节 抗原-抗体反应的原理及抗体分子的抗原性 ································ 73
一、抗原-抗体反应的作用力 ································ 74
二、抗原-抗体反应的特点 ································ 74
三、抗体分子的抗原性 ································ 76

第五章 补体系统 ································ 81
第一节 补体的概念和组成 ································ 81
一、补体的概念 ································ 81
二、补体的组成 ································ 81
第二节 补体系统的激活 ································ 82
一、经典激活途径 ································ 82
二、旁路激活途径 ································ 84
三、凝集素激活途径 ································ 85
四、三条补体激活途径的特点及比较 ································ 85
第三节 补体激活的调节 ································ 86
一、补体成分衰变的调节 ································ 87
二、补体灭活因子的调控 ································ 87
三、跨膜调节蛋白的调节 ································ 87
第四节 补体的生物学活性 ································ 88
一、补体的调理作用 ································ 88
二、补体的溶胞作用 ································ 88
三、补体介导的炎症反应 ································ 88
四、补体成分的其他功能 ································ 90

第六章 主要组织相容性抗原 ································ 94
第一节 MHC的基因组成及定位 ································ 94
一、人类的MHC基因 ································ 94
二、小鼠的MHC基因 ································ 96
第二节 MHC分子的结构与分布 ································ 97
一、MHC I类分子的结构与分布 ································ 97
二、MHC II类分子的结构与分布 ································ 98
第三节 MHC分子的生物学作用 ································ 98
一、抗原递呈作用 ································ 98

二、参与T细胞发育 ································· 100
　　三、参与NK细胞的功能调控 ·························· 100
　　四、对免疫应答的遗传控制 ·························· 101
　　五、参与诱导器官移植排斥反应 ······················ 101

第七章　固有免疫 ··· 104

第一节　固有免疫的概念和特点 ······················ 104
第二节　固有免疫的物质基础 ························ 105
　　一、屏障结构 ···································· 105
　　二、参与固有免疫的细胞 ·························· 106
　　三、固有免疫分子 ································ 109
第三节　固有免疫应答机制 ·························· 110
　　一、识别对象：病原相关分子模式 ·················· 110
　　二、模式识别受体 ································ 110
第四节　固有免疫的生物学作用 ······················ 117
　　一、固有免疫是机体抗感染的第一道屏障 ············ 117
　　二、固有免疫通过模式识别发挥识别"自己"和"非己"的能力 ··· 118
　　三、固有免疫成分参与适应性免疫 ·················· 119

第八章　特异性免疫应答与调节 ····························· 122

第一节　T细胞介导的免疫应答 ······················ 122
　　一、T细胞对抗原的特异性识别 ···················· 123
　　二、T细胞的活化增殖及分化 ······················ 124
　　三、T细胞免疫应答效应及其机制 ·················· 127
第二节　B细胞介导的免疫应答 ······················ 130
　　一、B细胞对抗原的特异性识别 ···················· 130
　　二、B细胞的活化增殖及分化 ······················ 132
　　三、B细胞介导的体液免疫应答的规律 ·············· 136
　　四、B细胞介导的体液免疫应答效应 ················ 138
第三节　免疫耐受 ·································· 139
　　一、免疫耐受的特征 ······························ 139
　　二、免疫耐受形成的条件和机制 ···················· 139
　　三、免疫耐受的建立、维持、终止及意义 ············ 143
第四节　免疫调节 ·································· 144
　　一、基因水平的免疫调节 ·························· 145
　　二、分子水平的免疫调节 ·························· 146
　　三、细胞水平的免疫调节 ·························· 147
　　四、独特型网络的免疫调节 ························ 151
　　五、整体水平的免疫调节 ·························· 152

六、群体水平的免疫调节 …………………………………………………………………… 153

第九章　超敏反应与自身免疫病 …………………………………………………………………… 159

第一节　Ⅰ型超敏反应 ………………………………………………………………………… 159
　　一、参与Ⅰ型超敏反应的主要成分 ………………………………………………………… 159
　　二、Ⅰ型超敏反应发生机制 ………………………………………………………………… 160
　　三、临床常见的Ⅰ型超敏反应 ……………………………………………………………… 162
　　四、Ⅰ型超敏反应的防治 …………………………………………………………………… 162

第二节　Ⅱ型超敏反应 ………………………………………………………………………… 162
　　一、Ⅱ型超敏反应发生机制 ………………………………………………………………… 163
　　二、临床常见的Ⅱ型超敏反应 ……………………………………………………………… 163

第三节　Ⅲ型超敏反应 ………………………………………………………………………… 164
　　一、Ⅲ型超敏反应发生机制 ………………………………………………………………… 165
　　二、临床常见的Ⅲ型超敏反应 ……………………………………………………………… 166

第四节　Ⅳ型超敏反应 ………………………………………………………………………… 167
　　一、Ⅳ型超敏反应发生机制 ………………………………………………………………… 167
　　二、临床常见的Ⅳ型超敏反应 ……………………………………………………………… 167

第五节　自身免疫病 …………………………………………………………………………… 168
　　一、导致自身免疫病的相关因素 …………………………………………………………… 169
　　二、常见的自身免疫病 ……………………………………………………………………… 170
　　三、自身免疫病的治疗 ……………………………………………………………………… 170

第十章　感染免疫与免疫缺陷 ……………………………………………………………………… 175

第一节　感染免疫类型及其机制 ……………………………………………………………… 175
　　一、细胞内微生物感染免疫 ………………………………………………………………… 175
　　二、细胞外微生物和寄生虫感染免疫 ……………………………………………………… 180

第二节　病原体免疫逃逸及其机制 …………………………………………………………… 183
　　一、细胞内微生物免疫逃逸 ………………………………………………………………… 184
　　二、细胞外微生物和寄生虫免疫逃逸 ……………………………………………………… 186

第三节　免疫缺陷病 …………………………………………………………………………… 187
　　一、免疫缺陷及免疫缺陷病 ………………………………………………………………… 187
　　二、原发性免疫缺陷 ………………………………………………………………………… 189
　　三、继发性免疫缺陷 ………………………………………………………………………… 191

第十一章　植物免疫 ………………………………………………………………………………… 195

第一节　植物免疫的概念和应用 ……………………………………………………………… 195
　　一、植物免疫的概念 ………………………………………………………………………… 195
　　二、植物免疫的应用 ………………………………………………………………………… 196

第二节　植物免疫的诱导因子及作用机制 …………………………………………………… 196

  一、植物免疫的物质基础及理化作用 ·· 197
  二、激发子诱导的植物免疫及作用原理 ·· 198
  三、活体微生物诱导的植物免疫及作用机制 ······································ 201
  四、植物免疫的发生机制 ·· 202
 第三节 植物免疫的诱导抗病性及其信号转导 ·· 206
  一、水杨酸介导的抗病信号传递途径 ··· 207
  二、茉莉酸/乙烯介导的抗病信号传递途径 ·· 208
  三、水杨酸途径和茉莉酸/乙烯途径的关系 ·· 209
 第四节 植物疫苗与应用 ·· 210
  一、植物疫苗 ·· 210
  二、植物疫苗的应用 ·· 211

第十二章 免疫学技术 ·· 217

 第一节 免疫沉淀反应 ··· 217
 第二节 凝集反应 ·· 219
 第三节 补体结合试验 ··· 220
 第四节 中和反应 ·· 222
 第五节 免疫标记检测法 ·· 224
 第六节 多克隆抗体制备技术 ··· 226
 第七节 单克隆抗体制备技术 ··· 227
 第八节 基因工程抗体技术 ··· 228
 第九节 免疫学技术举例 ·· 229
  一、酶联免疫吸附试验 ··· 229
  二、免疫组织化学技术和免疫荧光技术 ·· 230
  三、蛋白质免疫印迹 ·· 231
  四、免疫共沉淀技术 ·· 233
  五、流式细胞术 ·· 234

第十三章 免疫学的应用 ·· 239

 第一节 免疫预防 ·· 239
  一、人类疾病的免疫预防 ··· 239
  二、养殖业疫病的免疫防治 ·· 242
  三、种植业病虫害的免疫防治 ·· 243
 第二节 免疫治疗 ·· 244
  一、免疫治疗的分类 ·· 244
  二、非特异性免疫治疗 ··· 244
  三、特异性免疫治疗 ·· 247
 第三节 免疫检测 ·· 250
  一、临床诊断 ·· 251

二、养殖业疫病的检测 …………………………………………………………… 251
　　三、种植业病虫害的检测及其他应用 …………………………………………… 251
　　四、免疫检测在食品质量控制与安全中的应用 ………………………………… 252
　　五、免疫检测在环境保护中的应用 ……………………………………………… 254
　第四节　免疫学的其他应用 ………………………………………………………… 255
　　一、免疫监测 ……………………………………………………………………… 255
　　二、调控动物生长发育 …………………………………………………………… 255

第一章 免疫学导论

第一节 概 述

一、免疫的本质

免疫（immune）是指免除瘟疫（传染病、流行性疾病），来自拉丁文"*immunitas*"。人们对免疫的认识，起始于对传染性疾病和流行性疾病的认识。早在公元前430年，古希腊历史学家Thucydides在描述当时的一次瘟疫时写道："（疾病再次流行时）患过这种疾病而康复过来的病人以及濒临死亡而又复生的人得到了幸免。根据经验，知道它不再攻击（至少不致命性攻击康复过来的）同一个人"。公元541年东罗马帝国发生了查士丁尼鼠疫，对于这场瘟疫，历史学家Procopius写道："后来（瘟疫）回来了，那些在这块土地居住的人，上次被他痛苦地折磨着，这次却没有被伤害"。（参考 http://blog.sina.com.cn/s/blog_6c0bb54a0100obtf.html）尽管当时人们并不知道导致这些瘟疫的病原是什么，但是已经观察到人体对同种疾病的再次感染具有抵抗力，即"免疫力"。人们在与病原微生物感染的长期斗争中，原有的"免疫"概念不断被充实，例如：对青霉素过敏者使用青霉素后出现的变态反应，同种异体进行器官移植时出现的排斥反应等都是由于免疫反应所导致。

现代免疫学中，"免疫"被定义为：机体识别和排除"异己"的应答过程中所产生的生物学效应，正常情况下维持机体内环境的平衡和稳定，但异常情况下对机体有害。免疫系统是人体负责免疫功能的完整的解剖系统，与其他系统一样有着自身的机制并和其他系统相互协调与制约，共同维护生命过程的平衡。

免疫学（immunology）是研究免疫系统的结构与功能的学科，包括免疫识别、免疫应答、免疫耐受、免疫调节及其在相关疾病发生发展中的作用，免疫学技术在疾病诊断、治疗与预防中的应用。

二、免疫系统的组成

免疫系统（immune system）是机体负责执行免疫功能的组织系统，可分为免疫器官、免疫细胞和免疫分子3个层次。

1. 免疫器官 根据其功能不同可分为中枢免疫器官和周围免疫器官。中枢免疫器官是免疫细胞发生、分化、选择与成熟的场所，包括骨髓、胸腺或腔上囊（鸟类中又称法氏囊）。周围免疫器官是免疫细胞定居和增殖的场所，也是免疫细胞接受抗原刺激产生免疫应答的场所，包括脾脏、淋巴结、扁桃体及皮肤黏膜淋巴相关组织等。

2. 免疫细胞 免疫细胞是指所有参与免疫应答的细胞或免疫相关细胞。根据免疫细胞在免疫应答中发挥的作用，主要分为以下几种。

（1）淋巴细胞。包括T淋巴细胞和B淋巴细胞，分别介导细胞免疫和体液免疫，以及参与固有免疫的自然杀伤细胞（NK细胞）和NKT细胞等。

(2) 抗原递呈细胞（APC）。主要有树突细胞、单核细胞和巨噬细胞，能够捕获、处理并递呈抗原，在免疫应答过程中具有重要的作用，发挥递呈抗原肽及免疫调节的作用。

(3) 粒细胞。如中性粒细胞、嗜酸性粒细胞和嗜碱性粒细胞等，在非特异性免疫中发挥重要作用。

(4) 其他参与免疫应答和免疫效应的细胞。如肥大细胞、红细胞、血小板等，在非特异性免疫中发挥重要作用。

3. 免疫分子 根据其存在的状态可以分为膜分子和分泌性分子。膜分子是存在于细胞膜表面的抗原或受体分子，是参与免疫细胞间或免疫系统与其他系统（如神经系统、内分泌系统等）细胞间信息传递、相互协调与制约的分子，包括T细胞受体（TCR）、B细胞受体（BCR）、主要组织相容性抗原（MHC分子）、白细胞分化抗原（CD分子）、细胞黏附分子、补体受体、细胞因子受体、模式识别受体、免疫球蛋白的Fc受体、死亡受体等。这些膜分子不仅决定细胞执行免疫功能（信号识别传递），也是对细胞进行鉴定分类的重要依据。分泌性分子包括发挥固有免疫效应的分子和由活化的免疫细胞所产生的多种效应分子，包括抗体分子、补体分子和细胞因子等。

三、免疫系统的功能

机体的免疫功能是免疫系统对异己的抗原性物质刺激产生的各种生物学效应，正常免疫可以维持机体内环境相对稳定，产生对机体有益的免疫保护作用；异常免疫会产生免疫性病理损伤作用。其功能主要概括为：免疫防御（immunological defence）、免疫自稳（immunological homeostasis）和免疫监视（immunological surveillance）。

四、免疫应答

免疫应答（immune response）是指机体的免疫系统识别并清除"异物"的生理适应过程。适度的免疫应答使机体的免疫系统行使免疫功能，保护机体免受其他生物体及其成分的侵害；不适宜的免疫应答可致免疫性疾病。

1. 免疫应答的类型及其特征 机体的免疫应答根据其应答特性分为两种类型：一是固有性免疫，又称为非特异性免疫或天然免疫；二是适应性免疫，又称为特异性免疫或获得性免疫。

(1) 固有性免疫（innate immunity）。又称非特异性免疫（nonspecific immunity）或天然免疫（natural immunity），其作用并非针对某种病原体，故称非特异性免疫，是机体在种系发育进化过程中逐渐建立起来的一系列天然防御功能，经遗传获得，能传给下一代，由屏障结构、吞噬细胞及正常体液和免疫成分构成。其特征是：①先天具备；②可稳定遗传；③初次与抗原接触即能发挥效应，维持时间短，且无记忆性；④无特异性，作用广泛；⑤在同一物种的正常个体之间差异不大。固有免疫是机体抵御病原体及其产物的第一道防线，并且参与特异性免疫应答。

(2) 适应性免疫（adaptive immunity）。又称特异性免疫（specific immunity）或获得性免疫（acquired immunity），是出生后经被动或主动免疫方式而获得的。获得性免疫是在生活过程中接触某种抗原而产生，只对相应特定病原体等抗原性异物起作用，将其从体内清除的防御功能，故称为特异性免疫。执行特异性免疫应答的主要是表面具有特异性抗原识别受体的T、B淋巴细胞，其特征是：①特异性：即T、B淋巴细胞只针对对应的抗原表位产生免疫应答。②获得性：是指个体出生后在特定抗原刺激下获得的免疫。③记忆性：即再次遇到相同抗原刺激时，存在于体内的记忆细胞产生免疫效应，表现出迅速而增强的应答。④耐受性：在胚胎期，免疫细胞接受特定抗原刺激后，亦可导致针对该抗原的特异性不应答，即免疫耐受。机体对自身组织成分的耐受遭破坏或对致病抗原（如肿瘤抗原或病毒抗原）产生耐受，均可引发相应的免疫病理过程。⑤可传递性：可直接将特异性免疫应答产物（抗体、致敏T细胞），输给受者，使其获得相应的特异性免疫力（被动免疫）。⑥自限性：可通过免疫调节，将免疫应答控制在适度水平。

2. 免疫应答异常的危害 接受"非己"抗原性异物刺激后，机体免疫应答适度可产生对人体有益的抗感染、抗肿瘤等免疫保护作用。机体免疫应答过高可引发对人体有害的超敏反应，其中包括由特异性IgE抗体介导的速发型超敏反应，如青霉素过敏性休克；或由效应T细胞介导的迟发型超敏反应，如接触性皮炎。在感染、物理、化学因素刺激诱导下，机体免疫自身稳定功能紊乱，可引发自身免疫疾病，如系统性红斑狼疮和强直性脊柱炎。机体免疫应答过低或缺失则可引发肿瘤、重症或持续性感染及免疫缺陷病，如X性连锁无丙种球蛋白血症、重症联合免疫缺陷病和获得性免疫缺陷综合征（AIDS）等。

五、抗原、抗体及免疫反应的应用

1. 抗原（antigen） 是指可被T淋巴细胞、B淋巴细胞识别，能够刺激免疫系统诱导免疫应答产生相应的抗体和/或致敏淋巴细胞，同时又能在体内、外与抗体或致敏淋巴细胞发生特异性反应的物质，如病原微生物、异体蛋白质分子。一个完全抗原应包括两方面的基本性质：①免疫原性（immunogenicity）或抗原性（antigenicity），即诱导刺激免疫系统产生抗体或致敏淋巴细胞的能力；②免疫反应性（immunoreactivity），指与相应抗体或致敏淋巴细胞在体内、外发生特异性结合，引起免疫反应的特性。

2. 抗体（antibody） 是B细胞接受抗原刺激后增殖分化为浆细胞所产生的能与抗原发生特异性结合的免疫球蛋白（immunoglobulin，Ig）。抗体主要存在于血清内，但在其他体液及外分泌液中也有存在。

抗原和抗体在体内及体外发生的特异性反应是最基本的免疫学反应，该特异性反应发生于生物体内，可介导一系列的免疫防护反应（免疫信号递呈、吞噬、杀菌、中和毒素等），更重要的是在体外利用抗原-抗体反应的高度特异性，建立起一系列免疫测定法（immunoassay，IA），又称免疫分析法（methods of immunological analysis）。免疫分析方法特别适应于成分复杂样品的分析检验，除了用于免疫学、临床医学检验、医疗保健、生物制品的生产和分析研究外，还在生物分类、生化测定、食品检验和法医鉴定等诸多方面有广泛的应用。免疫组化技术，特别是单克隆抗体的应用，以及与分子杂交技术的结合，可以对基因及其表达进行定量、定性和定位。

第二节 免疫进化

免疫应答分为固有免疫（或天然免疫）和适应性免疫（或获得性免疫）两种类型，它们有不同的机制和起源。固有免疫可识别"异己"细胞或分子并加以清除；适应性免疫则对分子抗原表位进行识别，按抗原递呈细胞等有无协同信号而有所区别。两者有不同的生物学起源与意义：固有免疫源于防御入侵者的需求，适应性免疫则源于系统及个体自身发育中调节细胞发育的需求。两者协同进化形成了复杂的可识别"自己/异己"的免疫机制。

一、固有免疫的进化

从整个生物界的角度来看，无论是低等生物还是高等生物（包括植物和动物）都存在固有免疫。固有免疫系统从进化的角度来看是一类古老的防御系统。从目前已有的知识来看，所有的植物和无脊椎动物的防御都是固有免疫防御。在脊椎动物中既有固有免疫防御系统也有适应性免疫防御系统，那么在植物和动物中固有免疫是如何进化的呢？

1. 植物的固有免疫 经过漫长进化，植物逐渐形成了一系列复杂的主动适应机制。虽然植物缺乏哺乳动物中普遍存在的适应性免疫系统，但是形成了许多抵抗病原生物侵袭的能力：包括植物自身的免疫抗性和由外界因子诱导或激发子诱导的免疫抗性。目前，对于植物免疫进化的了解还较少，但对植物免疫进化规律有了初步的认识，认为植物免疫是植物-病原物相互作用过程中协同进化的结果，即植物对病原物侵染的忍耐、抵抗和适应性是在与病原物共同进化过程中逐渐产生和形成的。

2. 动物的固有免疫 从进化的角度来看，动物的固有免疫是一类古老的防御系统。无体腔动物中就具有原始吞噬作用的阿米巴细胞。环节动物的体腔细胞具有免疫功能，这些细胞具有模式识别受体（pattern recognition receptor，PRR），PRR可以识别与病原相关的分子，即病原相关模式分子（pathogen-associated molecule pattern，PAMP），PRR在进化上非常保守，这种识别模式也存在于哺乳动物的固有免疫中，其机制更复杂。

无脊椎动物的体液免疫中，没有免疫球蛋白，但存在一系列天然存在的和诱生的体液防御因子，如溶菌酶、凝集素和其他抗菌因子，如抗菌肽。也有一些证据表明无脊椎动物中存在有补体系统的组分，如在原口动物（Protostomia）和后口动物（Deuterostomia）中已发现类似补体因子或补体C3b受体蛋白，在棘皮动物海胆的吞噬细胞表面有C3b样受体蛋白。

脊椎动物固有免疫也是随着脊椎动物的进化而进化的。从固有免疫的细胞来看，硬骨鱼、两栖类、爬行类和鸟类有NK样淋巴细胞，软骨鱼和硬骨鱼的巨噬细胞有NK细胞毒性，鸟类的NK细胞与哺乳类的NK细胞相似，哺乳动物和人类NK细胞具有更复杂的受体。从免疫分子来看，无颌类脊椎动物（如盲鳗、七鳃鳗）有补体样蛋白，有旁路途径和凝集素途径，尚无补体经典激活和终末途径。硬骨鱼类有补体的三条激活途径，哺乳动物和人类补体的三条激活途径更加完善。低等脊椎动物中开始出现与哺乳类动物功能相似的细胞因子，包括白细胞介素、干扰素、肿瘤坏死因子、趋化性细胞因子和集落刺激因子等。在脊椎动物中，无论是低等脊椎动物还是高等脊椎动物都存在与无脊椎动物相类似的抗微生物肽（图1-1）。

二、适应性免疫的进化

适应性免疫是随着脊椎动物的产生而出现的，在无脊椎动物中还没有发现适应性免疫。适应性免疫的进化是伴随着免疫系统的进化而进化的。适应性免疫系统起源于硬骨鱼类是早期的一种普遍观点。但随着研究人员的不断探索，研究发现以七鳃鳗和盲鳗为代表的无颌类

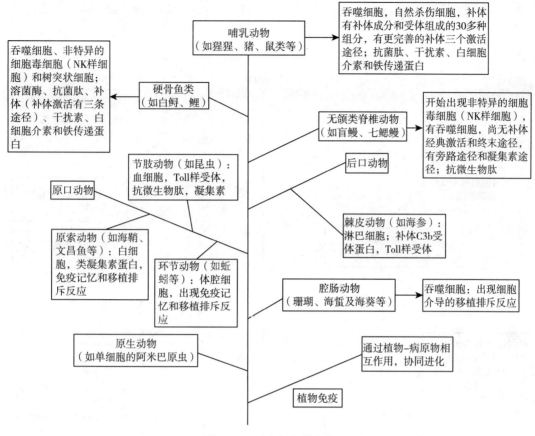

图 1-1　固有免疫的进化

脊椎动物处在进化出适应性免疫系统的开端。无颌类脊椎动物存在适应性免疫的现象和多种参与适应性免疫的免疫因子，这提供了阐明适应性免疫系统演化起源的关键线索。适应性免疫的进化与免疫系统进化密切相关体现在最低等的无颌类中只有肠系淋巴组织，开始出现具有适应性免疫功能的淋巴细胞。到有颌类的软骨鱼开始出现原始的胸腺和脾脏，表明开始出现原始的 T 淋巴细胞和 B 淋巴细胞，到两栖类开始出现骨髓。在高等脊椎动物中有完善的淋巴组织和细胞，如骨髓、胸腺、脾脏、淋巴结以及广泛分布的肠系淋巴组织。随着免疫系统的进化，淋巴组织和器官以及各种免疫细胞和分子逐步出现和完善，到哺乳动物免疫系统达到最完善的程度，适应性免疫也逐步进化完善。

免疫球蛋白作为一类重要的适应性免疫分子，在脊椎动物中才开始出现，在无脊椎动物中还没有发现过任何免疫球蛋白分子。在无颌的八目鳗和七鳃鳗中还没有发现有免疫球蛋白超家族分子。所有有颌类脊椎动物对种类繁多的抗原能产生抗体。IgM 最早出现于低等的鱼类（鳐和鲤鱼等）的一些动物中的免疫球蛋白同种型，但还没有发现其他同种型的免疫球蛋白。软骨鱼纲中已开始出现脾和胸腺淋巴组织，在产生抗体应答的能力方面功能有所增强，但抗体的亲和力很低，B 细胞应答表现为低免疫记忆。无尾两栖类对抗原的反应包括有初次应答和再次应答，应答反应的速度比鱼类快。到温血脊椎动物，其抗体亲和力明显提高，免疫记忆明显加强（图 1-2）。

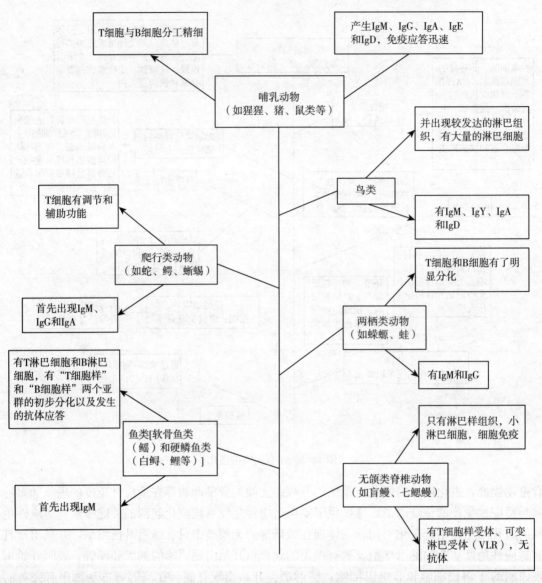

图1-2 适应性免疫的进化

三、免疫系统的进化

随着无脊椎动物到脊椎动物的进化发展，免疫系统变得更加复杂。脊椎动物除了表现出类似于无脊椎动物的固有免疫机制之外，还表现出特异性的免疫机制。高等脊椎动物在固有免疫的基础上，进化出了更完善的适应性免疫系统，不仅具有完整的免疫器官和免疫细胞，而且免疫细胞还能产生特异性抗体和淋巴因子，因而能准确地识别自己、排除异物以维持机体相对稳定。

随着脊椎动物的进化，免疫组织和器官从低等到高等逐步完善。随着免疫系统的进化，免疫组织、免疫器官以及各种免疫细胞和分子逐步出现和完善，到哺乳动物达到最完善的程度（图1-3）。

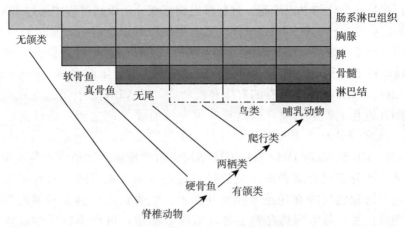

图 1-3 脊椎动物免疫组织和器官的进化

在最低等的脊椎动物无颌类中只有较原始的肠系淋巴组织。这种淋巴组织在无脊椎动物的纽形动物和环节动物中也偶尔出现。

从有颌类的软骨鱼开始相继出现原始的胸腺和脾。较低等的软骨鱼类，如八目鳗，还没有真正的胸腺，只有原始的脾。在较高等的硬骨鱼类真骨鱼中有原始型的肝、脾和肾，其中有丰富的黑色素-巨噬细胞中心，其中充满大量色素，如血铁黄素（hemosiderin）、黑色素（melanin）、类蜡质（ceroid）等。这是鱼类淋巴髓样组织的重要特征。有人认为这种黑色素-巨噬细胞中心的结构类似高等动物原始类型的"生发中心"。这种原始类型的生发中心最早发现于鸟类的淋巴样组织中。

从无尾两栖类才出现骨髓。无尾两栖类除淋巴结以外，其他淋巴器官均已出现。在无尾两栖类中，肾和肝是个体发育中最早出现 B 细胞的场所。骨髓虽然最早出现于两栖类，但在两栖类中的免疫功能还有待澄清。爪蟾（*Xenopus laevis*）和美洲豹蛙（*Rana pipiens*）是无尾两栖类变温动物中有淋巴样组织结构特征的代表。爪蟾的脾分为胸腺依赖区和非胸腺依赖区。成蛙的胸腺位于皮下，中耳后方，分皮质和髓质两部分。美洲豹蛙成体中有骨髓淋巴样组织，而爪蟾的骨髓就更为原始，股骨的骨髓只是中性粒细胞分化的主要场所。由此可见，骨髓的功能在两栖类中还很不完善。

爬行类与鸟类的部分类群中，如蛇和蜥蜴有淋巴结样组织。有些鸟类，如水鸟也有类似淋巴样组织，但鸡没有。不过鸡有特殊的淋巴器官，即法氏囊。

鸟类和哺乳动物进化出生发中心，到哺乳动物才进化出淋巴结及完整的淋巴系统。至此，高等脊椎动物具有淋巴结、骨髓、脾、胸腺以及广泛分布的肠系淋巴组织，拥有完善的免疫防御功能。

适应性免疫的出现是免疫进化中最重要的事件。进化上较高级动物的免疫系统由固有免疫和适应性免疫组成。与固有免疫相比，适应性免疫表现出更多样的抗原识别能力、更复杂的调控策略以及显著的免疫记忆和放大能力，主要由特异分化的淋巴细胞或淋巴样细胞介导。适应性免疫的进化发生在无颌脊椎动物向有颌脊椎动物过渡的较狭小的时空阶段。鱼类的发展可以很好地见证这种进化过程。研究人员对比检测八目鳗、七鳃鳗、鲨和斑马鱼中免疫细胞和免疫分子的差异，揭示了适应性免疫系统的进化过程以及两种不同的抗原识别系统。从无颌有脊椎的八目鳗和七鳃鳗开始，到有颌有脊椎的硬骨鱼，再到更高级的鸟类和哺乳动物，都存在特殊分化的淋巴细胞。这些淋巴细胞在分化成熟过程中通过 DNA 水平上的基因重排发展出高度多样的抗原识别受体，具有更广泛的识别能力和显著的免疫记忆能力，因此属于适应性免疫系统。目前发现的抗原识别模式有两种：一种是借助 B 细胞产生的免疫球蛋白（Ig）和 T 细胞产生的 TCR；另一种是可变性淋巴细胞受体（variable lymphocyte receptor，VLR）。TCR 存在于所有的有颌脊椎动物，而 VLR 见于无颌有脊椎的八目鳗和七鳃鳗。鲨则在进化上处于无颌脊椎鱼与有颌脊椎的硬骨鱼之间，是目前已知的最古老的具有以 Ig/ TCR/ MHC 为基础的适应性免疫系统的动物，其 Ig 系统具有与众不同的多拷贝的 VL-JL-CL 和 VH-DH-JH-CH 结构。由此推测两种适应性免疫模式的形成和分歧发生在从无颌脊椎到有颌脊椎进化的短暂过程。免疫系统随生物种系进化而逐步建立和完善，进化过程也反映在免疫系统的功能上：软骨鱼已有胸腺和淋巴细胞，能引发特异性细胞免疫应答；鸟类则具有腔上囊，出现 B 细胞，可产生特异性抗体，从而进化出体液免疫应答；哺乳类动物已能产生 IgM、IgG 和 IgA；人类则可产生 IgM、IgG、IgA、IgD 和 IgE 五类免疫球蛋白。而人类的个体发育也是种系发育的重演：胚胎肝在第 9 周出现早期 B 细胞；第 20 周部分 B 细胞发育成熟，开始产生 IgM；出生后不同年龄段，陆续产生 IgG、IgA、IgD 和 IgE。在长期的物种进化过程中，最早出现的免疫器官和组织并未被新出现的免疫器官和组织所代替，而是与新的、更高级的免疫器官和组织协调发挥作用。

四、固有免疫和适应性免疫的进化关系

固有免疫在无脊椎动物和脊椎动物中都有，而适应性免疫只在脊椎动物中才开始出现。那么固有免疫和适应性免疫在进化上存在什么关系呢？从进化角度来看，固有免疫和适应性免疫有不同的起源，固有免疫识别在某种意义上是病理性起源，所以最初应是防御"非我"信号识别；而适应性免疫为生理性起源，其最初很可能只是按自身细胞（抗原）发育阶段/类型的不同而区别，其识别的基础是"自己"。两者混合、协同进化形成了可识别"自己/异己"的免疫系统，即既依赖自身信号，又能识别外来信号；既可攻击自身细胞，又可防御入侵者；既有细胞清除功能，又有细胞发育调节功能；既有记忆性，又有特异性。

第三节 免疫学的分支学科

免疫学的发展日新月异，与之相关的领域越来越广，学科分支也越来越细，按照学科主要可分为植物免疫学、动物免疫学和医学免疫学。医学免疫学又分为基础免疫学和临床免疫学两大类。

（一）植物免疫学

植物免疫学是免疫学新的分支学科，人们对人和动物的免疫系统研究比较清楚，植物是否也存在类似人和动物的免疫系统？研究表明植物虽然没有类似于人和动物的免疫系统，但具备与人和动物类似的免疫机制。植物免疫学是研究植物抗病机制、变异规律及其应用方法的科学，主要内容包括植物免疫分类、植物免疫的机制、植物免疫性的遗传和变异、植物诱导免疫等。

(二) 动物免疫学

狭义来讲是兽医免疫学，它是主要研究动物免疫系统的组成、功能，以发挥有效的免疫学效应达到预防与治疗动物疾病为目的的一门科学。广义来讲，动物免疫学除了与人类生活密切相关的畜禽类免疫外，还有昆虫免疫学、棘皮动物免疫学和鱼类免疫学等。

(三) 医学免疫学

1. 基础免疫学　基础免疫学（basic immunology）是研究免疫系统组织结构、生理功能及其调节的学科分支的统称，包括以下几个方面。

(1) 免疫生物学（immunobiology）。其是研究免疫系统组成、免疫应答发生的机制、类型及其调节的学科。目前人们已经认识到单核巨噬细胞和淋巴样细胞各类群的主要特征、发育过程、免疫功能与检测方法，以及其在免疫应答中识别与递呈抗原、相互识别与协作的基本过程及机制。该学科的研究成果可望能够对免疫应答进行特异性的人工调节，降低或克服超敏应答对机体的损害，减小或抑制器官移植的排斥反应，帮助自身免疫病患者重建对"自己"的免疫耐受。

(2) 分子免疫学（molecular immunology）。其是研究免疫分子及其受体的化学结构、基因表达、生物活性及其检测的学科，免疫化学（immunochemistry）的很多内容存在于分子免疫学中。免疫球蛋白基因的探讨研究、独特型抗体的发掘发现、基因工程抗体的制备、杂交瘤单克隆抗体技术的创立、免疫细胞因子研究的最新进展等使得分子免疫学成为当下免疫学中最活跃的一个分支。从微观入手研究宏观效应可望取得意想不到的效果，将来会有更多的免疫分子应用到临床诊断和治疗以及疾病预防中。

(3) 免疫遗传学（immunogenetics）。其是从遗传学角度研究免疫应答发生及其调控的学科。主要研究内容是免疫应答、抗体的多样性等的遗传基础。除此以外，还应用免疫学的方法来识别不同个体间的遗传差异（如表面抗原、血型等）来作为遗传规律分析的数据指标。免疫遗传学是现代医学临床实践的重要理论基础之一，是器官移植、输血反应等的理论基础。免疫遗传学的研究受到越来越多关注和重视，许多免疫学上未解的难题有望从遗传学角度找到突破。

(4) 免疫病理学（immunopathology）。其是研究免疫相关疾病的发生、发展和转归及其机制的学科，是基础免疫学研究通向临床医学的桥梁。人们已经基本认识到免疫炎症的发生机制，曾经众多原因不清、机制不详的疾病现在都已证明是自身免疫病或免疫相关性疾病。这些研究成果为有关疾病的诊断和治疗提供了理论基础。除此之外，人们对免疫系统本身的异常，例如免疫缺陷病（包括艾滋病）和免疫增殖病等，也进行了深入的研究。

2. 临床免疫学　临床免疫学（clinical immunology）是利用免疫学理论与技术研究免疫疾病的机制、预防、诊断和治疗的多个分支学科的总称。

(1) 感染免疫学（infection immunology）。其是研究宿主与病原生物相互作用关系，以达到控制感染目的的学科，是传统免疫学的核心。现在大多数感染性疾病的诊断和治疗已经建立了一系列的方法，尤其是在感染性疾病的预防方法方面取得了巨大的成就。感染与免疫的研究进展无疑将为人类最终战胜传染病做出巨大的贡献。

(2) 移植免疫学（transplantation immunology）。其是研究宿主与移植物相互关系，从而帮助选择移植物和延长移植物存活的学科。现在人们已经可以通过检测 HLA（human

leukocyte antigen，人类白细胞抗原）或其基因的方法来选择移植物，并且能够采用特定的免疫学方法延缓移植过程中排斥反应的发生。

（3）肿瘤免疫学（onco-immunology）。其是研究宿主与肿瘤的免疫相关性及其实验诊断和生物治疗的学科。免疫监视是免疫系统的功能之一，研究发现免疫监视功能的降低与宿主肿瘤的发生、发展有密切的相关性，目前肿瘤的免疫诊断方法较为成熟，在临床上已经获得广泛应用，同时，免疫治疗的研究进展也取得了令人瞩目的成就。

（4）免疫性疾病（immunologic diseases）。该疾病包括自身免疫病、变态反应病、免疫增殖病和免疫缺陷病等，是各种原因引起的机体免疫应答异常引起的疾病。目前许多免疫性疾病的发病机制已经得到阐述，相应的诊断方法已经得到应用，但这类疾病的预防和治疗依然需更深入的研究。

另外，诸如免疫药理学（immuno-pharmacology）、预防免疫学（prophylactic-immunology）、营养免疫学（nutrition immunology）、衰老免疫学（aging immunology）、生殖免疫学（reproductive immunology）、神经免疫学（neuroimmunology）、心理免疫学（psychoimmunology）等免疫学分支学科，所有这些分支学科都从不同角度和方面推进了免疫学的整体发展进程。

Summary

This chapter was divided into three sections. The first section was started from the origin of "immune", by bringing in a series of immune phenomenon that we got the definition of immune and immunology. Then we talked about the composition and function of immune system, the roles in the immune response, the types of immune response and bad influences of abnormal immune response. Meanwhile, we introduced the application of immune molecules and immune response in our daily life.

The second section just briefly introduced evolution of immunity. Immune evolution includes the evolution of innate immunity and adaptive immunity. From the point of view of the whole biosphere, lower organisms or higher organisms, including plants and animals have innate immunity. The innate immune system from the point of view of evolution is a kind of ancient defense system. From the point of the existing knowledge, all the plants and invertebrates are innate immune defenses. The vertebrates have both innate immune defense system and adaptive immune defense system.

We have a preliminary knowledge on the plant immune evolutionary laws. Evolution of plant immunity is the result of the interaction between plant and pathogens. It is coevolution, namely the tolerance of plants to pathogens infection, pathogens resistance and adaptability. Animal innate immunity is an important mechanism for defense from lower animals to higher animals. Its mechanism become more complex with the plants and animals evolution.

The emergence of adaptive immunity is accompanied by the emergence of vertebrates. The adaptive immune system may originate in the jawless vertebrate. The evolution of adaptive immunity is accompanied by the evolution of the immune system.

In all, immunology plays an important role in our daily life, and further research and exploration will have a far-reaching significance on our humans.

参考文献

安云庆, 姚智, 2009. 医学免疫学 [M]. 2版. 北京: 北京大学医学出版社.
龚非力, 2007. 医学免疫学 [M]. 2版. 北京: 科学出版社.
邱德文, 2008. 植物免疫与植物疫苗 [M]. 北京: 科学出版社.
于善谦, 等, 2004. 免疫学导论 [M]. 北京: 高等教育出版社.
KEVIN J TRACEY, 2010. Understanding immunity requires more than immunology [J]. Nature Immunology, 11 (7): 561-564.

课外读物

解密免疫防线的新激活机制

瑞典卡罗林斯卡医学院宣布加拿大科学家拉尔夫·斯坦曼 (Ralph M. Steinman) 因发现树突细胞及其在获得性免疫中的作用而获得2011年诺贝尔生理学或医学奖, 其揭示免疫反应的激活机制, 使人们对免疫系统的理解发生"革命性变化"。

1973年, Ralph Steinman发现了一种新型细胞, 命名为树突状细胞。他推测这种细胞在免疫系统中有重要作用, 并检测了树突状细胞是否可激活T细胞。在细胞培养实验中, 他发现树突状细胞的存在导致T细胞对外来物质的活跃反应, 具有激活T细胞功能的独特作用。这些发现最初受到怀疑, 但Ralph Steinman的后续工作证明, 树突状细胞有着激活并调节适应性免疫系统的本领: 会激发T淋巴细胞, 从而启动适应性免疫系统, 引起一系列反应, 如制造出抗体和"杀手"细胞等"武器", 杀死被感染的细胞以及"入侵者"。

Ralph Steinman和其他科学家的进一步研究转向了回答一个问题, 即获得性免疫系统如何决定当遇到不同物质时是否应当被激活。源自天然免疫反应中被树突状细胞感知的信号被认为可控制T细胞激活, 这就使免疫系统有可能对抗病原微生物而避免攻击内源性分子。

该研究揭示了人类免疫应答激活的先天和获得性阶段, 为认识免疫系统的激活和调节机制提供了新视角, 有助于理解为何免疫系统可攻击自身的组织, 为预防和治疗感染、癌症和炎症性疾病提供了新线索, 开拓了新方法、新路径。

目前用来治疗自身免疫疾病的新的药物, 以及正在开发的治疗癌症的免疫药物均是利用了他们所发现的这些机制和原理。例如, 传统疫苗的作用在于预防, 而以Ralph Steinman所获研究成果为基础, 新型疫苗着眼于调动人体免疫系统对肿瘤发起"攻击"; 再如, 他们的成果有助于治疗一些炎症类疾病, 如风湿性关节炎。

第二章 免疫系统

无论是低等生物还是高等生物,都存在着宿主对外来入侵物的防御。免疫系统(immune system)是生物体进化和个体发育所形成的免疫防护体系,广泛分布于机体各部位,由免疫器官、免疫细胞、免疫分子以及独立于血管系统之外的各级淋巴管道组成,其特点是能辨别"自我"和"非我"的异物,并对外来抗原产生免疫应答。

随着从无脊椎动物到脊椎动物的进化,免疫系统变得更为复杂。随着脊椎动物的进化,免疫组织和器官也表现出从低等到高等的发展,逐步完善。免疫系统主要有免疫防御、自我稳定和免疫监视三种功能。本章主要讲述免疫系统的结构和功能,并从宏观到微观对组成免疫系统的各种器官、细胞和分子进行较为详细的描述,并重点介绍免疫器官的结构和功能、T/B淋巴细胞的发育和表面标志。一些重要的免疫分子将在后续的章节中分别予以介绍。

第一节 免疫系统的功能

免疫系统主要有三大功能:免疫防御、自我稳定和免疫监视。免疫系统的功能并非总是发挥正常,也有发挥异常的时候。

免疫防御功能是指免疫系统识别和清除外来入侵抗原(如病原微生物)及其他有害物质的能力。免疫防御有发挥正常和异常两种情况。若免疫防御的功能正常发挥,机体便能有效抵御病菌、病毒等病原微生物的侵害,保持健康的状态。若免疫防御功能异常发挥,如免疫防御的能力过低,机体就会反复地发生各种感染,引起免疫缺陷病,如B细胞、T细胞数量缺陷,导致伤口愈合缓慢,有易感性且反复被感染,这是先天性的遗传缺陷。也有后天获得的免疫缺陷病,如艾滋病。反之,如果免疫防御的能力过高,机体又易发生变态反应,造成对机体的损伤,如超敏反应,是由于机体对某种致敏原(如花粉)产生了强烈应答,免疫功能过强导致的。

免疫的自我稳定功能是指机体具有清除体内自然衰老和死亡的自身细胞,使机体的内环境保持稳定的能力。一方面,机体中各种组织和细胞需不断新陈代谢以维持机体的健全;另一方面,体内自然衰老和死亡的细胞需不断地清除,促使细胞新生。在这种动态平衡中,免疫的自我稳定功能起着极为重要的作用。免疫的自我稳定通过自身免疫耐受和免疫调节来实现。正常水平的自身免疫反应能有效协助机体及时清除掉体内衰老或损伤的细胞,维持机体的内环境稳定,对机体是无害的。然而,如果机体的自身免疫反应超出了一定的限度,将正常细胞也当作衰老或损伤的细胞来清除,就会对自身的组织和器官造成病理损伤,发展成为自身免疫病。自身免疫病的基本特征为自身免疫攻击,即自身的免疫细胞对自身一些组织进行攻击,大多表现以某一器官为主,而全身均受到一定程度的损伤。已经发现的自身免疫病种类很多,如类风湿关节炎、系统性红斑狼疮、新生儿溶血症、风湿病等。类风湿关节炎与人类白细胞抗原Ⅱ类基因DR4(HLA-DR4)有关。由于补体的缺陷可引起全身性红斑狼疮的发生。补体可排除抗原-抗体（Ag-Ab）复合物。Ag-Ab 复合物存在于循环系统或身体的某些部位，并在局部活化补体和细胞，导致组织损伤。新生儿溶血症是由于母亲产生了抗胎儿 RhD 抗原的 IgG 类抗体，通过胎盘进入胎儿体内，与胎儿的红细胞反应导致红细胞的破坏。自身免疫病受多种因素的综合影响而致病，往往有家族遗传倾向。

免疫监视功能是指机体具备识别和清除体内的衰老、死亡的细胞和肿瘤细胞以及其他有害成分等"非己"物质的功能。受外界环境的影响，机体内经常发生一些细胞变异。这些异常发育的细胞就是肿瘤细胞。而体内的免疫监视功能正常发挥时，可及时发现这些癌变的细胞，并将其及时清除出体内。然而如果免疫的监视功能下降，机体就会形成肿瘤。

免疫系统的上述三大功能必须保持完整才能基本保证机体的健康正常。如果其中任何一个成分缺失或功能不全，都可能会导致免疫功能障碍，并由此引发疾病。

第二节 免疫器官

免疫器官包括中枢免疫器官（central immune organ）和外周免疫器官（peripheral immune organ）。中枢免疫器官，又称初级免疫器官，是免疫系统中免疫细胞产生和成熟的场所，如骨髓（bone marrow）、胸腺（thymus）以及鸟类的法氏囊（bursa of fabricius）。外周免疫器官又称次级免疫器官，有淋巴结（lymph node）、脾脏（spleen）以及皮肤淋巴组织和黏膜相关淋巴组织（图 2-1），是免疫细胞居住和发生免疫应答的场所。

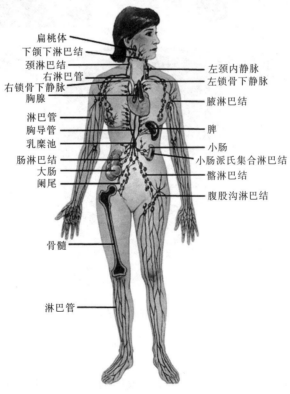

图 2-1 人体的免疫器官和组织

（金伯泉.2008.医学免疫学）

一、中枢免疫器官

（一）胸腺

胸腺位于胸腔中心脏的上部，胸骨后方，呈扁平椭圆形，灰赤色。胸腺大小随年龄而发生变化：新生儿胸腺重 10～15 g；13 岁左右重 30～40 g；青春期以后逐渐缩小；老年期胸腺仅约 6 g，其内的淋巴细胞被脂肪组织代替，胸腺小体数量增多，体积增大，但仍承担 T 细胞分化、发育的功能。

1. 胸腺结构 胸腺分为左右两叶，外表有结缔组织构成的被膜。向内伸展的被膜将胸腺分隔成许多小叶。皮质（cortex）在小叶的外层，髓质（medulla）在小叶的内层（图 2-2）。皮质区又可分为浅皮质区和深皮质区。皮质中聚集的细胞主要有胸腺细胞（thymocyte）和胸腺基质细胞（thymus stromal cell，TSC）两类。胸腺细胞主要为不成熟、形态较大的 T 细胞。从皮质浅层到深层，胸腺细胞由大变小，逐渐发育成熟。髓质区主要为上皮细胞、少量成熟的 T 细胞、树突状细胞（dendritic cell，DC）和巨噬细胞（macrophage，MΦ）。

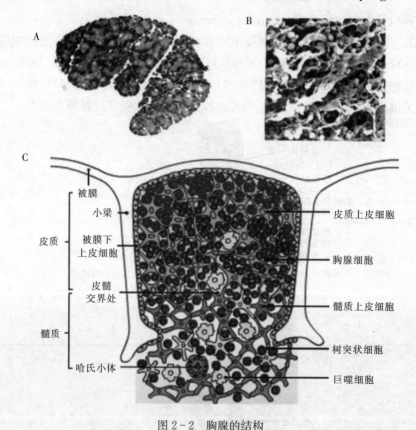

图 2-2 胸腺的结构

A. 胸腺切面　B. 胸腺扫描电镜图（上皮细胞构成网络，包绕胸腺细胞）　C. 胸腺的组织结构模式图

（金伯泉.2008.医学免疫学）

2. 胸腺的功能 胸腺是 T 细胞分化、发育成熟的场所，实验依据为：①新生小鼠胸腺切除术后发生免疫缺陷；②裸鼠（nude mouse）不能形成正常胸腺，能产生 B 细胞，但体内无 T 细胞。无胸腺裸鼠没有细胞介导的免疫应答功能。

胸腺具有免疫调节作用。胸腺基质细胞能分泌胸腺激素和细胞因子，这些活性因子不仅调节胸腺细胞的分化和发育，而且对外周免疫器官和免疫细胞具有调节作用。

胸腺在建立与维持自身免疫耐受中具有重要功能。自身反应性的 T 细胞在胸腺中发育时被清除或抑制，从而形成对自身抗原的免疫耐受。当胸腺功能发生障碍时，例如 T 细胞抗原识别受体（T cell receptor，TCR）基因重排异常或阴性选择障碍，不能消除或抑制自身反应性的 T 细胞克隆，其结果便表现为自身免疫耐受中止，可能导致自身免疫病发生。

（二）骨髓

骨髓存在于机体所有骨的骨髓腔中，分为红骨髓（red marrow）和黄骨髓（yellow marrow）。

骨髓是人和其他哺乳动物胚胎后期以及出生后重要的造血器官，具有造血功能。哺乳动物的造血最早发生在卵黄囊，随后转移到胎肝，胚胎发育末期以及出生后，骨髓成为主要的造血场所。胎儿期和刚出生时，骨髓均为红骨髓；约 5 岁后，黄骨髓逐渐替代远端长骨中的红骨髓；20~25 岁时，红骨髓仅见于股骨、肱骨近端、椎骨、胸骨和肋骨等处。

骨髓不仅是各种免疫细胞的发源地，而且是 B 细胞分化、发育成熟的场所（图 2-3）。

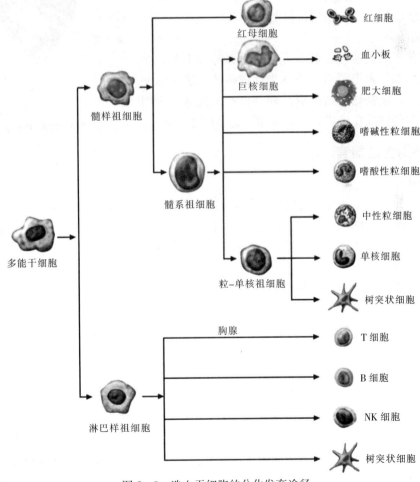

图 2-3 造血干细胞的分化发育途径

（金伯泉.2008.医学免疫学）

淋巴细胞以及其他所有的血细胞都来源于骨髓中多能造血干细胞（hematopoietic stem cell，HSC）。HSC仅占成人骨髓的0.01%，具有自我更新和分化两种潜能，使机体在整个生命活动过程中始终保持造血能力。多能造血干细胞分化为淋巴干细胞谱系和髓系干细胞谱系。其中，淋巴干细胞谱系可进一步分化为T细胞、B细胞和NK细胞。髓系干细胞谱系则分化产生红细胞、单核细胞和各种粒细胞。单核细胞进一步分化发育成巨噬细胞。B细胞从干细胞分化至前B细胞，再至细胞膜上能表达膜免疫球蛋白（sIgM）的未成熟B细胞，乃至成熟的初始B细胞（sIgM和sIgD均表达）都在骨髓中发育完成，可见骨髓的微环境对于B细胞的分化、发育成熟是必不可少的。骨髓中的淋巴干细胞谱系分化产生的前体T细胞运往胸腺发育成熟。骨髓产生的B细胞数量比胸腺产生的T细胞少，但较为恒定，也不因年龄的增长而减少。

骨髓是发生再次体液免疫应答的场所。外周免疫器官（如脾和淋巴结）则是发生初次免疫应答的场所，能快速应答，然而产生抗体的持续时间短。动物受到相同抗原再次免疫后2~3d，脾脏、淋巴结等外周免疫器官内活化的记忆性B细胞将经淋巴或血流逐渐迁移至骨髓，并在此处进一步分化成浆细胞，继续缓慢而持久地产生大量抗体（主要是IgG，其次为IgA），成为血清抗体的主要来源。

（三）法氏囊

法氏囊位于鸟类泄殖腔的上方，所以又称腔上囊，是鸟类所特有的初级淋巴器官。当鸟类性成熟后，法氏囊便消失了。由于鸟类被切除法氏囊后便不再产生抗体，说明法氏囊对鸟类的体液免疫应答是极为重要的（图2-4）。

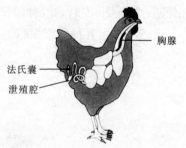

图2-4 鸡法氏囊
（于善谦.2008.免疫学导论）

二、外周免疫器官

（一）淋巴结

淋巴结分布于遍布全身的淋巴管汇集处的交点上，形如豆粒，大小为1~25 mm。人体全身有500~600个淋巴结，马大约800个，牛大约300个，犬大约60个，身体浅表部位的淋巴结常位于凹陷隐蔽处（如腋下、腹股沟等）；内脏淋巴结多位于器官门脉上，沿血管干排列，如肺门淋巴结。

1. 淋巴结的结构 淋巴结外面包有被膜，从被膜向淋巴结内深入多条结缔组织，构成小梁，并形成淋巴结的支架。淋巴结实质可分为皮质和髓质。淋巴从输入淋巴管进入淋巴结，依次流经皮质淋巴窦和髓质淋巴窦，最后经输出淋巴管离开淋巴结（图2-5）。

淋巴结的皮质又可分为浅皮质区和深皮质区。浅皮质区又称非胸腺依赖区，靠近被膜，是B细胞的居留地。浅皮质区内由B细胞聚集形成滤泡。这些滤泡可分为初级和次级淋巴滤泡，又称为淋巴小结。初级淋巴滤泡内多为未受抗原刺激的B细胞，内无生发中心。受抗原刺激后，初级淋巴滤泡中央出现生发中心，称为次级滤泡。生发中心内含大量B淋巴母细胞，分裂活跃，内迁至髓质分化为浆细胞，可产生特异性抗体。此外，生发中心还有巨噬细胞、树突状细胞和极少量的辅助性T细胞。生发中心的大小依抗原刺激的强度而变化，当外源抗原刺激消失后又恢复原状。深皮质区，又称副皮质区，位于浅皮质区与髓质之间。由于来自胸腺的T细胞聚集于深皮质区，所以深皮质区又称胸腺依赖区。淋巴结的中心部

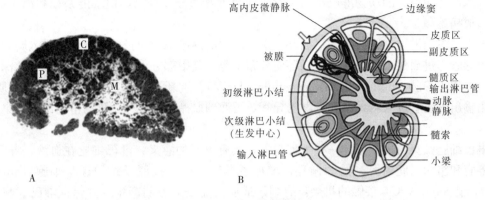

图 2-5 淋巴结的结构
A. 淋巴结切面（C. 浅皮质区；P. 副皮质区；M. 髓质区） B. 淋巴结结构模式图
（金伯泉.2008.医学免疫学）

位是由髓索和髓窦组成的髓质区。髓索有 B 细胞、浆细胞、网状细胞及巨噬细胞，髓窦内有许多巨噬细胞（图 2-6）。

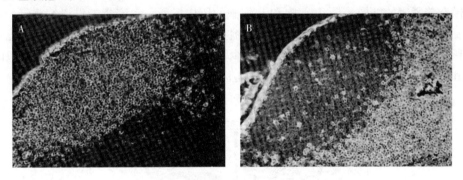

图 2-6 T 细胞和 B 细胞在淋巴结中的位置
A. 浅皮质区，抗 B 细胞荧光抗体染色，亮的位置为 B 细胞 B. 深皮质区，抗 T 细胞荧光抗体染色，亮的位置为 T 细胞
（于善谦.2008.免疫学导论）

2. 淋巴结的功能 淋巴结是淋巴细胞居留的场所。B 细胞主要分布于浅皮质区；T 细胞主要分布于深皮质区。髓质中 T、B 细胞均有分布，但以 T 细胞为主。T 细胞与 B 细胞在淋巴结中的数量比约为 2.5∶1。

淋巴结是初次免疫应答的重要场所，是细胞免疫和体液免疫的基地。淋巴结是淋巴细胞对淋巴携带的外源抗原应答的起点，其具体应答过程为：位于胸腺依赖区的树突状细胞将抗原递呈给 $CD4^+$ T 细胞；从血流进入淋巴结的 B 细胞首先经过富含 Th 细胞的区域，与 T 细胞间发生密切的相互作用后进入滤泡；T 细胞识别树突状细胞所递呈的抗原而被激活，并分化为效应 T 细胞；B 细胞在 T 细胞辅助下分化为浆细胞并产生抗体；效应 T 细胞和抗体汇集于淋巴结的髓窦内，由输出淋巴管输出；效应 T 细胞和抗体离开淋巴结，通过血循环分布于全身。淋巴结是过滤淋巴液的地方。携带抗原物质（如微生物及其毒素、癌细胞或大分子抗原等）的淋巴液缓慢流经淋巴结时，可被淋巴结内的巨噬细胞和抗体清除，使淋巴液再进入血液时无异物。细菌毒力和宿主免疫力等因素可影响淋巴结的过滤功能。例如，分枝杆菌进入未产生免疫力的动物淋巴结后，吞噬细胞可吞噬分枝杆菌，但不能杀死和消灭细菌，反而造成病菌蔓延。

淋巴结参与淋巴细胞归巢与再循环。淋巴结中的淋巴细胞通过输出淋巴管进入胸导管和右淋巴导管，进而注入心脏，随血循环而分布全身，其中部分淋巴细胞通过淋巴结的深皮质区的高内皮小静脉（high endothelial venule，HEV），重新进入淋巴结，并移动到髓质区，然后由输出淋巴管进入胸导管和右淋巴导管，再回到血循环，此过程称为淋巴细胞归巢与再循环。

淋巴细胞归巢与再循环是一种生理现象，具有重要的意义：淋巴细胞在血液、淋巴液、淋巴器官和组织之间周而复始的循环，增加了淋巴细胞与抗原及抗原递呈细胞（antigen-presenting cell，APC）接触的机会，有利于适应性免疫应答的产生，并保证淋巴细胞在组织中均衡分布。此外，淋巴组织可从不断反复循环的"细胞库"中及时补充新的淋巴细胞。

（二）脾脏

体内最大的外周免疫器官是脾脏，位于腹腔的左上方，不与淋巴管直接相连，也无淋巴窦，但有大量血窦。

1. 脾脏的结构 脾脏由皮质（白髓）和髓质（红髓）两大部分组成，外有被膜（图2-7）。白髓有着紧密的结构，是T细胞和B细胞的留居场所，由密集的淋巴细胞组成，其中央小动脉分支形成边缘窦。在中央小动脉周围有致密淋巴细胞形成的淋巴鞘。淋巴鞘是T细胞居留的场所，有T细胞、树突状细胞和少量巨噬细胞。淋巴鞘外缘的淋巴滤泡以B淋巴细胞和少量巨噬细胞为主要成分，为B细胞区。

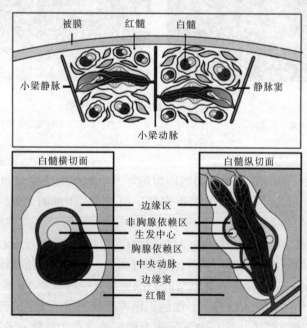

图2-7 脾脏的结构
（金伯泉．2008．医学免疫学）

来自血液循环的抗原和淋巴细胞经过白髓边缘窦进入白髓淋巴组织，受到抗原刺激后，辅助性T细胞活化后进入淋巴滤泡触发T、B细胞产生协同作用。B细胞增殖分化形成生发中心，它由各种淋巴细胞、单核细胞、巨噬细胞构成。白、红髓间为边缘区，内含T、B细胞及巨噬细胞，其中巨噬细胞可递呈抗原给T、B细胞。脾脏的髓质部又称红髓。红髓位于白髓周围。红髓中有许多血窦，血窦内充满血液。此外还有红髓索，髓索内含有巨噬细胞，有直接清除病原体和衰老的红细胞的功能，即过滤作用。活化的B细胞有的移往红髓，可分泌抗体。脾脏的结构与淋巴结不同的是，白髓之间的部分为红髓，即红髓分布在白髓之外，而在淋巴结中刚好相反，皮质是在髓质之外。

2. 脾脏的功能 脾脏是淋巴细胞居留和产生免疫应答的重要场所。脾脏中T细胞占35%，B细胞占55%，巨噬细胞占10%，其功能及其对抗原刺激的应答过程类似于淋巴结，主要区别在于脾脏是对血源性抗原产生应答的主要场所，而淋巴结主要对淋巴液中的抗原产生应答。

脾脏是全身血液的过滤器。脾脏红髓中的巨噬细胞拥有清除血液中的外来抗原以及自身发生突变和衰老的细胞的功能。

（三）皮肤淋巴组织和黏膜相关淋巴组织

皮肤是机体防御的重要屏障，皮肤淋巴组织由表皮和真皮中分布的各种免疫细胞构成。表皮中有上皮细胞、表皮Langerhans细胞和少量皮下淋巴细胞。表皮下面的真皮结缔组织中有大量的T细胞和巨噬细胞分布在微血管周围。

黏膜相关淋巴组织（mucosal associated lymphoid tissue，MALT）又称为肠系淋巴样组织（gut associated lymphoid tissue，GALT）。它们广泛分布于呼吸系统和消化系统的黏膜下，如咽部扁桃体、小肠部的皮尔氏体以及大肠部的盲肠等，构成呼吸道和消化道入口处的防御结构，称为Waldyer环。这些淋巴组织本身通常外面没有被膜，有的也可以形成大的滤泡和生发中心，其中充满B细胞，在滤泡之间有少量T细胞（多为$CD4^+$T细胞）组成的T细胞区，如皮尔氏体。MALT中的淋巴细胞可参与淋巴细胞再循环，淋巴细胞在黏膜某处受抗原刺激而分化增殖后，很快就会在全身其他黏膜淋巴组织发现具有抗原反应性和相似分布的致敏淋巴细胞。

第三节 免疫细胞

免疫细胞的主要组成部分是淋巴细胞，如T淋巴细胞和B淋巴细胞。淋巴细胞通过血液和淋巴管由中枢免疫器官运往外周免疫器官，并通过血液和淋巴循环输送到全身各组织器官。机体的免疫系统识别外来抗原与激活时，除了淋巴细胞的参与外，还必须有许多非淋巴细胞的参与，如单核/巨噬细胞、树突状细胞等。这些细胞通过其表面的各种标志进行特异性识别或者相互之间进行信号转导，与外来抗原建立起特异的相互关系，它们构成了免疫系统中各种关系的细胞和分子基础。

一、T/B淋巴细胞

（一）T淋巴细胞

T淋巴细胞（T lymphocyte）即胸腺依赖性淋巴细胞（thymus-dependent lymphocyte），简称T细胞，是免疫细胞的主要组成部分之一。淋巴样前体细胞只有进入胸腺，经过一系列有序的分化发育过程后，才能成为成熟的T细胞。

1. T细胞的个体发育 成熟的、有功能的T细胞必须在胸腺中经过TCR基因的重排与重组，获得功能性的TCR，再进一步经历阳性选择和阴性选择过程（图2-8）。主要组织相容性复合体（major histocompatibility complex，MHC）抗原在T细胞的个体发育中起着关键的作用，参与阳性选择和阴性选择过程。MHC是机体中参与排斥反应的20多个抗原中能引起强烈而迅速排斥反应的抗原。在哺乳动物中，编码MHC的基因位于同一染色体上，是一组紧密连锁的基因群。

（1）T细胞发育的阳性选择。来自骨髓的胸腺细胞前体（prothymocyte）表型为$CD4^-CD8^-$双阴性细胞，进入胸腺后开始进行T细胞受体（TCR）重排，同时$CD4^-CD8^-$双阴性细胞发育为$CD4^+CD8^+$双阳性细胞（double positive cells，DP），并表达功能性TCR，进一步经历由TCR介导的阳性选择（positive selection）。其机制为：如果双阳性细胞的TCR与胸腺皮质上皮细胞表面的自身抗原肽-MHC I 类分子复合物以中等的亲和力结合，则细胞表面的CD8分子表达水平增高，而CD4分子的表达水平降低甚至缺失，双阳性细胞分化为$CD4^-CD8^+$单阳性细胞（single positive cells，SP）；如果双阳性细胞的TCR能与胸腺皮质上皮细胞表面的自身抗原肽-MHC II 类分子复合物以中等的亲和力结合，则细胞表面的CD4分子表达水平增高，CD8分子的表达水平降低甚至缺失，双阳性细胞分化为$CD4^+CD8^-$单阳性细胞；若双阳性细胞的TCR不能与自身抗原肽-MHC分子复合物结合，则双阳性细胞在胸腺皮质内发生程序性死亡（programmed cell death）而被清除掉。由此，这种选择过程赋予了$CD4^-CD8^+$和$CD4^+CD8^-$单阳性细胞分别具备MHC I 类和MHC II 类分子的限制性识别能力。

（2）T细胞发育的阴性选择。经过阳性选择后的T细胞还需经过阴性选择（negative selection）后才能发育为能识别外来抗原的成熟T细胞。自身抗原成分与位于胸腺皮质与髓质交界处的树突状细胞或巨噬细胞表面的MHC I 类或 II 类抗原形成复合物。之前经过阳性选择后的$CD4^-CD8^+$和$CD4^+CD8^-$T细胞在胸腺髓质中若能与树突状细胞或巨噬细胞表面

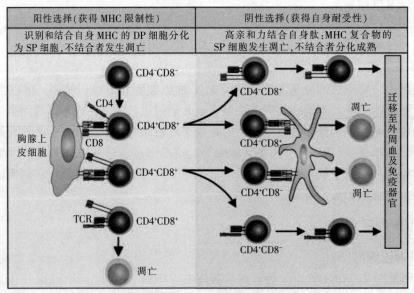

图2-8 T细胞在胸腺中的阳性选择和阴性选择
（金伯泉.2008.医学免疫学）

的自身抗原肽-MHC分子复合物以高亲和力结合，即被激活而发生程序性死亡；而不能识别自身抗原肽-MHC分子复合物的T细胞则能继续发育成为能识别外来抗原的成熟的单阳性T细胞。由此，单阳性T细胞经过阴性选择而获得对自身抗原的耐受性。

经历了阳性选择和阴性选择的胸腺细胞，分化成熟为具有MHC限制性识别能力和具有自身耐受性的$CD4^+CD8^-$或$CD4^-CD8^+$单阳性T细胞，即具有免疫功能的成熟T细胞，然后离开胸腺迁移到外周血液中，再移居到外周淋巴器官。

2. T细胞表面标志 淋巴细胞表面标志（surface marker）是指表达于细胞表面具有特殊结构和功能的多种蛋白质分子，包括各种表面受体（surface receptor）和表面抗原（surface antigen）。T细胞表面上最重要的标志是T细胞受体（TCR）以及与抗原受体形成复合物的细胞分化抗原CD3分子。此外还有CD4、CD8、CD2、CD28、CD45和MHC抗原等。

(1) T细胞受体。TCR是T细胞特异性识别和结合抗原的受体，是T细胞表面上最重要的表面标志。每个T细胞表面大约有30 000个受体。TCR是由两条不同的肽链组成的异源二聚体，多数为α/β二聚体，少数为γ/δ二聚体。TCR的α和β链分别由V-J-C及V-D-J-C基因片段重排后编码，可构成多样性的TCR分子，由此决定T细胞识别抗原的特异性。

(2) CD3。CD3分子是表达于成熟的T细胞、至少由5种肽链组成的细胞表面大分子。与TCR紧密联系形成TCR-CD3复合物，CD3是将TCR信号传入T细胞的不可缺少的分子。CD3分子与TCR由非共价键组成TCR/CD3复合物，共同进行对APC表面抗原肽-MHC分子复合物的识别和活化信号传递，在TCR信号转导过程中起着关键的作用，是T细胞识别特异性抗原肽以及提供T细胞激活第一信号的分子基础。当TCR识别抗原肽-MHC复合物后，CD3分子细胞质区免疫受体酪氨酸活化基序（immunoreceptor tyrosine-based activation motif, ITAM）中的酪氨酸发生磷酸化，磷酸化的ITAM基序结合ZAP-70等信号分子，活化磷脂酶，调节磷酸肌醇代谢，启动钙离子途径和磷脂肌醇信号途径（PKC）。

(3) CD4。CD4为单链跨膜糖蛋白，是T细胞TCR识别抗原的辅助受体（co-receptor），由MHCⅡ类分子限制。CD4通过与MHCⅡ类分子的黏附而参与细胞内信号转导。T细胞受刺激后，CD4分子与MHCⅡ类分子发生相互作用，通过激活$P56^{lck}$而促进胞内的酪氨酸磷酸化。在外周血和外周淋巴器官中，$CD4^+$T细胞为辅助性T细胞（helper T cell, Th）；在胸腺中，CD4阳性细胞包括Th和不成熟的$CD4^+CD8^+$双阳性细胞。CD4单抗在体内或体外均可抑制T细胞功能。此外，CD4能与人类免疫缺陷病毒（human immunodeficiency virus, HIV）的被膜蛋白gp120特异性结合而成为HIV受体。

(4) CD8。CD8分子由α、β链通过二硫键连接而形成异源二聚体，是细胞毒性T细胞（cytotoxic T cell, Tc或称CTL）和不成熟的$CD4^+CD8^+$双阳性细胞膜上的糖蛋白。CD8是T细胞表面TCR识别抗原的辅助受体，受MHCⅠ类分子限制，不仅可稳定Tc识别靶细胞或与APC结合，而且也在CD8阳性细胞的选择中起着重要的作用。CTL在特异性识别靶细胞时，其CD8分子与MHCⅠ类分子结合，有助于稳定TCR与抗原肽-MHCⅠ类分子复合物间的相互作用。因此，CD8分子又称为参与CTL激活的共受体。CD8分子还参与T细胞活化与增殖的信号转导，由此启动MHCⅠ类分子限制性T细胞应答。TCR与配体结合后，CD8分子的胞质区快速磷酸化，从而参与$CD8^+$T细胞活化的信号传递。

(5) CD2。CD2是单链分子，相对分子质量$4.5×10^4 \sim 5.8×10^4$，分布在70%的胸腺细胞及90%成熟的人T细胞表面。CD2又称白细胞功能抗原2（LFA-2）或E受体，即羊红细胞受体（sheep red blood cell receptor，SRBCR），同时也是LFA-3（CD58）的受体。因为羊红细胞表面有LFA-3（CD58），所以T细胞与羊红细胞（SRBC）结合可形成以T细胞为中心，周围吸附围绕许多羊红细胞的E花结。早期借此用于T细胞的特异性检测以及从血液中分离纯化T细胞。CD2与CD48或CD58结合，增强APC或靶细胞与T细胞之间的黏附，使得T细胞对抗原的识别功能提高，并且促进CD2分子所介导的信号转导。

（6）CD28。CD28是由两条相对分子质量为$4.4×10^4$的肽链组成的同源二聚体，是Ig超家族成员。CD28作为协同刺激分子，提供T细胞活化的辅助信号。T细胞活化过程中需要两个信号：第一信号是由抗原提供的刺激信号，TCR与APC或靶细胞表面MHC-抗原肽复合物的特异性结合为刺激T细胞活化的第一信号；反应T细胞共刺激分子提供第二信号，即APC表面B7分子与T细胞表面CD28分子等结合；另外，细胞因子，如白细胞介素1（IL-1）和白细胞介素2（IL-2）等细胞因子的刺激信号促进T细胞充分活化。就目前已知，CD28/CD80（或CD86）在协同刺激分子中占据最重要的地位，它们之间的相互结合和随后介导的信号转导途径是T细胞和B细胞相互协作的关键分子基础。CD28分子参与T细胞活化；B7分子刺激B细胞活化，促进体液免疫。因此，在免疫调节中，CD28与B细胞和APC上的配体B7-1（CD80）、B7-2（CD86）结合，所起的协同刺激信号传递作用对T细胞活化及T细胞与B细胞的相互作用是不可缺少的。CD28分子还接受APC细胞B7分子提供的刺激，如果APC细胞只有MHC-抗原肽刺激TCR/CD3的信号，而没有B7分子产生的协同刺激信号，那么T细胞将会因为缺乏第二信号而产生无反应性（anergy）现象，又称免疫无能。

3. T细胞亚群及功能 T细胞是高度不均一的群体，根据其细胞生物学或分子生物学特征，可分为不同的T细胞类别及其亚群。

根据CD4和CD8分子表达与否分类，成熟的T细胞可以划分为$CD4^+$T或$CD8^+$T两种细胞。按$CD4^+$细胞表达CD45分子异构体的不同又可划分为$CD45RA^+$和$CD45RO^+$T细胞两个亚群，它们分别是初始T细胞（naive T cell，Tn）和记忆性T细胞（memory T cell，Tm）的重要表型。初始T细胞与抗原接触后分化成效应性T细胞（effector T cells，Te）和记忆性T细胞。免疫记忆是获得性免疫应答的基本特征之一。记忆性T细胞有记忆特异性抗原刺激的作用，能帮助实现免疫记忆的功能。记忆性T细胞具有高效性，对再次进入机体的相同抗原能产生比未致敏T细胞更快、更强的免疫应答，从而有效发挥免疫防御作用，并能防止长期寄生的低致病性病原体损伤机体。记忆性T细胞寿命长，能在体内存活数年甚至数十年，可长期对机体产生保护，这也是疫苗应用的理论基础。

T细胞是相当复杂的不均一体，在体内又不断更新，在同一时间存在处在不同发育阶段或发挥不同功能的亚群。目前对T细胞进行分类和命名的原则比较混乱，尚未统一。按免疫应答的功能不同，可将T细胞分成以下亚群。

（1）辅助性T细胞（helper T cell，Th）。辅助性T细胞具有协助体液免疫和细胞免疫的功能。早期发现$CD4^+$T细胞可辅助B细胞应答，故命名为辅助性T细胞。实际上$CD4^+$T细胞包含不同亚群，它们分别可发挥负调节功能（如Treg）和效应功能（如Th1、Th2、Th17和Tfh细胞）。对T细胞功能亚群的认识也在发生演变。

（2）抑制性T细胞（suppressor T cell，Ts）。抑制性T细胞具有抑制体液免疫和细胞免疫的功能。机体所有的生理功能存在着严密的调控机制，且负调节机制在其中往往占据主导地位。早期研究认为，体内是有$CD8^+$Ts存在的。不过一直未能分离、克隆出具有特征性表面标志的 Ts 细胞。目前认为，宜淡化所谓的"抑制性 T 细胞"和"辅助性 T 细胞"的概念。近年人们研究发现，在人和小鼠体内存在的某些 $CD4^+$ T 细胞亚群具有显著的免疫抑制作用，这些细胞被称为调节性 T 细胞（regulatory T cell，Treg），可通过不同途径作用于多种靶细胞，从而使机体对免疫应答的负调控极为精细。实际上，具有负调节作用的 T 细胞可能并非单一亚群，它们可能是 $CD4^+$（如 Treg），也可能是 $CD8^+$（如 $CD8^+CD28^-$ T 细胞）或双阴性细胞。

(3) 效应性 T 细胞（effector T cell，Te）。效应性 T 细胞具有释放淋巴因子的功能。$CD4^+$ 效应性 T 细胞可进一步分为 Th1 细胞、Th2 细胞、Th17 细胞、滤泡辅助性 T 细胞（follicular helper T cell，Tfh）和 Th9 细胞亚群。

Th1 细胞主要介导与细胞毒和局部炎症相关的免疫应答，参与细胞免疫应答及迟发型超敏反应性炎症发生，故亦称为炎症性 T 细胞，相当于迟发型超敏反应 T 细胞（delayed type hypersensitivity T cell，T_{DTH}）。Th1 细胞在机体抗胞内病原体感染中发挥重要作用。Th1 细胞主要分泌的细胞因子有 IL-2、γ-干扰素（IFN-γ）和 β-肿瘤坏死因子（TNF-β）等。

Th2 细胞分泌 IL-4、IL-5 和 IL-6，主要参与 B 细胞的分化和成熟，诱导 B 细胞产生 Ig 类别的转换。B 细胞对大多数抗原的应答需要 T 细胞参与。Th2 细胞参与体液免疫应答，并在 B 细胞活化和 Ig 类别转换中发挥调节作用。Th2 曾被认为是辅助 B 细胞产生体液免疫应答的主要 T 细胞亚群，但最新的研究表明，Tfh 是辅助 B 细胞的主要亚群。Tfh 定位于淋巴滤泡，其主要生物学作用是辅助 B 细胞应答。

(4) 迟发型超敏反应 T 细胞（delayed type hypersensitivity T cell，T_{DTH}）。这是一类介导迟发型超敏反应的 $CD4^+$ T 细胞，主要是 Th1 细胞。

(5) 细胞毒 T 细胞（cytotoxic T cell，Tc）。细胞毒 T 细胞具有杀伤靶细胞的功能。大部分 $CD8^+$ T 淋巴细胞可特异性杀伤靶细胞，故又称细胞毒性 T 淋巴细胞（cytotoxic T lymphocyte，CTL）。与 $CD4^+$ T 细胞一样，也并非均一的细胞群体。按 CD28 标志的有无，可将 $CD8^+$ T 细胞分为两类：$CD8^+CD28^+$ T 细胞亚群，能在活化信号下产生 IL-2；$CD8^+CD28^-$ T 细胞亚群，不产生 IL-2，没有杀伤功能，但可对 IL-2 产生应答，具有调节免疫应答的能力，通过抑制 APC 对辅助性 T 细胞的活化维持免疫耐受。按其所分泌的细胞因子谱进行分类，可将 $CD8^+$ T 细胞分为 Tc1 和 Tc2 细胞亚群。Tc1 和 Tc2 具有类似于 Th1 和 Th2 的生物学特征，如产生细胞因子的种类、参与免疫应答的类型、分化的调节机制等。Tc1 和 Tc2 主要作用方式是通过颗粒酶、穿孔素、死亡受体和淋巴毒素杀伤靶细胞，是机体发挥特异性细胞毒作用的主要效应细胞。Tc 对靶细胞的杀伤具有三个特点：其一，具有抗原特异性和 MHC I 类分子限制性，即只对自身表达 MHC I 类分子的细胞内感染、突变抗原和自身抗原起到监视作用，不杀伤异体 MHC I 类分子介导的靶细胞；其二，Tc 细胞杀伤过程需要与靶细胞直接接触，不伤害其他无关细胞；其三，可反复杀伤表达 MHC I 类分子及相应特异性抗原的多个靶细胞而自身无损伤。除了杀伤靶细胞外，Tc 还能介导迟发型超敏反应。

综上所述，T 细胞亚群种类繁多，其功能各异。需强调的是：有必要淡化传统上所谓"效应性 T 细胞/调节性 T 细胞"及"辅助性 T 细胞/抑制性 T 细胞"的概念。实际上，无论 $CD4^+$ T 细胞或 $CD8^+$ T 细胞，均可发挥正、负调节功能；而且，即使是同一细胞亚群，在不同病理、生理条件下（如微环境差异、靶细胞的类型差异、个体遗传背景差异、不同种类和不同剂量抗原刺激等),可发挥不同甚至是相反的效应。另外,Th 细胞亚群具有可塑性。

(二) B 淋巴细胞

B 淋巴细胞(B lymphocyte)又称骨髓依赖的淋巴细胞(bone dependent lymphocyte),简称 B 细胞,由哺乳动物的骨髓或鸟类的法氏囊中淋巴样前体细胞分化而来。研究表明,哺乳动物胚胎期的 B 细胞来自胎肝和胎脾。用抗 B 细胞谱系的单克隆抗体可以检测到在妊娠晚期和新生儿的胎肝中有 B 细胞谱系抗原的存在。妊娠中后期胚胎骨髓逐步成为 B 细胞分化发育的地方。

1. B 细胞的个体发育 骨髓或法氏囊不仅是 B 细胞产生的场所,而且也提供 B 细胞发育所必需的微环境。祖 B 细胞、前 B 细胞、未成熟 B 细胞、成熟 B 细胞、活化 B 细胞和浆细胞阶段是 B 细胞分化依次经历的过程(图 2-9)。其中前 B 细胞和未成熟 B 细胞的分化阶段是抗原非依赖的过程,其分化过程在骨髓中完成,在此阶段 B 细胞逐渐成熟并对抗原产生应答能力。抗原依赖阶段是指受到抗原刺激后,成熟的 B 细胞进行活化,继续分化为合成和分泌抗体的浆细胞,这个阶段的分化过程主要在外周免疫器官中完成。

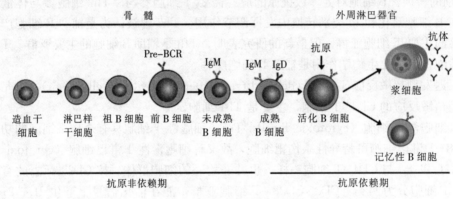

图 2-9 B 细胞的发育阶段
(金伯泉. 2008. 医学免疫学)

(1) 抗原非依赖阶段。前 B 细胞(pre-B cell)自骨髓中淋巴干细胞分化而来,只存在于胎肝和骨髓等造血组织。其发育大致经历祖 B 细胞、前 B 细胞、未成熟 B 细胞和成熟 B 细胞阶段;发生的事件主要有 BCR(B 细胞抗原受体)的 V 区基因重排、BCR 表达、阴性选择等。骨髓中的淋巴样祖细胞在骨髓造血微环境中,受骨髓基质中黏附分子和细胞因子的作用,分化形成祖 B 细胞(pro-B cell),开始发生 BCR 的 V 区基因重排。BCR 重链和轻链的 V 区基因重排和表达是 B 细胞在骨髓中发育的标志性事件:未成熟 B 细胞(immature B cell)具备完整表达 mIgM 的能力;未成熟 B 细胞只表达 mIgM 时如果接受抗原刺激,将表现负应答,使 B 细胞状态转变为受抑制,导致其无法继续分化形成成熟的 B 细胞,通过凋亡、BCR 受体编辑或诱导无反应性等机制而发生免疫耐受,即 B 细胞在骨髓发育中的阴性选择,这是 B 细胞中枢耐受的机制;不与自身抗原结合的未成熟 B 细胞进而发育为成熟 B 细胞(mature B cell)或称初始 B 细胞(naive B cell),其表面同时表达 mIgD 和 mIgM。mIgD 的表达可以防止 B 细胞与抗原结合后而引起的免疫耐受。骨髓中发育成熟的 B 细胞经血液迁移至外周淋巴器官,成熟 B 细胞表达有丝分裂原受体、补体受体 1(CR1)以及多种细胞因子受体。

（2）抗原依赖阶段。通常发生于外周免疫器官。成熟 B 细胞迁移、定居于外周免疫器官。若接受抗原刺激，B 细胞即增殖、分化为浆细胞并产生抗体，这个过程即 B 细胞的外周发育，亦称 B 细胞发育的抗原依赖期。在外周淋巴器官生发中心，成熟 B 细胞接受外来抗原刺激并依赖于 T 细胞的辅助，进入增殖状态，并发生 Ig 可变区的体细胞超突变。部分 B 细胞突变后不再与滤泡树突状细胞（follicle dendritic cell，FDC）表面的抗原结合，继而发生凋亡；部分 B 细胞经突变后，其 BCR 能更有效地与抗原结合，且 B 细胞表面 CD40 与活化 Th 细胞表面 CD40L 结合，使之免于凋亡，最终分化为能分泌特异性抗体的浆细胞，少数分化为长寿记忆细胞。

浆细胞又称抗体分泌细胞（antibody secreting cell），比未成熟 B 细胞和记忆 B 细胞大。无论在形态大小还是表面标记方面，都很难将未成熟 B 细胞和记忆 B 细胞区别开来。但是记忆 B 细胞在效应功能上明显有别于初始 B 细胞：其一，记忆 B 细胞有归巢受体，能在淋巴循环中识别胸导管和淋巴结。其二，记忆 B 细胞受到相同抗原刺激能迅速转变成分泌抗体的浆细胞，产生抗体的潜伏期短，抗体水平高，维持时间长。如果记忆 B 细胞未受到抗原刺激，便能在机体中长期存活。

2. B 细胞表面标志　B 细胞表面标志包括表面抗原和表面受体，在抗原的识别、免疫细胞间以及免疫细胞与免疫分子之间的相互作用中发挥重要作用，与此同时也是分离和鉴别 B 细胞的重要依据。

（1）B 细胞受体（BCR）。即膜抗体（mIg），是 B 细胞表面的特征性标志，在 B 细胞应答中特异性识别抗原分子的 B 细胞表位。mIg 的组成和结构与分泌型抗体（sIg）分子基本相同，所不同的只是 mIg 分子的 C 端比 sIg 增加了一段疏水的肽段。该肽段插入细胞膜内，使抗体成为细胞膜表面上能与某一特定抗原决定簇结合的抗原受体。一个 B 细胞克隆表面上的 BCR 相同，即具有抗原决定簇的特异性。BCR 随 B 细胞发育阶段而不同：未成熟的 B 细胞表面仅表达 mIgM；成熟的初始 B 细胞表面同时表达 mIgM 和 mIgD；记忆 B 细胞不表达 mIgD。

（2）Fc 受体。B 细胞表面的 Fc 受体，即能与免疫球蛋白分子的 Fc 片段结合的受体。B 细胞表面有 IgG 的 Fc 受体（FcγR）和 IgE 的 Fc 受体（FcεR），分别识别 IgG 和 IgE 的 Fc 片段。Fc 受体还能结合抗原-抗体复合物，因此早期用抗牛红细胞抗体与牛红细胞形成复合物 EA 花环试验检测 B 细胞表面 Fc 受体。

（3）补体受体（CR）。B 细胞表面表达 CR1 和 CR2 两种补体受体，它们由单链的细胞膜糖蛋白组成。CR1（CD35）多见于成熟 B 细胞和其他许多类免疫细胞，CR1 密度在活化 B 细胞表面明显增高，直至活化晚期下降。CR1 能结合补体成分 C3b 和 C4b，发挥免疫黏附作用。CR2（CD21）能结合补体成分 C3dg 或 C3d。CR2 结合 C3d 时能刺激 B 细胞生长分化。CR2 还是 EB 病毒的受体，使得 B 细胞更加容易受到 EB 病毒的侵染，与 EB 病毒选择性感染 B 细胞有关。B 细胞在体外可被 EB 病毒感染，从而转化为 B 淋巴母细胞系。在免疫学研究中，应用这种转化的 B 细胞系可排除疾病状态或个体差异对实验结果的干扰，尤其能长期保存细胞而避免多次采集样本，因此具有重要的应用价值。通常可用抗体致敏的红细胞与补体结合试验检测补体的受体，称为 EAC 花环试验。早期采用 EA 花环与 EAC 花环可检测外周血中 B 细胞的比例及数目。如，正常人 EA 花环比例为 20%～30%，EAC 花环比例为13%～20%。

(4) 有丝分裂原受体。有丝分裂原（mitogen）是一些能促进淋巴细胞产生有丝分裂的物质。葡萄球菌A蛋白（SPA）是B淋巴细胞专有的分裂原，能与不依赖T细胞的B细胞结合，刺激细胞分裂。

(5) B7分子。B细胞在受到微生物侵染时，由微生物的脂多糖诱导，在B细胞表面表达B7-1（CD80）和B7-2（CD86）。它们都是协同刺激分子，对B细胞的抗原递呈及B细胞与T细胞之间的信号传递起着重要的作用。

(6) CD40。是B细胞表面最重要的共刺激分子受体，与T细胞表面CD40L结合，对激活B细胞并阻止B细胞凋亡具有重要意义。

(7) MHC类分子。B细胞组成型表达MHC I 类分子和MHC II 类分子，使B细胞成为能够递呈外源性抗原的专职APC。通过受体内化摄取的外源性抗原在B细胞中经过加工处理，与MHC II 类分子结合形成抗原肽-MHC II 类分子复合物，在B细胞表面表达，被$CD4^+$ T细胞识别。在对TD抗原的应答中，这个过程是Th-B细胞之间相互作用的基础。

3. B细胞亚群及功能　目前按照CD5分子是否在B细胞表面表达将B细胞分为B1（$CD5^+$）和B2（$CD5^-$）两个亚群。B1亚群可视为参与固有免疫的一种细胞亚群。B2细胞即通常意义上的B细胞，主要介导特异性体液免疫。此外，B2细胞还具有抗原递呈和免疫调节功能。

B细胞也是一类重要的专职APC。B细胞表面能持续表达MHC II 类分子，能有效递呈给$CD4^+$ T细胞，也表达B7-1分子，对活化的Th发挥共刺激效应。B细胞借助其表面的BCR摄取抗原（包括大分子蛋白质、半抗原、微生物抗原及自身抗原等），并与抗原分子表面的特异性表位结合，激活受体介导的内吞作用；使抗原水解形成抗原多肽，与MHC II 类分子结合为复合物并在B细胞的表面表达，递呈给$CD4^+$ T细胞。这种摄取和递呈抗原的途径不仅能激活Th细胞，还能诱导Th细胞产生细胞因子，促进B细胞增殖分化，使之转化为浆细胞，从而合成和分泌免疫球蛋白。在再次免疫应答中，尤其在抗原浓度较低的情况下，B细胞这种高效摄取并递呈抗原的功能具有重要的生物学意义。此外，在局部抗原浓度很高的情况下，B细胞也可能直接通过胞饮的方式将异物抗原吞入胞内。

二、固有免疫细胞

(一) 单核/巨噬细胞

19世纪末俄国人Metchnikoff观察到从海星幼体中胚层分离的一种具有阿米巴变形运动特点的细胞能够将颗粒性异物吞入细胞内，因此提出了吞噬（phagocytosis）的概念，开创了固有免疫这一研究领域。单核吞噬细胞是除淋巴细胞外免疫系统中第二大主要的细胞群。单核吞噬细胞系统（mononuclear phagocyte system，MPS）包括外周血单核细胞（monocyte，Mon）、骨髓前单核细胞（pre-monocyte）和存在于各种组织中的巨噬细胞（macrophage，MΦ）。

单核吞噬细胞分化自骨髓干细胞。骨髓髓样干细胞受某些细胞因子刺激而发育成为骨髓前单核细胞；骨髓前单核细胞在单核诱生因子作用下发育成为外周血单核细胞，并不断进入血液；外周血单核细胞在血液中停留数小时至数日后转移到全身各个组织器官中，发育成熟后成为巨噬细胞。因此，巨噬细胞又可以说是完全成熟的单核细胞。巨噬细胞寿命可达数月以上，几乎分布于全身各组织，在不同的器官组织中有不同的名称，如在肝中称库普弗（Kupffer）细胞，在肺组织中称为肺泡巨噬细胞（alveolar macrophage），在脾白髓中称脾巨噬细胞，在脑组织中称小神经胶质（microglial）细胞，在骨中称为破骨细胞（osteoclast），在腹水中自由漂浮的称为腹腔巨噬细胞。有些巨噬细胞能长期停留在一些组织中成为固定的巨噬细胞，有些巨噬细胞可在组织间隙中自由移动，成为漫游的巨噬细胞。巨噬细胞是参与适应性免疫和固有免疫的重要细胞，具有多种生物学功能，主要表现为以下方面。

1. 趋化性 多种趋化因子受体能够在巨噬细胞表面表达，在相应趋化因子的刺激下，穿越毛细血管内皮细胞间隙向炎症灶聚集，行使生物学功能。到达炎症灶的巨噬细胞进一步分泌趋化因子，诱导更多的巨噬细胞活化与聚集。随着炎症灶中异物和病原体被逐渐清除，巨噬细胞的这种趋化反应逐渐减弱并最终自行停止。在体内，通过自我调节趋化因子产生和灭活，巨噬细胞既能清除异物和病原微生物，又做到不损伤自身组织，因而构成了机体的有效防线。

2. 吞噬作用 巨噬细胞借助其表面模式识别受体（如 TLR、SR 等）识别病原体表面的模式分子 PAMP，从而吞噬病原微生物。巨噬细胞吞噬清除病原体的过程为：首先，巨噬细胞在趋化因子的刺激下向抗原入侵部位或炎症灶移动；然后，巨噬细胞与抗原发生黏附，抗原继而被巨噬细胞伸出的伪足包围，经过伪足融合、内陷而形成内吞泡（phagosome），内吞泡再与溶酶体融合形成吞噬溶酶体（phagolysome），吞噬溶酶体中溶菌酶和蛋白水解酶等水解、消化病原体等异物；最后，巨噬细胞通过胞吐作用（exocytosis）清除裂解后形成的小分子物质。

3. 抗原处理与递呈 巨噬细胞是专职 APC 之一，通过吞噬、胞饮及受体介导的胞吞作用（receptor-mediated endocytosis）等方式摄取抗原，并将加工处理后的抗原以抗原肽-MHC Ⅱ类分子复合物的形式在巨噬细胞表面表达出来，递呈给 $CD4^+$ T 细胞识别。

4. 杀伤作用 脂多糖和某些细胞因子（如 IFN-γ 等）可激活巨噬细胞，从而有效增强其杀伤肿瘤和被病毒感染的细胞的能力。

5. 免疫调节作用 巨噬细胞可对免疫应答发挥正、负调节作用。巨噬细胞增强免疫应答的机制为：摄取、加工处理、递呈抗原并激活免疫应答；分泌多种具有增强免疫作用的细胞因子，如 TNF-α、IL-1 和 IL-2 等，使得免疫细胞活化、增殖、分化和产生免疫效应因子。巨噬细胞产生抑制免疫应答的机制是：过度激活的巨噬细胞转变为抑制性的巨噬细胞，通过分泌前列腺素和活性氧分子等抑制性因子，抑制免疫细胞活化、增殖，使其吞噬、杀伤靶细胞的能力及其他生物学功能下降。

（二）NK 细胞

20 世纪 70 年代初，研究人员在肿瘤免疫中发现，源于正常机体的淋巴细胞可以发挥杀伤某些肿瘤细胞的作用，随后的研究表明这是一种天然杀伤作用，甚至可在无预先致敏的状态下产生，人们将其定义为自然杀伤细胞（natural killer cell，NK）。因其形态上特点为细胞质丰富，含有许多嗜苯胺颗粒，故又被命名为大颗粒淋巴细胞（large granular lymphocyte，LGL）。NK 细胞与靶细胞，如肿瘤细胞、被病毒或细菌感染的细胞混合后 4h 即发挥杀伤效应，表现为一种速发效应。

NK 细胞是固有免疫中一类十分重要的淋巴细胞，其发挥杀伤效应的机制与细胞毒 T 细胞相似，通过其细胞毒活性和形成淋巴因子，在机体抗肿瘤、抗感染和免疫调节等多个方面发挥重要的生物学作用。在初期的病毒感染过程中，NK细胞即可通过趋化作用聚集至感染灶，在吞噬细胞等非特异性免疫细胞产生的IFN-α/β、TNF-α和IL-12等细胞因子的诱导下进入活化状态，经由自然杀伤作用使被病毒感染的细胞溶解破坏达到控制病毒感染的目的。同时，NK细胞还分泌TNF-α和IFN-γ等，以干扰病毒的复制和进一步活化吞噬细胞的方式，提高机体抗感染免疫的能力。NK细胞效应发生时间在适应性免疫应答之前，所以在机体针对病毒和寄生虫的抗感染免疫的早期阶段具有非常重要的作用。NK细胞在血液循环和组织中均可参与阻抑肿瘤的转移和生长。NK细胞具有较广的杀瘤谱，可与肿瘤细胞的密切接触而发挥直接杀伤同系、同种和异种瘤细胞的作用，也可由ADCC效应杀伤被特异性IgG包被的肿瘤细胞。此外，NK细胞在移植排斥反应、自身免疫病和超敏反应中发挥重要作用。

（三）固有样淋巴细胞

机体的特定部位存在一些淋巴样细胞，这些细胞表达识别抗原的特异性受体（BCR/TCR），但多样性有限，识别抗原后克隆增殖能力较弱。其生物学行为更加类似于固有免疫细胞，这些细胞被称为固有样淋巴细胞（innate-like lymphocyte，ILL），主要包括B1细胞、γδT细胞以及NKT细胞。

NKT细胞组成型表达CD56（小鼠NK1.1）和TCR-CD3复合受体。NKT细胞表面TCR表达密度相对较低，多样性有限，通常识别MHC样的分子CD1所递呈的磷脂和糖脂类抗原，不受经典MHC分子限制。NKT细胞在胸腺内分化发育，成熟后主要分布在肝脏、胸腺、外周淋巴器官等。NKT细胞在接受抗原刺激后可迅速产生多种细胞因子，如IL-4、IL-10及IFN-γ，具有免疫调节作用和非特异性杀伤效应。

（四）树突状细胞

树突状细胞（dendritic cell，DC）是1973年Steinman和Cohn发现的一群外形奇特的细胞，因其成熟细胞表面有许多树突（dendron）状突起而得名。DC是适应性免疫的主要启动者，在体内是最重要的专职APC，行使对抗原进行摄取、加工处理与分类的职责，并将抗原递呈给T细胞，激活适应性免疫应答。

体内DC均起源于多能造血干细胞，可分别由骨髓髓样干细胞和淋巴样干细胞分化成髓样DC和淋巴样DC。按其组织分布，可将DC分为以下三类。

1. 淋巴样组织DC 淋巴样组织DC包括滤泡状DC、并指状DC和胸腺DC。滤泡状DC是参与再次免疫应答的主要抗原递呈细胞，可与抗原-抗体-补体复合物和（或）抗原-抗体复合物结合，但不出现内吞作用，使抗原能够长时间滞留于细胞表面（数周、数月甚至数年），从而参与B细胞的产生和维持。滤泡状DC周围聚集的B细胞能识别和结合被滤泡状DC滞留、浓缩的复合物形式的抗原，经加工处理后递呈给Th细胞，从而有效激发再次免疫应答。并指状DC是参与初次免疫应答的重要APC，表面富含MHCⅠ类和Ⅱ类抗原分子。并指状DC经由其突起与周围的T细胞发生密切接触，能将抗原递呈给特异性T细胞。胸腺DC又称胸腺并指状DC。人胸腺DC高表达自身抗原、MHC分子，其主要功能是参与T细胞在胸腺中的阴性选择，通过清除自身反应性T细胞而诱导中枢自身耐受。

2. 非淋巴样组织DC 非淋巴样组织DC包括LC细胞（Langerhans cell）和间质DC。

3. 循环DC 包括外周血DC和隐蔽细胞。

(五)抗原递呈细胞

抗原递呈细胞（antigen-presenting cell，APC）是指负责对抗原进行摄取、加工、处理，并将抗原信息递呈给特异性 T 细胞的一类免疫细胞，在机体的免疫应答中拥有重要地位。

根据表面膜分子的表达和功能的差异，可将 APC 分成专职 APC 和非专职 APC。专职 APC 组成性表达 MHC Ⅱ 类分子和共刺激分子，包括 DC、MΦ 和 B 细胞等；非专职 APC 在 IFN-γ 等诱导下或炎症过程中可表达 MHC Ⅱ 类分子并处理和递呈抗原，包括血管内皮细胞（endothelial cell，EC）、各种上皮细胞和间质细胞、皮肤成纤维细胞及活化的 T 细胞等。

(六)其他免疫相关细胞

除上述细胞外，红细胞、中性粒细胞、嗜酸性粒细胞、嗜碱性粒细胞、肥大细胞和血小板等均参与免疫应答，故也属于免疫细胞。

第四节 免疫分子

一、免疫细胞表面分子

(一)白细胞分化抗原

白细胞分化抗原（leukocyte differentiation antigen，LDA）是白细胞在分化（分化的不同阶段和分化成熟为不同谱系）和活化过程中消失或出现的细胞表面标志。LDA 除表达在白细胞表面外，还表达在不同分化阶段的红细胞系和巨核细胞/血小板谱系等以及其他细胞表面。LDA 大多是跨膜的蛋白质或糖蛋白，含胞膜外区、跨膜区和细胞质区；有些 LDA 是以糖基磷脂酰基醇（glycosyl phosphatidylinositol，GPI）的连接方式锚定在细胞膜上。少数 LDA 是碳水化合物。

20 世纪 80 年代以来，以单克隆抗体为核心的聚类分析法，将源于不同实验室的单克隆抗体所识别的同一种分化抗原归为一个分化群（cluster of differentiation，CD）。简而言之，CD 分子是位于细胞膜表面一类分化抗原的总称，CD 后的序号代表一个（或一类）分化抗原分子。迄今为止，人 CD 序号已命名至 CD350。

LDA 不仅可作为表面标志用于细胞的鉴定和分离，还广泛参与细胞生长、成熟、分化、发育、激活等，在免疫应答的各个阶段均发挥重要作用，包括：抗原的摄取过程和递呈过程；增强免疫细胞与免疫分子或抗原间的相互作用；介导免疫细胞与基质间以及免疫细胞间的黏附作用；启动相关的跨膜信号转导。

参与抗原摄取和递呈的 CD 分子主要包括 IgFc 受体、补体受体的 CD 分子以及 CD1 分子。

参与 T 细胞识别抗原与活化的主要 CD 分子有：负责传递 TCR 特异识别抗原肽信号的 CD3 分子；分别与 MHC Ⅰ 或 Ⅱ 类分子相互作用，使 APC 与 T 细胞的结合更为稳固的 CD4 或 CD8；可提供共刺激信号，辅助 T 细胞活化的 CD2 和 CD28 及其他黏附分子等。

参与 B 细胞识别抗原与活化的主要 CD 分子有：CD79a、CD79b、CD19、CD20、CD21、CD22、CD40 和 CD45 等。

此外，还有一些参与免疫效应的 CD 分子，包括：属于 IgFc 受体的 CD64（FcγR Ⅰ）、CD32（FcγR Ⅱ）和 CD16（FcγR Ⅲ）；与调亡相关的 CD95（Fas）和 CD178。CD178 即 Fas

配体（Fas ligand，FasL）。

（二）黏附分子

黏附分子（adhesion molecular，CAM）是一类介导细胞与细胞、细胞与细胞外基质间相互接触和黏附作用的分子统称。黏附分子经由与对应的配体相互结合，导致细胞与细胞间、细胞与基质间或细胞-基质-细胞之间的产生黏附，参与细胞的信号转导与活化、细胞的增殖分化与移动，参与炎症与免疫应答、在血栓形成与伤口修复以及肿瘤转移和浸润等多种病理和生理过程中占有重要地位。目前，按照黏附分子的结构特点可将其分为以下五类。

1. 整合素家族（integrin family） 整合素家族是一组分布于细胞表面的糖蛋白受体。目前已知的22种整合素都是由α、β两条链由非共价键连接而成的异源二聚体。

2. 免疫球蛋白超家族（IgSF） IgSF分子的胞外段均存在与免疫球蛋白（Ig）V区或C区相似的折叠结构，其氨基酸序列也表现出一定的同源性。在黏附作用中，IgSF通常作为整合素或其他IgSF的配体。

3. 选择素家族（selectin family） selectin源于select和lectin两个英文词，全名译为选择凝集素。选择素家族分子胞膜外区存在着较高的同源性结构，都由表皮生长因子结构域、C型外源凝集素样结构域和补体调节蛋白（complement control protein，CCP）重复序列三种结构域组成。选择素在白细胞、活化的内皮细胞以及血小板表面表达，可在血流状态下介导白细胞与血管内皮间的起始黏附作用。选择素家族成员包括选择素P、选择素E和选择素L。

4. 黏蛋白样家族（mucin-like family） 黏蛋白样家族成员中的CD34是高度糖基化的唾液黏蛋白，主要存在于造血祖细胞和某些淋巴结的内皮细胞表面，是选择素L（CD62L）的配体，可调控早期造血，同时也是外周淋巴结的地址素，介导淋巴细胞归巢。

5. 钙依赖黏附素家族（Ca^{2+} dependent cell adhesion molecule family，cadherin） 简称钙黏素，主要介导同型细胞间相互聚集的黏附分子，当钙离子存在时拥有抵抗蛋白酶的水解作用的功能。该家族包括E-cadherin、N-cadherin和P-cadherin，分别分布于上皮细胞、神经和胎盘中，其表达随细胞生长、发育状态不同而改变。

（三）MHC分子

MHC分子称为主要组织相容性抗原（major histocompatibility antigen），是参与免疫应答的关键分子之一。其编码基因被定义在主要组织相容性复合体（major histocompatibility complex，MHC），是一组紧密连锁的基因群，具有单倍体遗传，连锁不平衡，高度的多态性等特点。可分为Ⅰ类、Ⅱ类和Ⅲ类三个基因区。其中Ⅰ类基因区的编码产物被称为MHCⅠ类抗原（分子），组成性表达于所有有核细胞表面，Ⅱ类基因区的编码产物被称为MHCⅡ类抗原（分子），主要表达于专职抗原递呈细胞表面。详细内容见第六章。

二、免疫效应/活性分子

（一）细胞因子

细胞因子（cytokine，CK）是指细胞受到刺激而合成、分泌的一类具有广泛生物学功能的小分子蛋白质，相对分子质量大小为$8\times10^3\sim8\times10^4$。作为细胞间信号传递分子，细胞因子主要参与调节免疫应答、组织修复、炎症反应、免疫细胞的分化发育以及刺激造血功能等。近年来，某些重组细胞因子在治疗肿瘤、自身免疫病和免疫缺陷病等方面显示出广阔的应用前景。

1. 细胞因子的种类 细胞因子种类繁多，根据其结构和功能，可分为以下六大类。

(1) 白细胞介素（interleukin，IL）。早期指白细胞产生并可介导白细胞间相互作用的细胞因子。后来研究表明，白细胞以外的其他细胞也可产生 IL，但仍沿用此命名。目前已发现 35 种白细胞介素，在免疫调节、炎症反应和造血等过程中发挥重要作用。

(2) 干扰素（interferon，IFN）。是第一个被发现（1957年）的细胞因子，得名于干扰病毒复制的作用。按干扰素的来源和理化性质角度分类，可分为Ⅰ型和Ⅱ型干扰素。Ⅰ型干扰素包括主要由成纤维细胞形成的 IFN-β 和主要由单核/巨噬细胞形成的 IFN-α 等，其主要生物学功能在于抑制病毒复制和细胞增殖，在免疫调节和抗肿瘤等发挥作用。Ⅱ型干扰素即 IFN-γ，主要来源于活化的 T 细胞和 NK 细胞，其生物学功能主要是抑制病毒复制、诱导 MHC 分子表达、激活巨噬细胞、抑制细胞增殖和促进 Th1 细胞分化等。

(3) 肿瘤坏死因子（tumor necrosis factor，TNF）。因其最初被发现时可导致肿瘤细胞出现出血性坏死而得名。TNF 家族约有 30 个成员，主要是 TNF-α 和 TNF-β。TNF-α 主要源自单核/巨噬细胞及其他多种细胞，生物学功能特别广泛，可抗病毒、抗肿瘤、参与免疫应答、介导炎症反应，并参与内毒素休克和恶病质等病理过程的发生和发展。TNF-β 又名淋巴毒素（lymphotoxin，LT），主要由 NK 细胞和淋巴细胞产生，其生物学活性与 TNF-α 相似。

(4) 集落刺激因子（colony stimulating factor，CSF）。此类细胞因子最初发现时得名于能刺激造血前体细胞在半固体培养基中形成相应细胞集落。

(5) 生长因子（growth factor，GF）。是一类可促进相应细胞生长和分化的细胞因子，根据其活性和所作用靶细胞的不同而出现不同的命名，例如表皮生长因子（epithelial growth factor，EGF）。

(6) 趋化因子（chemokine）。由英文名 chemoattractant 和 cytokine 合并而成，所以又称趋化性细胞因子，是一类对不同靶细胞具备趋化效应的细胞因子。趋化因子是一个包含 60 多个成员的蛋白质家族，相对分子质量多为 8 000~10 000，除介导免疫应答迁移外，还参与调节血细胞发育、胚胎期器官发育、细胞凋亡等，并在肿瘤发生、发展、转移以及病原微生物感染和移植排斥反应等病理过程中发挥作用。细胞因子通过与靶细胞表面的相应受体结合而启动细胞内信号转导途径，最终介导细胞的生物学效应。细胞因子受体由胞外区、跨膜区和胞质区组成，具有一般膜受体的特性。根据细胞因子受体胞外区氨基酸序列的同源性和结构特点可被划分为Ⅰ型细胞因子受体、Ⅱ型细胞因子受体、TNF 受体、免疫球蛋白家族受体和七次跨膜受体 5 个家族。

2. 细胞因子的作用特点 细胞因子种类繁多，功能各异，但其生物学作用具有以下共同特性：

(1) 多样性。一种细胞因子可作用于多种细胞，可产生多种生物学效应。

(2) 高效性。体内极微量（pmol）的细胞因子即能产生明显的生物学效应。例如，在细胞培养体系中，1pg 干扰素即可保护 100 万个细胞免遭 100 亿个病毒颗粒的感染。

(3) 局部性。细胞因子通常以自分泌（autocrine）和旁分泌（paracrine）方式作用于细胞自身或其旁邻细胞。某些细胞因子在一定条件下可以内分泌（endocrine）的方式作用于全身。

(4) 短暂性。一般情况下，细胞因子并非预先合成、储存在细胞内，而是由刺激因子作用于细胞后，启动细胞因子基因才合成并分泌。一旦刺激消失，细胞因子的合成亦随之停止。

(5) 复杂性。细胞因子的生物学活性极为复杂，表现为双向性、重叠性和网络性。在体内，细胞因子在合成和分泌方面相互调节，在受体表达方面又相互制约，形成极为复杂的网络发挥效应。

（二）免疫球蛋白

免疫球蛋白是血液和组织液中的一类糖蛋白，是有抗体功能或分子结构与抗体相近的球蛋白，是体液免疫的关键效应分子。详细内容见第四章。

（三）补体

补体（complement）是分布于人或脊椎动物组织液与血清中的一组不耐热的、经激活后具备酶活性的蛋白质。在特异性抗体存在下，新鲜血清中含有一种能引起细菌或红细胞溶解成分，这种血清蛋白成分能协助和补充特异性抗体介导的免疫溶菌、溶血作用，故称为补体。补体系统包括30多种组分，广泛分布于血清、组织液和细胞膜表面。详细内容见第五章。

Summary

The immune system consists of many different organs, tissues and cells that are found throughout the body. These organs can be classified into two main groups. The central lymphoid organs, such as thymus and bone marrow, provide appropriate microenvironments for the development and maturation of lymphocytes. The peripheral lymphoid organs, such as spleen and lymph nodes, trap antigen from defined tissues or vascular spaces and are sites where mature lymphocytes can interact effectively with that antigen. Blood vessels and lymphatic systems connect these organs, uniting them into a functional whole. All blood cells arise from the hematopoietic stem cell (HSC).

The essential job of immune system is to distinguish self-cells from foreign substances and to recognize and take protective action against any materials that ought not to be in the body, including abnormal and damaged cells. The three major types of lymphocytes are called B cells, T cells and NK (natural killer) cells. They arise from lymphoid progenitors in the bone marrow: mammalian B cells fully develop here, whereas T cell precursors migrate to the thymus for selection and maturation. The lymphatic system is a network of vessels and nodes unified by the circulatory system. Lymph nodes occur along the course of the lymphatic vessels and filter lymph fluid before it returns to the bloodstream. Lymphocytes get mature in central immune organs and move to the peripheral immune organs through the blood and lymphatic vessels. Many non-lymphocytes, monocytes/macrophages and dendritic cells are also involved in foreign antigen recognition and activation. These cells are specifically recognized by a variety of signs on their surface or between signal transduction, to establish a specific relationship between the foreign antigens and receptors and constitute the cellular and molecular basis of the relationship in the immune system.

The two major subpopulations of T lymphocytes are the $CD4^+$ T helper (Th) cells and $CD8^+$ T cytotoxic (Tc) cells. Th cells secrete cytokines that regulate immune response upon recognizing antigen combined with class Ⅱ MHC. Tc cells recognize antigen combined with class Ⅰ MHC and give rise to cytotoxic T cells (CTLs), which display cytotoxic ability.

Exogenous antigens are internalized and degraded by antigen-presenting cells (macrophages, B cells, and dendritic cells); the resulting antigenic peptides complexed with class Ⅱ MHC molecules are then displayed on the cell surface. Endogenous antigens (e. g., viral and tumor proteins produced in altered self-cells) are degraded in the cytoplasm and then displayed with class Ⅰ MHC molecules on the cell surface.

With evolution from the invertebrate to vertebrate, their immune systems become more complex. Elements of the innate immune system persist in vertebrates as innate immunity along with a more highly evolved system of specific responses termed adaptive immunity. These two systems work in concert to provide a high degree of protection for vertebrate species.

The immune system has three main functions: the immune defense, self-stabilization and immune surveillance.

参考文献

龚非力, 2009. 医学免疫学 [M]. 3 版. 北京：科学出版社.
金伯泉, 2008. 医学免疫学 [M]. 5 版. 北京：人民卫生出版社.
于善谦, 等, 2008. 免疫学导论 [M]. 2 版. 北京：高等教育出版社.
ADEMOKUN A, WU YC, DUNN-WALTERS D, 2010. The ageing B cell population: composition and function [J]. Biogerontology, 11 (2): 125-137.
AIDER M N, ROGOZIN I B, IYER L M, et al. Diversity and function of adaptive immune receptors in a jawless vertebrate [J]. Science, 310: 1970-1973.
HAN B W, HERRIN B R, COOPER M D, et al, 2008. Antigen recognition by variable lymphocyte receptors [J]. Science, 321: 1834-1837.
PANCER Z, COOPER M D, 2006. The evolution of adaptive immunity [J]. Annu Rev Immunol, 24: 497-518.
SHANLEY D P, AW D, MANLEY N R, et al, 2009. An evolutionary perspective on the the mechanisms of immunosenescence [J]. Trends Immunol, 30 (7): 374-381.
PANCER Z, AMEMIYA C T, EHRHARDT G R, et al, 2004. Somatic diversification of variable lymphocyte receptors in the agnathan sea lamprey [J]. Nature, 430: 174-180.
WEISKOPF D, WEINBERGER B, GRUBECK-LOEBENSTEIN B, 2009. The aging of the immune system [J]. Transpl Int., 22 (11): 1041-1050.

思考题

1. 简述胸腺、脾脏、淋巴结的结构和功能。
2. 简述 T、B 细胞的发育过程。
3. 简述各种免疫细胞表面的重要标记。
4. 简述免疫系统的功能。

课外读物

免 疫 衰 老

20 世纪 60 年代美国加利福尼亚大学病理学家 Roy Walford 提出免疫衰老（Immunosenescence）假说，认为免疫功能与人类衰老密切相关。"免疫衰老"一词被收录在维基百科全书中，定义为"随年龄增长，机体免疫系统发生的与年龄相关的结构和功能改变"。也有文献将其解释为免疫系统功能随年龄增加而出现的受基因严格控制的循序衰退的自然过程。

免疫衰老的特征是细胞免疫及体液免疫应答的下降，适应性免疫系统年龄相关改变与固有免疫系统年龄相关改变并存。免疫衰老的始因在于增龄导致的胸腺萎缩。随年龄增加，神经内分泌变化及胸腺微环境改变会加速胸腺退化，胸腺细胞大量减少，皮、髓质比例下降，小淋巴细胞凋亡，并以此为先导，从中枢免疫器官到外周免疫器官逐步衰老。

胸腺衰老的过程主要涉及 T 细胞的变化。免疫衰老时 T 细胞免疫功能发生改变，主要包括 T 细胞数量的改变，T 细胞表面分子的变化，Th 细胞亚群的变化，T 细胞信号转导的变化，胸腺分泌胸腺激素和细胞因子功能的变化。老年人 T 细胞的绝对数量降低，胸腺退化与萎缩被认为是外周免疫器官中 T 细胞数量减少的主要原因。CD28 是 T 细胞活化和增殖必需的协同刺激信号，它既以膜型形式表达在 T 细胞表面（mCD28），又以可溶性形式存在于血液中（sCD28）。mCD28 在 $CD4^+$ T 细胞和 $CD8^+$ T 细胞上的表达呈增龄性减少，$CD28^-$ T 细胞亚群扩增，这个特点已被认为是免疫衰老的重要标记之一。

第三章 抗 原

抗原（antigen，Ag）一词来自于 antibody generator 的缩写，即抗体的诱发物质。随着免疫学研究的不断深入，抗原的适用范围变得愈加宽泛，凡能刺激机体产生特异性免疫应答，并能与免疫应答产物，如抗体或者致敏淋巴细胞等发生特异性结合或反应的物质都可定义为抗原。作为免疫学的重要组成部分，抗原具有极高的理论研究和应用研究价值：一方面可用于研究机体的免疫应答机制以及各种免疫细胞的表面标记；另一方面，抗原已被广泛用作诊断、分类和制备疫苗的材料。本章节将重点论述构成抗原的条件、抗原的特性、抗原的类别以及共同抗原的概念，并列举若干重要的天然抗原以强化对抗原概念的理解。

第一节 构成抗原的条件

根据定义，抗原具备两方面的特性：一是免疫原性（immunogenicity），即抗原能刺激机体产生特异性免疫应答；二是反应原性（reactiongenicity），即抗原在一定条件下，可同抗体或者致敏淋巴细胞等免疫应答产物发生特异性结合的能力，有时亦称之为抗原性（antigenicity）。同时具有上述两种特性的物质为完全抗原（complete antigen），如细菌、病毒和大分子蛋白质等；而仅具备反应原性的物质为半抗原（hapten），如糖类、脂类及一些药物小分子等。因此，某种物质是否属于抗原的最重要的判断标准在于该物质是否具有免疫原性，而这又主要取决于该物质的理化性质、异己性和进入机体的途径。

一、抗原的理化性质

1. 化学性质 多数天然抗原属于大分子有机物，其中，以蛋白质（包括脂蛋白、糖蛋白、核蛋白等）的免疫原性最强，其次为一些多糖及多肽。单纯的脂肪、糖类和核酸几乎没有免疫原性，但如果将其与蛋白质结合起来便具有很强的免疫原性。

2. 分子质量 多数抗原的分子质量在 10^4 以上。通常情况下，抗原的免疫原性强弱与其分子质量大小呈正比关系。分子质量较大的抗原，其免疫原性也较强，一是因为其不容易被机体降解，对免疫系统的作用持久；二是因为其分子结构较分子质量小的抗原复杂，更有利于机体免疫应答的发生。

3. 化学结构 抗原化学结构的复杂性，尤其是其所含化学基团的多样性和特殊性，与该抗原免疫原性强弱有直接关系。一般而言，仅含有简单重复化学单元的有机物质不具备免疫原性；而含有大量较复杂的化学组成，尤其是含有特殊化学基团（如含有卤代基团）的有机分子则具备较好的免疫原性。如蛋白质分子，一般含有成百上千个氨基酸，具有复杂的二级、三级结构，其免疫原性良好；而如果将蛋白质进行水解，生成的短肽、单个氨基酸一般无免疫原性。再如明胶，尽管分子质量大，但结构上仅由直链氨基酸组成，因此免疫原性极弱。

4. 物理状态 化学性质类似的抗原物质，其免疫原性往往会受到物理状态的影响。一般而言，非溶性抗原如颗粒抗原的免疫原性高于可溶性抗原；蛋白质单体的多聚物免疫原性高于单体；而具有支链或者环状结构的蛋白质免疫原性高于直链分子。基于此，如想有效提高某种抗原物质的免疫原性，可通过化学或物理手段将其结合到无免疫原性的颗粒材料表面。

5. 分子构象和易接近性 几乎每种抗原分子中都含有一些特殊化学基团（即表位），它们的分子构象（conformation）构成了该抗原的立体构象，例如酒石酸具有左旋、右旋和消旋三种状态，因此其能刺激机体产生对应不同旋光性的抗体。

抗原的易接近性（accessibility）是指抗原表面这些特殊的化学表位与该抗原刺激机体产生的致敏淋巴细胞表面相应受体之间相互识别与结合的难易程度，其所处侧链位置的不同可直接影响抗原与淋巴细胞受体的结合，从而影响抗原的免疫原性。如图3-1所示，酪氨酸和谷氨酸位于多聚丙氨酸侧链的外侧比其位于内侧使该抗原具有更强的抗体反应，而B抗原与C抗原具有类似的侧链组成，只是侧链的间距不同，但间距较大的C抗原具有更强的抗体应答（图中标注A、B和C）。

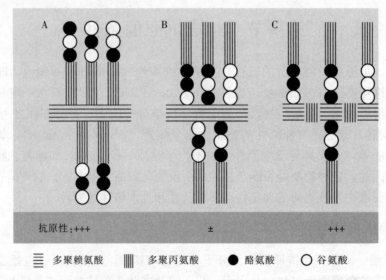

图3-1 氨基酸残基在合成多肽骨架侧链上的位置与抗原性的关系
（杨汉春. 2008. 动物免疫学）

二、异己性

抗原的异己性（foreignness）是决定该抗原能否启动机体免疫应答的首要因素。所谓异己性抗原从字面理解是非自身抗原，但其精确定义是所有在宿主胚胎期未与免疫细胞（B细胞和T细胞等）接触过的物质，既包括非宿主自身物质，也包括宿主机体内隔离的成分以及修饰过的自身成分。打个比方，我们可以将杀毒软件比作免疫系统，那么凡是在该杀毒软件自身可信任数据库之外的所有程序和文件都可称之为病毒（即异己抗原）。某种抗原的免疫原性会随被免疫的动物与产生该抗原物质的个体之间亲缘关系的远近而有不同的表现。各种微生物及其代谢物、异种蛋白质等对人体而言都是具有强免疫原性的抗原。此外，尽管自身组织成分通常无免疫原性，但在某些条件下，如胚胎期器官发育不良，或者脑、血屏障破坏等，一些自身成分可能变成抗原，诱导机体产生不利的免疫应答。研究抗原的异己性具有重要意义，例如临床上进行器官移植手术时，会尽可能选择亲缘关系相近的供者与受者，否则，只能靠药物解决受者体内产生的免疫排斥反应；再如针对某些自身免疫疾病（系统性红斑狼疮），可从自身抗原入手研究胚胎发育的过程，从而开发相关的治疗药物。

三、进入机体的途径

即便具备以上所有抗原的理化特征，物质能否成为引发免疫应答的抗原还取决于其进入机体的途径。许多蛋白质分子，口服后便被水解成小分子物质，其诱发免疫应答的关键结构被破坏，使之丧失了免疫原性，这就是为什么每天吃进许多"抗原"，但不会发生免疫反应的原因。通常，只有经非消化道途径（如经伤口、皮下、皮内、静脉、肌肉或腹腔）进入体内，并接触淋巴细胞的物质才有可能成为好的抗原。当然，一些抗原即使经过消化系统还能保持其完整性，并可顺利通过肠壁与免疫系统接触，最终还是具有免疫原性。目前常见的一些疫苗（如脊髓灰质炎疫苗）接种，就是通过口服或者鼻腔吸入的方式进行的。

第二节 抗原的特异性

抗原的特异性（antigenic specificity）包含两方面的内容，一是抗原能否刺激机体产生特异性免疫应答，包括体液免疫和细胞免疫应答，二是抗原能否与应答产物如抗体或致敏淋巴细胞发生专一性反应。由此可知，某一特定抗原的特异性既表现在免疫原性，同时也表现在反应原性，该特性也赋予了免疫应答相对于其他生物化学反应的巨大优势：可借助免疫反应区分物质间极其细微的差异。当今，各种诊断和检测试剂盒以及各种抗病毒、抗毒素疫苗的制备都建立在抗原特异性的基础上。

一、抗原表位及其类型

抗原表位（epitope），又称为抗原决定簇（antigenic determinant），一般是由抗原分子的特殊化学基团组成，并决定了该抗原的特异性。抗原表位通常由5~15个氨基酸残基或5~7个多糖残基或核苷酸组成，能被抗体以及B细胞或T细胞受体（BCR/TCR）识别并特异性结合，进而发生后续免疫应答。通常，半抗原只有一个表位，而完全抗原则具有多个表位，所谓抗原结合价（antigenic valence）是指抗原分子表面能与抗体结合的表位总数，价数越高，意味着可结合的抗体越多，后续免疫应答反应可能越强烈。

根据抗原表位的结构特点，可将其大致分为顺序表位（sequential epitope）与构象表位（conformational epitope）两大类。前者主要由呈线性排列的残基组成，又被称为线性表位（linear epitope），这类表位一般存在于抗原分子内部，较难引起免疫应答，所以有时称之为隐蔽性表位；后者则由短肽、多糖残基或核苷酸序列不连续排列而成，并在空间上形成特定构象，因此也被称为非线性表位（non-linear epitope），这类表位通常位于抗原分子表面，因此常常被相应的淋巴细胞接触并识别，从而启动免疫应答，有些教科书也称其为功能性表位。两种表位类型决定了该抗原被何种淋巴细胞所识别。通常，T细胞只能识别经抗原递呈细胞加工、处理后所暴露的表位，因此，T细胞表位多为线性表位，但该表位可存在于抗原分子的任何部位。B细胞与T细胞不同，它所能识别的表位多位于抗原分子表面，但B细胞表位既可以是线性的，也可以是非线性的。一般，反应原性好的抗原同时含有 B/T 细胞表位。

二、决定抗原特异性的因素

综上所述，抗原表位的理化性质、位置关系以及空间构象都会影响抗原的特异性。如图 3-2 所示，氨苯磺酸、氨苯砷酸和氨苯甲酸在结构上非常相似，仅一个有机酸基团的差异，如果以抗间位氨苯磺酸血清作为抗体，可看到其仅与间位氨苯磺酸起强烈反应，对邻位氨苯磺酸的反应强度次之，而对其他分子只起弱反应和无反应，这表明化学基团的性质决定了抗原表位的特异性。抗间位氨苯磺酸血清对间位氨苯砷酸以及间位氨苯甲酸也能产生弱反应，但对其他表位氨苯砷酸和氨苯甲酸无反应，表明化学基团的位置对抗原特异性也起一定的作用。在空间构象上，有实验证明，抗右旋、抗左旋和抗消旋酒石酸的抗体仅对相应旋光性的酒石酸起反应，即表位的空间构象也在一定程度上决定了抗原特异性。

抗原表位具有以下特点：① 含有不同化学基团的复合抗原只能与相应抗体特异性结合；② 结构相似的抗原表位之间，如果同种化学基团的连接位置不同，刺激机体产生的抗体只能与相应抗原发生专一性结合反应，同理，空间构象不同的同种化学基团，其抗原性亦不同。

抗血清 基团的组成 \ 反应 \ 基团的位置	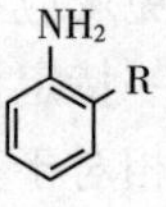 邻位	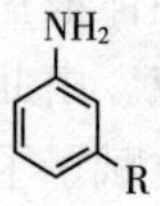 间位	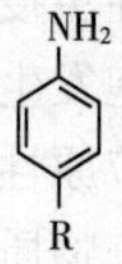 对位
$R=SO_3H$	++	+++	±
$R=COOH$	−	±	
$R=AsO_3H_2$	−	+	

图 3-2 化学基团的性质和位置决定了抗原特异性

(龚非力. 2011. 医学免疫学)

三、共同抗原

结构复杂的天然抗原分子一般具有多种抗原决定簇。正常条件下，不同的抗原分子具有不同的抗原表位并表现不同的免疫特异性，但某一抗原表位亦可同时出现在不同抗原分子上，我们将这种决定簇称为共同抗原表位，而带有共同抗原表位的不同抗原则称之为共同抗原（common antigen）或者交叉抗原（cross antigen）。

(一) 交叉反应

天然抗原表面常携带多种抗原表位，由于每种表位都能刺激机体产生一种特异性抗体，因此，该抗原可使机体产生多种特异性抗体，而有时这种抗原还可与其共同抗原刺激机体产生的抗体或致敏淋巴细胞发生反应，该现象被称为交叉反应（cross reaction）。事实上，交叉反应非常普遍，在不同种、属间都有可能发生，一些极端情况下，某种病原微生物入侵后，机体所产生的免疫反应甚至会导致对自身组织的免疫损伤。例如，链球菌和人肾小球基膜和心肌组织具有共同抗原表位，如果人体感染链球菌，机体产生的抗体可与肾组织和心肌组织发生交叉反应，从而导致肾小球肾炎和风湿性心脏病。但是，交叉反应并不都是负面的，例如，有研究发现，斑疹伤寒立克次体可诱导机体产生针对人类免疫缺陷病毒（HIV）的免疫应答，这无疑为抗HIV疫苗的开发提供了新思路。

（二）共同抗原的分类

根据亲缘关系，共同抗原可以分为两大类：

1. 类属抗原 即存在于两种或两种以上的亲缘关系较近的生物之间的共同抗原。例如人血清、黑猩猩血清和狒狒血清是类属抗原；人天花病毒和牛天花病毒也是类属抗原。

2. 异嗜性抗原 即存在于两种或两种以上的无亲缘关系或亲缘关系较远的生物之间的共同抗原。这类抗原有些会参与自身免疫疾病，如链球菌与人肾小球基膜；有些与血型抗体的产生相关，如大肠杆菌O14与人类B血型物质是一对共同抗原，前者可刺激A型血个体产生抗B型血的抗体。

（三）共同抗原的研究意义

研究共同抗原的意义在于：① 如果能确定某种无害抗原与某种有害抗原是共同抗原，则可利用无害抗原制备的抗体鉴定或者消除有害抗原；② 交叉抗原有时会对抗原特异性鉴定或者免疫治疗带来干扰，因此要尽可能排除；③ 可通过交叉吸收反应鉴定亚因子。其原理为：将共同抗原与某多特异性抗血清反应，除去所有形成的抗原-抗体复合物后，可鉴定抗血清中剩余的亚因子。

四、研究抗原特异性的意义

抗原特异性的研究具有重要的意义。①可用作诊断、分析的材料或试剂来鉴定人、畜各种病原菌，如诊断艾滋病病毒、乙型肝炎病毒、埃博拉病毒等；②可利用昆虫病毒、细菌的鞭毛抗原、根瘤菌、植物病原体、棉蚜提取物等不同抗原之间的差异性进行动物、植物、微生物的分类鉴定（检疫）；③利用抗原可开发防治传染病的疫苗，如乙肝疫苗（1987年）、甲肝疫苗（1988年）、抗艾滋病的疫苗、脊髓灰质炎疫苗、卡介苗、狂犬病疫苗以及疫苗食物等；④在理论研究上，抗原可用于机体免疫功能及免疫细胞表面标志的研究。

第三节 抗原的分类

（一）根据抗原与机体的亲缘关系

1. 异种抗原（xenogenic antigen） 所有来自本物种以外的抗原都可以称为异种抗原。例如微生物、昆虫组织成分、植物成分、动物组织成分、人工合成有机物等对人体而言都是异种抗原。

2. 同种异型抗原（allogenic antigen） 来自同一物种但不同基因型个体的抗原称为同种异型抗原。例如人体的红细胞血型抗原、人类主要组织相容性抗原等都属于该类。

3. 自身抗原（autoantigen） 正常情况下，机体不会对自身物质产生免疫应答。但在某些病理条件下，一些体内隔离组织成分（如脑组织、眼晶状体等）发生病变、组织细胞和免疫活性细胞发生突变，从而诱导机体产生破坏性的自身免疫应答。这些自身组织成分由于能引起自身免疫应答，因此称之为自身抗原。有时，体内产生的各种抗体也有可能成为自身抗原。

（二）根据抗原的功能

所谓完全抗原是同时具备免疫原性和反应原性的抗原，而仅具有反应原性但无免疫原性的物质则称为半抗原，半抗原又可以划分为简单半抗原（simple hapten）和复合半抗原（complex hapten）。事实上，简单半抗原既无免疫原性，也无反应原性，只含有一个抗原决定簇，不能与相应的抗体发生可见的反应，但能中和相应的抗体，阻止抗体与相应的完全抗原或复合半抗原发生可见反应，例如化学农药、抗生素、酒石酸、苯甲酸等都属于简单半抗原。相比之下，复合半抗原是那些只具免疫反应性的抗原，例如以肺炎链球菌的荚膜多糖为代表的绝大多数多糖，以及各种类脂等。

（三）根据抗原的化学性质

1. 蛋白质 蛋白质抗原变性后其特异性会发生改变。如细菌外毒素经甲醛处理为类毒素后，其抗原性减弱。

2. 多糖 多糖类抗原分子质量大时才可能有抗原性，但小分子多糖与一定的蛋白质载体结合后会形成复合抗原，后者具备抗原性。

3. 类脂 此类抗原的抗原性弱，甚至无抗原性。

4. 核酸 此类抗原具有较弱的抗原性，一般不常见。一个典型例子是在全身性红斑狼疮病人体内存在抗 DNA 抗体。

5. 元素 元素抗原如碘、汞、铍等只有与蛋白质结合才具有抗原特性，结合元素抗原的蛋白质性质会发生改变，形成与该元素有关的抗原决定簇，如碘化蛋白。

（四）根据抗原对 T 细胞的依赖性

抗原能刺激 B 细胞和 T 细胞发生体液免疫应答和细胞免疫应答，但不同抗原引起的免疫应答需要不同细胞因子的参与。由此，可将所有抗原分成两大类，即胸腺依赖性抗原和胸腺非依赖性抗原。

1. 胸腺依赖性抗原（thymus-dependent antigen，TD-Ag） TD 抗原刺激 B 细胞并发生体液免疫应答时，抗原递呈细胞（APC）如巨噬细胞和 Th 细胞，必须参与其中，因此，这类抗原也称为 T 细胞依赖性抗原。该类抗原的共同特点是分子质量大、所含抗原表位多，同时兼有 T、B 细胞表位，极易引起免疫应答。绝大多数蛋白质抗原和细胞抗原均为 TD-Ag，如牛血清白蛋白、类毒素、苏云金芽胞杆菌鞭毛等。

2. 胸腺非依赖性抗原（thymus-independent antigen，TI-Ag） 与 TD 抗原不同的是，TI 抗原刺激 B 细胞产生抗体（一般为 IgM 和 IgA）的过程无须 APC 和 Th 细胞的辅助。由于所含抗原表位少，因此引起的免疫应答强度远不如 TD 抗原，并且绝大多数 TI-Ag 不能引发细胞免疫应答，也无免疫记忆细胞的产生。仅少数抗原属于该类别，常见的 TI-Ag 包括脂多糖、荚膜多糖等。有关 TD-Ag 和 TI-Ag 的比较见表 3-1。

表 3-1 TD 抗原与 TI 抗原的比较

特点	TD-Ag	TI-Ag
结构特征	具有多种表位、结构复杂、无重复、可与 T 和 B 细胞作用	结构简单、表位单一、具有重复性、多与 B 细胞作用
化学组成	多为天然抗原	多糖、脂类
免疫应答特点		
APC 参与	需要	多数不需要
T 细胞依赖性和 MHC 限制性	有	无
应答类型	体液免疫和细胞免疫	多为体液免疫
再次免疫应答和免疫记忆	有	无
诱生的 Ig 类型	各类 Ig	主要为 IgM

（五）根据抗原的获得方式

1. 天然抗原 凡是自然存在的动物、植物、微生物组织成分及个体都是天然抗原。

2. 人工抗原 人工抗原又可分为合成抗原、结合抗原以及基因工程抗原等。人工合成的多肽、胰岛素、化合物等都属于合成抗原。而结合抗原是指将不完全抗原与一些特定载体连接起来所构成的完全抗原，例如将一些半抗原毒素同红细胞载体相连就可以得到很好的完全抗原。基因工程抗原是免疫学研究的热门领域，简单地说，是利用基因工程的原理和技术将抗原编码区置于表达载体中进行大量表达所获得的抗原。例如，可将编码口蹄疫病毒中的某段非致病抗原区的基因克隆至大肠杆菌表达载体中大量表达，从而制备口蹄疫疫苗（图 3-3）。

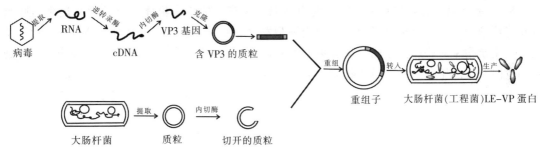

图 3-3 基因工程法制备口蹄疫疫苗

（六）根据血清学检测方法

血清学检测尽管在灵敏度以及适用性上逐渐落后于其他现代技术，但仍然是免疫学中的经典方法。根据血清学检测方法，可将抗原分为以下两类。

1. 可溶性抗原 如牛血清白蛋白等。

2. 颗粒性抗原 如红细胞、菌体、鞭毛抗原等。

（七）根据抗原的合成来源

1. 外源性抗原 来自于体外的各种天然抗原，如各种细菌、真菌、灭活的病毒等。

2. 内源性抗原 主要由自身细胞器合成的抗原，如病毒抗原、肿瘤抗原和自身分子突变后形成的抗原等。

（八）根据肿瘤抗原的来源及特异性

机体细胞发生癌变时可以产生一些新的具有抗原性的物质，称为肿瘤抗原。有时，非正常表达的内源性抗原物质也属于肿瘤抗原。一般情况下，肿瘤抗原是癌变细胞的膜结构成分之一，主要为糖蛋白或糖脂，具有高度特异性。因此，利用免疫学方法，通过肿瘤抗原诊断特定部位或类型的癌细胞具有较高的准确性。引发肿瘤抗原的机制很多，通常都伴随细胞的癌变过程，对肿瘤抗原的分类亦有不同的原则，可基于不同的诱发因素分类，亦可根据肿瘤抗原特异性分类。

1. 肿瘤特有抗原　此类抗原只产自于肿瘤细胞，甚至仅存在于特定类型的肿瘤细胞中，一般为新抗原，如酪氨酸激酶。

2. 肿瘤相关抗原　此类抗原的分布较广，在肿瘤细胞、正常细胞以及组织中都会存在，它们区别于肿瘤特有抗原的特征是其含量与细胞癌变的发生呈正相关，如甲胎蛋白。

（九）根据肿瘤诱发机制

1. 化学或物理因素诱发的肿瘤抗原　某些化学致癌剂（如黄曲霉素、砷、六价铬等）或一些物理方法（如紫外线、X射线）可导致肿瘤的发生。这类肿瘤抗原的特点是特异性高而抗原性较弱，同一致癌剂诱发不同宿主甚至同一宿主不同部位产生的肿瘤，其抗原性都不同。由于通过这类途径诱发肿瘤的概率很低，因此这类抗原不是典型的肿瘤抗原。

2. 病毒诱发的肿瘤抗原　某些病毒能诱发机体的癌变，例如乙型肝炎病毒和丙型肝炎病毒与原发性肝癌有关。此类抗原一般是由病毒自身基因编码，抗原性强，同一病毒对不同宿主或者同一宿主不同部位所诱发的不同类型肿瘤，可表达相同的抗原。

3. 自发性肿瘤抗原　这类抗原一般无明确诱发因素，有些抗原具有特异抗原性，而有些抗原则具有交叉抗原性。

4. 胚胎抗原　胚胎抗原是在胚胎期由胚胎组织产生的正常机体成分，婴儿出生后胚胎抗原将逐渐消失，仅有极微量存留，但当细胞发生癌变时，胚胎抗原又可重新合成。通常情况下，由于宿主对胚胎抗原已经形成免疫耐受，因此这类抗原不会引起宿主免疫应答。肝细胞癌变时产生的甲胎蛋白（alphafetoprotein，AFP）和结肠癌细胞产生的癌胚抗原（carcinoembryonic antigen，CEA）是人类肿瘤中研究得最为深入的两种胚胎抗原。

第四节　重要天然抗原

一、细菌抗原

细菌是多价多特异性抗原，其大部分成分都符合标准的抗原定义，包括以下几种。

1. 菌体抗原（somatic antigen）　又称O抗原（O-Ag），主要成分是多糖（特异糖成分）、类脂A、类脂B和蛋白质（作为载体）。菌体抗原与细菌的毒性相关，由于某些成分为某种或某型细菌所特有，因此可用于细菌分类。例如，1986年人们根据O-血清型将苏云金芽胞杆菌分为18种；1999年快生型大豆根瘤菌就已被分为11个O-血清型；如今，大肠杆菌（*Escherichia coli*）已分离出200多种O-血清型。

2. 鞭毛抗原（flagella antigen）　又称H抗原（H-Ag），主要由鞭毛蛋白、少量多糖和脂类组成。长度一般为$2.5\sim50~\mu m$，相对分子质量为$15\,000\sim40\,000$，中空螺旋结构，不耐热，易被乙醇破坏，但可用0.1%～0.2%甲醛生理盐水保存。一般根据细菌鞭毛抗原的特异性进行菌种鉴定,1998年,苏云金芽胞杆菌已分为69个H-血清型,82个血清型亚种;大肠杆菌(E. coli)的H-血清型已达数百个。

3. 荚膜抗原 位于菌体最外层,盖满整个菌体表面,依照菌体间的差异,荚膜抗原的命名也有差异,例如肺炎链球菌、圆褐固氮菌的表面抗原称为荚膜抗原;而伤寒杆菌表面抗原称为Vi-Ag,E. coli 表面Ag则称为KAg(包膜抗原)。

4. 芽胞抗原 芽胞抗原是另一种主要的细菌抗原。芽胞是细菌(多为杆菌)在一定条件下,细胞质高度浓缩脱水所形成的一种抗逆性很强的球形或椭圆形的休眠体。

5. 毒素抗原 毒素抗原包括内毒素和外毒素两种,是菌体产生的一些次生代谢产物。许多革兰阴性菌的细胞壁结构成分如脂多糖都属于内毒素,内毒素只有当细菌细胞壁破裂时才能被释放出来。而外毒素的主要成分是可溶性蛋白,一般会分泌到病原菌菌体外。许多革兰阳性菌及部分革兰阴性菌能产生外毒素,可造成人体破伤风、白喉或肉毒中毒等病变。不同种细菌产生的外毒素可选择性地作用于机体某些组织器官,引起特殊病变。外毒素不耐热、不稳定,但抗原性强,可刺激机体产生抗毒素,后者可中和外毒素,用作治疗。外毒素经甲醛处理可脱毒成为类毒素,用作疫苗。例如,苏云金芽胞杆菌产生的苏云金素是一种外毒素,而其胞内产生的晶体蛋白则是内毒素。

二、真菌抗原

真菌的组分抗原包括菌丝体抗原、分生孢子抗原等。有关真菌抗原的血清学研究起步较晚,可用于鉴定有毒株或无毒株。目前研究最多的包括虫生真菌,如白僵菌属、绿僵菌属、拟青霉属、虫霉等,还包括一些植物、人和动物的致病真菌等。在应用方面,一些皮肤真菌可导致皮肤癣,一般无显著免疫原性,但可利用该真菌制备菌苗,用来治疗皮肤癣症。此外,一些系统性真菌会导致深层感染,因而可产生一定程度的免疫原性,机体所产生抗体可用于血清学诊断。

三、病毒抗原

对病毒抗原的研究可以说是免疫学领域中最具活力的方向之一。当今多数抗病毒疫苗的研发都离不开对病毒抗原深层次的了解。研究对象包括颗粒抗原,即病毒本身;还包括组分抗原,如衣壳、衣粒、套膜、核酸、基板、尾丝等;还有可溶性抗原(在宿主细胞内),一般为病毒组装的过剩成分以及病毒核酸在宿主细胞中指导合成的蛋白质。以艾滋病病毒为例,可利用其抗原成分制备不同的疫苗,如HIV灭活疫苗、HIV减毒疫苗、HIV亚单位疫苗(利用gp120)、活载体病毒蛋白疫苗(gag结构蛋白+活病毒,如痘苗病毒、杆状病毒和腺病毒)以及DNA疫苗(将表达目的抗原基因的质粒DNA经各种转移途径转入机体细胞,借用宿主细胞的表达加工合成对应抗原分子)。

四、动、植物的组织成分抗原

动物血清中含有各种免疫球蛋白、白蛋白等,都可以用作抗原。植物抗原一般是将花粉、种子等粉碎后,用石油醚、丙酮浸提后提取。昆虫抗原一般用昆虫的浸出液。例如,可以从全国各地收集草蛉的中肠消化液(其中含有棉蚜虫的浸出液),以之为抗原免疫家兔从而获得各种棉蚜虫特异性抗体,然后,用这种抗体检测未知棉蚜浸出液,从而可分析蚜虫的分布规律。

五、人类血型抗原

目前,已识别的人类血型相关抗原有 600 多种,各种可能的血型表型数量在 10 亿种以上,也就是说,除了同卵双生子以外,每一个人的血型都是独一无二的,因此,与指纹一样,血型抗原也是显示个体差异的标准之一。大体上,可将人类血型分成五大类:红细胞血型(20 多个血型系统,400 种以上,如 ABO 血型系统、Rh 血型系统),白细胞血型(中性粒细胞抗原和 HLA 两类),血小板血型,血清型和血清酶型,以及红细胞酶型。与生活息息相关的是 ABO 血型系统和 Rh 血型系统。

(一) ABO 血型系统

ABO 血型的发现和临床输血有密切的关系。1901 年,奥地利维也纳大学的 Carl Landsteiner 和他的学生们通过混合不同人的血清和红细胞所产生的凝聚现象,相继发现 A、B、O、AB 四种血型。后来发现,ABO 血型其实是由红细胞膜上的不同抗原所决定的,该抗原合成的前体物质称为 H 抗原,是一种糖脂,基本分子结构是以糖苷键与多肽链骨架结合的四糖链。而 ABO 是三个等位基因,其编码产物是糖基转移酶。其中,A 基因能将 α-N-乙酰半乳糖胺接到 H 抗原的 β-D-半乳糖上,形成 A 抗原;B 基因能将 α-D-半乳糖接到 H 抗原的相同位置,形成 B 抗原;而 O 基因无活性,因此,O 型血红细胞表面抗原是未经改变的 H 抗原。A、B 抗原主要表达在红细胞膜上,以糖蛋白或糖脂的形式存在。由此,可以将血液分为四型(图 3-4):如果只存在 A 抗原,则为 A 型;若只存在 B 抗原,则为 B 型;若 A 与 B 两种抗原都存在,则为 AB 型;这两种抗原都没有,则为 O 型。

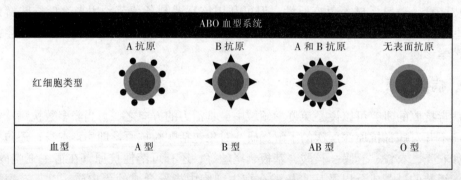

图 3-4 ABO 血型系统分类

研究发现,不同血型的血液里可能存在抗 A 或抗 B 抗体(也称血凝集素),产生原因可能是胚胎期机体接触了环境中某些与 A、B 抗原决定簇类似的糖类的刺激。进行输血时,如果这些抗体遇到与本身血型不符的红细胞,就会产生溶血反应。例如,一个 B 血型的人如果输入 A 型血,会立刻导致体内的抗 A 抗体与 A 型红细胞的表面 A 抗原结合,引发补体介导的红细胞自溶。而对于 O 型血,其红细胞不含 A 和 B 抗原,因此不会和 B 型或 A 型受血者体内的抗 A 或抗 B 抗体发生反应。但要注意的是,O 型血中自带的抗 A 和抗 B 抗体会与 A 型或 B 型受血者血细胞上的抗原发生反应。当输血量较小时,输入的 O 型血被充分稀释,不会产生溶血,但当输血量较大时,输入的 O 型血则可能与受血者红细胞上的血型物质产生溶血反应。总之,深入研究 ABO 抗原,对解决临床输血,特别是异型输血问题具有重要的意义。

(二) Rh 血型系统

Landsteiner 和 Wiener 于 1940 年发现了 Rh 血型系统。Rh 血型系统原意为恒河猴（*Macacus rhesus*）血型系统，重要性仅次于 ABO 血型系统。他们观察到，恒河猴红细胞免疫家兔后所得的免疫血清可与多数人的红细胞反应，说明恒河猴的红细胞与人的红细胞具有共同抗原，故称此抗原为 Rh 抗原。人类血型可根据其红细胞表面有无 Rh 抗原，分为 Rh 阳性和 Rh 阴性。

与 ABO 系统不同，一个人体内正常情况下是不含有天然的 Rh 抗体的，因此第一次输血时不会因 Rh 血型不匹配而导致溶血。但是，完成输血后，如果 Rh 阴性的受血者接受的是 Rh 阳性血液，受血者体内则可产生特异性抗 Rh 的抗体，当该受血者第二次输 Rh 阳性血液时，其体内就会发生溶血性免疫反应。新生儿溶血症是一种典型的 Rh 输血反应。一位 Rh 阴性的母亲如果怀上 Rh 阳性的胎儿，该母亲初次妊娠分娩时，胎儿 Rh^+ 红细胞就会进入母亲体内，并刺激机体产生抗 Rh 抗体，当然，母亲体内此时并不会发生任何溶血反应。当 Rh 阴性母亲再次怀上 Rh 阳性胎儿时，母亲体内的抗 Rh 抗体将通过胎盘进入胎儿体内，与胎儿的 Rh^+ 红细胞结合，从而造成正常红细胞的凝集与破坏，结果严重的可能会导致胎儿严重贫血，甚至死亡。

六、MHC 分子

最初发现 MHC 分子是因为这种物质能引起对同种异体移植的强烈排斥反应。后来发现，MHC 分子其实是脊椎动物有核细胞表面的具有高度多态性的抗原肽，其编码基因是含有多基因座位并且呈现紧密连锁的基因群。胸腺依赖性抗原（TD-Ag）发挥效应需要辅助性 T 细胞的识别，而后者表面受体不能直接识别 TD-Ag，需要抗原递呈细胞将抗原加工成能被 T 细胞识别的形态，而这个加工者就是 MHC 分子。因此，MHC 分子在传递抗原信号及引发特异性免疫应答的过程中起着至关重要的作用。在不同物种中 MHC 的命名不一样，人类 MHC 称为 HLA，小鼠的 MHC 称为 H-2，而家兔的 MHC 称为 RLA 等。

MHC 分子主要可分为 MHC Ⅰ类和 MHC Ⅱ类分子，是人类基因组中多态性最强的基因，已证实其中一些基因有超过 200 个等位基因。MHC Ⅰ类分子位于所有体细胞中，其功能是为细胞毒 T 细胞传递抗原信号；Ⅱ类分子则主要位于 B 细胞、树突状细胞以及巨噬细胞等 APC 中，主要协助 B 细胞和吞噬细胞向辅助 T 细胞（Th）传递信号。正是这种多态性使得 MHC 在免疫应答中具有极其重要的作用，由于每种抗原的加工都有特异性 MHC 参与，因此 MHC 的多样性使得一个物种能最大限度地抵御各种微生物。此外，随着对 MHC 研究的深入，人类有可能彻底攻克器官移植中存在的排斥反应问题。

七、移植抗原

移植抗原（transplantation antigen）是指能引起移植排斥反应的供者移植物抗原，多为细胞膜表面分子。参与机体内排斥反应的抗原系统在 20 种以上，MHC 抗原是其中一种移植抗原，它所引起的排斥反应强烈。除此以外，移植抗原还包括次要组织相容性抗原（mHC）、人类 ABO 血型抗原、内皮细胞抗原、种属特异性糖蛋白抗原等。

八、超抗原

White 等在 1989 年提出超抗原（super antigen）的概念。他们发现，某些细菌外毒素或逆转录病毒蛋白不需要由抗原递呈细胞（APC）识别加工，便可直接结合 T 或者 B 细胞的表面抗原受体，而且只需极低浓度即可激活 2‰～20‰的 T 细胞或 B 细胞克隆，并诱导强烈的免疫应答。如图 3-5 所示，与普通抗原相比，超抗原主要结合 T 细胞受体（TCR）的 Vβ 外侧区域和 MHC 分子的非多态区。因此，超抗原是一种非特异性免疫刺激剂，它能与大多数的 T 细胞受体和 MHC 分子结合，而不会受到其限制。

超抗原可分为外源性超抗原（革兰阳性菌产生的外毒素）和内源性超抗原（逆转录病毒蛋白）两类：前者包括金黄色葡萄球菌肠毒素 A、B、C、D、E（staphylococcus enterotoxin, SE）、葡萄球菌毒素休克综合征毒素 1（TSST-1）、链球菌致热外毒素 A-C 以及 M 蛋白关节炎支原体丝裂原（MAM）；后者包括小鼠乳腺肿瘤病毒蛋白，又称小鼠次要淋巴细胞刺激抗原（minor lymphocyte stimulating antigen, MLSA）和人类免疫缺陷病毒蛋白等。

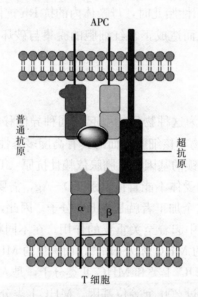

图 3-5 普通抗原和超抗原分别与 Th/APC 的结合机制

研究超抗原具有重大生物学意义。首先，由于超抗原具有低剂量、强烈诱导性等特点，能在极短时间内激活大量 T 细胞并诱导大量促炎细胞因子产生，后者可造成机体短暂休克，严重时甚至造成器官衰竭等病变。常见的食物中毒就与食物中可能含有由金黄色葡萄球菌产生的超抗原（肠毒素）有关。其次，由于超抗原可能激活机体内一些处于封闭状态的自身反应性 T 细胞，因此，超抗原可诱发自身免疫疾病。此外，利用超抗原直接诱导 T 细胞产生多种细胞因子的特性，可将其开发为专一性抗肿瘤细胞的效应分子。

Summary

In this chapter, we will learn the basic knowledge of one fundamental component of immunology, the antigen. The content of this chapter includes the definition of antigen, characterization of antigen, antigen specificity and classification of antigen. Some typical natural antigens are also described.

Antigen is a substance which stimulates the production of an antibody when introduced into the body. Generally, antigens are considered non-self substances as measured by their capabilities to stimulate specific responses of the cell-mediated (T lymphocyte) or the humoral (antibody-making) immune system. Many large foreign molecules can act as an antigen, including those contained in bacteria, viruses, foods, toxins, blood cells, and the cells of transplanted organs.

Immunogenicity and antigenicity are two typical characteristics of antigen. Immunogenicity is the property of a substance to elicit immune responses, or the degree to which a substance possesses this property. Antigenicity is the ability of a substance to bind specifically with immune system responsible products, such as T cell receptors and antibodies, *in vivo* or *in vitro*. Substances with both characteristics can be called complete antigen. However, an antigen, which might bind specifically to a T or B cell receptor, but not induce an adaptive immune response, is referred to hapten. Some substances, including sugar, lipids, and small chemical compounds, belong to this class of antigens.

Several factors can determine the capability of an antigen to induce immune responses. These factors include: ①physical and chemical properties of the substance, such as the molecular weight, chemical complexity, physical status, molecular conformation and accessibility; ②foreignness; and ③ entry pathway of the substance into the body. In fact, the entire antigenic structure is not involved in the immune response. Several small regions of the antigen, named antigenic determinants or epitopes, that can interact with the cells or antibodies of the immune system will determine the intensity and specificity of immune responses elicited by an antigen. For small antigens including haptens, they must be conjugated to larger carrier molecules before they can induce an immune response. Once the immune response has been induced, the hapten alone can interact with antibody. Thus, hapten-carrier conjugates were usually used to assess the specificity of antigen-antibody reactions.

Studies of antigen specificity using haptens led to the conclusions that the epitope types (sequential epitope and conformational epitope), epitope position, epitope size, epitope charge, and epitope stereoisomerism are important in determining the specificity of antigen-antibody interactions. Epitopes that contact the antibody molecule are small (6 sugar residues or 15 to 22 amino acid residues) and must be accessible. Epitopes can consist of continuous or discontinuous amino acid sequences. The latter depend on the native (unaltered) spatial conformation and are called assembled topographic determinants. Generally, different antigens possess different epitopes that exhibit various immune specificities. However, in some instances, two or more antigens may contain the same epitope. This kind of epitope is called common epitope, and different antigens which possess common epitope are called common antigen or cross antigen. Once an antigen induces immune response, the produced T lymphocyte or antibody may also react with its common antigen (s). This process is defined as cross reaction.

There are many ways to classify antigens. Generally, antigens are divided into natural and artificial antigens. Based on the affiliation of antigens to body, they can be grouped into xenogenic antigen, allogenic antigen, and autoantigen. According to the physical and chemical properties, antigens can be characterized as protein, polysaccharide, lipid, nucleic acid, and elements. Antigens can also be grouped into two major types, thymus-dependent antigen (TD - Ag) and thymus-independent antigen (TI - Ag), by their abilities to induce immune response with or without the assistance of T cells. In other classification systems, tumor antigens, which include tumor-specific antigens and tumor-associated antigens, constitute a big and special category in antigen family.

As the key component of immune response-related reactions, antigen has wide applications in the field of clinic research and fundamental biology research. For example, antigens can be used to perform a range of viruses' diagnosis, as well as to develop vaccines against pathogenic viruses such as HIV, HAV, HBV, rabies virus, or poliovirus. Furthermore, antigen can also be applied to carry out the classification and determination of animals, plants and microbial species.

参考文献

龚非力, 2007. 医学免疫学 [M]. 2 版. 北京：科学出版社.
沈关心, 2007. 微生物学与免疫学 [M]. 6 版. 北京：人民卫生出版社.
DELVES P, MARTIN S, BURTON D, et al, 2011. Roitt's Essential Immunology [M]. 12th ed. [S. l.]: Wiley-Blackwell.
GOLDSBY R A, et al, 2006. Immunology [M]. 6th ed. New York: W H Freeman and Co.
KJER-NIELSEN L, et al, 2012. MR1 presents microbial vitamin B metabolites to MAIT cells [J]. Nature, 491 (7426): 717 - 723.

思考题

1. 构成免疫原的条件有哪些？
2. "O 型血者是万能供血者，AB 型血者是万能受血者"，这句话对吗？为什么？
3. 不同抗原与抗体结合发生交叉反应的原因是什么？
4. 抗原研究有何意义？

课外读物

维生素与免疫

维生素是维持机体正常生长、发育和代谢所必需的一类小分子有机化合物，大多数已知的维生素可作为辅酶或辅基成分参与机体内的各种酶促反应。事实上，维生素在机体的免疫反应中也起着重要作用，例如，维生素 C 能协同机体组织中的其他成分，刺激身体制造干扰素（一种参与抗癌的活性物质），用来干扰病毒以减少白细胞与病毒的结合，保持白细胞的数目，在一定程度上提高机体免疫力；维生素 A 能增强 T 细胞抗原特异性反应，并能通过提高细胞膜的稳定性而提高其抗感染能力。

一项来自澳大利亚的 Kjer-Nielsen 教授及其研究团队的最新研究成果表明，一些病原微生物可代谢 B 族维生素，所生成的两种水溶性维生素——B_2（核黄素）和维生素 B_9（叶酸）能够激活一类特殊的 T 细胞——MAIT（mucosa-associated invariant T cell），MAIT 随即识别这些细胞表面附着有维生素 B_2 或维生素 B_9 的病原微生物并与之发生免疫反应，最终保护机体免受侵染。T 细胞在机体的免疫防护中起重要作用，最常见的 T 细胞类群是 $CD4^+$ 和 $CD8^+$，它们遍布全身，细胞表面具有丰富的抗原受体，这些受体通过主要组织相容性复合体（MHC）所递呈的抗原肽与靶细胞相结合，从而发生进一步的免疫反应。相比之下，MAIT 非常特殊，它们主要分布在肠、肝和肺等脏器中，并且只具备相当有限的抗原受体。MAIT 的激活依赖于与 MHC 相类似的 MR1 蛋白，Kjer-Nielsen 及其研究团队的实验数据表明，MR1 的抗原结合槽能特异性地容纳蝶呤环（pterin），而后者是维生素 B_2 和维生素 B_9 的骨架结构。这就解释了当某些能代谢 B 族维生素的病原微生物侵染正常机体细胞后，机体细胞内的 MR1 可将维生素 B_2 或者维生素 B_9 递呈到细胞表面，供 MAIT 识别与结合，最终，MAIT 可消灭这些受感染的细胞。

这项研究意义重大，因为这是人们首次发现维生素可作为抗原，并被机体的免疫系统所利用，从而防御可代谢 B 族维生素的病原微生物。同时，这一研究成果也让我们认识了机体免疫系统的一种"新武器"，有助于人们开发基于蝶呤的新型免疫疗法。

第四章 抗 体

第一节 抗体的概念和理化性质

生物机体对外界抗原发挥免疫应答的两种机制包括体液免疫和细胞免疫。因此，体液免疫是机体发挥免疫应答的重要形式之一。本章所讲的抗体是参与体液免疫应答的重要效应分子，其化学本质是糖蛋白，由B细胞在接受抗原刺激并增殖分化后形成的浆细胞（plasma cells）产生，主要存在于血液、淋巴液等体液中。抗体通过与相应抗原特异性结合，发挥体液免疫的功能。依据抗体重链的一级结构，哺乳动物抗体分为五大类，即IgG、IgM、IgA、IgD和IgE。IgY普通存在于鸟类，爬行类和两栖类，在功能上等价于哺乳动物IgG。抗体与抗原特异性地非共价结合，引发一系列生物学效应。具有抗体活性或化学结构与抗体相似的球蛋白统一命名为免疫球蛋白（immunoglobulin，Ig）。免疫球蛋白可分为膜型（membrane Ig，mIg）和分泌型（secreted Ig，sIg）。在大多数个体中，血清免疫球蛋白80%以上为IgG类蛋白质。

一、抗体的概念

1890—1892年，德国学者Emil Adolf von Behring（1854—1917）和他的同事日本学者Shibasaburo Kitasato（1852—1931）发现，将白喉毒素（diphtheria toxin）接种入动物体内后，在血清中发现了能够中和白喉毒素毒性的"抗毒素"（antitoxin），并用含有这种抗毒素的动物血清治疗白喉患者，取得了巨大的成功。这里的"抗毒素"便是我们现在免疫学上"抗体"概念的雏形。1901年，von Behring因其血清治疗方法（尤其是用于抵抗白喉的工作）获得了历史上首个诺贝尔生理学与医学奖。随后，人们陆续发现一大类可与病原体结合并引起凝集、沉淀或中和反应的体液因子，如杀菌素、凝集素、溶血素、溶菌素、沉淀素、类风湿因子、红斑狼疮因子等，将它们统称为抗体（antibody）。

血液凝固后，析出的淡黄色液体称为血清（serum）。抗原免疫后的动物血清中含有大量能与效应抗原结合的抗体分子，称为抗血清（antiserum）。1939年，Arne Wilhelm Tiselius和Elvin A. Kabat在对血清蛋白自由电泳时，根据其迁移率的差异，将其分为白蛋白（albumin）和α、β、γ球蛋白（globulin）4个主要部分，如图4-1所示。研究还发现，免疫后抗血清的电泳图中，γ球蛋白明显增多，抗血清经抗原吸收后再电泳，其γ球蛋白又恢复到与正常血清图形相同，因此证明有活性的抗体存在于γ球蛋白组分内。因此，在之后很长一段时间，人们将抗体与γ球蛋白作为同义词互用。但事实上，具有抗体活性的球蛋白并不都存在于γ组分，反之在γ组分的球蛋白亦不都具有抗体活性。后来研究发现γ球蛋白的组分是IgG，β球蛋白分别为IgM和IgA，后来又发现陆续了IgE和IgD。这反映了抗体由不同细胞克隆产生的不均一性和结构的多样性。

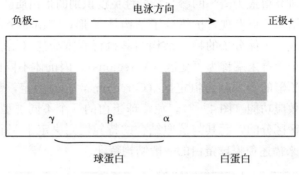

图 4-1 血清蛋白电泳

因此,抗体有时候也称为免疫球蛋白。直到1964年的世界卫生组织和1972年的国际免疫学会决定,将具有抗体活性或化学结构与抗体相似的球蛋白统称为免疫球蛋白,二者的概念才得以明确。由此可见,免疫球蛋白主要强调化学结构相似,不仅包括抗体,还包括正常个体内天然存在的免疫球蛋白以及骨髓瘤蛋白、巨球蛋白血症患者血清中存在的异常免疫球蛋白等;而抗体则主要强调生物学功能,是能与相应抗原特异性结合的具有免疫功能的球蛋白,属于免疫球蛋白的一种。免疫球蛋白可分为膜型和分泌型,前者构成B细胞表面的抗原受体(B-cell receptor,BCR);后者,也就是抗体,主要存在于血清和组织液中,发挥各种免疫功能。

在动物进化的漫长历程中,特异性体液免疫出现较晚。无脊椎动物不能合成抗体,抵抗外来抗原物质主要依靠非特异的天然凝集素(lectin)、吞噬细胞或炎症反应完成。脊椎动物出现后,才有抗体产生,如鱼类的IgM,两栖类的IgM和IgG,鸟类的IgM、IgG和IgA;进化到哺乳动物后,抗体种类逐渐增多,但家兔中仅有IgM、IgG和IgA,人和鼠类具有五类完整的Ig,其余多数种类则具有IgG、IgA、IgM和IgE四类。

值得注意的是,还存在一种鸡卵黄抗体(immunoglobulin of egg yolk,IgY)。它存在于卵黄中,是由鸡血液中的IgY经过受体介导转移至卵黄中的球蛋白,具有保护新生个体的重要作用。这类IgY也存在于其他禽类、两栖类和爬行类血清中。

二、抗体的理化性质

抗体的化学本质是多链糖蛋白,因此具有蛋白质的基本特征,任何物理及化学因素都可能改变其特性,如在60~70℃时即被破坏,能被多种蛋白水解酶裂解破坏,可在乙醇、三氯醋酸或中性盐类中沉淀。因此,通常用50%饱和硫酸铵或硫酸钠从免疫血清中提取抗体。

但是和IgG相比,IgY抗体的稳定性更好。从卵黄提取的IgY的稳定性研究表明,在低于75℃条件下,IgY具有良好的热稳定性。将IgY制剂于4℃存储5年,或室温放置6个月,经免疫扩散法检测,抗体活性没有降低。但如果经80℃和90℃高温处理15min后,绝大部分IgY丧失结合活性。

第二节 抗体的基本结构

抗体是存在于血液中的膜型B细胞表面受体的分泌形式,因其具有可溶性,所以它是第一个被鉴定、也是研究得最为清楚的参与特异性免疫识别的蛋白质。

X射线晶体衍射结构分析发现，抗体分子结构是Y形，它由3个大小相近的部分，通过柔软的铰链连接而成。抗体分子的特定结构与其执行双重功能（结合特定抗原和效应分子）有关。Y形的2个手臂末端称为可变区（V regions），因抗体不同而呈多样化，因而结合不同的抗原分子；Y形的茎部称为恒定区（C region），相对恒定，与效应细胞和效应分子结合，决定抗体的效应功能（图4-2）。免疫球蛋白的5个不同类型即IgG、IgM、IgA、IgD和IgE是通过C区区分的，而其与抗原结合的特异性则决定于V区的细微差别。下面以IgG抗体分子为例来描述免疫球蛋白的一般结构特征。

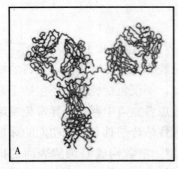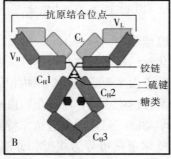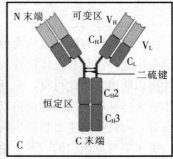

图4-2　IgG抗体基本结构示意

A. 由X射线晶体结构制作的IgG抗体3D带状图解。三个球形区域构成了一个Y形结构　B. IgG抗体结构的示意图，展示了构成IgG的两条重链和两条轻链，以及每条链上的结构域组成　C. 抗体分子的简化示意图

[由《Janeway's Immunobiology》（8版，2012）改编]

一、抗体分子基本结构

在正常的人体和高等动物的血清中，存在着大量的免疫球蛋白，但从化学结构上来看，它们都是极其不均一或高度异质（heterogeneity）的，因此称为多克隆抗体（polyclonal antibody）。因此，要深入分析Ig的一级结构，必须获得纯度较高的单一抗体或单克隆抗体（monoclonal antibody，McAb）。20世纪50年代后期，伴随着蛋白质分离纯化技术的进步，尤其是在浆细胞恶性增殖而引起的多发性骨髓瘤（multiple myeloma）和巨球蛋白血症患者血清中，发现了大量与正常抗体结构相似且均一的Ig，这成为分析Ig结构的理想的实验材料。因此，R. Porter和G. Edelman在1962年提出了免疫球蛋白Y形的结构模型。此后，G. Edelman于1969年又首次测定了抗体分子（IgG$_1$）一级结构（图4-3）。

Porter等对血清IgG抗体的研究证明，IgG$_1$分子的基本结构是由2条完全相同的重链（heavy chain，H）和2条完全相同的轻链（light chain，L）组成，4条肽链通过链间二硫键和非共价键连接而成Y形Ig分子单体，其中，2条重链较长、分子质量相对较大，2条轻链较短、分子质量相对较小。每条轻链约有220个氨基酸，每条重链约有440个氨基酸（图4-3）。Ig分子单体是构成免疫球蛋白分子的基本结构。由1条重链和1条轻链构成1个抗原结合位点，每个Ig分子单体有2个抗原结合位点。单一抗原和抗原结合位点间的作用强度称为亲和力（affinity）。Ig分子单体中的四条肽链两端游离的氨基或羧基的方向是一致的，分别命名为氨基端（N端）和羧基端（C端）。此外，重链上还有结合糖链的部位，所以，Ig 是一类糖蛋白。

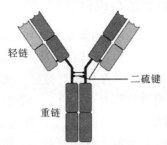

图 4-3 IgG 单体分子由重链和轻链组成
（每个免疫球蛋白分子的两条重链之间有二硫键连接，重链轻链之间也有二硫键连接）
［由《Janeway's Immunobiology》(8 版，2012) 改编］

二、Ig 分子的轻链（L 链）

Ig 的轻链约由 220 个氨基酸残基组成，相对分子质量约为 $2.5×10^4$，有两个由链内二硫键组成的环肽。轻链的型别决定 Ig 分子的型别。按血清学类型分类，轻链可分为 kappa（κ）和 lambda（λ）2 个型（type）。5 类 Ig 都只有 κ 和 λ 两种型别，因此同一物种的各类 Ig 分子又可因其所含轻链的型别而分为两个型，即 κ 型和 λ 型。一个天然 Ig 分子的两条轻链的型别总是相同的，不存在一条轻链为 κ 链而另一条轻链为 λ 链的形式。但同一个体内可存在分别带有 κ 或 λ 链的抗体分子。5 类 Ig 中每类 Ig 都可以有 κ 链或 λ 链，两型轻链的功能无差异。κ 和 λ 两种轻链的比例在不同物种中具有显著差别。例如，在小鼠中，κ 型和 λ 型的平均比例是 20∶1；而在人中，这种比例是 2∶1；在牛中是 1∶20。在鸡和火鸡中已证实只表达 λ 型轻链结构。目前种属间 κ 型和 λ 型平均比例有差别的原因还不清楚。在有些情况下，κ 型和 λ 型轻链比值的改变可能反映某一 B 细胞克隆的异常增殖。例如，某一病人身体中存在过量 λ 轻链就有可能预示着病人体内存在分泌 λ 轻链的 B 细胞肿瘤。

三、Ig 分子的重链（H 链）

Ig 的重链由 450~550 个氨基酸残基组成，相对分子质量 $5.5×10^4$~$7.5×10^4$，不同类型的 Ig 所含糖基数量不同，一般具有 4~5 个链内二硫键。重链与 Ig 分子的分类有关，Ig 分子的类别是由各自重链的血清型类别、相对分子质量大小（亚基数）和糖基数量决定的。根据重链的血清型有 γ、μ、α、δ 及 ε 链五类（classes）或同种型（isotypes），把人的抗体分为 IgG、IgM、IgA、IgD 和 IgE 5 类。γ 链和 α 链按其重链构造上的变化，还可以进一步分为不同的亚类（subclasses），人 γ 链有 $γ_1$、$γ_2$、$γ_3$ 和 $γ_4$ 四种，α 链为 $α_1$ 和 $α_2$ 两种，μ 链有 $μ_1$ 和 $μ_2$ 两种。小鼠 γ 链亚类有 $γ_1$、$γ_{2a}$、$γ_{2b}$ 和 $γ_3$ 四种。所以，人 IgG 又可分为 IgG_1、IgG_2、IgG_3 和 IgG_4；IgA 可分为 IgA_1 和 IgA_2；IgM 可分为 IgM_1 和 IgM_2；而小鼠 IgG 有 IgG_1、IgG_{2a}、IgG_{2b} 和 IgG_3 四种。IgD 和 IgE 尚未发现有亚类。它们间除了重链的免疫原性有所不同外，其重链间的二硫键数目和位置也各不相同。决定抗体亚类血清学反应特性的抗原决定簇位于 Ig 重链恒定区的 Fc 片段。因此抗体的类别是由重链的结构决定的，也决定了不同抗体分子的效应功能各异。IgG 是参与免疫应答最多、最重要的免疫球蛋白，亚类含量不同，其中 IgG_1 约占 IgG 总量的 70%，IgG_2 约为 16%，IgG_3 约为 10%，IgG_4 约为 4%。

四、Ig分子的可变区、恒定区和铰链区

通过对不同免疫球蛋白分子重链或轻链的氨基酸序列比较分析，发现其氨基末端（N端）的氨基酸顺序变化很大，故将这部分称为可变区或V区（variable region）。轻链和重链的V区分别被称为V_L和V_H。而靠近C端氨基酸序列相对稳定，该区域被称为恒定区或C区（constant region）。轻链和重链的C区分别被称为C_L和C_H。铰链区位于C_H1和C_H2之间。

以1969年G. Edelman测定的IgG_1为例：其重链含有446个氨基酸，轻链含有214个氨基酸，相对分子质量为1.5×10^5，是胰岛素相对分子质量的25倍。从其N端起，轻链的V区位于1~108位氨基酸，C区位于109~214位氨基酸。重链的V区N端约前114个氨基酸，其余3/4左右均为C区。其他测序结果表明，在其他的Ig中，IgA和IgD（单体）的氨基酸数与IgG接近，而IgM和IgE（单体）的氨基酸数则比IgG要多。

（一）可变区（variable region）

可变区位于N端，约占L链的1/2（含108~111个氨基酸残基）和H链的1/5或1/4（约含118个氨基酸残基）。每个V区中均含有一个由链内二硫键连接形成的肽环，每个肽环中含67~75个氨基酸残基。组成V区的氨基酸种类多样、排列顺序各异，所以可形成结合不同特异性抗原的抗体，所以，V区是用以识别抗原和决定抗体特异性的部位。有抗原结合功能的IgG抗体有两个抗原结合位点，每个位点分别由一条重链的可变区和一条轻链的可变区组成，因此抗体是二价的，都结合特定的表位。

尽管抗体分子的V区氨基酸序列互不相同，但V区氨基酸序列的变化并不是均匀分布的，而是集中在V区的某些区域。将这些在可变区内氨基酸残基差异大，组成和排列顺序更易发生变异的区域称为高变区（hypervariable regions，HVR）。图4-4显示了抗体分子重链和轻链V区氨基酸变化程度的点阵图（variability plot）。高变区位于分子表面，最多由

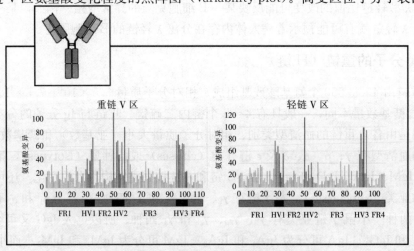

图4-4 可变区中含有不连续的高变区域

[通过比较大量重链和轻链可变区氨基酸序列，可以发现氨基酸序列高度变化的区域。每个氨基酸位点的变异程度以所有序列中出现的不同氨基酸数目与出现频率最多的氨基酸的数目之间的比率表示。三个高变区（HV1、HV2和HV3）用黑色表示，这些区域也称为互补决定区（CDR1、CDR2和CDR3）。周围是变化不大的骨架区域（FR1、FR2、FR3和FR4，用灰色表示）]

[由《Janeway's Immunobiology》（8版，2012）改编]

17个氨基酸残基构成，少则只有2~3个氨基酸残基。高变区氨基酸序列决定了抗体结合抗原的高度特异性。V_L中的高变区有三个，通常分别位于第24~34、50~65、95~102位氨基酸。V_L和V_H的这三个高变区分别称为HV1、HV2和HV3。高变区也是Ig分子独特型决定簇（idiotypic determinants）主要存在的部位。在V区中非高变区部位的氨基酸组成和排列相对比较保守，称为骨架区（framework regions，FR）。每个V区结构域有四个骨架区，称为FR1，FR2，FR3和FR4。骨架区形成β片层结构，而高变区对应于三个β桶外缘的环状结构，该区域称为高变环（hypervariable loops）。折叠结构域中，高变序列是并列排列的（图4-5）。

经X射线晶体衍射的分析证明，高变区确实为抗体与抗原结合的位置。当抗体的V_L和V_H结构域配对后，每个结构域的高变环相互结合，从而在每个分子的臂顶端形成单独的高变位点，即抗原结合位点（antigen-binding site）。三个高变环与抗原形成表面的互补关系，决定与抗原结合的特异性，因而称为互补决定区（complementarity determining region，CDR）。因此，V_L和V_H的HVR1、HVR2和HVR3又可分别称为CDR1、CDR2和CDR3，一般的CDR3具有更高的高变程度。值得注意的是，CDR是由V_L和V_H结构域共同构成的抗原结合位点，因此抗体结合抗原的特异性由重链和轻链共同决定，而不是由单条链决定。正是由于这种原因，形成抗体多样性的途径之一就是重链和轻链V区的不同组合。这种抗体多样性产生的途径称为组合多样性（combinatorial diversity）。

（二）恒定区（constant region）

恒定区位于轻链靠近C端的1/2区域（约含105个氨基酸残基）和重链靠近C端的3/4区域或4/5区域（约从119位氨基

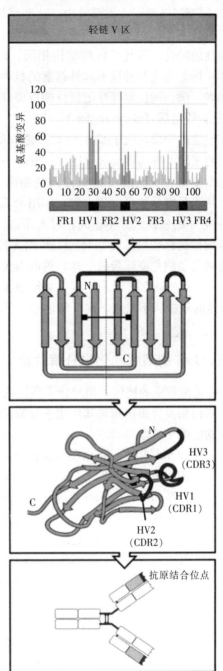

图4-5 高变区位于折叠结构中不连续的环状区域

（高变区存在于V区结构域中，位于折叠后聚集的环状区域中。抗体分子中，重链和轻链的配对是每条链上的高变环聚集在一起，形成一个单一的高变表面，这部分就形成了抗体分子臂顶端的抗原结合位点）

［由《Janeway's Immunobiology》（8版，2012）改编］

酸至C末端）。多个重链C区可以根据从N端到C端依次命名为C_H1、C_H2等。在同一种属动物Ig同型轻链和同一类重链中，这个区域氨基酸的组成和排列都比较恒定，如人抗白喉外毒素IgG与人抗破伤风外毒素的抗毒素IgG，它们的V区不相同，只能与相应的抗原发生特异性的结合，但其C区的结构相同，即具有相同的抗原性。马抗人IgG第二体（或称抗抗体）均能与这两种抗不同外毒素的抗体（IgG）发生结合反应。这是制备第二抗体、应用荧光素、酶、同位素等标记抗体的重要基础。恒定区决定着Ig分子的各种生物学功能。

（三）铰链区（hinge region）

在重链的中段，位于C_H1与C_H2之间约由30个氨基酸残基组成了一个能使Ig分子自由曲折的区段，称为铰链区（图4-2b）。该处含有较多的脯氨酸，富有弹性，易伸展弯曲，因此能改变结合抗原的Y形臂之间的距离，从而有利于两臂结合2个抗原表位。铰链区的另一个特点是容易被蛋白酶水解，如用木瓜蛋白酶和胃蛋白酶处理会产生不同的水解片段。各类Ig分子的铰链区并不相同，对人而言，IgG_1、IgG_2、IgG_4和IgA的铰链区较短，IgG_3和IgD的铰链区较长；而IgM和IgE则无铰链区，但有一个完整的C_H2发挥铰链区的作用。

与哺乳动物免疫球蛋白一样，鸡的IgY也由2条重链和2条轻链通过二硫键相连组成，轻链有1个可变区和1个恒定区，重链有1个可变区和4个恒定区。与哺乳动物IgG相比，IgY重链的铰链区不发达，这可能是造成Fab片段部分低活性、IgY与IgG存在众多差异的原因。

五、IgG的酶解和化学分解片段

IgG是最常见的抗体，相对分子质量约为$1.5×10^5$。若用巯基试剂（mercapto-reagent）和木瓜蛋白酶及胃蛋白酶对其作化学分解和酶解，就可产生10余种不同大小、构造、性质和免疫功能的小片段。

R. Porter最早用木瓜蛋白酶（papain）酶解相对分子质量为$1.5×10^5$的IgG，获得两个相同的、相对分子质量为$4.5×10^4$的片段和一个相对分子质量为$5.0×10^4$的片段，前者具有抗原结合活性，称为Fab片段（fragment antigen-binding），后者在冷藏后易形成结晶，称为Fc片段（fragment crystallizable）（图4-6）。Fc上还结合有糖基。Fc片段对应于IgG分子上的一组C_H2和C_H3区域。从功能上看，Fab能与相应抗原特异性结合，而Fc则具有固定补体、与效应分子和效应细胞结合的作用，是重链功能特异性的基础。

A. Nisonoff根据同样方法用胃蛋白酶（pepsin）消化IgG。胃蛋白酶酶切抗体分子的区域与木瓜蛋白酶基本相同，但其酶切位点在近C端的二硫键，所以酶切后得到一个大片段和一些小片段。大片段是由两个二硫键连接的Fab双体，故称$F(ab')_2$，相对分子质量为$1.0×10^5$。从图4-6可见，$F(ab')_2$是由两个Fab及铰链区组成，也就是说Ig分子的两个臂仍由二硫键连接，因此$F(ab')_2$具有Fab的功能，并能够同时结合两个抗原表位。另外，由于$F(ab')_2$片段保留了结合相应抗原的生物学活性，同时又避免了Fc段免疫原性可能引起的副作用，因而被广泛应用于生物制品。比如用胃蛋白酶消化去掉Fc段的白喉抗毒素、破伤风抗毒素提纯制品，超敏反应情况大幅度降低。小片段是与Fc相似但分子长度略短的重链片段，其中最大的一个片段被称为pFc'片段。

另外，G. Edelman及其同事用2-巯基乙醇（2-mercaptoethanol）还原IgG的二硫键，然后进行变性电泳（8mol/L尿素），得到两条蛋白带。进一步的实验证明，IgG由两条相对

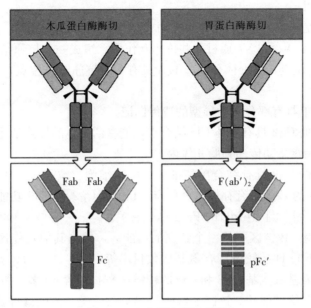

图 4-6 IgG 蛋白酶切片段

[Y形免疫球蛋白分子可以被蛋白酶部分酶解为特异性的片段。IgG 免疫球蛋白分子经木瓜蛋白酶水解后形成三个片段,即两个 Fab 片段和一个 Fc 片段。Fab 片段具有免疫球蛋白的 V 区,可以结合抗原。Fc 片段易于形成结晶,具有免疫球蛋白的 C 区。胃蛋白酶水解 IgG 后得到一个 F(ab')₂ 片段和许多 Fc 片段的小片段,其中最大的一个片段被称为 pFc' 片段。F(ab')₂ 片段具有两个 V 区,并且比 Fab 多几个氨基酸,包括形成二硫键的半胱氨酸残基]

[由《Janeway's Immunobiology》(8 版, 2012) 改编]

分子质量 5.0×10^4 的多肽重链和两条相对分子质量 2.5×10^4 的轻链组成。用兔的 IgG 的 Fab 和 Fc 分别免疫山羊,得到的抗血清再与 H 链和 L 链反应,发现:抗 Fab 的抗体能与 H 链和 L 链反应,而抗 Fc 的抗体只能与 H 链反应,从而证明 IgG 分子是由两条 H 链和两条 L 链组成,而 H 链与 L 链之间、H 链与 H 链之间是通过二硫键相连的。

六、Ig 分子的功能区

对许多 Ig 分子的重链和轻链的氨基酸序列分析后发现,重链和轻链可通过链内二硫键折叠成若干球形功能区(domain),每一功能区约由 110 个氨基酸组成。在功能区中氨基酸序列有高度同源性。

1. 轻链功能区 轻链功能区包括轻链可变区(V_L)和轻链恒定区(C_L)两个功能区。

2. 重链功能区 重链功能区因抗体类别而异。IgG、IgA 和 IgD 的重链各有一个可变区(V_H)和三个恒定区(C_H1、C_H2 和 C_H3),共四个功能区。IgM 和 IgE 的 H 链各有一个可变区(V_H)和四个恒定区(C_H1、C_H2、C_H3 和 C_H4),共五个功能区。如要表示某一类免疫球蛋白 H 链恒定区,可在 C(表示恒定区)后加上相应重链名称(希腊字母)和恒定区的位置(阿拉伯数字),例如 IgG 重链 C_H1、C_H2 和 C_H3 可分别用 $C_\gamma 1$、$C_\gamma 2$ 和 $C_\gamma 3$ 来表示。

Ig 轻链和重链中 V 区或 C 区每个功能区各形成一个免疫球蛋白折叠(immunoglobulin fold, Ig fold),每个 Ig 折叠含有两个大致平行、由二硫键连接的 β 片层结构(betapleated sheet),每个 β 片层结构由 3~5 股反向平行的多肽链组成。可变区中的高变区在 Ig 折叠的一侧形成高变环,是与抗原结合的位置。

3. 功能区的作用

(1) V_L 和 V_H 是与抗原结合的部位,其中 HV (CDR) 是 V 区中与抗原决定簇(或表位)互补结合的部位。V_H 和 V_L 通过非共价相互作用,组成一个抗原结合位点。单体 Ig 分子具有 2 个抗原结合位点,二聚体分泌型 IgA 具有 4 个抗原结合位点,五聚体 IgM 可有 10 个抗原结合位点。

(2) C_L 和 C_H1 上具有部分同种异型的遗传标记。

(3) C_H2:IgG 的 C_H2 具有补体 C1q 结合点,能激活补体的经典活化途径。母体 IgG 借助 C_H2 部分可通过胎盘主动传递到胎儿体内。

(4) C_H3:IgG 的 C_H3 具有结合单核细胞、巨噬细胞、粒细胞、B 细胞和 NK 细胞 Fc 段受体的功能。IgM 的 C_H3 具有补体结合位点。IgE 的 C_H2 和 C_H3 功能区与结合肥大细胞和嗜碱性粒细胞 FcεRⅠ(Ⅰ型 IgE 的 Fc 受体)有关。

4. 铰链区的作用
铰链区不是一个独立的功能区,但与其他功能区有关。铰链区位于 C_H1 和 C_H2 之间。不同 H 链铰链区含氨基酸数目不等,α1、α2、γ1、γ2 和 γ4 链的铰链区较短,只有 10 多个氨基酸残基;γ3 和 δ 链的铰链区较长,含 60 多个氨基酸残基,其中 γ3 铰链区含有 14 个半胱氨酸残基。铰链区包括 H 链间二硫键,该区富含脯氨酸,不形成 α 螺旋,易发生伸展及一定程度的转动,当 V_L、V_H 与抗原结合时,铰链区发生扭曲,使抗体分子上两个抗原结合点更好地与两个抗原决定簇发生互补。由于 C_H2 和 C_H3 构型变化,显示出活化补体、结合组织细胞等生物学活性。铰链区对木瓜蛋白酶、胃蛋白酶敏感,当用这些蛋白酶水解免疫球蛋白分子时常在此区发生裂解。多聚体 IgM 和 IgE 缺乏铰链区,但有一个完整的结构域(C_H2)发挥铰链区的作用。IgY 分子上的 C_H1-C_H2 区和 C_H2-C_H3 区存在脯氨酸、甘氨酸残基,这些区域为 IgY 分子提供了一定的摆动性。

七、Ig 分子的单体、双体和五聚体

所有 Ig 分子的基本单位都是由 2 条重链和 2 条轻链组成的单体,而 IgM 和 IgA 则可以形成由这些基本单位组成的多聚体(图 4-7)。它们的 C 区有一个 18 个氨基酸的"末片"(tailpiece),"末片"包括了一个对于多聚化过程至关重要的半胱氨酸残基。这些末片上的半胱氨酸通过 J 链(joining chain)相连形成二硫键。J 链是一个相对分子质量为 1.5×10^4 的多肽链,起促进多聚化的作用。

(1) 单体是由一对 L 链和一对 H 链组成的基本结构,如 IgG、IgD、IgE 和血清型 IgA。

(2) 双体是由 J 链连接的两个单体,如分泌型 IgA(secretory IgA,sIgA),二聚体(或多聚体)IgA 结合抗原的总结合力(avidity)要比单体 IgA 高。

(3) 五聚体是由 J 链和二硫键连接五个单体,如 IgM。J 链 Cys414($C_\mu3$) 和 Cys575(C 端的尾部)对于 IgM 的多聚化极为重要。在存在 J 链时,通过两个邻近单体 IgM 的 μ 链 Cys 之间以及 J 链与相邻 μ 链 Cys575 之间形成二硫键组成五聚体。由黏膜下浆细胞合成和分泌的 IgM 五聚体,与黏膜上皮细胞表面聚 Ig 受体 pIgR(poly-Ig receptor,pIgR)结合,穿过黏膜上皮细胞到黏膜表面成为分泌型 IgM。

八、Ig 分子的抗原结合价

抗原结合价(valency)指每个 Ig 分子上能与抗原决定簇相结合部位的数目。1 个抗原

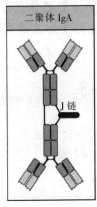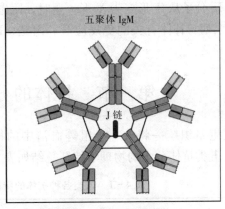

图 4-7 IgM 和 IgA 分子可以形成多聚体

[IgM 和 IgA 通常以多聚体的形式合成并与一个多肽链——J 链相连。在 IgA 二聚体（左图）中，IgA 单体之间以及 IgA 单体与 J 链之间以二硫键相连。在 IgM 五聚体（右图）中，IgM 单体与 J 链之间以及 IgM 单体之间也以二硫键相连。IgM 也可以形成缺少 J 链的六聚体（未显示）]

[由《Janeway's Immunobiology》（8 版，2012）改编]

结合价包括一条轻链的 V 区和一条重链的 V 区，可以理解为一副钳子的两个侧臂形成一个夹口就可以牢牢夹住一个物体。由此可知 Fab 是 1 价的，F(ab')$_2$ 是 2 价的，Fc 片段是 0 价的，Ig 的单体是 2 价的，双体是 4 价的，至于 IgM 这种五聚体，从理论上判断应该是 10 价的，但实验数据证明却只有 5 价，仅当结合小分子半抗原时才显示 10 价。这可能是由于当 IgM 与大分子抗原结合时会出现空间位阻效应，结果每对结合价只能发挥一半的作用，从而显示 5 价。

九、J 链和分泌片段

1. J 链（joining chain） 存在于二聚体分泌型 IgA 和五聚体 IgM 中。由浆细胞合成，主要功能是将单体 Ig 分子连接为多聚体。J 链相对分子质量约为 1.5×10^4，是由 124 个氨基酸组成的酸性糖蛋白，含有 8 个半胱氨酸残基。通过二硫键连接到 μ 链或 α 链羧基端的半胱氨酸。五类 Ig 中通常只有 IgA 和 IgM 能够形成多聚体，其中 IgA 是二聚体，由 2 个单体通过 J 链相互连接形成；IgM 是五聚体，5 个单体由二硫键相互连接，并通过二硫键与 J 链连接形成。IgG、IgD 和 IgE 常为单体，无 J 链。

2. 分泌片段（secretory piece） 是分泌型 IgA 上的一个辅助糖蛋白，相对分子质量约为 7.5×10^4，由黏膜上皮细胞合成和分泌，以共价形式结合到 Ig 分子，并一起被分泌到黏膜表面。分泌片的作用主要表现为保护分泌型 IgA 的铰链区免受蛋白水解酶的降解。这一特性对于在母乳喂养过程中免疫组分的传递尤为重要。

十、Ig 分子的构象

在电子显微镜下，游离的 Ig 分子不能产生清晰的图像，只有当 Ig 分子与 2 价半抗原交联形成适中的抗原-抗体复合物时才能在电子显微镜下产生清晰的图像。研究发现，Ig 分子在与抗原结合时发生了构象改变，即从相对松散的结构变为较致密的折叠形式，使分子形状从 T 形改变为 Y 形。与抗原结合前，Ig 分子呈 T 形，当抗原结合于 Fab 后，通过柔软的铰链区的弯曲，就使 Ig 分子从 T 形变为 Y 形。这时，原先处于隐蔽状态的补体结合部位显露出来，从而启动一系列与补体有关的免疫应答。因此，Ig 分子通常被理解成一个启动或关闭若干免疫应答的开关。

第三节　抗体的分类

1968 年世界卫生组织统一将人、小鼠等血清中的抗体分为五类，分别是 IgG、IgA、IgM、IgD 和 IgE。五类抗体分子的物理学特征总结如表 4-1 所示。

表 4-1　人类各种抗体的特征*

	IgG	IgM	IgA	IgE	IgD
单体					
相对分子质量（×10^5）	1.5	9.7	1.6	1.80	1.84
亚类	γ1, γ2, γ3, γ4	μ	α1, α2	ε	δ
多聚体	无	五聚体	二聚体、多聚体	无	无
附加片段	无	J 链	J 链，分泌片段	无	无
重链恒定区/个	3	4	3	4	3
铰链区	有	无	有	无	有
糖含量/％	3	10	7	13	9
血清中含量（mg/mL）	9.5～12.5	0.7～1.7	1.5～2.6	0.000 3	0.04
半衰期（d）	7～21	10	6	2	3

* 由《Janeway's Immunobiology》（8 版，2012）改编。

一、IgG

IgG 是最典型的抗体，也是免疫球蛋白中功能和结构研究最为充分的分子，相对分子质量约为 1.5×10^5，它也是血清中含量最多的免疫球蛋白，占血清免疫球蛋白总量的 75％～80％。半衰期大约为 21d。IgG 于出生后 3 个月开始合成，3～5 岁接近成人水平。IgG 主要由脾，淋巴结和骨髓中的浆细胞合成。

人类 IgG 共有 4 个亚类，即 IgG$_1$、IgG$_2$、IgG$_3$、IgG$_4$，其中 IgG$_1$ 约占 IgG 总量的 60％。IgG 是再次免疫应答产生的主要抗体，具有高亲和力、分布广泛的特点，是机体抵抗多种细菌、病毒感染以及中和毒素的重要抗体。其中 IgG$_1$、IgG$_2$、IgG$_3$ 可穿过胎盘屏障，IgG 是唯一可以通过胎盘使新生儿获得天然被动免疫保护的抗体。

不同亚类 IgG 的分子结构及生物学特性各不相同，它们的主要生物学功能包括结合补体和与 Fc 受体结合，进而激活一系列的生物学效应。IgG$_1$、IgG$_2$ 和 IgG$_3$ 可激活补体的经典途径，并可与多种细胞，如巨噬细胞、NK 细胞和中性粒细胞表面 Fc 受体结合，发挥调理作用和抗体依赖的细胞介导的细胞毒（antibody-dependent cell-mediated cytotoxicity, ADCC）作用等。但是 IgG_2 激活补体的经典途径的能力次于 IgG_1 和 IgG_3。IgG_4 不能活化补体，借此区别于其他三种亚类。

在 IgG 的不同亚类中，IgG_1 和 IgG_3 结合补体片段 C1q 的能力最强，IgG_2 结合 C1q 的能力只有 IgG_1 和 IgG_3 的 1/10，而 IgG_4 几乎不能结合补体。抗体能否有效结合补体 C1q 取决于 C_H2 区羧基端补体结合部位氨基酸残基的性质，而 IgG_2 和 IgG_4 的 C_H2 区羧基端缺少能够高效结合补体的适当氨基酸残基，从而不能结合；另外 C_H2 端富含脯氨酸铰链区的活动度也影响 C1q 与结合部位的相互作用，IgG_3 的铰链区最长，因此与 C1q 的结合力最强。尽管 IgG_2 不能与 C1q 结合，但 IgG_2 的 $C_\gamma 1$ 结构域中存在的一些独立位点可能在其活化补体的经典途径中发挥了作用。

人 IgG_1、IgG_2 和 IgG_4 可通过其 Fc 段与葡萄球菌蛋白 A（SPA）结合，可用于纯化 IgG 抗体，并用于免疫诊断。IgG_3 则不能与 SPA 蛋白结合。

二、IgM

IgM 是初次免疫反应中最先产生的抗体，是分子质量最大的免疫球蛋白分子，相对分子质量在 9×10^5 以上，沉降系数为 19S，因此也被称为巨球蛋白（macroglobulin），约占血清免疫球蛋白总量的 10%。

单体 IgM 以膜结合型（mIgM）表达于未成熟 B 细胞表面，是 B 细胞的抗原受体（BCR）。血清中的 IgM 为由成熟浆细胞分泌的分泌型 IgM（sIgM），是由 5 个单体 IgM 组成的多聚体。单体 IgM 由 C_H3 内半胱氨酸形成链间二硫键并由 J 链连接而组成 5 聚体。

IgM 没有铰链区，但有 4 个恒定区。IgM 五聚体有 10 个抗原结合位点，在结合半抗原时可呈 10 价，但通常在结合大分子抗原时由于空间位阻效应仅表现为 5 价。IgM 比 IgG 更易激活补体（比 IgG 强 500～1 000 倍），因此 IgM 可产生较强的补体结合反应和凝集反应。

IgM 在胚胎发育后期就已经开始合成，是个体发育过程中最早合成和分泌的抗体。但是 IgM 不能通过血管壁，也不能通过胎盘，几乎全部存在血液中。故脐带血 IgM 升高提示有胎儿宫内感染（如风疹病毒或巨细胞病毒等感染）。

由于 IgM 是初次体液免疫应答中最早出现的抗体，因此 IgM 可用于感染的早期诊断。若血清中检出 IgM，提示有近期感染或处于感染急性期。但是体外检测试剂盒中通常不使用 IgM 抗体，这是因为 IgM 半衰期远短于 IgG，只有 5d 左右，故在体外难以广泛应用。

三、IgA

IgA 有单体和二聚体两种存在形式。血清型 IgA 以单体形式存在，含量仅次于 IgG，约占血清免疫球蛋白总量的 15%。血清型 IgA 分为 IgA_1 和 IgA_2 两个亚类，以 IgA_1 为主，IgA_1：IgA_2 约为 10：1。IgA 不能通过经典途径活化补体，但 IgA_1 可以通过替代途径活化补体。在外分泌液中分泌型 IgA 则主要以二聚体的形式存在，以 IgA_2 为主，IgA_2：IgA_1 约为 3：2。外分泌液中的二聚体 IgA 是由 J 链在羧基端以链间二硫键连在一起，除了 J 链外，它还含有内皮细胞合成的分泌片段（SP）。人 IgA 分泌片段缠绕在双体 IgA 分子上，以共价键结合在一起。sIgA 合成部位在肠道、呼吸道、乳腺、唾液腺和泪腺，合成后的 sIgA 经分泌性上皮细胞分泌至外分泌液中。因此，sIgA 主要存在于胃肠道和支气管分泌液、初乳、唾液和泪液中，在这些外分泌液中其含量是 IgG 的 20 倍以上。

sIgA 主要在缺少补体和吞噬细胞的上皮表面组织中发挥作用，其功能主要是中和作用。sIgA 与进入黏膜局部的病原微生物结合，阻止病原体吸附到易感细胞表面，或通过中和病毒和毒素来发挥抗感染作用。因此，sIgA 是黏膜表面的第一道防线的主要组分，是机体局部抗感染的重要因素。sIgA 不能通过胎盘，但婴儿可从母乳中获得 sIgA 来抵抗呼吸道、消化道感染，是重要的自然被动免疫。人出生后 4~6 个月才开始合成 IgA，新生儿易患呼吸道、消化道感染可能与其 sIgA 不足有关。慢性支气管炎发作也与 sIgA 的减少有一定关系。此外，IgA 的调理作用较弱，激活补体的功能也较差。

四、IgE

IgE 是血清中含量最少的免疫球蛋白，仅为 0.3 μg/mL 左右，为单体，相对分子质量为 1.88×10^5，主要由呼吸道（如鼻咽，扁桃体淋巴组织）中的浆细胞分泌产生，这些部位正好也是超敏反应的好发部位。

在结构上，IgE 以单体形式存在，其重链有 4 个恒定区，没有铰链区。IgE 虽然在血清中的含量很低，却具有很强的生物学活性。IgE 的 C_H2 和 C_H3 结构域可与肥大细胞（mast cell）和嗜碱性粒细胞（basophil）表面的 I 型 IgE Fc 受体（FcεR I）结合。当 IgE 与特异性抗原结合发生交联时，可活化这些细胞使其脱颗粒，释放多种血管活性物质，如组胺、5-羟色胺、白三烯等，导致 I 型过敏反应。在单核巨噬细胞和嗜酸性粒细胞表面有 II 型 IgE Fc 受体（FcεR II，CD23），因此 IgE 可介导依赖于 IgE 的抗寄生虫细胞毒效应，在抗寄生虫免疫中发挥重要功能。

五、IgD

IgD 在血清中以单体的形式存在，相对分子质量为 1.84×10^5，分子结构与 IgG 类似，含量很低，约 30 μg/mL，约占 Ig 总量的 0.2%。IgD 极易被蛋白酶水解，在血清中的半衰期仅为 3 d。

人类 IgD 重链有 3 个恒定区，而小鼠 IgD 重链只有 2 个恒定区（C_H1 和 C_H3）。IgD 具有免疫球蛋白中最长的铰链区，包含 64 个氨基酸，这可能是导致 IgD 易于被水解的原因。目前尚无研究阐明血清中 IgD 具备何种生物学功能。

但是在 B 细胞表面，IgD 与 IgM 一起组成了 B 细胞膜表面的主要抗原受体，未成熟 B 细胞仅表达 mIgM，成熟 B 细胞同时表达 mIgM 和 mIgD，活化的 B 细胞或记忆性 B 细胞表面的 mIgD 逐渐消失，是 B 细胞活化的主要标志。

六、IgY

除了哺乳动物产生的 IgG 分子外，还有一类来自鸡、爬行动物等的卵黄免疫球蛋白 IgG 抗体（yolk IgG，或称 IgY）。早在 1893 年 Klemperer 就通过试验首次证明了特异性抗原免疫鸡后，抗体会转移到卵黄中。但之后很长一段时间卵黄 IgY 都没能引起足够重视，1969 年 Leslie 和 Clemlgy 提出以 IgY 表示卵黄中的抗体。

鸡卵黄抗体 IgY 是一种 7S 的免疫球蛋白,与哺乳动物 IgG 略有不同。该蛋白质相对分子质量约为 $1.8×10^5$,由两条 $6.5×10^4 \sim 7.0×10^4$ 的重链和两条 $2.2×10^4 \sim 3.0×10^4$ 的轻链组成。轻链有一个可变区和 1 个恒定区,重链 H 由 υ 基因编码,有 1 个可变区和 4 个恒定区(也记作 $C_υ1$、$C_υ2$、$C_υ3$ 和 $C_υ4$)。与哺乳类 IgG 相比,IgY 的铰链区短、可变性差而 Fc 段较长(图 4-8)。

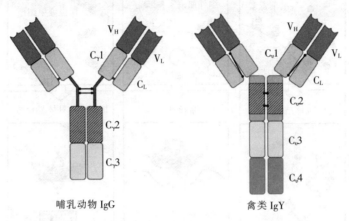

图 4-8 哺乳动物 IgG 分子与禽类 IgY 分子的结构比较

由于鸡卵黄富集从鸡血清转移而来的大量特异性 IgY,并且与哺乳动物产生的 IgG 相比具有许多突出的优点,引起了人们浓厚的兴趣。

IgY 具有不激活补体,不结合类风湿因子,不与蛋白 A、蛋白 G、哺乳动物 Fc 受体和补体结合的特点。鸡属于禽类,其与哺乳动物间种系发生距离大,IgY 与哺乳动物免疫球蛋白之间不发生交叉血清学反应,所以作为免疫学试验检测工具,可减少假阳性、避免产生干扰现象。

IgY 稳定性较 IgG 好,耐酸和热,在温度小于 75℃ 和在 pH 大于 4 的酸性环境中能保持其生物学活性,因此可以口服使用以预防或治疗年幼动物或人类的肠道传染病,尤其适合无法使用抗生素或其他药物的个体。

反复冻融对哺乳动物类抗体的抗原结合活性有较大影响,但 IgY 经 1~5 次冻融后活性几乎不受影响。

必须指出的是,许多动物 IgG 均可用蛋白 A 亲和分离,但 IgY 不能与蛋白 A 结合。

近来许多研究者分析了 IgY 的基因组成和生物学功能,证实其为哺乳动物 IgG 和 IgE 的进化前体。而 IgY 起源于 IgM,与 IgM 由同一个基因重复而来。研究发现 IgA 的 C_H1 和 C_H2 段氨基酸与 IgY 的 C_H1 和 C_H2 段同源,C_H3 和 C_H4 段氨基酸又与 IgM 的 C_H3 和 C_H4 段同源,从而推测 IgY 与 IgM 重组产生 IgA。

第四节 抗体的生物学活性

抗体是机体内一类重要的免疫效应分子。在生物个体发育过程中,抗体发挥着重要的作用。抗体分子中不同功能区的结构特点决定了抗体的功能。图 4-9 总结了抗体的三个主要生物学作用。

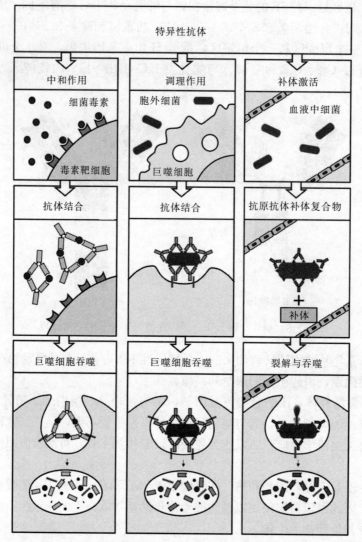

图4-9 抗体的中和作用、调理作用和补体激活作用

[左边一组图显示了抗体的中和作用。抗体可以结合并中和细菌毒素,从而阻止细菌与宿主细胞结合引起的病理学结果。未结合抗体的毒素能够与宿主细胞上的受体结合,而毒素-抗体复合物就不能结合受体。中间一组图显示了吞噬细胞对细菌的调理作用和吞噬作用。抗体还可以通过与病毒和细菌结合并使其失活,从而中和完整的病毒颗粒和细菌。抗原-抗体复合物最终被巨噬细胞吞噬并降解。被抗体包裹的抗原极易被吞噬细胞(巨噬细胞和中性粒细胞)识别为外源物质,并吞噬破坏这些抗原,这一过程称为调理作用。右边一组图显示由抗体包被的细菌激活补体系统的作用。结合有抗原的抗体具有第一个补体蛋白的结合受体,从而激活补体系统,最终在细菌表面形成一个蛋白复合物(即溶膜复合物)。溶膜复合物在某些情况下可以直接杀死细菌。尽管如此,抗原-抗体复合物活化补体更为普遍的作用是增强吞噬细胞对细菌的吞噬和降解作用]

[由《Janeway's Immunobiology》(8版,2012)改编]

一、V区介导的中和作用

抗原或半抗原的侵入刺激了机体,进而在细胞中产生抗体。该抗体能够特异、非共价、

可逆地与相应抗原结合,形成抗原-抗体复合物。这种结合可以阻止病原物与机体细胞结合,即发挥中和作用。

抗体的中和作用主要体现在可变区(V区)。高度多样的V区能够特异性识别并结合抗原,其特异性由CDR共同构成的环状凹槽决定。

在生物体内,抗体的中和作用主要表现在:①中和细菌外毒素:抗毒素与相应外毒素结合,抑制或减弱外毒素毒性;②中和病毒:细胞产生的抗体与入侵的病毒结合,阻断病毒与细胞受体结合,达到阻止病毒吸附或穿入细胞内的目的,使病毒不能完成复制周期。

在生物体外,抗体的中和作用主要是指血清学反应,用于免疫诊断。

二、C区的功能

(一)激活补体

补体(complement)是存在于正常人和动物血清与组织液中的经活化后具有酶活性的一组蛋白质。早在19世纪末Bordet已证实,新鲜血液中含有一种不耐热的成分,可辅助和补充特异性抗体,介导免疫溶菌和溶血作用,故这种物质称为补体。激活补体的途径有三种,即经典途径、替代途径(又称旁路途径)和MBL激活途径。其中IgG、IgM和IgA参与补体激活。通常,IgD和IgE不能激活补体。

1. IgM和IgG亚类 IgG_1、IgG_2、IgG_3 均可通过形成抗原-抗体复合物高效激活补体经典途径,活化补体能力以IgM最强(高出IgG 500倍以上),依次为$IgM>IgG_3>IgG_1>IgG_2$。IgG_4不活化补体。抗体激活补体经典途径的基本机制是:抗体与抗原结合后,抗体构型发生改变,暴露出补体结合部位,这时抗体才能与补体成分C1q结合从而启动补体活化。

2. IgA IgA不能通过经典途径激活补体,但IgA_1可通过替代途径激活补体系统。替代激活途径在尚未产生特异性抗体的细菌性感染早期即可发挥重要的抗感染作用。此外,细菌的细胞壁成分(脂多糖、多糖、肽聚糖、磷壁酸等)也可以激活替代途径。

(二)结合Fc受体

抗体的C区还可以与细胞膜上Fc受体结合。多种组织细胞膜上都有IgG等抗体的Fc受体,使抗体与不同细胞结合,产生不同的免疫效应。

1. 调理作用(opsonization) 调理作用也称调理素作用,是指抗体作为调理素(有些补体成分也是调理素)与病原体或其他颗粒抗原特异性结合后,通过其Fc段与吞噬细胞(巨噬细胞或中性粒细胞)表面相应Fc受体(FcγR)结合,从而促进吞噬细胞对上述病原体或颗粒性抗原的吞噬,这种作用即为抗体的调理作用(图4-9)。

2. 抗体依赖性细胞介导的细胞毒作用(antibody-dependent cell-mediated cytotoxicity,ADCC) IgG类抗体与肿瘤或病毒感染细胞(称为靶细胞)表面相应抗原表位特异性结合后,再通过其Fc段与NK细胞、巨噬细胞和中性粒细胞(称为效应细胞)表面相应IgG Fc受体(FcγR)结合,触发或增强上述效应细胞对靶细胞的杀伤破坏作用,即称为抗体依赖性细胞介导的细胞毒作用,简称ADCC效应。IgG还能够刺激NK细胞合成和分泌肿瘤坏死因子及γ干扰素等细胞因子,这些细胞因子可以诱导NK细胞释放细胞毒性物质、溶解靶细胞和诱导细胞凋亡,从而增强NK细胞的杀伤作用。嗜酸性粒细胞通过其细胞表面受体

FcγRⅡ和FcαR介导而发挥ADCC的作用，也可脱颗粒释放碱性蛋白等，在杀伤寄生虫如蠕虫中发挥重要作用。NK细胞是介导ADCC的主要细胞。值得注意的是，在ADCC过程中，抗体与靶细胞上的抗原是特异性结合，而效应细胞通过FcR发挥的杀伤作用是非特异性的。

3. 介导Ⅰ型超敏反应 变应原刺激机体产生IgE，IgE的Fc段可与肥大细胞和嗜碱性粒细胞上的FcεRⅠ受体结合，从而使细胞脱颗粒并致敏。当机体再次接触到相同的变应原后，变应原与致敏靶细胞表面特异性IgE结合，促使其快速脱颗粒释放组胺等活性物质，合成白三烯、前列腺素、血小板活化因子等，引起Ⅰ型超敏反应。

（三）穿过胎盘和黏膜

1. 通过胎盘 IgG选择性地与表达于胎盘的新生儿Fc受体FcRn（neonatal Fc receptor）（特异性IgG输送蛋白）结合，2个分子FcRn结合1个IgG分子，使其穿过胎盘进入胎儿血循环。人类的IgG是唯一可通过胎盘从母体转移给胎儿的免疫球蛋白，IgG通过胎盘的作用是一种重要的自然被动免疫，对于新生儿抗感染有重要作用。

2. 穿过黏膜 sIgA可穿过呼吸道和消化道黏膜，是介导黏膜局部免疫的最主要物质。一般认为sIgA主要通过隔离、结合以及交联病原体而阻止其穿过上皮。

第五节 抗体基因多样性的遗传基础

对大多数蛋白质而言，一个基因只能编码一种蛋白质。由此推测，一个B淋巴细胞每产生一种免疫球蛋白，就需要一个编码轻链的基因和一个编码重链的基因。可是实际情况并非如此，免疫系统要利用有限的基因产生几乎无限种类的抗体，特异性地识别并结合无限多样的抗原分子。一级水平的免疫球蛋白基因重排（primary immunoglobulin gene rearrangement）、二级水平的抗体库多样化机制，包括体细胞高频突变（somatic hypermutation）、类型转变（class switching）和基因转换（gene conversion）机制均有利于从相对较少的固定数量的基因序列中得到几乎无限多样的免疫球蛋白，实现抗体的多样性。

一、一级水平的免疫球蛋白基因重排

实际上，任何一种物质都可能成为抗体应答的靶物质，甚至对一个表位的应答都包含许多不同的抗体分子，每一个抗体分子对该表位都有不同的特异性、吸附性或结合强度。任意个体可能的特异性抗体的总数被称为抗体库或免疫球蛋白库，人的抗体库至少在10^{11}以上。然而，如此大量的特异性抗体不可能在个体的同一时间存在，一是受到个体B细胞总量的限制，二是与个体之前接触到的抗原有关。

在直接测定免疫球蛋白之前，有两个假说来解释抗体多样性的起源。胚系学说（germline theory）认为，每一个不同的免疫球蛋白都有独立的基因，而且它通过生殖细胞遗传下去。相反，体细胞分化理论（somatic diversification theory）认为，现有的抗体库是在个体发育过程中B细胞内的编码V区的基因片段经历一些变化后而得到的有限的V基因所产生。通过对免疫球蛋白基因的克隆，证实了两个理论中都有一些观点是正确的。现在知道，编码每一个V区的DNA序列是由一小群基因片段（gene segments）重排（rearrangement）产

生,在成熟的活性 B 细胞中通过体细胞高频突变(somatic hypermutation)机制进一步增强了基因多样性。

(一) Ig 的基因的定位和结构

1976 年,利根川进(Susumu Tonegawa)等人首次证明编码 V 区和 C 区的基因分别排列在不同染色体上,并在 B 细胞分化成熟过程中不断进行重排。由于上述工作,他们获得了 1987 年诺贝尔奖。现在我们知道,任何一个 B 细胞内部都存在三群编码免疫球蛋白的 DNA:一群编码 κ 型轻链(κL),一群编码 λ 型轻链(λL),一群编码重链(H),它们以独立的连锁基因簇(clusters 或 genetic loci)分别位于相应的染色体上(表 4-2)。每个基因簇又由不同数量的基因片段组成,如重链由 L、V、D、J 和 C 基因片段组成,但轻链没有 D 基因片段,每种基因片段中又由许多不同的编码基因组成。在 B 细胞分化成熟过程中,这些种系基因被随机选择和 DNA 重排,成为具有特异性的不同类型的 B 细胞。

表 4-2 免疫球蛋白基因在染色体上的定位

基因	染色体	
	人	小鼠
λ 链	22 号	16 号
κ 链	2 号	6 号
H 链	14 号	12 号

(二) 分隔的基因片段通过基因重排,产生编码可变区的完整基因

免疫球蛋白 H 链或 L 链的可变区由几个基因片段编码。对于 L 链而言,可变区由 2 个分隔的基因片段编码,第一个片段编码前 95~101 个氨基酸,即 V 区的大部分,称为 V 基因片段(V gene segment),第二个片段编码可变区余下的部分,约 13 个氨基酸,被称为 J 基因片段(J gene segment)。

通过基因重排产生完整的轻链,如图 4-10 所示。V_L 基因片段和 J_L 基因片段的连接产生一个编码完整轻链 V 区的外显子。在重排之前,V_L 基因片段和 C 区距离相对较远,J_L 基因片段离 C 区较近。然而,J_L 基因片段和 V_L 基因片段的连接也使 V_L 基因片段离 C 区更近。重排后的 J_L 基因片段与 C 区之间被一个短的内含子隔开。转录过程中,内含子被剪切后 V 区外显子和 C 区连接形成完整的免疫球蛋白轻链 mRNA。

重链 V 区由 3 个基因片段编码,除了 V、J 基因片段(记作 V_H、J_H,以区别于轻链的 V_L、J_L)外,还有位于 V_H 和 J_H 之间的 D_H 基因片段(D_H gene segment)。产生完整重链 V 区的基因片段重排过程需要 2 个独立的阶段(图 4-10)。首先,D_H 基因片段和 J_H 基因片段连接,然后 V_H 基因片段和 $D_H J_H$ 连接形成完整的 V_H 区外显子。同样,通过 RNA 剪切,重排的 V 区序列和 C 区基因连接形成完整的免疫球蛋白重链 mRNA。

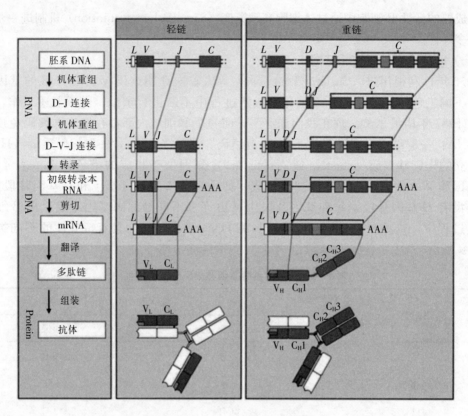

图 4-10 V（D）J 基因片段的重排

[轻链 V 区基因是由 2 个基因片段构建而成的（中间图）。基因组 DNA 中的一个可变（V）基因片段和一个连接（J）基因片段连接在一起形成一个完整轻链 V 区外显子。免疫球蛋白链为胞外蛋白，V 基因片段前端有一个由外显子编码的前导肽（leader peptide，L），前导肽引导免疫球蛋白进入细胞分泌途径后即被剪切除去。轻链 C 区由一个独立外显子编码。C 区的轻链 RNA 经过剪切除去 L 到 V 之间和 J 到 C 之间的内含子，与 V 区外显子连接在一起。重链 V 区基因由 3 个基因片段构成（右图）。首先，D 基因和 J 基因片段连接；然后，V 基因片段与 DJ 联合序列连接，形成一个完整 V_H 外显子。一个重链 C 区基因由几个不同外显子编码。在重链 RNA 转录产物处理过程中，C 区外显子和前导肽一起，通过剪切与 V 区序列连接。前导肽在翻译后被除去，同时形成连接多肽链的二硫键]

[由《Janeway's Immunobiology》（8 版，2012）改编]

（三）每一个免疫球蛋白基因座上存在多个连续的 V 基因片段

上面我们简单地讨论了完整 V 区序列的形成，似乎每个基因片段只有一个拷贝的基因。实际上，在胚系 DNA 中，所有的基因片段都含有多个拷贝的基因。每个免疫球蛋白形成时随机选择每个型的一个基因片段，从而实现 V 区的多样性。硬骨鱼、蛙和哺乳类动物的免疫球蛋白重链基因座的结构非常相似。在人类基因组中每一个型的功能性基因片段的数量如表 4-3 所示。并非所有的基因片段都是有功能的，一部分基因片段积累了一定数量的突变，致使它们不能编码有功能的蛋白。这些基因片段称为假基因。因为在胚系 DNA 中有许多 V、D 和 J 基因片段，没有哪一个基因片段是必不可少的。这一方面降低了每一个基因片段要承受的进化压力，另一方面也导致出现了相对大量的假基因。

表 4-3 人的重链和轻链 V 区功能性基因片段的数量

片段	轻链		重链
	κ	λ	H
可变区（V）	34～38	29～33	38～46
多样区（D）	0	0	23
连接区（J）	5	4～5	6
恒定区（C）	1	4～5	9

图 4-11 显示了人类免疫球蛋白两组轻链基因簇（κ 和 λ）和一组重链基因簇内基因片段的排列。在 λ 链基因簇上，V_λ 基因片段大约有 30 个功能基因，其后排列着 4 套（个别个体 5 套）J_λ 和 C_λ 基因片段。在 κ 链基因座上，一簇 J_κ 基因片段排在一簇 V_κ 基因片段之后，最后是一个 C_κ 基因。H 链基因座上的基因片段排列与 κ 链类似：独立的 V_H、D_H 和 J_H 基因片段和 C_H 基因分隔排列。H 链与 κ 链基因排列的一个重要区别是：κ 链只有一个 C 区，而 H 链有一系列的 C 区顺序性排列，如 C_γ、C_μ、C_α、C_δ 及 C_ε，它们分别对应着不同的免疫球蛋白类别。

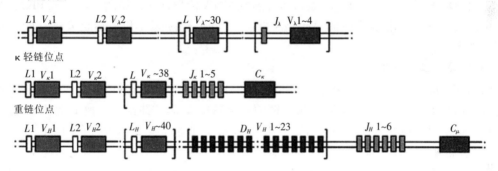

图 4-11 人类基因组中 Ig 的重链和轻链种系基因组成

[由于个体差异，λ 轻链（22 号染色体）的遗传位点具有 29～33 个功能性 V_λ 基因片段，4～5 套功能性 J_λ 和 C_λ 基因片段。κ 位点（2 号染色体）由相似方式构成，具有 38 个功能性 V_κ 基因，5 个 J_κ 基因片段组成的基因簇，只有一个 C_κ 基因。在大约 50% 的个体中，整个 V_κ 基因簇的数量由于重复而大增（未标示在图中）。重链遗传位点（位于 14 号染色体）有约 40 个功能性 V_H 基因片段和 23 个 D_H 基因片段组成的基因簇。这个 D_H 基因簇位于 V_H 基因片段和 J_H 基因片段之间。重链遗传位点也包含一个大的 C_H 基因簇（未在图中标出）。为了简明，所有的 V 基因片段在图中都标示为在染色体上同一方向，并且只标出了第一个 C_H 基因（C_μ），C_μ 的独立外显子和所有的假基因也都被省略。另外，该图并未按照比例绘制，因为整个重链基因长度大于 200 万个碱基对，而一些 D 基因片段只有 6 个碱基对长度]

[由《Janeway's Immunobiology》（8 版，2012）改编]

其他动物如兔中，其 Ig 重链基因簇含有约 200 个 V_H 基因片段、10 个以上的 D_H 基因片段、5 个 J_H 基因片段，以及 1 个 C_μ 区域、1 个 C_γ 区域和 13 个 C_α 区域。13 个 C_α 基因中每一个均可表达 IgA 亚类分子。尽管这些 IgA 亚类的功能还不完全清楚，但其多样性表明了肠相关淋巴组织（GALT）在兔免疫系统发育和功能中具有重要作用。兔 90%～95% 的 Ig 分子表达 κ 轻链，5%～10% 的 Ig 分子表达 λ 轻链。而在鸡中，其重链和轻链基因簇具有独特的组织和重排方式。结构上，轻链簇与 λ 轻链相似，由功能性的 V_λ、J_λ 和 C_λ 区段组成，经过重排形成轻链的主要部分。在 V_λ 基因上游的 40kb 范围内，存在 25 个假的可变区基因，在染色体上呈反向平行排列。

（四）V、D、J 基因片段的重排机制

所有脊椎动物中，免疫球蛋白基因都由分布在染色体上的基因经基因重排而成。V、D、J 基因片段的重排由 DNA 侧翼序列指导完成。重排的发生依赖于重组位点附近的保守型非编码 DNA 序列，即重组信号序列（recombination signal sequence，RSS），该序列由 3 个部分组成，一段紧邻编码区后的七聚体核苷酸 $5'$ - CACAGTG - $3'$、一段 12 或 23 个碱基对的非保守间隔区和其后的另一个九聚体核苷酸 $5'$ - ACAAAAACC - $3'$。

V、D、J 基因片段的重排是一个多步的酶促反应，参与体细胞 V(D)J 重组的一组酶称为 V(D)J 重组酶。其中淋巴细胞特异性的重组酶（RAG）是 V(D)J 重组中最为重要的一种酶。RAG-1 和 RAG-2 由 2 个重组激活基因 RAG-1 和 RAG-2 编码，这对基因仅在发育的淋巴细胞中组装抗原受体（膜结合球蛋白）时才表达。RAG-1 和 RAG-2 识别并结合含有重组信号序列（RSS）的基因片段，促进酶促反应。这些酶在重排期间切断和再连接 DNA，因此是形成多样性的关键。

参与重组的其他酶类主要是一些广泛存在的 DNA 修饰酶，其主要功能是修复断裂的 dsDNA 和修饰断裂的 DNA 末端。Ku 是一个异二聚体（Ku70∶Ku80），可以形成环状，与一个蛋白酶水解亚基 DNA - PKcs 紧密结合形成 DNA 依赖性蛋白激酶（DNA - PK）；另外一个蛋白质是具有核酸酶活性的 Artemis 蛋白。DNA 连接酶Ⅳ和末端脱氧核苷酸转移酶 TdT 也参与 DNA 重组。

（五）等位基因排斥

已知一个成熟的 B 细胞只表达一种 H 链和一种 L 链。免疫球蛋白基因的成功重排使细胞得以表达其 H 链的一个特殊 V 区和 L 链的一个特殊 V 区，并排斥其他 H 链和 L 链的 V 区重排。这一过程称为等位基因排斥，是 B 细胞和 T 细胞抗原受体所特有的。因此，一个 B 细胞产生的 L 链均含有同样 VJ 序列编码的 V 区，而产生的 H 链均含有由同样 VDJ 序列编码的 V 区。这样，一个 B 细胞表面表达的抗体全都有相同的特异性，此细胞及其全部子细胞均表达和产生具有这些 V 区的抗体。

胚系状态的 Ig 基因，无论是 V 基因还是 C 基因都不能作为一个独立单位进行表达，只有经过 V/J 和 V/D/J 重排后基因才有可能得到表达。但重排并不都是有效的，即重排后仍可能形成非功能性基因。如 V/J 重排后形成的 VH 片段不符合读码框架规则，即是非功能性重排。这种非功能性重排发生后，就会促使另一同源染色体基因发生重排；如第一次重排是有功能的，则抑制同一细胞另一同源染色体上基因的重排。

（六）基因重排与多样性

基因重排使不同的基因片段结合在一起形成完整的 V 区外显子，此过程中有 2 种途径产生 Ig 多样性。

1. 基因重排多样性 每一类型的基因片段有多个不同的拷贝，在不同的重排事件中发生了不同的 V(D)J 基因片段间的重组，因而产生大量不同特异性抗体。重组子最大可能数目是 V、D（H 链）和 J 的外显子数目的乘积。

V、D、J 基因片段有多重拷贝，每一个拷贝都可以参与免疫球蛋白 V 区的形成，因此选择不同的片段组合可以形成不同的 V 区。如人的 κ 轻链有大约 40 种功能性的 V_κ 基因片

段和 5 种 J_κ 基因片段，因此将有约 200 种 V_κ 区。对于 λ 链，有大约 30 种功能性的 V_λ 基因片段和 4 种 J_λ 基因片段，可能产生约 120 种 V_λ 区。因此，由于不同轻链基因片段的重组将可能产生总共约 320 种的轻链。对于重链而言，有 40 种的功能性 V_H 基因片段，约 25 种 D_H 基因片段和 6 种 J_H 基因片段，因此大约有 6 000 种不同的 V_H 区（$40 \times 25 \times 6 = 6\ 000$）。

在 B 细胞发育过程中，重链基因座发生重排在先，接下来细胞分裂几次以后才发生轻链基因的重排，这样会导致在不同的细胞中同样的重链可以和不同的轻链配对，因此 320 种不同的轻链可能和 6 000 种重链的每一条配对，产生 1.9×10^6 种特异性抗体。所以，H 链、L 链 V 区的随机配对也增加了免疫球蛋白的多样性。

以上重组多样性仅是理论上的估计，总的 V 区基因片段数量庞大，但实际上存在一些假基因片段，不能出现在成熟的免疫球蛋白分子中。另一个影响重组多样性的原因是 V 基因片段使用频率不同，有些片段使用率高，有些非常低。而且，不是每一条重链都能与每条轻链配对，某些特定的重链和轻链不能形成稳定的分子。含有不稳定配对的免疫球蛋白分子的细胞可能需要经历进一步的轻链基因重排，直到产生稳定的链，否则不稳定链将被清除。尽管如此，重链、轻链基因重组的多样性仍是形成抗体库多样性的主要基础。

2. 连接点多样性 同一套 V、D、J 基因，通过重组过程，可能在不同的基因片段连接处引入或缺失核苷酸，增加 Ig 多样性。

免疫球蛋白链有三个高变异的环（loop），其中 CDR1 和 CDR2 由 V 基因片段编码，而 CDR3 落在 V 基因片段和 J 基因片段的连接处（在重链，部分 CDR3 由 D 基因片段编码）。研究发现，在重链和轻链的基因重排中，重组基因片段的接合点处经常会插入或缺失一个短的核苷酸，造成 CDR3 的多样性。增加的核苷酸被称为 P（palindromic sequences）核苷酸和 N（non-template-encoded）核苷酸。

二、二级水平的抗体库多样化机制

RAG 介导的基因重排奠定了 B 细胞发育过程中抗体库多样性的基础，这些基因重排过程中的体细胞突变发生在 B 细胞接触抗原之前。虽然初级抗体库很大，但是为了增强免疫球蛋白识别和结合外源抗原的能力，以及增强表达抗体发挥效应因子的能力，抗体多样性还需进一步增加。形成抗体多样性的第二个阶段发生在激活的 B 细胞内，而且主要由抗原驱动。在这个阶段存在着 3 种以特定方式改变分泌型免疫球蛋白序列的机制：体细胞高频突变（somatic hypermutation）、类型转变（class switching）和基因转换（gene conversion）（图 4-12）。

（一）体细胞高频突变（somatic hypermutation）

体细胞高频突变影响 V 区，使抗体库多样化。由于将点突变到引入 H 链和 L 链的可变区，因而改变了抗体对抗原的亲和性（affinity）。活化诱导型胞嘧啶核苷脱氨酶（activation-induced cytidine deaminase，AID）在体细胞高频突变过程中起着决定性作用。研究表明在小鼠中，如果 AID 蛋白表达受到阻碍，将严重影响抗体形成过程中体细胞高频突变和类型转变的发生，从而揭示了 AID 在抗体多样性形成中的重要性。人的 AID 基因突变会导致体内胞嘧啶核苷脱氨酶缺陷（activation-induced cytidine deaminase deficiency，AID deficiency）。这类病人缺少抗体类型转变和体细胞高频突变过程，导致体内抗体主要以 IgM 的

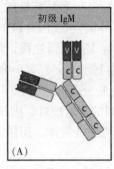 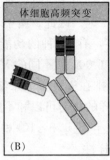 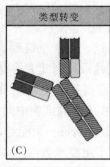 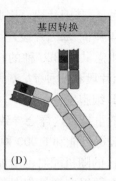

图 4-12 三种途径修饰重排 Ig 基因

[(A) 初级抗体库最初由 IgM 组成，包含由 V(D)J 重排形成的可变区（深灰色）和 μ 基因片段形成的恒定区（浅灰色）。这种初级抗体库反应性的范围在经过体细胞高频突变和抗体类型转变后发生改变。(B) 体细胞高频突变在重链和轻链的 V 区（深灰色）引入一些突变（深灰区域的黑色线条），从而改变了抗体对抗原的亲和性。(C) 抗体类型转变使最初的 μ 重链 C 区（浅灰色）被另外一种同型重链区（灰色斜线）替代，从而改变了抗体的效应功能，但其对抗原特异性未发生改变。(D) 基因转换可以在重排的 V 区引入一些 V 基因片段的假基因，从而进一步修饰 V 区，增加了抗体识别抗原的特异性]

[由《Janeway's Immunobiology》（8 版，2012）改编]

形式存在，同时也缺少抗体亲和力成熟（affinity maturation）这一过程。这种疾病称为 2 型高 IgM 免疫缺陷症（hyper IgM type 2 immunodeficiency）。现在一些研究表明作为 AID 胞嘧啶脱氨酶底物的是 DNA 而不是 RNA。AID 可以使免疫球蛋白 V 区的胞嘧啶脱氨成为尿嘧啶，从而启动体细胞高频突变；AID 可以使转变区（switch region）脱氨化，从而启动抗体类型转变。突变通常会产生对抗原有高亲和性的抗体。在免疫应答过程中，产生高亲和性抗体的 B 细胞有竞争优势，这反过来导致了抗体/抗原亲和性增强。

（二）抗体类型转变（class switching or isotype switching）

C 基因编码每条免疫球蛋白肽链（包括重链和轻链）的恒定区。C 基因片段位于一个或多个 J 基因片段的下游，C 和 J 基因至少间隔 13 kb。轻链（$C_κ$ 和 $C_λ$）恒定区由一个外显子 $C_κ$ 或 $C_λ$ 编码，重链恒定区 C_H 由 3~7 个外显子编码。编码不同重链的 C 基因片段是连接在一起的。

Ig 的类或亚类由 H 链 C 区的氨基酸组成、排列顺序、空间构型和二硫键数目的决定。未接触到抗原的初始 B 细胞（naive B cell）最初仅使用两种 C 区基因，即 $C_μ$ 和 $C_δ$ 基因，从而在 B 细胞表面产生膜结合的 IgM 和 IgD。在 B 细胞分化过程中，V 基因不变，即具有相同的抗原识别特异性，而在活化的 B 细胞中 H 链的 C 区基因发生不同的类型转变，即用其他的 H 链 C 区（γ、α、ε）替代初始的 $C_μ$（对应 IgM 的 C 区）重链的 C 区，即出现不同的类或亚类的 Ig，如产生了 IgG、IgA 或 IgE 抗体，因此增强了免疫球蛋白库的功能多样性。影响免疫球蛋白 H 链类或亚类转换模式的因素可能有①H 链 C 区基因的重排；②初级 mRNA 的加工引起类型转换（RNA 剪接）；③细胞因子及环境影响。

B 细胞最初产生的抗体是 IgM。不久之后，B 细胞既产生 IgM，也产生 IgD 抗体，每一类别都有同样的 V 区，因此有同样的特异性。这是初级转录物差异性剪切和拼接的结果，尤其是获得了从 VDJ 区到 $C_δ$ 区信息的初级转录物。这一转录物的差异性剪切产生 2 个 mRNA，分别形成 IgM 和 IgD 的 H 链。在成熟 B 细胞中，上述 2 个 mRNA 与 L 链一起被翻译和表达在 B 细胞表面。

在 B 细胞表面表达的 IgM 和 IgD 能转换成其他 H 链类别。从 IgM 转变成其他类型的免疫球蛋白仅在 B 细胞受到抗原刺激之后才能发生。类型转变是通过重组方式实现的，这是一种非同源 DNA 重组，由一些称为转变区（switch regions）的重复 DNA 序列介导。转变区是位于 J_H 基因片段和 C_μ 基因之间的内含子区域。

B 细胞的同种型（类型）转换需要受 T 细胞刺激，尤其需要 T 细胞的 CD40 配体（CD154）与 B 细胞的 CD40 结合。另外，T 辅助细胞产生的细胞因子影响发生类别转换的恒定区基因。T_H2 细胞产生的 IL-4 诱导 B 细胞的 Ig 类型转换成 IgE；而由 Th 细胞产生的 IL-5 诱导 B 细胞的 Ig 类型转换成 IgA；由 Th 细胞产生的 IFN-γ 诱导 B 细胞类型转换成 IgG_1；这些信号诱导 VDJ 易位及其 5′端插入到另一个恒定区中。类别转换受 5′端至 C 区基因重复 DNA 序列指导，并在这些转换区重组时发生。初级转录物形成后剪切掉在 VDJ 编码区和新 H 链编码区之间的 RNA，从而得到新 H 链的 mRNA。在已发生类别转换的 B 细胞和由 B 细胞衍生的浆细胞中，重排的染色体上产生的 DNA 中，间隔 DNA 被切掉，不再含有 C_μ 和 C_δ 或其他间隔的 H 链 C 区基因。

Tfh 细胞（follicular helper T cell）是最近发现的一类存在于淋巴滤泡（lymphoid follicle），在 B 细胞成熟分化、产生高亲和力抗体及抗体类型转变过程中为 B 细胞提供帮助的重要辅助性 T 细胞。人和小鼠中都存在 Tfh 细胞，这些细胞可以分泌 Th1 细胞和 Th2 细胞特征性细胞因子。Tfh 细胞的存在也可以解释一个现象：Th2 和 Th1 类型的细胞因子对于所有 5 种类型抗体的产生是完全必需的，并且即使敲除对 Th1 和 Th2 亚类细胞发育起关键作用的转录因子，机体也可以产生大多数抗体类型。

抗体种类转变后的抗体具有同样的抗原特异性，但是各自有特定的效应。

(三) 基因转换 (gene conversion)

基因转换是通过用一些 V 区片段的假基因替换初始抗体 V 区的部分序列，进而使一些动物的初始免疫球蛋白库多样化。在一些以 V(D)J 重组方式仅产生有限抗体多样性的动物而言，基因转换是提高抗体库多样性的主要机制。

与 RAG 介导的基因重排类似，所有过程都将导致抗体基因不可逆转的体细胞突变。但是与 V(D)J 重组不同的是，该过程由诱导激活型胞苷脱氨酶（AID）驱动，AID 特异性表达在激活的 B 细胞内，与 T 细胞受体基因无关。

综上所述，抗体的多样性主要源于基因层面的调控，其中编码 H 和 L 链 V 区的基因调控与抗体产生的多样性关系更为密切。免疫球蛋白多样性的遗传基础既在于 B 细胞发育过程中的免疫球蛋白的基因重排，又依赖于活化的 B 细胞的抗体库多样化机制：抗体多样性的胚系基因，基因重排多样性，基因片段连接处核苷酸的可变性增减有助于 V 区第三个高变区的多样性，H 链和 L 链 V 区的随机组合，体细胞高频突变，抗体类型转变，基因转换等，这些都有助于机体产生千百万种不同的抗体分子。因此可以说，我们体内存在着针对几乎所有进入体内抗原的特异性抗体，从而使机体能够有效抵抗这些外来的入侵者。

第六节 抗原-抗体反应的原理及抗体分子的抗原性

抗原-抗体反应的实质是抗体 V 区的互补决定区（V_H 和 V_L 的 CDR1、CDR2 和 CDR3）

与抗原表面的抗原决定簇之间的反应。但是，抗原与抗体结合时抗体 V 区的 6 个 CDR 区并非同等重要，个别 CDR 区甚至根本不参与抗原结合。

抗原与抗体的结合可以被高浓度盐、酸性或碱性 pH、去污剂或者自身高浓度的抗原决定簇所破坏。因此，抗原与抗体的结合是非共价结合的。

一、抗原-抗体反应的作用力

表 4-4 总结了抗原与抗体非共价结合中涉及的作用力，包括静电力、范德瓦耳斯力（范德华力）、氢键和疏水键。其中，静电作用力产生于带电氨基酸侧链之间，如盐桥作用。大部分抗原-抗体反应都会有至少一种静电作用力参与。高浓度盐和极端 pH 可以通过减弱静电作用力和/或氢键来破坏抗原与抗体的结合。疏水作用力是两个疏水表面相互作用而形成的力，作用力的强度与疏水表面面积成正比。

在抗原-抗体反应中，每种作用力的贡献随具体的抗体和抗原分子不同而异。与大多数其他天然蛋白质之间的相互作用相比，抗原与抗体间相互作用最显著的区别在于抗体分子的抗原结合位点经常含有许多芳香氨基酸残基。这些芳香氨基酸主要参与产生范德瓦耳斯力和疏水作用力，有时还参与氢键作用。比如，酪氨酸可以参与氢键和疏水作用力，与抗原识别多样性的需求特别符合，因此酪氨酸在抗原结合位点的含量比其他氨基酸要高出很多。简而言之，疏水作用力和范德瓦耳斯力是两个形状互补的表面相互结合的作用力，属于短距离作用力。相反，静电作用力是带电侧链之间的作用力，而氢键是氧原子、氮原子及氢原子之间的作用力。

表 4-4 抗原抗体复合物相互作用的非共价作用力

非共价键	产 生	举 例
静电力	相反电荷之间的吸引力	$-NH_3^{\oplus}\ \ ^{\ominus}OOC-$
氢键	氢原子在两个负电荷之间共享电子	$N—H\cdots O=C$
范德瓦耳斯力	距离相近的原子、分子之间存在相互吸引力	
疏水键	疏水基团在水中不形成氢键，更倾向于相互之间的相互吸引	

二、抗原-抗体反应的特点

（一）高度特异性

抗原-抗体反应具有高度的特异性，该特异性识别的基础就是抗体 V 区的互补决定区 CDR 所形成的立体构象与抗原决定簇的高级结构。这种特性是许多免疫学检测方法的基础。比如，在蛋白质的线性决定簇中，单个氨基酸残基的替代有时并不影响蛋白质的立体结构，但抗体却可以将其区别开来。

(二) 可逆性

由于抗原与抗体之间是以非共价键结合的，因此抗原与抗体结合是可逆的，在一定条件下（如变性剂）抗原-抗体复合物可以解离。该特征符合许多化学反应的基本原理。抗原与抗体相互作用的可逆性可被应用于亲和层析，即用固定有抗体的亲和柱来纯化抗原，或者使用固定有抗原的亲和柱纯化抗体。

(三) 抗原抗体的亲和力 (affinity) 和亲合力 (avidity)

抗原与抗体结合强度可以用亲和力表示。亲和力就是抗原-抗体反应达到平衡时的解离常数 (K_d)，或者占据半数抗体结合位点所需要的抗原浓度。K_d 越小，亲和力越大，通常抗原抗体结合的 K_d 值为 $10^{-7} \sim 10^{-11}$ mol/L。前面我们讲到 IgG 和 IgE 抗体是二价的，IgM 抗体是十价的。抗体与抗原结合时，将价数考虑在内，抗体结合力的总和称为亲合力，或者功能性亲和力（functional affinity）。亲合力大大强于每一位点的亲和力，其强度增加不仅仅是亲和力的简单相加，而是呈几何级数上升的。因此，虽然 IgM 抗体单价结合抗原的亲和力较低，但结合力的总和即亲合力却可以很强，超过单价亲和力相加。

(四) 最适比例

抗体与单价抗原形成的抗原-抗体复合物都是可溶性的，但抗体与多价抗原（大分子复杂抗原）形成的抗原-抗体复合物以沉淀的形式存在。沉淀形成与否及沉淀量的多少取决于抗原和抗体的量以及它们的比例。因此，只有当二者比例合适时，才会出现可见反应。

沉淀反应（precipitin reaction）是最经典的血清学方法，利用抗原与抗体特异性反应的特征对抗原与抗体进行量或质的测定分析。虽然现在沉淀反应在免疫学中已很少用到，但由

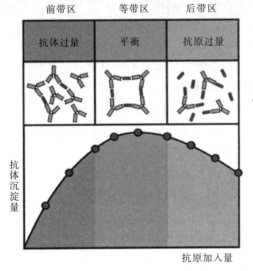

图 4-13 抗体与可溶性抗原形成沉淀带

[沉淀带的产生基于抗原-抗体沉淀的定量分析。一定量的抗体中加入不同量的抗原后，抗原可以通过抗体交联起来形成沉淀。通过收集沉淀并分析沉淀中抗体的量以及收集检测上清中剩余抗原或抗体的量，从而确定抗体过量区（前带）、平衡区（等带）以及抗原过量区（后带）。最大的抗原抗体复合物形成于抗原抗体平衡区。在抗原过量区，一些免疫复合物过小而不能形成沉淀。在体内，这些形成的免疫复合物会对微血管造成病理损伤]

[由《Janeway's immunobiology》（8 版，2012）改编]

于抗原-抗体复合物（antigen-antibody complexe，也称为免疫复合物，immune complexe）产生于几乎所有体内免疫反应，并且有时会引起严重的病理后果，因此理解抗原-抗体反应形成沉淀的原理仍然具有重要意义。沉淀反应的一些经典实验请参见第十二章"免疫学技术"。如图4-13所示的沉淀反应曲线可见，在一定量的抗体中，沉淀的形成与抗原、抗体的比例密切相关。随着抗原量的增加，反应分为三个区：①抗体过量区，抗原与抗体形成小分子复合物，不形成沉淀或沉淀很少，称为前带区（pro-zone）；②抗原抗体等量区，形成大量沉淀，不存在游离的抗原和抗体称为等带区（equi-zone）；③抗原过量区，虽然没有游离的抗体，但沉淀仍很少，称为后带区（post-zone）。

（五）交叉反应

某些情况下，针对一种抗原的抗体也可以与结构类似的其他抗原结合发生反应，这种现象称为交叉反应。其原因在于大分子抗原常常含有多个抗原决定簇，一种抗原的部分抗原决定簇与其他种类抗原上的一些抗原决定簇相同，因此，当用此类抗原免疫后，所获得的抗体既可以与同源抗原结合，也能与异源抗原结合。但是抗体与同源抗原的亲和力常比与异源抗原的亲和力要高很多，因此与同源抗原反应较强。用免疫沉淀方法，特别是凝胶双扩散方法，能够非常容易地鉴定交叉反应，并且可以根据形成的交叉反应沉淀线的类型判断抗原间的关系。

三、抗体分子的抗原性

抗体具有不同的类别和亚类，因此具有高度不均一性。由于其本质为一类高分子蛋白质，所以除具有抗体的生物学功能外，其本身也是一种抗原物质，具有抗原的特性，即具有免疫原性和免疫反应性，表现为在异种动物或同一种系不同个体体内可激发特异性免疫。抗体分子上有三种不同的抗原表位，即同种型、同种异型和独特型抗原，它们在异种、同种异体和同一个体内引起免疫应答，产生相应抗-抗体血清，从而表现为不同的血清型。

（一）同种型（isotype）

同种型指同一种系内所有个体的抗体具有的共同抗原特异性标志，为种属型标志，其表位主要存在于恒定区。同种型抗体的抗原特异性因种而异，在异种体内可诱导产生相应的抗-抗体，该抗-抗体能与本种内的任何同类的抗体发生特异性的反应，而不与异种的抗体发生作用。例如，用人的某类抗体免疫家兔，可获得抗人Ig抗体，能与人的该类Ig发生特异性的反应，但是不与其他物种的Ig发生反应。

同种型的抗原性主要存在于Ig的C区内，包括C_H和C_L，同种型包括Ig的H链的类、亚类和L链的型和亚型抗原。同一种属内每一个体都具有所有类和亚类的重链基因以及型和亚型的轻链基因。

1. 抗体的类和亚类 哺乳类抗体的重链根据血清型可分为5类，即γ、α、μ、δ和ε，相应地将抗体进行分类，如人、小鼠等血清中的抗体分为五类，分别是IgG、IgA、IgM、IgD和IgE。同一抗体分子按其重链构造的变化又可分为不同的亚类。如人类γ类Ig可分为4个亚类：γ_1、γ_2、γ_3和γ_4，α类Ig可分为2个亚类，α_1和α_2。小鼠γ类Ig也分为4个亚类，但分别是γ_1、γ_{2a}、γ_{2b}和γ_3。因此，重链的类和亚类决定了抗体的类和亚类，如在人类中有如下重链-亚类：μ-IgM，γ_1-IgG$_1$，γ_2-IgG$_2$，γ_3-IgG$_3$，γ_4-IgG$_4$，α_1-IgA$_1$，α_2-IgA$_2$，ε-IgE，δ-IgD，分别由基因组内9个有功能的重链恒定区基因编码。抗体不同亚类之间的氨基酸约有10%的差异。总结来说，抗体的类和亚类由重链血清型决定，与其含有的轻链型别无关，例如 IgG_1 可以有 $(\kappa\gamma_1)_2$ 或 $(\lambda\gamma_2)_2$ 两种形式。IgM 有 IgM_1 和 IgM_2 两个亚类；IgD 和 IgE 尚未发现亚类。

2. 抗体的型和亚型　抗体的轻链根据血清学类型可区分为 κ 和 λ 两型。与之对应的抗体则是 κ 型和 λ 型。一个抗体分子中只能有两种轻链中的一种，但是在同一个体内，可存在有 κ 链和 λ 链的分子。

在人类，κ 链仅由一个恒定区基因编码，不存在亚型，而 λ 链可由多个恒定区基因编码，目前发现 9 个编码 λ 链的基因，已证明 4 个具有功能，即有 4 个亚型。因此，根据 λ 轻链恒定区（C_λ）个别氨基酸的差异又可分 λ_1、λ_2、λ_3 和 λ_4 四个亚型。这 4 个 λ 亚型之间只有数个氨基酸的差别，λ_1 和 λ_2 在 λ 轻链第 190 位的氨基酸分别为亮氨酸和精氨酸，λ_3 和 λ_4 在第 154 位的氨基酸分别为甘氨酸和丝氨酸。

（二）同种异型（allotype）

同种异型指同一种属不同个体间抗体的抗原特异性，也称个体的遗传标志。主要表现在抗体分子上的重链恒定区和轻链恒定区上一个或数个氨基酸的差异。这种差异源于由同一座位等位基因的多态性，与人类血型类似，因此每一个个体特定的抗体肽链可以有一种纯合子（isotype）或两种杂合子（allotype）。由于某一种同种异型只存在于同一种属一部分个体内，因此一般用同种抗血清来鉴定同种异型。在人类中，已在 γ 和 α 重链及 κ 轻链恒定区内找到了决定同种异型抗原特异性的遗传标志，即同种异型标志，分别命名为 Gm、Am 和 Km。这些同种异型标志实际上反映了恒定区中个别氨基酸的差异。例如，Gm 因子分别存在于 IgG_1、IgG_2、IgG_3 重链恒定区内。Am 因子存在于 IgA_2 重链恒定区内，包括两种，称为 A_2m_1、A_2m_2。Km 同种异型有 3 种，称为 κm_1、κm_2 和 κm_3，其差异性表现在第 153 位和第 191 位氨基酸。由于这些差异可诱发同种抗血清，因此推测它们位于分子的外表面，其变化可产生新的抗原决定簇，X 射线衍射实验已经证实了这一点。

（三）独特型（idiotype，Id）

独特型是指不同 B 细胞克隆所产生的抗体分子的可变区和 T、B 细胞表面抗原受体的可变区所具有的抗原特异性标志。独特型决定簇主要依赖于抗体分子超变区的氨基酸序列的构象变化，其数量极为庞大，因此与抗体结合抗原的特异性密切相关。每个抗体分子所特有的抗原特异性表位又称为独特位（idiotope）。抗体分子每一个 Fab 段均存在 5～6 个独特位，它们存在于可变区。独特型表位在异种、同种异体甚至同一个体内均可刺激产生相应抗体，即抗独特型抗体（anti-idiotype antibody，AId）。由于机体内存在针对各种不同抗原的抗体，因此每个机体内独特型的种类无限，这些独特型在自身体内又产生大量抗独特型抗体，这种独特型-抗独特型网络对免疫应答的调控起着至关重要的作用。

通过经典血清学分析所鉴定的不同层次上抗体的不均一性，只能从一个侧面反映抗体分子的差异性。而抗体分子最突出的特征在于它几乎可以和任何外来抗原特异性结合，这说明机体内抗体分子可变区的序列千差万别，种类繁多，这一特性称为抗体的多样性（diversity）。多年来，抗体多样性产生的机制一直是人们尝试去回答的难题，随着分子生物学的进展，这一问题目前已基本阐明。

Summary

Antibodies were the first and the best understood proteins involved in specific immune recognition to be characterized. Antibody molecules are roughly Y-shaped molecules consisting of three equal-sized portions connected by a flexible tether. Immunoglobulin molecules are made up of four polypeptide chains, comprising two identical heavy chains and two identical light chains. Each of the four chains has a variable (V) region at its amino terminus, which contributes to the antigen-binding site, and constant (C) regions, which determine the isotype. Two types of light chains are found in antibodies: lambda (λ) and kappa (κ). The class of an antibody is defined by the structure of its heavy chain. There are five main heavy-chain classes or isotypes, some of which have several subtypes, and these determine the functional activity of an antibody molecule. The five major classes of immunoglobulin are immunoglobulin M (IgM), immunoglobulin D (IgD), immunoglobulin G (IgG), immunoglobulin A (IgA), and immunoglobulin E (IgE). Their heavy chains are denoted by the corresponding lower-case Greek letter (μ, δ, γ, α and ε, respectively). The light chains are bound to the heavy chains by many noncovalent interactions and by disulfide bonds, and the V regions of the heavy and light chains pair in each arm of the Y to generate two identical antigen-binding sites, which lie at the tips of the arms of the Y. IgG is by far the most abundant immunoglobulin and has several subclasses (IgG1, 2, 3 and 4 in humans).

The antibody molecule has two separate functions: one is to bind specifically to the pathogen or its products that elicited the immune response; the other is to recruit other cells and molecules to destroy the pathogen once antibody has bound. Recognition and effector functions are structurally separated in the antibody molecule; the variable region specifically binds to the antigen whereas the constant region engages elimination mechanisms. Antibodies contribute to immunity in three main ways. The first is known as neutralization. Antibodies that bind to the pathogen can prevent pathogens from binding to specific molecules on the host cell surface. Second, antibodies protect against bacteria that multiply outside cells, and do this mainly by facilitating uptake of the pathogen by phagocytes, a process called opsonization. Third, antibodies coating a pathogen can activate the proteins of the complement system by the classical pathway.

The total number of antibody specificities available to an individual is known as antibody repertoire or immunoglobulin repertoire, and in humans is at least 10^{11} and probably several orders of magnitude greater. The diversity of antibody is first generated by somatic DNA recombination of antibody V region gene segments, a mechanism know generally as gene rearrangement. This RAG-mediated *V (D) J* recombination of immunoglobulin is responsible for the initial antibody repertoire of B cells developing in the bone marrow. This process takes place without interaction of B cells with antigen. Secondary modifications provide further diversity in the antibody repertoire. Diversification is achieved through three mechanisms—somatic hypermutation, class switching or class switch recombination, and gene conversion—which alter the sequence of the secreted immunoglobulin in distinct ways. All these processes rely on DNA repair and recombination processes initiated by the enzyme activation-induced cytidine deaminase (AID).

参考文献

董志伟，王琰，2002. 抗体工程 [M]. 2 版. 北京：北京医科大学出版社.
龚非力，2009. 医学免疫学 [M]. 3 版. 北京：科学出版社.
于善谦，等，2008. 免疫学导论 [M]. 2 版. 北京：高等教育出版社.
周德庆，2012. 微生物学 [M]. 3 版. 北京：高等教育出版社.
BENJAMINI E, R C, G S, 2000. Immunology: a short course1 [M]. 4th ed. A John Wiley & Sons, Inc. Publication.
CROTTY S, 2011. Follicular helper CD4 T cells (TFH) [J]. Annu Rev Immunol, 29：621-663.
HANNIGAN B M, 2000. Immunology [M]. London：Arnold, a member of the Hodder Headline Group.
KENNETH M, 2012. Janeway's Immunobiology [M]. 8th ed. Garland Science.
MA C S, DEENICK E K, BATTEN M, et al, 2012. The origins, function, and regulation of T follicular helper cells [J]. J Exp Med, 209 (7)：1241-1253.

思考题

1. 简述免疫球蛋白的基本结构和主要生物学功能。
2. 简述抗体发挥其生物学作用的主要方式。
3. 简述五类免疫球蛋白的特性及功能。
4. 比较木瓜蛋白酶和胃蛋白酶水解 IgG 分子产生的片段及各片段的生物学活性。
5. 解释为什么抗体都具有基本相同的结构，却可以识别无限多种结构不同的抗原？
6. 免疫球蛋白类型转变的生物学功能是什么？并解释类型转变形成的抗体多样性与体细胞高频突变引起的抗体多样性的区别。
7. 比较 IgM 和 IgG 这两种抗体性质和功能上的区别。
8. 何种类型的抗体主要活化肥大细胞？这种抗体是如何起作用的，其结果如何？这种抗体主要针对何种病原体？这种抗体还会引起什么不良反应？
9. 抗体是如何与补体系统相互作用以清除病原体的？
10. 在母乳喂养的婴儿中能发现什么类型的抗体？这些抗体是如何进入婴儿体内的？

课外读物

滤泡辅助 T 细胞（T follicular helper cell，Tfh cell）

高亲和力抗体的产生和抗体的类型转变对于机体对病原体的清除、体液免疫的长期形成和疫苗的有效性至关重要。在高亲和力抗体的产生和抗体类型转变过程中，B 细胞必须依赖生发中心（germinal centre，GC）CD4$^+$T 细胞的辅助作用才能实现。生发中心是位于二级淋巴器官 B 细胞滤泡的一些不连续结构。活化 B 细胞所发生的一系列过程（体细胞高频突变、抗体类型转变重组和高亲和力成熟，以及相伴随的记忆性 B 细胞和浆细胞的产生）都是在 GC 中进行的。B 细胞抗体的产生对 T 细胞辅助作用的依赖性在 20 世纪 60 年代就发现了，然而人们直到 2000 年才发现了在其中发挥协助作用的主要 CD4$^+$ T 细胞亚类。这类 T 细胞就是滤泡辅助 T 细胞（T follicular helper cell，Tfh cell），是根据其存在部位命名的。区别于其他亚类 CD4$^+$ T 细胞的显著特点是 Tfh 细胞高表达一些重要的效应分子，如：趋化因子受体 CXCR5、程序性死亡分子 1（programmed cell death 1，PD-1）、含 SH2 域蛋白 1A（SH2D1A）、白细胞介素 21（IL-21）、可诱导共刺激分子 ICOS（inducible T cell co-stimulator）和转录抑制分子 BCL-6（the transcriptional repressor B cell lymphoma 6）可诱导其刺激分子 C。其中 CXCR5 是 Tfh 细胞的标志性分子。这些分子在促进 B 细胞和 Tfh 细胞本身的活化、分化和生存过程中都起着关键性作用。

GC 中的 B 细胞必须接受外界的信号才能维持其生存。Tfh 细胞能和 GC 中的 B 细胞相互作用，传递 B 细胞生存信号。Tfh 细胞可以通过多种方式为 GC 中的 B 细胞提供生存信号，包括 CD40L、IL-4、IL-21、PD-1 和 BAFF，这些分子都可以竞争 Fas-FasL 相互作用引起的细胞凋亡。例如，Tfh 细胞表达 CD40L，CD40L 可以与 B 细胞上的 CD40 相结合从而增强 B 细胞 Bcl-X$_L$ 蛋白的表达。Bcl-X$_L$ 是 Bcl-2 家族成员，可以通过抑制凋亡促进 B 细胞生存。Tfh 细胞也可以通过 SLAM（signaling lymphocyte activation molecule）家族受体与 B 细胞相互作用。因此，Tfh 细胞在 GC 中可以通过数种不同的受体-配体与 B 细胞相互作用。另外，这些信号不仅对 B 细胞有重要的辅助作用，而且对 Tfh 本身的发育分化也有重要作用。因此，Tfh 细胞与 B 细胞之间传递的信号的作用是双向的。B 细胞表达的 ICOS 配体（ICOSL）可以通过 ICOS 协同刺激 Tfh。ICOS 缺陷型小鼠表现为 GC 反应缺失和抗体类型转变反应的严重缺失。引起这种现象的原因是 Tfh 细胞功能的缺陷而非 B 细胞本身的缺陷。

Tfh 不仅在 B 细胞的生存发育分化过程中起重要作用，也在 B 细胞产生高亲和力抗体和抗体的类型转变过程中具有关键作用。过去一直存在着一个问题是 Th1 和 Th2 细胞是否都可以为 B 细胞提供辅助作用，并且过去的一些知识给予人们一种暗示：只有 Th2 才具有辅助作用。其实这种观点是不准确的。现在的观点认为，Tfh 细胞而非 Th1 或者 Th2 是存在于淋巴滤泡为 B 细胞产生高亲和力抗体以及抗体类型转变过程中提供辅助作用的主要细胞。人和小鼠中都存在 Tfh 细胞。它们在辅助抗体产生方面的重要作用是这些细胞可以分泌 Th1 细胞和 Th2 细胞特征性细胞因子。Tfh 所产生的细胞因子在抗体类型转变过程中起到类型转变因子（class switch factor）的作用。这就解释了在感染期 B 细胞能够在滤泡中受 Th2 细胞因子作用转换为分泌 IgE 的 B 细胞，也可以受 Th1 细胞因子作用转换为分泌其他类型抗体（如 IgG$_{2a}$）的 B 细胞。Tfh 细胞的存在也可以解释以前大量研究表明的一个结果：Th2 和 Th1 产生的细胞因子对于所有 5 种类型抗体的产生是必需的，但即使敲除对 Th1 和 Th2 亚类细胞发育起关键作用的转录因子，机体也可以产生大多数抗体类型。但是 Tfh 细胞的发现并不意味着其他 CD4$^+$ T 细胞亚类在抗体产生过程中完全没有作用，比如说 Th2 细胞及他们分泌的细胞因子在 IgE 对抗寄生虫的反应和过敏反应中起到重要作用。

总之，现阶段大量的研究已经使人们对于 Tfh 细胞有了更深更全面的了解。Tfh 细胞是一类在辅助 B 细胞方面具有关键作用的 CD4$^+$ T 细胞亚类。Tfh 细胞功能异常以及 Tfh 细胞相关分子如 ICOS 或 IL-21 的过高或过低表达都可能导致某些自身免疫性疾病或免疫缺陷疾病。

第五章 补体系统

第一节 补体的概念和组成

一、补体的概念

补体（complement）是一组存在于脊椎动物血清与组织液中，不耐热，经活化才具有催化活性的蛋白质。在特异性抗体存在下，新鲜血清中含有一种能引起细菌或红细胞溶解、对热不稳定的成分，这种血清蛋白能补充和增强免疫球蛋白（抗体）介导的免疫相关的溶菌和溶血等作用，故称为补体。目前研究发现补体是一个多分子体系，该系统由可溶性蛋白和膜结合蛋白等大约 40 种蛋白质组成，其中有直接与补体激活相关的固有成分、调控补体激活的各种灭活因子和抑制因子及分布于多种细胞表面的补体受体等，故称为补体系统（complement system）。

补体是 1890 年巴斯德研究所的比利时医生 J. Border 在血浆中发现的。与抗体不同，补体成分热稳定性低下，这些蛋白质分子在 56℃下，只需要 30min，即可使其丧失酶活性。补体含量较稳定，占总血清球蛋白的 10% 左右，在正常生理情况下，多数补体成分以非活化形式存在。补体的激活可诱导生成多种具有生物活性的成分，进而引起一系列生理生化反应，是机体抵抗微生物防御反应的重要组成部分，补体系统通过协助和放大抗体介导的体液免疫的效应，参与免疫应答的调节。但是补体系统也能通过其介导的炎症反应而损伤组织，因此，补体系统是天然免疫系统的重要组成部分。

二、补体的组成

（一）补体的组成成分

按照生物学功能分类，补体的组成成分可以分为以下 3 类。

1. 补体的固有成分 补体系统的固有成分存在于体液中，主要包括 C1，C1 的 C1q、C1r 和 C1s 三个亚单位，C2，C3，C4，C5，C6，C7，C8，C9，B 因子，D 因子和备解素（properdin，P 因子），甘露聚糖结合凝集素（MBL），以及 MBL 相关丝氨酸蛋白酶（MASP）。

2. 补体活化调控相关成分 补体活化调控相关成分位于血浆中和细胞膜上，它们是可以调控补体系统激活途径中关键酶而控制补体活化强度和范围的蛋白质分子，包括血浆中 H 因子、I 因子、膜辅因子蛋白（membrane cofactor protein，MCP）、细胞膜表面的衰变加速因子（DAF）、膜反应溶解抑制物和同源抑制因子等。

3. 补体的受体 补体受体是位于细胞膜上，能与补体的活性片段结合，从而介导免疫学效应的受体成分。目前已发现 CR1、CR2、CR3、CR4、CR5、C3aR、C4aR、C5aR、C1qR、C3eR 和 HR（H 因子的受体）等。

（二）补体的命名

根据世界卫生组织（WHO）命名委员会对补体各成分的命名，通常将参与经典途径的固有成分以符号"C"表示，按其发现的顺序分别称为C1、C2、C3、C4、C5、C6、C7、C8、C9，其中C1由C1q、C1r和C1s三个亚单位组成。其中浓度最高、最关键的补体成分是C3，相对分子质量为$1.95×10^5$，在血浆中的浓度约为1.2 mg/mL。补体能被分解成小片段（肽段），当一个完整的成分裂解后，小的产物在其后加上后缀"a"，大的产物在其后加上后缀"b"。例如，补体成分C3能被分解形成两个片段，大片段称为C3b，小片段称为C3a。如果这些片段进一步被分解成更小的片段，就在其后加上后缀"c""d""f"等。例如，C3b能被分解成C3c、C3d、C3e和C3f等。要注意的是历史上C2成分大片段被称为C2a；小片段为C2b；现在也有人将大片段称为C2b，小片段称为C2a。由于大片段被称为C2a最早使用，并被广泛运用于文献和专著中，本书为了避免改动造成不必要的混乱，所以沿用历史名称，将C2成分的大片段称为C2a，小片段称为C2b。分解后的有些肽段又能组合成新的复合物，如C3b和B因子形成的复合物可写成C3bB，C4b和C2a形成的复合物可写成C4b2a。由于C4b2a具有酶的活性，故应在其小写字母上加一条横线，写成$\overline{C4b2a}$，复合物的小写字母上加一条横线代表其具有酶的活性。但最新出版的教材或专著，具有酶活性的复合物的小写字母上不加横线，如C4b和C2a形成的复合物写成C4b2a。如果分解肽段被灭活，则加上i（为inactivated的缩写），如iC3b或C3bi。替代途径的补体成分以因子命名，用大写英文字母表示，如B因子、D因子、P因子、H因子和I因子。

第二节 补体系统的激活

补体固有成分通常情况下为没有活性的前体。补体系统的活化依赖于特异活化物的作用，然后各补体成分通过一系列放大的级联反应才依次被激活，随后补体分子进行组装，在细胞上打孔，进而导致溶胞效应。此外，在补体系统的活化过程中产生了多种具不同免疫学功能的水解片段。

按照补体成分在激活过程中起始顺序的不同，补体系统的活化分为以下三条途径：① 最早发现的经典途径，该途径补体通过C1q结合抗原-抗体复合物而被激活；② 通过C3bBb与病原微生物表面结合而激活的旁路途径（alternative pathway）；③ MBL途径，即由MBL结合至细菌启动补体系统的途径。以上补体激活途径共享一个末端通路（terminal pathway），最终都能形成膜攻击复合物（MAC，membrane attack complex），进而引发溶胞效应。

一、经典激活途径

（一）激活物

经典途径的主要激活物质是特异性抗体（IgG_1、IgG_2、IgG_3或IgM）与相应抗原结合所形成的免疫复合物（immune complex，IC）。除此之外，其他一些非免疫因素如葡萄球菌A蛋白（SPA）、C反应蛋白（CRP）、变性DNA、某些RNA病毒包膜蛋白、胰蛋白酶、纤溶酶等也能直接导致经典途径的启动。

(二) 补体成分

经典途径包括固有成分 C1～C9。根据其在经典途径中的生物学功能，这些补体成分可分成三部分：①识别成分，包括 C1q、C1r 和 C1s（图 5-1）；②活化成分，包括 C4、C2 和 C3；③膜攻击成分，由 C5～C9 组成。C1 中的 C1q 分子由 6 个相同的亚基组成。C1q 的球形区域与免疫球蛋白的 Fc 段结合，茎部与 C1r 和 C1s 相互作用，形成 C1q(C1r)$_2$(C1s)$_2$ 复合物，存在于血浆中。C2 在血浆中的浓度很低，是补体活化级联酶促反应的限速步骤。而作为上述三条补体激活途径的共同成分，C3 在血浆中的浓度比其他补体成分都要高。

(三) 活化过程

1. 识别阶段 当 IgG_1、IgG_2、IgG_3 或 IgM 类抗体特异性黏附到微生物（抗原）上，抗体分子的构型改变，使 Fc 段的补体结合部位（IgG_1、IgG_2、IgG_3 的 CH_2 区，或 IgM 的 CH_3 区）暴露，C1q 分子识别并与之结合后，发生构象改变，使 C1r 活化成为具有酶活性的 C1r，后者进而激活 C1s，从而形成具有丝氨酸蛋白酶活性的 C1 复合物，即 C1 酯酶，其天然作用底物为 C4 和 C2。

2. 活化阶段 C1 酯酶具有蛋白水解酶作用，首先作用于补体 C4，在 Mg^{2+} 存在的条件下，C1s 使 C4 裂解为小片段 C4a 和大片段 C4b，小分子片段为 C4a 游离于液相，具有过敏毒素活性，大分子片段为 C4b，大部分新生的 C4b 未能与膜结合与水分子反应而失活，仅 5% 的 C4b 与细胞表面的蛋白质或多糖共价结合，C4b 生物学功能在于能有效而稳定地活化补体系统。在 Mg^{2+} 存在的条件下，细胞膜上的 C4b 能与单链 C2 结合，C2 继而被 C1 裂解为大分子的 C2a 和小分子的 C2b。C2b 片段随后被释放，而 C2a 片段则与细胞膜上的 C4b 片段结合，至此经典途径的 C3 转化酶（即 C4b2a）产生了；C3 转化酶使 C3 裂解为 C3a 和 C3b，新生的 C3b 可与 C4b2a 中 C4b 结合，形成 C4b2a3b 即 C5 转化酶（C5 convertase），进入膜攻击阶段。

3. 膜攻击阶段 本阶段是形成膜攻击复合物（MAC），进而引发细胞溶解的生物学效应的过程。在这个过程中，C5 是 C4b2a3b 的底物，受其作用而裂解成 C5a 和 C5b。作为重要的炎症介质，C5a 片段具有过敏毒素的生物学作用和趋化的功能；C5b 首先与 C6 稳定结合为 C5b6 复合物，继而与 C7 结合形成 C5b67 三分子复合物，并通过 C7 上的疏水片段插入靶细胞膜脂质双层结构中。膜上的 C5b67 复合物可与 C8 结合，C8 结合到此复合物上，使 C5b678 复合物牢固地黏附在靶细胞膜上。C5b678 复合物作为 C9 的受体，能催化 C9 聚合。C9 是一种有聚合倾向的糖蛋白，它与 C5b678 结合并进行环状聚合，结果共同组成 1 个具有很大分子质量的攻膜 $C5b6789_n$ 复合体，即膜攻击复合物（membrane attack complex，MAC）。MAC 是由一个 C5b678 复合物与 12～15 个 C9 分子组成的管状复合体，此复合体贯穿整个靶细胞膜，成为内经约 11 nm 的跨膜孔道。MAC 的形成使靶细胞膜失去通透屏障作用，电解质从细胞内逸出，水大量内流，细胞膨胀而溶解死亡。补体经典激活途径的全过程见图 5-2。

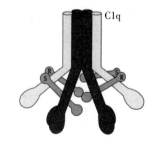

图 5-1 C1 大分子结构示意

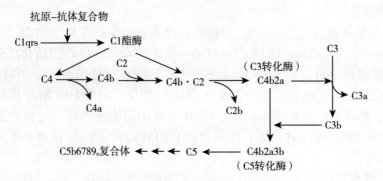

图 5-2 补体经典激活途径全过程

二、旁路激活途径

旁路激活途径（alternative pathway）又称为替代途径，它与经典途径的区别在于能直接激活 C3，随后进入从 C5 到 C9 的补体系统的激活过程，而不涉及 C1、C4，和 C2 这三种补体成分，B、D、P、H，和 I 等因子参与了旁路途径的激活。目前认为该途径是最早进化出的补体系统激活途径，是机体抵御微生物感染的非特异性免疫防线的重要组成部分。

（一）活化成分

旁路激活途径的活化成分是供补体结合的某些微生物的表面成分和稳定补体的一些成分，例如细菌的细胞壁的脂多糖、肽聚糖、磷壁酸、内毒素，以及酵母多糖、葡聚糖或凝集的 IgG_4、IgA 等。

（二）活化过程

旁路激活途径从 C3 开始，血清中的 C3 受蛋白酶作用，缓慢、持续地产生少量的 C3b，在 Mg^{2+} 存在下，B 因子可与 C3b 结合形成 C3bB 复合体。D 因子以两种形式存在于体液中，一种是无活性的，另一种是有活性的。有活性的 D 因子是 B 因子转化酶。该转化酶可催化 C3bB 中 B 因子的裂解，形成 C3bBb，并释放 Ba 片段。其中 C3bBb 即替代途径的 C3 转化酶。旁路激活途径中，备解素（P 因子）与 C3b 和 Bb 分子结合可稳定转化酶，防止其被降解。结合于细胞表面的 C3bBb 或 C3bBbP，即固相 C3 转化酶，可使 C3 大量裂解，部分新产生的 C3b 可与激活物表面的 Bb 结合，进一步放大旁路途径，起正反馈作用；一些 C3b 还可以进一步与 C3bBb 结合，从而形成 C3bBb3b 多分子复合物，而 C3bBb3b 就是替代激活途

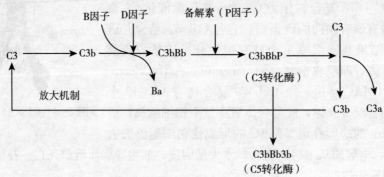

图 5-3 补体激活的旁路途径

径的 C5 转化酶（图 5-3），该复合物的作用与经典途径的 C4b2a3b 相似。C5 转化酶一旦形成，其后续激活过程及效应与经典途径完全相同，即进入 C5~C9 的激活阶段，形成 MAC，导致靶细胞溶解（图 5-3）。

三、凝集素激活途径

凝集素激活途径（lectin pathway）又称 MBL 激活途径（mannan-binding lectin pathway），在该途径中，展示在病原微生物表面的甘露糖或者 N-氨基半乳糖被机体血液中的甘露聚糖结合凝集素（MBL）直接识别，进而 MASP1（MBL associated serine protease 1）、MASP2（MBL associated serine protease 2）、C4、C2 和 C3 被依次激活，该途径形成的 C3 转化酶与经典途径的相同，与经典途径一样，C5 转化酶随后被激活。和经典途径相比较，凝集素途径的区别在于起始成分为 C4，而无 C1 成分参与。

（一）激活剂

表达在病原微生物表面的甘露糖基或者 N-氨基半乳糖是 MBL 途径的主要激活物。受这些激活物的诱导，中性粒细胞和巨噬细胞分泌 IL-6、TNF-α 和 IL-1，刺激肝脏分泌包括 C 反应蛋白和甘露聚糖结合凝集素在内的急性期蛋白，促发机体的急性期反应（acute phase response）。

（二）活化过程

MBL 分子有着与 C1q 分子类似的结构。

在 Ca^{2+} 存在条件下，MBL 与甘露糖或 N-氨基半乳糖结合，导致空间构象发生变化后和丝氨酸蛋白酶契合，产生了 MBL 相关丝氨酸蛋白酶（MASP）。MASP 有两类：MASP1 和 MASP2。活化的 MASP1 能直接裂解 C3 生成 C3b，形成旁路途径 C3 转化酶 C3bBb；和活化的 C1s 功能类似，活化后的 MASP2 裂解 C4 和 C2，进而合成 C3 转化酶 C4b2a，和经典途径的一样，后续的补体成分则通过级联反应被逐步激活（图 5-4）。

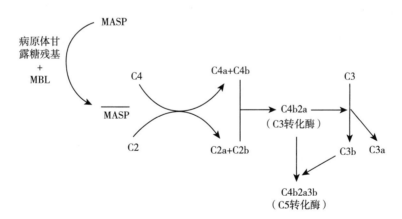

图 5-4　补体激活的 MBL 途径

四、三条补体激活途径的特点及比较

补体的三条激活途径既有共同之处，又有不同之处。他们的共同之处在于其有共同的末端通路，即从 C5 到 $C5b6789_n$ 复合体（即膜攻击复合物）的过程和组分相同。经典途径和

凝集素途径还有共同的 C3 和 C5 转化酶。它们的不同之处有以下几点。

（1）激活剂不同。经典途径的主要激活物质是特异性抗体（IgG_1、IgG_2、IgG_3 或 IgM）与相应抗原结合所形成的抗原-抗体复合物，或称为免疫复合物（immune complex，IC）；而某些细菌细胞壁上的脂多糖和肽聚糖等旁路途径的活化成分为补体激活提供保护性环境和接触表面的成分；MBL 途径的主要活化成分为病原微生物表面的甘露糖基或 N-氨基半乳糖。

（2）起始的补体成分不同。在经典途径中首先被激活的补体补体成分是 C1，在旁路途径中第一个被激活的成分为 C3，而凝集素途径中 C4 是第一个被激活的补体。

（3）与经典途径和凝集素激活途径相比，旁路激活途径的不同之处在于有不同的 C3 转化酶和 C5 转化酶。

（4）需要抗体的参与才能激活经典途径，而旁路途径和凝集素途径不需要抗体就可以激活补体（图 5-5）。

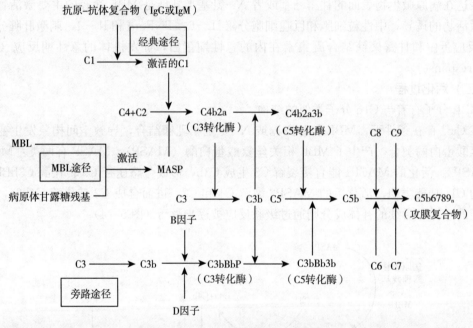

图 5-5　三条补体激活途径比较

第三节　补体激活的调节

补体通过一系列高度有序的级联反应依次激活，此过程一般是在严密的调节与控制之下进行的。然而，过度激活补体系统会对机体的细胞和组织造成损伤，造成补体大量消耗，反而使机体抗感染能力下降。在正常情况下，机体内的补体系统激活过程受一系列调节因子的调节。对补体系统活化的调控包括对补体系统中自身组分的调控以及对补体系统中的多种抑制因子和灭活因子等调节因子的作用，从而有效地维持机体的正常生理功能。

一、补体成分衰变的调节

有些激活的补体成分在液相环境中容易降解，容易失活，补体成分的这种特点是补体系统的一种重要的、内在的自我调节机制，例如补体系统中的 C4、C3 及 C5 活化的片段 C4b、C3b、C5b 等，若不与细胞膜结合，则在极短时间内失活；又如 C2a 极易从 C4b2a 及 C4b2a3b 中解离出来，而使这两种酶失去活性，从而限制 C3 和 C5 裂解及其后续的级联反应。所以补体成分在液相中如血循环系统衰变作用可以抑制过强的自发性补体激活反应。

二、补体灭活因子的调控

机体内有多种补体系统成分的灭活因子，这些补体系统的激活抑制物可抑制或灭活相应的补体成分。补体成分的灭活因子包括 C1 抑制物（C1 INH）、C3b 灭活因子、C3b 灭活因子促进因子（C3b 灭活剂加速因子），C4 结合蛋白及 S 蛋白等。

1. C1 抑制物（C1 inhibitor，C1INH） 又称 C1 脂酶抑制因子，是血清中一种不耐热、不耐酸的糖蛋白。它与补体的 C1 成分结合，使 C1 成分不可逆转地失去酯酶的活性，根本无法裂解补体成分 C4 和 C2，故 C3 转化酶 C4b2a 的进一步形成亦受到抑制，后续补体成分的反应一并被削弱或阻断。此外，C1INH 还能封闭血浆中的其他多种活性蛋白质，如纤维蛋白溶酶、缓激肽原酶和凝血酶原激酶，抑制激肽系统、纤溶系统和凝血系统的作用，从而对炎症反应的发生产生影响。

2. C3b 灭活因子（C3b inactivator，C3bINH） 又称 I 因子（factor I），对天然 C3 无作用，但能裂解 C3b 的 α 链，形成 iC3b，由于 C3b 被降解，C4b2a 及 C3bBb 无法与有活性的 C3b 结合，故 C5 转化酶也无法形成，从而破坏了 C3b 的功能，阻断后续反应的进行。

3. C3b 灭活剂加速因子（C3b inactivator accelerator） 又称 H 因子或 β1H，是存在于正常血清中的补体调节性球蛋白，在经典途径中能加速 I 因子灭活 C3b，H 因子在旁路激活途径中能与 C3b 竞争性结合 B 因子，导致 C3b 从 C3bBb 复合物中脱落，加速了 C3bBb 复合物的失活。

4. C4 结合因子 又称为 C4 结合蛋白（C4 binding protein，C4bp），能可逆地抑制 C2a 和 C4b 的结合，并能增强 I 因子对 C4b 的灭活作用，因此能抑制经典激活途径中的 C3 转化酶的形成。

5. S 蛋白（S-protein，SP） 又称膜攻击复合物抑制因子（membrane attack complex inhibitor，MACINH），它能干扰 C5b67 与病原微生物的细胞膜结合，导致 C5b67 与 C8 和 C9 结合后，无法进一步结合到病原微生物的细胞膜上，就无法完成最后的使命（使病原微生物的细胞解体）。

6. 过敏毒素灭活因子 过敏毒素灭活因子是一种血清羧肽酶，属于 α 球蛋白。因 C3a 可促使肥大细胞释放组胺，具有过敏毒素作用，而这种灭活因子可裂解 C3a 的末端精氨酸或赖氨酸残基，使过敏毒素失活。

三、跨膜调节蛋白的调节

1. 补体受体 1（CR1） 即 CD35，表达于机体的有核细胞和红细胞的表面，能特异识别和结合补体系统成分 C3b 和 C4b。CR1 与 C4b 结合，可阻断 C4 与 C2 结合，抑制 C4b2a

形成。CR1 亦能促进 I 因子对 C4b 灭活的生物学作用。

2. 衰变加速因子（DAF） 即 CD55，是一种膜蛋白，位于外周血细胞、内皮细胞以及各种上皮细胞的细胞膜上。和 C3b 灭活因子（C3bINH）一样，衰变加速因子可抑制 C4b2a 复合物的形成，并能进一步降解已经在病原微生物膜表面形成的 C4b2a，DAF 还能导致 C3bBb 复合物中 Bb 与 C3b 的解离。

3. 膜辅因子蛋白（MCP） 即 CD46，也是一种膜蛋白，其表达于多种类型细胞的细胞膜上。MCP 具有促进 I 因子降解 C3b 的功能。

4. 膜反应性溶破抑制物（MIRL） 即 CD59，和 MCP 一样，也表达于多种类型的组织细胞，MIRL 具有阻碍 MAC 复合物的组装的功能，从而起到防止 MAC 对细胞自身的溶胞作用。

第四节　补体的生物学活性

一、补体的调理作用

补体具有调理吞噬细胞吞噬入侵病原微生物、释放生物学活性片段介导急性炎症反应等一系列的防御功能。吞噬细胞具有 C3b 和 iC3b 的受体（CR1，CR3），有助于吞噬细胞捕获表面包被有 C3b 的微生物（C3b-Ab-Ag 复合物），从而增强吞噬细胞对 C3b-Ab-Ag 复合物的吞噬作用，即免疫调理作用。除 C3b 外，C4b 也能与 CR1 结合，并表现出增强免疫复合物清除的调理作用，目前发现系统性红斑狼疮（systemic lupus erythematosus，SLE）患者体内的 CR1 表达水平和功能下降，导致免疫复合物无法及时清除。C3 水平较低的心脏移植病人有较高继发感染的风险。此外，B 淋巴细胞、部分 T 淋巴细胞、灵长类红细胞等也具有 C3b 和 iC3b 的受体。因此，包被 C3b 的复合物还能通过与红血细胞上的 CR1 结合，被运送到肝脏和脾脏，再由单核吞噬细胞清除。

二、补体的溶胞作用

补体介导的针对外来微生物的溶胞作用是免疫系统应对病原菌感染的重要防御机制之一。在抗体存在的情况下补体可以通过经典途径激活，实现对病原微生物的破胞作用。在缺乏抗体的条件下，也可以通过旁路途径激活补体。补体激活产生的膜攻击复合体（MAC），特别是其中的 C9，插入细胞膜内，在靶细胞上打开一个个"孔"，这些直径大约 10 nm 的孔可引发细胞裂解。正常情况下，由于补体调控蛋白的存在，补体系统不会损伤自身的同源细胞，但是患自身免疫性疾病的个体，由于产生了针对自身抗原的抗体，自身细胞也会受到补体系统的攻击。

三、补体介导的炎症反应

急性炎症反应（acute inflammatory response）的表现有毛细血管的扩张，由静水压和渗透压的改变导致血浆蛋白和液体渗出（水肿），以及中性粒细胞的迁移和聚集。补体激活过程中裂解 C3 和 C5 释放的生物学活性炎症肽 C3a 和 C5a 具有许多重要的功能：①可直接作用于吞噬细胞特别是中性粒细胞（neutrophil），引起中性粒细胞的黏附、脱颗粒，并引发与活性氧中介物产生有关的呼吸爆发（respiratory burst），以及促进吞噬细胞表面 CR1 和

CR3 的表达。②C3a 和 C5a 均是过敏毒素（anaphylatoxin），与肥大细胞（mast cell）和循环系统内的嗜碱性粒细胞（basophil）的受体结合，能激发细胞脱颗粒，释放药理介质。③C3a 是嗜酸性粒细胞（eosinophil）的趋化物，而 C5a 则是中性粒细胞的趋化物，能引导中性粒细胞的定向迁移。④C3a 和 C5a 可刺激平滑肌收缩，并可直接作用于毛细血管的内皮，使血管舒张和通透性增加。

在补体介导的急性炎症反应中，C3bBb 被固定到微生物的表面，催化裂解大量 C3，释放 C3a，促进膜攻击复合体（MAC）和 C5a 的产生。C3a 和 C5a 及肥大细胞受激发释放的介质招募多形核吞噬细胞（polymorphonuclear phagocyte）和血浆中的补体到微生物侵入的部位。小动脉血管壁的舒张导致血流增加，而毛细血管上皮细胞的收缩则有利于血浆蛋白的渗出。在这些趋化物的作用下，中性粒细胞迁移到毛细血管壁，并穿过上皮细胞间的间隙，沿着趋化物浓度升高的方向迁移。C3b 及其降解产物和 C4b 起调理素的作用，能被吞噬细胞表面的受体捕获。中性粒细胞通过其 C3b 受体捕获包被着 C3b 的微生物，较高浓度的趋化物 C3a 和 C5a 激发了其呼吸爆发，消灭入侵的细菌。因此补体不仅能溶菌，还能引导和为吞噬细胞指示目标。有证据表明组织中的巨噬细胞（macrophage）可能参与了相似的过程。特定的细菌成分如脂多糖（lipopolysaccharide, LPS）可激活巨噬细胞的吞噬作用，受 C3b 调理的细菌和 C5a 共同活化的巨噬细胞还产生大量参与急性炎症反应的可溶性介质。这些介质可上调上皮细胞表面中性粒细胞黏附分子的表达，增加毛细血管的通透性，增强中性粒细胞的趋化性和活性。因此，在被激活的补体系统的作用下，巨噬细胞强化了肥大细胞介导的急性炎症反应。

因此补体是介导炎症和细胞损伤反应的强大系统，补体系统失控必然广泛损害宿主细胞，因此受到调控蛋白的严格调控，使补体系统被激活后能迅速失活，将损伤局限在使其活化的部位。这些调控蛋白见表 5-1，这些调控蛋白表达于宿主细胞，并且在不同的组织有不同的表达水平，而入侵的病原菌不表达，可以防止自身细胞在补体活化的各个阶段受到损伤。

表 5-1 补体系统调控因子

调控蛋白	功　能
C1 抑制因子	结合 C1r 和 C1s，防止 C4 和 C2 活化
I 因子	将 C4b 裂解为 C4d 和 C4c；使 C3b 裂解出 C3f 形成 C3bi，后者再进一步裂解为 C3dg 和 C3c，由此控制补体系统的活化
H 因子	将同 C3b 结合的 B 因子或 Bb 从 C3 酶中逐出
凝血因子 I	促使 C4b 和 C3b 失活
C4b 结合蛋白	同 C2a 竞争 C4b
保护素（CD59）	抑制膜攻击复合体（MAC）的形成
降解加速因子，DAF（CD55）	促使 C4b 和 C3b 失活
膜辅因子蛋白（MCP）	可与 C3b 或 C4b 结合，协助 I 因子对 C3b 和 C4b 的裂解灭活
同源限制因子（HRF）	与 C8 结合，阻碍 C8 与 C9 结合

四、补体成分的其他功能

补体系统中调控蛋白和补体激活途径中补体成分的缺陷会引发的相应症状,这体现了补体成分重要的生物学功能。缺乏 C2、C3、备解素或者 I 因子的患者容易被细菌感染。缺少 C3b 抑制因子——I 因子的患者反复受化脓菌感染而危及生命,反映了补体在感染防御中的重要作用。因为无法降解 C3b,补体激活的旁路途径通过反馈环路持续被激活,进而导致了极低的 C3 和 B 因子水平,而 C1、C4 和 C2 的水平保持正常。每个红细胞(red blood cell)每天遭到约 1 000 个 C3b 分子的围攻,这些 C3b 分子来源于旁路途径中由于 C3 内部的硫酯键的自发水解而形成的 C3 转化酶。红细胞上的一些成分可调控这一过程。

降解加速因子(decay accelerating factor,DAF,即 CD55)和 CR1 补体受体都可解离 C3 转化酶,I 因子、CR1 和 H 因子可降解 C3b。

有研究表明原发性 T 淋巴细胞激活过程中,DAF 在抗原递呈细胞和 T 细胞表面的缺失有利于 T 细胞的增殖和诱导生成效应细胞。

同源限制因子(homologous restriction factor,HRF)和 CD59 是另两个膜攻击复合体的抑制因子,其通过与 C8 结合,防止第一个 C9 分子的构象的打开,而第一个 C9 分子的构象的打开是 C9 分子插入膜内所必需的。而降解加速因子、同源限制因子和 CD59 通过糖磷脂酰肌醇(glycosyl phosphatidylinositol,GPI)锚定在膜上。阵发性夜间血尿症(paroxysmal nocturnal hemoglobinuria,PNH)患者由于无法合成糖磷脂酰肌醇,相应补体调节因子缺失,导致了严重的红细胞的裂解(血管内红细胞补体溶血症)。PNH Ⅱ 病症中由于只缺乏 DAF,表现出的症状较为轻微。而由于 PNH Ⅲ 还与 CD59 缺失有关,因而极易引起补体相关的红细胞裂解。而加入相应的缺失因子能消除该症状,使红血细胞恢复正常。

急性心肌梗死(acute myocardial infarction)的病因是 CD59 表达量下降,使得受损的心肌细胞受膜攻击复合物(MAC)的攻击,出现界线明显的组织死亡区域。

遗传性血管水肿(hereditary angioedema)的病因是严重缺乏 C1 抑制因子,导致作用于血管的 C2 片段介导的非炎性的急性血管神经性水肿反复发作,而补充 C1 抑制因子可缓解该病症。C1 抑制因子的缺失还能导致系统性红斑狼疮(SLE)的发生。因此,先天性补体调控蛋白缺陷的患者易患严重的炎症相关疾病。

H 因子的突变或多态性可诱发补体介导的组织损伤和疾病,H 因子短同源重复序列中结合肝素和糖胺聚糖的第 19～20 个结构域的突变与补体介导的非典型溶血尿毒综合征(atypical hemolytic uremic syndrome,aHUS)中的内皮细胞损伤有关。此外,肿瘤细胞通过表达具有抑制作用的补体调节蛋白,逃避补体系统的杀伤。有研究表明机体通过提高 CD59 等补体调节蛋白,可避免自身免疫性前葡萄膜炎的发生。

缺乏 C1q、C1r、C1s、C4 和 C2 易患免疫复合物沉着病。例如,C1q 缺陷鼠具有高效价的抗细胞核抗体,并死于严重的血管球性肾炎;而系统性红斑狼疮(SLE)的发生原因可能是宿主无法对病原物发起有效的免疫反应,或更有可能是无法有效清除抗原-抗体复合物,在系统性红斑狼疮中观察到的针对凋亡细胞泡状表面分子成分的自身免疫反应,也充分体现了 C1q 结合和清除这些凋亡结构的重要性。由于循环免疫复合物无法及时清除,50% 的 C4 和 C2 缺陷患者患有系统性红斑狼疮(SLE)。而在 C4 缺陷型动物中攻击自身细胞核的 B 淋巴细胞(B-cell)被激活,因此包被有 C1q 和 C4 的凋亡细胞迁移到骨髓后,在此结合 C4b

受体并负向选择自身反应的 B 淋巴细胞。

Summary

The complement system is composed of many interdependent proteins which are mainly synthesized by liver cells and monocytes. Under normal circumstances, the complement system is in a rapid metabolism and stable equilibrium state. The orderly activation of complement component could mediate the reaction of inflammatory response and microorganisms-invasion defense. As an important part of the innate immune system, the complement system has a very broad spectrum, and could be activated through the classical pathway, alternative pathway, or the lectin pathway. Two important convertases, C3 and C5 convertase, are formed in the process of complement activation. C3 convertase catalyzes the cleavage of C3, and C3a and C3b are produced. Microorganism could induce the activation of C3 convertase. C5 convertase could cleave C5 to produce C5a and C5b which plays an important role in the formation of membrane attack complex. In addition to function of cytolysis of membrane attack complex, the biological function of the complement system is also involved in inflammation response, immune opsonization, phagocytosis, adhesion, and chemotaxis through complement components and its enzymatic fragments. The membrane damage effect of complement system is limited around the activation site by rapid loss binding capacity after complement activation. The complement activation is also regulated by a serial of regulatory proteins, such as C1 inhibitor, coagulation factor I, and factor H. They protect host cells from damage in different stages of complement cascade reaction. The absence of certain complement component or certain regulatory protein would cause corresponding complement deficiency disease.

参考文献

林学颜, 张玲, 2000. 现代细胞与分子免疫学 [M]. 北京: 科学出版社.

于善谦, 等, 1999. 免疫学导论 [M]. 北京: 高等教育出版社.

FERREIRA V P, PANGBURN M K, CORTES C, 2010. Complement control protein factor H: the good, the bad, and the inadequate [J]. Mol Immunol, 47 (13): 2187-2197.

HARBOE M, MOLLNES T E, 2008. The alternative complement pathway revisited [J]. J Cell Mol Med, 12 (4): 1074-1084.

HEEGER P S, et al, 2005. Decay-accelerating factor modulates induction of T cell immunity [J]. J Exp Med, 201 (10): 1523-1530.

JHA P, et al, 2006. Suppression of complement regulatory proteins (CRPs) exacerbates experimental autoimmune anterior uveitis (EAAU) [J]. J Immunol, 176 (12): 7221-7231.

JOKIRANTA T S, et al, 2005. Binding of complement factor H to endothelial cells is mediated by the carboxy-terminal glycosaminoglycan binding site [J]. Am J Pathol, 167 (4): 1173-1181.

KAVAI M, 2008. Immune complex clearance by complement receptor type 1 in SLE [J]. Autoimmun Rev,

8 (2): 160-164.

LIN F, et al, 2001. Tissue distribution of products of the mouse decay-accelerating factor (DAF) genes. Exploitation of a Daf1 knock-out mouse and site-specific monoclonal antibodies [J]. Immunology, 104 (2): 215-225.

LYDYARD P M, WHELAN A, FANGERMW, 2000. Instant Notes in Immunology [M]. The United Kingdom: BIOS Scientific Publishers Limited.

MACOR P, TEDESCO F, 2007. Complement as effector system in cancer immunotherapy [J]. Immunol Lett, 111 (1): 6-13.

QIN X, et al, 2001. Genomic structure, functional comparison, and tissue distribution of mouse Cd59a and Cd59b [J]. Mamm Genome, 12 (8): 582-589.

ROITT M, DELVES P J, 2001. Roitt's Essential Immunology [M]. The United Kingdom: Blackwell Publishing Ltd.

SARMIENTO E, et al, 2012. Decreased levels of serum complement C3 and natural killer cells add to the predictive value of total immunoglobulin G for severe infection in heart transplant recipients [J]. Transpl Infect Dis, 14 (5): 526-539.

STAHL P D, EZEKOWITZ R A, 1998. The mannose receptor is a pattern recognition receptor involved in host defense [J]. Curr Opin Immunol, 10 (1): 50-55.

TEDESCO F, 2008. Inherited complement deficiencies and bacterial infections [J]. Vaccine, 26 (Suppl 8): 3-8.

THURMAN J M, RENNER B, 2011. Dynamic control of the complement system by modulated expression of regulatory proteins [J]. Lab Invest, 91 (1): 4-11.

ZIPFEL P F, SKERKA C, 2009. Complement regulators and inhibitory proteins [J]. Nat Rev Immunol, 9 (10): 729-740.

思考题

1. 名词解释

补体（complement） 补体经典途径（classical pathway） 补体旁路途径（alternative pathway） 补体MBL激活途径（MBL pathway） MAC（membrane attack complex）

2. 简述补体系统的概念及其组成。
3. 比较三条补体激活途径的异同。
4. 简述补体系统的生物学功能。
5. 试述补体激活的调节机制。

课外读物

补体抑制剂

补体调节蛋白缺失或者补体系统在应答某些病理条件下的不适当激活均会引起组织损伤。补体系统过度或者不适当的激活产生的多种炎症介质与许多疾病的发病机制相关，如超急性排斥反应、缺血再灌注损伤等疾病的细胞和组织损伤过程。补体系统激活产生过敏毒素

C5a 在小鼠体内肿瘤微环境中通过抑制抗肿瘤的 CD8$^+$ T 细胞介导的反应，进而促进肿瘤的生长。因此，研究和开发能拮抗补体过度活化和不适当激活的高效、安全的补体抑制剂是临床上亟待解决的问题。近年来，补体抑制剂例如补体调节蛋白、抗体、某些天然产物和小分子抑制剂等的研究取得了长足的进展。

1. 补体调节蛋白作为补体抑制剂 补体系统中存在的补体调节蛋白，分为可溶性及膜结合的调节蛋白。可溶性补体调节蛋白以可溶形式存在血液中，如 C1 抑制物、I 因子、H 因子等，可以从补体级联反应的多个位点限制补体的活化。膜结合调节蛋白主要表达于细胞膜，主要包括可溶性人源重组蛋白 CR1、促衰变因子（DAF）、膜辅因子蛋白（MCP）等，这些蛋白质可保护机体自身细胞免受补体的攻击。由于这些补体调节蛋白能减少补体过度激活造成的损伤，因而将其作为补体抑制剂进行研究并取得了成功。目前美国食品与药品管理局（FDA）于 2009 年批准 Cl-Inh（Cinryze，ViroPharma）用于治疗遗传性血管水肿，给药方式为静脉注射。欧洲药品管理局（EMA）于 2010 年 3 月通过集中审批程序同意 Cinryze 的上市申请，用于遗传性血管水肿（HAE）急性发作的治疗和预防。

2. 抗体作为补体的抑制剂 这一类抑制剂中最有代表的例子就是 C5 单克隆抗体，抑制 C5 的裂解，从而抑制 C5a 的释放及膜攻击复合物 C5b6789$_n$ 的形成。美国 Alexion 公司开发的人源型抗 C5 单克隆抗体 Eculizumab（Soliris）可用于治疗阵发性睡眠性血红蛋白尿症（PNH），是第一个用于抗炎治疗的补体抑制剂，也是第一个用于治疗 PNH 这种罕见血液疾病的药物。

3. 小分子补体抑制剂 近几年，陆续发现和合成了作用于不同环节的几个小分子补体抑制剂，这些补体抑制剂与传统的生物大分子相比，在给药方式、价格及药动学方面有许多优点，因此也称为新一代的补体抑制剂。小分子补体抑制剂包括 C3 结合肽（compstatin）、C5aR 拮抗剂（3D53）、D 因子抑制剂 BCX-1470、C3a 受体拮抗剂 SB-290157 等。由于补充肽类药物的成本高，口服生物利用度低，因此除了肽类药物，还需要开发小分子非肽类补体抑制剂，补体抑制剂将会在临床上得到广泛的应用。

第六章 主要组织相容性抗原

主要组织相容性抗原（major histocompatibility antigen）是参与免疫应答的关键分子之一。其编码基因被称为主要组织相容性复合体（major histocompatibility complex，MHC），是一组紧密连锁的基因群，具有单倍体遗传、连锁不平衡、高度的多态性等特点。可分为Ⅰ类、Ⅱ类和Ⅲ类三个基因区。其中，Ⅰ类基因区的编码产物被称为MHC Ⅰ类抗原（分子），组成性表达于所有有核细胞表面；Ⅱ类基因区的编码产物被称为MHC Ⅱ类抗原（分子），主要表达于专职抗原递呈细胞表面；Ⅲ类基因区的编码产物主要包括补体蛋白。MHC分子的主要生理功能包括参与抗原递呈、参与T细胞发育、参与NK细胞的功能调控等。

伴随着人类器官移植手术的开展，研究者发现受者对供者器官会发生排斥反应，某些排斥反应强，某些排斥反应弱。利用近交系小鼠进行皮肤移植的研究结果显示，若受者与供者遗传背景相同，皮肤移植后不会发生排斥反应，否则会出现移植排斥反应（图6-1），供者与受者之间的基因差异决定了移植排斥反应发生与否及发生强度。决定排斥反应发生及强弱的基因是一组紧密连锁的基因群，位于同一条染色体上，由多个基因组成，称为主要组织相容性复合体（MHC）。MHC的主要编码产物被称为主要组织相容性抗原或主要组织相容性分子，能诱导迅速而强烈的器官移植排斥反应的发生，又称为移植抗原。虽然在器官移植研究中发现并阐明了MHC的基因组成、

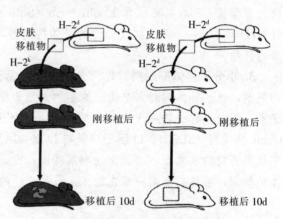

图6-1 排斥反应发生与供受者的基因差异有关

定位、编码产物的结构和功能，但MHC抗原（分子）的功能并不局限于刺激排斥反应发生，其主要的生理功能是参与抗原递呈，制约细胞间相互作用和诱导免疫应答。

第一节 MHC的基因组成及定位

一、人类的MHC基因

人类的MHC抗原首先在白细胞表面发现，称为人类白细胞抗原（human leukocyte antigen，HLA），因此人类的MHC称为HLA复合体。

（一）HLA复合体的组成与定位

HLA复合体位于6号染色体短臂，有200多个基因座，至少400万碱基对。随着研究的继续深入，预计该基因群的跨度可能达到700万碱基对。按照其编码产物的结构，分布与功能可分为三群（图6-2），分别称为Ⅰ类、Ⅱ类和Ⅲ类基因区。不同基因区的基因各不相

同（图 6-3）。

Ⅰ类基因区主要包括经典的Ⅰ类基因，如 HLA-A、HLA-B 和 HLA-C，非经典的Ⅰ类基因 HLA-E、HLA-F、HLA-G、HLA-H、HLA-J、HLA-X。这些基因编码 MHC Ⅰ类分子的 α 链。

Ⅱ类基因区主要包括经典的Ⅱ类基因，如 HLA-DR、HLA-DP 和 HLA-DQ，编码 MHC Ⅱ类分子的 α 链和 β 链；抗原加工递呈相关的基因如 HLA-DM、TAP 基因、蛋白酶体基因等。

Ⅲ类基因区主要包括编码补体蛋白的基因，如 C4、C2、B 因子基因；某些细胞因子基因，如 TNF 基因、LT 基因；分子伴侣基因，如 HSP70 基因等。

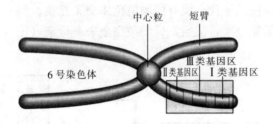

图 6-2　HLA 复合体的定位

（引自《Cellular and Molecular Immunology》，Abul K. Abbas，2012，有修改）

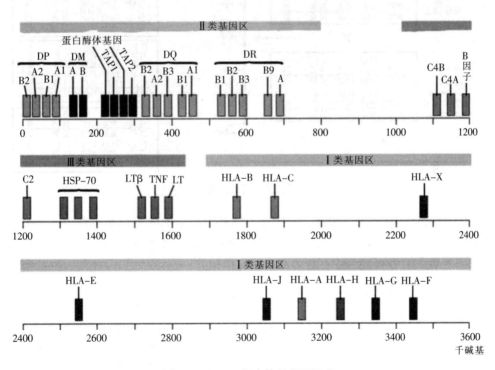

图 6-3　HLA 复合体的基因组成

（引自《Cellular and Molecular Immunology》，Abul K. Abbas，2012，有修改）

（二）HLA 复合体的遗传学特点

1. HLA 复合体具有高度的多态性　多态性是指在群体中某一基因座位上等位基因的多

样性和其编码产物的多样性。HLA复合体中的某些Ⅰ类基因和Ⅱ类基因的等位基因数量甚至超过1 000个，其蛋白质产物也超过1 000种，这是HLA复合体高度多态性的第一个原因。造成HLA复合体具有高度多态性的第二个原因是HLA复合体的多基因组成，每一条6号染色体上都有多个HLA基因，称为HLA复合体的多基因性。第三个原因是每一个HLA基因都能表达相应的蛋白质产物，此称为共显性表达。基于以上三个原因，HLA复合体具有高度的多态性，人群中不同个体所拥有的HLA复合体不尽相同，每个个体的HLA复合体基本上是独一无二的，能够成为"基因身份证"用于验明身份，当然也为器官移植时选择合适供者增加了难度。

2. HLA复合体为单体型遗传　单体型遗传指的是某些基因连锁在同一条染色体上，作为一个整体全部从亲代遗传给子代，没有同源染色体交叉互换。每一个人都有两条HLA复合体的单体型，其中一条完全来自父亲，另一条完全来自母亲（图6-4）。此特点可用于亲子鉴定。

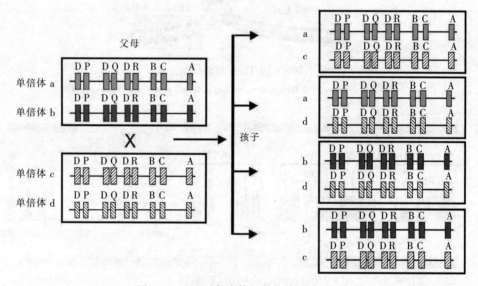

图6-4　HLA复合体的单倍体遗传

3. HLA复合体存在连锁不平衡　指的是不同基因座位上的等位基因在同一条染色体上同时出现（连锁）的频率高于随机组合的频率。HLA复合体中的基因并非随机地组成单体型。连锁不平衡的存在可能与生存压力和自然选择相关。

二、小鼠的MHC基因

在生物进化中，MHC分子出现的时间和TCR出现的时间相近，最早出现在软骨鱼。所有高等的脊椎动物都表达MHC，而无颌类脊椎动物和无脊椎动物不表达。小鼠作为重要的医学研究对象，其MHC被深入研究。小鼠的MHC也称为H-2（histocompatibility-2）基因。

H-2定位于小鼠的17号染色体，组成与HLA复合体相似，也分为3个基因区，Ⅰ类基因区包括H-2K、H-2D、H-2L基因，编码对应的MHCⅠ类分子的α链，也包括TAPBP基因。Ⅱ类基因区即包括编码MHCⅡ类分子H-2A、H-2E、H-2O、H-2M

分子 α 链和 β 链的基因，分别称为 A 基因和 B 基因，也包括编码 LMP 和 TAP 的基因。Ⅲ 类基因区的基因编码炎症相关的分子，如细胞因子等（图 6-5）。

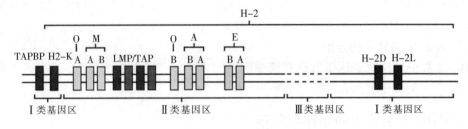

图 6-5　H-2 基因组成

第二节　MHC 分子的结构与分布

一、MHC Ⅰ类分子的结构与分布

（一）MHC Ⅰ类分子的结构

MHC Ⅰ类分子是由 α 链和 β2 微球蛋白（microglobulin）组成的异源二聚体（图 6-6）。α 链相对分子质量约 4.3×10^4，通过其跨膜段锚定在细胞膜表面，细胞质段较短，功能并不十分明确，胞外段分为 α1、α2 和 α3 三个结构域。

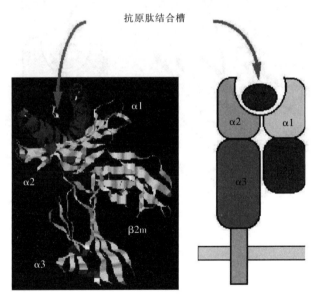

图 6-6　MHC Ⅰ类分子的结构

α1 和 α2 结构域形成抗原肽结合槽（peptide binding cleft），该结合槽两端封闭，能够容纳结合 8～11 个氨基酸组成的肽段，形成 MHC Ⅰ类分子与抗原肽的复合物，与对应的 TCR 结合。不同型别的 MHC Ⅰ类分子的氨基酸和结构差异主要存在于 α1 和 α2 结构域，因此该部位又称为多态样区。α3 结构域又称为免疫球蛋白（Ig）样区，负责结合 T 细胞表面的 CD8 分子。

β2 微球蛋白的相对分子质量约为 1.2×10^4，没有跨膜段和细胞质段，与 β 链以非共价键结合。人的 β2 微球蛋白没有多态性，小鼠的有两种多态性，仅在 85 位的氨基酸有所不同。β2 微球蛋白对 MHC Ⅰ类分子的组装、表达及构象稳定发挥重要作用。β2 微球蛋白的编码基因并不在 MHC 中，而是位于人的 15 号染色体，小鼠的 2 号染色体。

（二）MHC Ⅰ类分子的分布

MHC Ⅰ类分子广泛表达于所有有核细胞表面，类似"细胞身份证"。某些细胞发生恶变时，MHC Ⅰ类分子表达会减少甚至缺失。

二、MHC Ⅱ类分子的结构与分布

（一）MHC Ⅱ类分子的结构

MHC Ⅱ类分子是由 α 链和 β 链组成的异源二聚体分子（图 6-7）。α 链和 β 链均由细胞质段、跨膜区和胞外段三部分组成。α 链的胞外段含有 α1 和 α2 两个结构域，β 链的胞外段包括 β1 和 β2 两个结构域。α1 和 β1 结构域共同组成抗原肽结合槽，该结合槽两端开放，能够容纳并结合 10～30 个氨基酸组成的肽段，属 MHC Ⅱ类分子的多态样区，是 TCR 的结合区域。α2 和 β2 结构域组成 MHC Ⅱ类分子的 Ig 样区，而 β2 结构域能够和 CD4 分子结合。

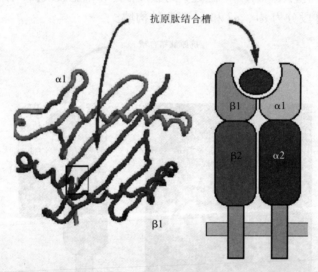

图 6-7　MHC Ⅱ类分子结构示意

（二）MHC Ⅱ类分子的分布

MHC Ⅱ类分子主要表达于专职抗原递呈细胞表面，如树突状细胞、B 细胞、巨噬细胞等。活化的 T 细胞和胸腺上皮细胞亦可表达。

第三节　MHC 分子的生物学作用

一、抗原递呈作用

MHC 分子的抗原肽结合槽能够选择性结合抗原递呈细胞对蛋白质类抗原进行加工降解

后产生的肽段,即 T 细胞表位,形成 MHC-抗原肽复合物,并与 T 细胞表达的 TCR 发生特异性结合,刺激 T 细胞活化,启动特异性免疫应答。TCR 不能识别结合游离的抗原肽,只能识别装载于 MHC 分子中的抗原肽,此称为 TCR 识别抗原的 MHC 限制性(MHC restriction)。CD8⁺ T 细胞受 MHC Ⅰ 类分子限制,CD4⁺ T 细胞受 MHC Ⅱ 类分子限制。MHC 分子与抗原肽形成复合物,递呈给 T 细胞,供 TCR 识别,是 MHC 分子最重要的生物学作用,其余功能都是由此衍生而来。

(一) MHC 分子与抗原肽结合的分子基础

每一个 MHC 分子一次只能递呈(装载)一个肽段分子,但其能够递呈的肽段的种类可以有多种,这些肽段在某些固定的位置上具有相同或相似的氨基酸残基,称为具有共同基序(图 6-8)。这些相同的氨基酸残基是抗原肽与 MHC 分子直接结合的位点,称为锚着残基(anchor residue),其所在的位置被称为锚着位(anchor position)。其他位置上可以是任意的氨基酸残基。锚着位之间氨基酸的数量是可变的。因此,MHC 分子结合的抗原肽的长度可以在一定范围内变化。MHC 分子上的对应区域称为"口袋"(pocket)(图 6-9)。由于 MHC 分子的抗原肽结合槽部位具有高度的多态性,因此不同的 MHC 分子拥有不同的"口袋",负责结合的共同基序也各不相同,所递呈抗原的特异性亦不同。每一个体所拥有的 MHC 分子的种类虽然有限,但其能够递呈的抗原肽的特异性和种类众多,保证个体可以对多种抗原的刺激产生应答。在群体中,MHC 分子能够递呈的抗原肽的种类和特异性更加繁多,对有效应对抗原入侵,对保证种群繁衍至关重要。

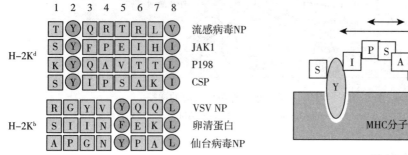

图 6-8 同一 MHC 分子递呈的抗原肽具有共同基序　　图 6-9 抗原肽通过锚着残基与 MHC 分子结合

(二) MHC 分子参与抗原加工与递呈的过程

内源性抗原在抗原递呈细胞(APC)内生成之后,进入蛋白酶体,被降解成肽段,在转运相关蛋白(TAP)的帮助下进入内质网,结合在新合成的 MHC Ⅰ 类分子抗原肽结合槽部位,形成复合物,再通过高尔基体,最终以小囊泡的形式运输至细胞膜,囊泡膜与细胞膜融合,MHC Ⅰ 类分子-抗原肽复合物表达在抗原递呈细胞表面,供 CD8⁺ T 细胞识别(图 6-10)。

外源性抗原被 APC 摄取之后,在溶酶体内水解酶的作用下,降解生成肽段。与此同时,内质网内新合成的 MHC Ⅱ 类分子,通过高尔基体,形成由脂质双分子层包裹的表达有 MHC Ⅱ 类分子的囊泡样结构,称为小室。随后,溶酶体中生成的肽段进入小室,与 MHC Ⅱ 类分子结合形成复合物,并运输至细胞膜表面,供 CD4⁺ T 细胞识别(图 6-11)。

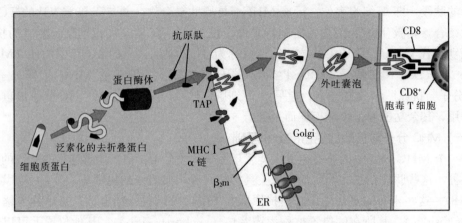

图6-10　MHC Ⅰ类分子对内源性抗原的递呈
(引自《Cellular and Molecular Immunology》, Abul K. Abbas, 2012, 有修改)

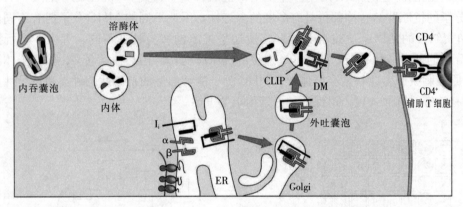

图6-11　MHC Ⅱ类分子对外源性抗原的递呈
(引自《Cellular and Molecular Immunology》, Abul K. Abbas, 2012, 有修改)

二、参与T细胞发育

骨髓内生成的T细胞前体细胞进入胸腺后称为胸腺细胞。在胸腺内经历TCR表达、阳性选择和阴性选择等重要事件，发育为成熟的T细胞。阳性选择和阴性选择都需要MHC分子参与。

三、参与NK细胞的功能调控

NK细胞表面表达免疫球蛋白样受体（killer immunoglobulin receptor, KIR），因其具有免疫球蛋白样结构域而得名。KIR根据功能可分为两大类，一类为激活性KIR，与配体结合后，引起NK细胞功能活化。另一类为抑制性KIR，与配体结合后，抑制NK细胞活化。激活性KIR和抑制性KIR的配体均为MHC Ⅰ类分子，但抑制性KIR与MHC Ⅰ类分子的亲和力高于激活性KIR。抑制性KIR是NK细胞表面主要的抑制性受体。生理情况下，机体正常细胞表达一定数量的MHC Ⅰ类分子，当遭遇NK细胞时，抑制性KIR对NK细胞的抑制作用大于激活性KIR和其他活化性受体对NK细胞的激活作用，导致NK细胞不能被激活，正常细胞不会被 NK 细胞杀伤。某些病理情况下，如病毒感染的细胞或肿瘤细胞表达 MHC Ⅰ类分子的水平显著下降甚至缺失，对 NK 细胞的抑制作用明显降低，在其他活化性受体的作用下，NK 细胞被激活并发挥细胞杀伤功能（图 6-12）。

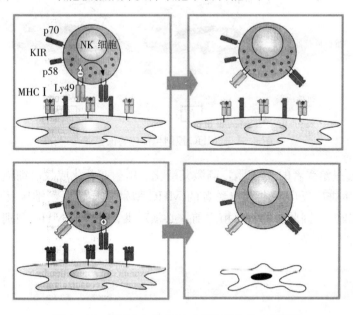

图 6-12　MHC Ⅰ类分子对 NK 细胞的功能调控

四、对免疫应答的遗传控制

在 MHC 分子的结构与功能被揭示之前，科学家们利用不同基因背景的近交系小鼠为研究对象，已经发现决定针对抗原的免疫应答是否产生的基因（免疫应答基因，Ir）位于 17 号染色体。现已证明 Ir 基因就是 MHC Ⅱ类基因。当相同抗原刺激不同个体时，在 APC 内生成的抗原肽是相同的，但由于不同个体具有特异性各异的 MHC 分子和抗原肽结合槽，与同一抗原肽的亲和力各异，导致 MHC 的抗原递呈能力不同，免疫应答强度不同。甚至某些极端情况下，某个体 MHC 分子完全不能与该抗原的肽段结合，则对该抗原不能产生免疫应答（图 6-13）。个体从父母遗传获得的 MHC 控制了其对不同抗原物质的应答强弱。同理，携带 MHC 某些等位基因的个体会对某些疾病更易感，而对另一些疾病耐受。例如，携带 HLA-B27 基因的个体易患强直性脊柱炎。

MHC 分子主要控制 T 细胞对抗原的应答。早期的研究发现，T 细胞只能识别表达同型 MHC 分子的抗原递呈细胞所递呈的抗原，不能识别表达不同型别 MHC 分子的 APC 递呈的抗原。$CD8^+$ T 细胞识别杀伤病毒感染细胞时，也只能杀伤表达相同型别 MHC 分子的病毒感染细胞。MHC 分子的存在限定了 T 细胞识别抗原的特异性。这是对"T 细胞识别抗原具有 MHC 限制性"的第二种解释，也是 MHC 控制免疫应答的实例。

五、参与诱导器官移植排斥反应

器官移植时，供者器官表达的 MHC 分子对受者的免疫系统来讲，是同种异体抗原。脱落的供者 MHC 分子可以被受者的抗原递呈细胞摄取，处理加工成肽段，装载入受者的

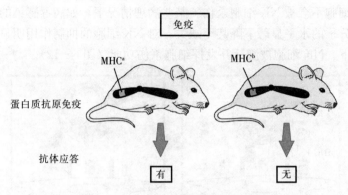

图 6-13 MHC 控制免疫应答的强弱

MHC 分子中，递呈给受者的 T 细胞，刺激其活化、增殖并分化成效应细胞，对供者的细胞进行攻击，即发生排斥反应。供者与受者的 MHC 型别差异越大，排斥反应越强；型别相近，则排斥反应较弱。因此，器官移植之前，必须对供、受者的 MHC 型别是否匹配进行检测，即通常所称的"配型"。

Summary

With the development of human organ transplantation, the researchers find that recipients will reject donor organ. Some rejections are strong and some are weak. The results of inbred mice skin transplantation show that if the recipients and donor have the same genetic background, skin transplantation rejection does not occur, otherwise there will be a graft rejection. The genetic differences between donors and recipients determine the occurrence and strength of graft rejection. The genes complex which is composed of multiple closely linked genes, and locate on the same chromosome, as well as determine organ-or tissue-transplantational rejection degree, is named as the major histocompatibility complex (MHC). Human MHC is called human leukocyte antigen (HLA) complex. It is with high polymorphism, haplotype genetic and in the presence of linkage disequilibrium. Main MHC encoding product known as the major histocompatibility antigen or major histocompatibility molecules, can induce rapid and intense organ transplant rejection, also known as transplantation antigen. Although studies in organ transplantation discovered and explained the MHC genes location, composition, structure and function, the MHC antigen (molecule) function is not restricted to the stimulation of rejection, its main physiological functions are involved in antigen presentation, restrict cell-cell interactions and immune response induction, which is introduced in this chapter.

参考文献

龚非力, 2014. 医学免疫学 [M]. 4 版. 北京: 科学出版社.

周光炎, 2013. 免疫学原理 [M] . 3 版 . 北京：科学出版社 .
ABUL K A, et al, 2011. Cellular and Molecular Immunology [M] . 7th edition. Saunders, Elsevier.
JACK H. S, A R, 1965. Recombination within the histocompatibility-2 locus of the mouse [J] . Genetics, S1: 831-846.
KENNETH M, 2011. Janeway's Immunobiology. 8th edition [M] . London and New York: Garland Science.

思考题

1. 简述 MHC 的基因组成。
2. 简述 MHC 与免疫应答的关系。
3. 简述 MHC 与器官移植的关系。

课外读物

人类 MHC 全基因测序完成

1999 年，人类 MHC 的全基因测序和图谱绘制完成。一条单倍体中的 MHC 长 3.6Mb，共 224 个基因座位。经典的 I 类基因区和 II 类基因区比以前预计的拓展很多。炎症相关的一些基因集中在一起，有 7 个以上，包括肿瘤坏死因子超家族的 3 个成员。其他免疫相关基因分布于 MHC 各处。MHC 中，免疫系统组分占据了 39.8% 的可表达基因座位。免疫相关基因的显著聚集提示这不是偶然事件。II 类基因区尤其值得关注，因为几乎所有基因都有免疫功能，而这些基因聚集在一起，提示它们共进化或共表达。MHC 全基因中大约为每 16kb 就有一个基因，包括假基因。可表达基因与假基因的比例值得关注。III 类基因区几乎没有假基因；相反，I 类和 II 类基因区充满了假基因，而且 I 类和 III 类基因区重复多次，产生了一些新基因发挥新功能。假基因的存在可能有助于产生新基因。II 类和 III 类基因区的基因可以追溯至 700 万年前，提示 700 万年前就出现了特异性免疫应答。MHC 的全基因序列的明确对寻找免疫疾病相关基因的价值是不可估量的。

第七章 固有免疫

第一节 固有免疫的概念和特点

固有免疫（innate immunity）是机体中天然存在的、固有的免疫防御功能，即出生后就具备的非特异性防御功能，也称为天然免疫或非特异性免疫（nonspecific immunity）。固有免疫是机体对微生物组分的特定分子结构的生理性排斥反应，与之相对应的是适应性免疫（adaptive immunity）或特异性免疫应答，即出生后通过与抗原物质接触，机体中特异性免疫细胞识别抗原，参与活化增殖、分化并转化为功能性的淋巴细胞，发挥生物学效应的一系列过程的总称。按照进化的观点，固有免疫比适应性免疫要古老的多，低等生物（如昆虫类、环节动物）仅具有固有免疫，从脊椎动物（如软骨鱼类）才开始出现适应性免疫（表7-1）。脊椎动物仍然保留无脊椎动物的固有免疫特点，如固有免疫识别受体Toll样受体基因是保守的，但脊椎动物固有免疫通过进化也有其独特之处，如自然杀伤细胞、树突状细胞和补体等。

表7-1 免疫与进化之间的关系

动物进化 免疫系统发展			无脊椎动物	脊椎动物							
			环节动物	软骨鱼	硬骨鱼	两栖类	兔	鸟	家畜	猴	人
固有免疫			★	★	★	★	★	★	★	★	★
特异性免疫		细胞免疫		★	★	★	★	★	★	★	★
	体液免疫	IgM			★	★	★	★	★	★	★
		IgG				★	★	★	★	★	★
		IgA					★	★	★	★	★
		IgD						★		★	★
		IgE							★	★	★

注：★代表具有左侧的免疫功能或分子，没有★表示不具备。

固有免疫具有如下特点：① 先天固有，可稳定遗传给后代；② 个体出生时即具备，不针对特定抗原，没有特异的选择性，作用范围广；③ 反应迅速，率先与入侵对象起作用，将其从体内清除，但作用强度较弱，持续时间短；④ 无免疫记忆性；⑤ 固有免疫参与调控适应性免疫的启动，或影响适应性免疫类型、强度等，见表7-2。

表 7-2 固有免疫和特异性免疫的特点

识别特点	固有免疫	适应性免疫
识别对象种类	仅识别微生物及其产物的组分（PAMP）	既可识别微生物分子抗原，也可识别非微生物抗原
识别的特异性	非特异性或泛特异性	高度特异性；识别不同种类的微生物及微生物的不同抗原表位
识别受体基因	在胚系中编码	在个体发育过程中重排（BCR 体细胞基因突变）
识别受体分布	非克隆化	克隆化
反应强弱	一般较弱	强

第二节 固有免疫的物质基础

构成固有免疫的基础包括天然屏障结构、天然免疫细胞以及天然免疫分子。

一、屏障结构

包括皮肤、黏膜、血-脑及血-胎屏障等，其中皮肤、黏膜具有物理屏障作用（如皮肤的阻挡、黏膜的黏附、肠的蠕动、呼吸道上皮纤毛的摆动等）、化学屏障作用（如腺体分泌的乳酸、不饱和脂肪酸、胃酸，以及体液中的溶菌酶、抗菌肽、补体等）及生物学屏障作用（如肠道黏膜中的正常菌群或益生菌群，可抑制病原菌的定居和繁殖）。

（一）皮肤屏障

1. 机械作用 皮肤的角化鳞状上皮提供了阻止各种病原体、寄生虫入侵的机械屏障。上皮的自我更新能力也清除了依附其上的微生物。毛囊是相对薄弱的地方，容易招致金黄色葡萄球菌感染，出现疖或痈。特别是在青春期，由于激素分泌的失调等原因，皮肤毛囊感染严重，会出现俗称为"青春痘"的症状。

2. 化学作用 汗腺分泌的乳酸、脂肪酸营造了一种酸性环境，抑制细菌的生长。此外，皮肤在特异性免疫中也起重要作用。由于皮肤是重要的免疫屏障，因此，烧伤、化学物质腐蚀、剥脱性皮炎等原因导致大面积皮肤缺失后，患者将面临严重感染的威胁。

（二）黏膜屏障

1. 机械作用 管腔（如消化道、呼吸道、泌尿生殖道）里流动的体液可以将微生物冲刷到体外。因此，一定程度的腹泻、尿频或咳嗽具有自我保护意义。黏膜分泌黏液，可以黏附各种微生物，阻止其黏附到上皮细胞。然后借助纤毛摆动、管腔蠕动以及咳嗽等机械作用，将微生物清除。黏膜上皮组织也提供一定的机械屏障作用。但黏膜上皮组织多为单层结构，缺乏角化，机械屏障作用比皮肤弱。

2. 化学作用 某些管腔含有的体液具有杀菌物质，如胃腔含有的胃酸可以杀死伤寒杆菌等，黏液含有溶菌酶等多种杀菌物质。

3. 生物拮抗作用 有些黏膜表面寄生着正常菌群，可以拮抗病原体的入侵。其机制有：① 产生代谢产物，如阴道乳酸杆菌分解阴道上皮细胞里的糖原，产生乳酸抑制白色念珠菌的生长，防止霉菌性阴道炎；② 产生细菌素，如大肠杆菌产生大肠杆菌素，可在敏感菌的细胞膜上形成孔洞，破坏病原细菌的能量代谢。

二、参与固有免疫的细胞

固有免疫需要一系列细胞的参与,目前已知参与固有免疫的细胞主要有昆虫的脂肪体细胞和血细胞,无体腔动物的阿米巴细胞,软体动物和节肢动物的血细胞,环节动物和棘皮动物的体腔细胞,原索动物的白细胞,高等动物的肥大细胞、巨噬细胞、中性粒细胞、NK细胞和树突状细胞、γδ T细胞等。

(一) 肥大细胞 (mast cell)

肥大细胞是嗜碱性粒细胞的一种,当嗜碱性粒细胞存在于结缔组织和黏膜上皮内时,称为肥大细胞,其结构和功能与嗜碱性粒细胞相似。肥大细胞具有强嗜碱性颗粒以及免疫球蛋白IgE的受体,可以与特异性IgE抗体结合,结合在肥大细胞表面的IgE与致敏原结合形成复合物,导致所谓的"过敏反应",通过一系列信号传导过程,促使肥大细胞释放出细胞内的颗粒,这些颗粒含有引起过敏反应的炎性介质,如组胺、5-羟色胺、前列腺素等。炎性介质释放之后,常见皮肤潮红、心动过速、低血压、皮肤瘙痒、皮肤划痕症等过敏症状。

肥大细胞呈圆形或卵圆形,细胞核小,染色浅,位于细胞中央。细胞质中充满大小一致、染成蓝紫色的颗粒,均匀分布在核周围。肥大细胞在多种器官和组织中都有分布广泛,如血管周围、皮肤、呼吸、消化、泌尿生殖系统、肝、脾、淋巴结、胸腺等,能够通过过敏反应迅速招募其他细胞参与免疫反应,因此也被形象地称为"哨兵细胞"。

(二) 巨噬细胞

巨噬细胞 (macrophage,缩写为MΦ) 具有多种功能,是体内重要的抗原递呈细胞。MΦ属于不繁殖细胞群,在条件适宜下可生活2~3周,多用作原代培养,但难以长期生存。MΦ是一种位于组织内的白细胞,源自单核细胞,而单核细胞又来源于骨髓中的前体细胞。MΦ和单核细胞皆为吞噬细胞,在脊椎动物体内参与非特异性防卫和特异性防卫。它们的主要功能是以固定细胞或游离细胞的形式对细胞残片及病原体进行噬菌作用(即吞噬以及消化),并通过分泌细胞因子如IL-1、IL-6、TNF-α等方式激活淋巴细胞或其他免疫细胞(图7-1)。

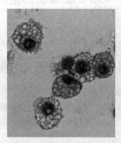 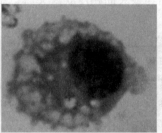

图7-1 小鼠巨噬细胞(激活状态)
(左:概貌;右:放大)

(三) 其他吞噬细胞

吞噬细胞主要包括两个谱系——单核/巨噬细胞和多形核粒细胞。后者有一分叶状、形状不规则的核(多形核)。根据其细胞质颗粒被酸性或碱性染料染色,又可分为中性粒细胞、嗜碱性粒细胞和嗜酸性粒细胞。这三种细胞具有不同的效应功能。中性粒细胞，即所谓的多形核中性粒细胞（PMN），数量最多，是血液中白细胞的主要成分（成人60%～70%）。另一个吞噬细胞家族包括循环的单核细胞以及存在于各种器官（如脾脏、肝脏和肺）间质组织中的细胞，各自具有不同的形态特征，行使各种功能。

（四）自然杀伤细胞（NK细胞）

自然杀伤细胞对靶细胞的识别与杀伤活性是非特异性的细胞毒作用，无MHC限制，不需抗原预先致敏，因此称为自然杀伤活性。NK细胞占循环中淋巴细胞族群的5%～10%，可分泌穿孔素及TNF-α等活性物质杀死靶细胞。NK细胞的主要功能是识别和杀死病毒感染的细胞和某些肿瘤细胞，但识别机制尚不完全明了，需抑制性受体和激活受体参与，许多表达MHC分子的细胞都能免遭NK细胞介导的细胞毒攻击（图7-2）。被病毒感染的细胞和某些肿瘤细胞由于MHC分子表达下调或结构改变而遭NK细胞的杀伤。

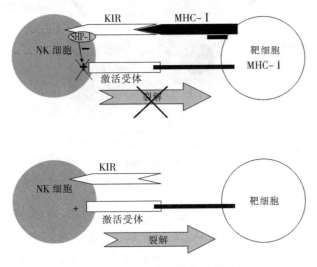

图7-2 NK细胞活化和抑制受体

参与分子识别的有杀伤细胞活化受体（killer activatory receptor，KAR）和杀伤细胞抑制受体（killer inhibitory receptor，KIR）。KAR识别细胞糖类配体，胞内段有ITAM（免疫受体酪氨酸活化基序）结构，转导活化信号。KIR的胞外区识别自身细胞MHCⅠ，KIR有ITIM（免疫受体酪氨酸活化抑制基序）结构，介导抑制信号。

近年来的研究表明，NK细胞主要通过识别靶细胞（如肿瘤细胞、病毒感染的细胞、某些自身组织细胞、寄生虫等）而发挥自然杀伤功能，因此NK细胞是机体抗肿瘤、抗感染的重要免疫细胞。NK细胞对靶细胞的识别是非特异性的，不同于细胞毒T细胞（CTL）对靶细胞的特异性识别机制。NK细胞可通过分泌杀伤介质，如穿孔素、NK细胞毒因子和TNF-α等杀伤靶细胞。穿孔素是一种由NK细胞等杀伤细胞分泌的杀伤介质，能溶解多种肿瘤细胞。NK细胞毒因子（NK cytotoxic factor，NKCF），与靶细胞表面的NKCF受体结合后，可选择性杀伤靶细胞。TNF-α可通过诱导凋亡等机制杀伤靶细胞，但该过程慢于穿孔素对细胞的裂解过程。

此外，NK细胞表面具有IgG的Fc受体（FcγRⅢ，即CD16），主要结合抗体的Fc段，在针对靶细胞的特异性IgG抗体的介导下对靶细胞发挥杀伤作用，这种杀伤作用称为抗体依赖细胞介导的细胞毒作用（ADCC）（图7-3）。具有ADCC功能的细胞群除NK外，还有单核细胞、巨噬细胞、嗜酸性粒细胞和中性粒细胞。

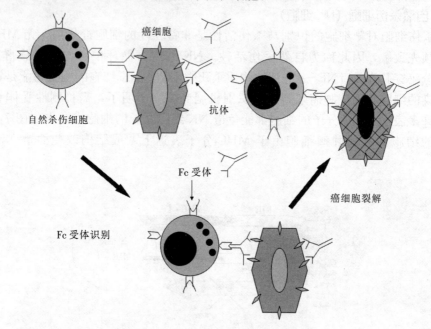

图7-3 NK细胞参与的ADCC作用
（靶细胞为肿瘤细胞）

（五）树突状细胞

树突状细胞（dendritic cell，DC）是专业的抗原递呈细胞（antigen present cell，APC），成熟时细胞表面有许多树突样突起，能够高效摄取、加工和递呈抗原，是目前已知的功能最强的抗原递呈细胞。未成熟的DC可在体内迁移，无明显的树枝状细胞突起，但具有吞噬功能；成熟的DC能通过抗原递呈、分泌细胞因子、细胞接触等方式有效激活T淋巴细胞。DC通常分布于与外界接触的部位，如皮肤（Langerhans细胞）以及鼻腔、肺、胃、小肠、大肠等黏膜的内层。血液中分布有未成熟的DC，活化时迁移到淋巴结等淋巴组织中与T淋巴细胞和B淋巴细胞互相作用，从而启动特异性免疫应答的进程。

近年来的研究表明，DC在肿瘤的免疫治疗中具有重要的作用。将肿瘤患者手术切除得到的肿瘤组织制备肿瘤抗原或mRNA，在体外致敏或者转化DC，经体外扩增后再回输或免疫接种于肿瘤病人，可诱导特异性CTL反应或特异性抗体，从而发挥抗肿瘤的免疫效应。

（六）γδT细胞

γδT细胞主要分布于皮肤、小肠、肺及生殖器官等黏膜及皮下组织，大多属$CD4^-CD8^-$，少数为$CD4^-CD8^+$。在正常人外周血中，γδT细胞仅占总T淋巴细胞数的5%~10%。但在人小肠上皮间淋巴细胞（intestine intraepithelial lymphocyte，IEL）中γδT细胞占10%~18%，在大肠IEL中的比例高达25%~37%。

近年来对 γδT 细胞的研究不断深入，发现 γδT 细胞虽然数量较少，但在维持上皮细胞的完整性、抗感染、抗肿瘤、维持免疫耐受、免疫监视、免疫调节以及自身免疫等诸多方面均可能发挥作用。γδ T 细胞的发育不依赖于胸腺，其表面的 T 细胞受体（TCR）由 γ 和 δ 链组成，具有无 MHC 限制性和不依赖抗原递呈等特性，因而具有固有免疫的特征。γδ T 细胞能通过分泌细胞因子调控免疫反应，同时还可通过细胞毒作用杀伤癌细胞与被病毒感染的细胞。γδT 细胞对原发性肝癌、结直肠癌、肺癌、黑色素瘤、肾癌、乳腺癌等均有较高的杀伤活性。γδT 细胞作为继 CD3 单抗激活的杀伤细胞（CD3AK 细胞）和淋巴因子激活的杀伤细胞（LAK 细胞）等之后发现的又一种细胞毒性淋巴细胞，具有应用于临床肿瘤过继免疫治疗的潜力。

γδT 细胞杀伤靶细胞是一个十分复杂的过程，在抗肿瘤作用中具有 NK 和 CTL 的一些特点，如可以产生颗粒酶、穿孔素、颗粒溶解素等，可通过 Fas/FasL 途径诱导靶细胞凋亡。此外该细胞还具有类似普通 T 细胞的功能，如分泌细胞因子 IL-2、IFN-γ、TNF 等，但在识别抗原方面又有其自身的特点，如没有 MHC 限制性，需要 APC 参与提供协同刺激，但又不需要 APC 加工、处理、递呈抗原。

三、固有免疫分子

固有免疫分子包括多种酶、抗菌肽、补体、炎性介质等活性物质。下面按照无脊椎动物到脊椎动物进化的顺序阐述几类重要的固有免疫分子。

1. 酶类 无脊椎动物固有免疫主要依靠存在于细胞内溶酶体中的水解酶、氧化酶和抗氧化酶等各种非特异性酶类，如溶菌酶（lysozyme）、碱性磷酸酶（alkaline phosphatase）、酸性磷酸酶（acid phosphatase）、β-葡萄糖苷酶（β-glucuronidase）、脂肪酶（lipase）、氨肽酶（aminopeptidase）等。脊椎动物固有免疫依靠的酶类主要有溶菌酶等，存在于血液、唾液和尿液中，能够水解革兰阳性细菌细胞壁中的肽聚糖，导致细胞裂解死亡，溶菌酶还可以促进吞噬细菌的作用。

2. 抗菌肽 抗菌肽（antibacterial peptides）在昆虫、植物、动物及人体内都有分布，具有非特异性抗病原微生物和抗肿瘤细胞的作用。最具代表性的抗菌肽是防御素。哺乳动物体内存在两种防御素，即 α-防御素和 β-防御素。抗菌肽中带正电荷的部分可与病原物细胞膜磷脂分子带负电荷的部分通过静电作用吸引而结合在细胞膜上，然后其疏水区域插入膜中，形成膜离子通道，病原物细胞不能维持正常渗透压而死亡。还发现某些抗菌肽对病毒被膜可直接起作用。

3. 凝集素 凝集素（lectin）是一种存在于各种植物、无脊椎动物和高等动物中能结合糖类的蛋白质，因其能凝集红细胞（含血型物质），故名凝集素。凝集素可作为模式识别受体、调理素、效应分子，参与无脊椎动物和脊椎动物中的各种固有免疫反应，如吞噬、抗菌、激活酚氧化酶、包囊和结节形成等，从而在固有免疫中发挥重要的作用。在高等动物和人类中还可通过甘露糖结合凝集素（mannose binding lectin，MBL）识别外来多糖类物质，激活补体，在初期微生物感染监视中具有重要作用。

4. 补体 补体是固有免疫的重要组成部分，最早出现在后口无脊椎动物中。在哺乳动物中已进化成一个包含补体成分、补体调节蛋白及补体受体等 30 多种糖蛋白的、有着精密调控机制的复杂系统。在感染早期，在特异性抗体还没有产生时，通过甘露糖结合的凝集素途径（MBL）或旁路途径激活补体，溶解细菌，发挥早期防御的功能。

5. 炎性介质 炎性介质主要包括促炎细胞因子（如 TNF-α、IL-1、IL-6、IL-8、IFN-γ 等）和脂质介质（如白三烯 B4、前列腺素、血小板活化因子等），参与炎症反应，导致人体发热，促进肝脏合成急性期反应蛋白，发挥趋化作用和激活吞噬细胞及其他免疫细胞，从而激活固有免疫反应的进程。

第三节 固有免疫应答机制

从无脊椎动物到脊椎动物都存在固有免疫，也存在相似的应答机制，包括机体对外来异物（如病原体）的识别模式：病原相关分子模式（pathogen associated molecular pattern，PAMP）和模式识别受体（pattern-recognition receptor，PRR）。

一、识别对象：病原相关分子模式

病原相关分子模式主要是指不同种类的病原微生物表面某些所共有的、在结构或组成上具有高度保守的分子结构，既是微生物生存或致病性所必需的分子，也是可被宿主固有免疫细胞泛特异性所识别的分子。PAMP 可被非特异性免疫细胞通过表面的模式识别受体（PRR）所识别，如细菌的脂多糖、磷壁酸、肽聚糖，DNA，螺旋体的脂蛋白，酵母或真菌细胞的甘露糖、葡聚糖，病毒的双链 RNA，宿主凋亡细胞表面某些共有的分子结构等，都属于 PAMP。

二、模式识别受体

在经过漫长的进化之后，病原体与宿主的相互作用、相互斗争并达到一定的平衡，相互之间能够识别并做出反应。其中宿主细胞对入侵微生物的识别主要通过病原相关分子模式（PAMP）进行识别。

宿主细胞是如何识别并结合 PAMP，从而做出相应的免疫应答呢？宿主固有免疫细胞表面存在有模式识别受体（PRR）。PRR 是一类主要表达于固有免疫细胞表面、可识别、结合一种或多种 PAMP，并将结合后的信号进行传递的识别分子。PRR 分子多样性较低，一般为非克隆性表达，无须细胞增殖就可快速介导固有免疫反应。

PRR 分子主要包括以下几类：①甘露聚糖结合凝集素（MBL）：属于由肝脏合成的急性期反应蛋白，识别并结合多种微生物（G^-/G^+ 菌、酵母菌及某些病毒）表面的甘露糖，激活 MBL 途径的补体反应。②甘露糖受体：可与微生物细胞壁糖蛋白和糖脂末端的甘露糖和岩藻糖残基特异性结合，从而介导吞噬细胞对微生物的吞噬和清除。③清道夫受体：能够识别并结合细菌细胞壁中的某些组分，从而清除血循环中的细菌。④Toll 样受体（TLR）：该受体分子胞外部分与果蝇蛋白 Toll 同源，与相应 PAMP 分子结合后诱导免疫应答和炎性反应。⑤NOD（nucleotide binding oligomerization domain）样受体（NLR）：属于细胞内的感应分子，与相应 PAMP 分子结合后被激活，形成炎症小体激活胱天蛋白酶 Caspase 1，切割 IL-1 和 IL-18 等炎症因子的前体，形成成熟的分子并分泌到胞外，引起炎症反应。⑥NK 细胞识别受体（NKR）。⑦其他固有免疫识别受体。

(一) TOLL 样受体 (Toll-like receptor, TLR)

1. TLR 的发现 近年来发现，果蝇 Toll 蛋白除了与胚胎的形成有关，还参与并介导了果蝇对微生物感染产生的固有免疫反应，随后在哺乳动物细胞中也发现了类似蛋白，同源性及结构均与果蝇 Toll 蛋白相似，为一种跨膜蛋白，膜外结构域富含亮氨酸的重复序列。1996 年在人类基因组中克隆并定位了第一个果蝇 Toll 的同源物基因，称为 TLR1，随后又克隆得到 TLR4 蛋白。目前，已经克隆并鉴定了 10 种 Toll 同源物（TLR1~TLR10），其结合的 PAMP 分子各不相同。

2. TLR 的分布 TLR 不仅在淋巴组织中有分布，在非淋巴组织中同样有表达，但不同的 TLR 分子在不同的组织和细胞中的表达量和丰度有所不同。例如，TLR1 主要在单核细胞、中性粒细胞、B 淋巴细胞、NK 细胞中分布和表达，TLR2 在单核细胞、中性粒细胞以及 DC 中大量表达，而 TLR3 只在 DC 中有表达，TLR4 在内皮细胞、巨噬细胞、中性粒细胞以及 DC 中都有分布，而 TLR5 则主要表达于巨噬细胞和 DC。因此，TLR 在多种细胞表面都有表达，在识别微生物 PAMP 中发挥重要的作用，介导了免疫反应从固有免疫到适应性免疫的转变。

3. TLR 的配体 TLR 为跨膜受体，不同的 TLR 识别不同的 PAMP 分子，如 TLR4 主要识别并结合 G⁻ 菌的脂多糖、类脂 A、热休克蛋白 60 等；TLR2 则识别并结合 G⁺ 菌成分如肽聚糖、细菌脂蛋白、脂胞壁酸等；TLR3 识别并结合双链病毒的 RNA；TLR5 识别鞭毛蛋白（flagellin）和有鞭毛的细菌；TLR1、TLR2 和 TL6 识别 G⁻ 菌成分、酵母多糖（zymosan）、肽聚糖（peptidoglycan）、支原体脂蛋白（mycoplasma lipoprotein）等；TLR9 识别原核生物，如细菌中保守的非甲基化 CpG DNA（图 7-4）。

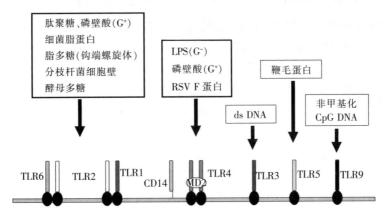

图 7-4 主要 TLR 受体识别的病原相关分子模式 (PAMP)

TLR 家族成员可能通过同源二聚体或异源二聚体配对来执行功能，胞内部分与 IL-1 受体的结构类似，称为 TIR 结构域。高度的同源性使 TLR 和 IL-1R 激活的胞内信号转导在很大程度上保持一致性。TLR 首先识别并结合相应的配体，然后其本身发生二聚化，二聚化的 TLR 通过 TIR 区域与转接蛋白的 TIR 结构域相互作用，从而传递信号和激发下游效应，最后磷酸化核转录因子 NF-κB 的抑制因子 I-κB，磷酸化的 I-κB 不能再结合 NF-κB，从而将 NF-κB 释放出来。释放后的 NF-κB 进入细胞核，发挥转录因子的作用，导致相关基因发生转录，从而激活相应的免疫应答（图 7-5）。

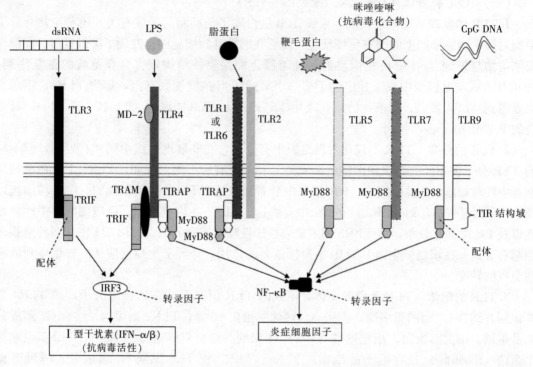

图 7-5　TLR 与配体结合后诱导的信号通路

[TRIF：β 干扰素 TIR 结构域衔接蛋白（TRIF）；TRAM：TRIF 相关接头蛋白分子；TIRAP：含 TIR 功能区的接头蛋白（TIR domain-containing adapter protein，TIRAP）；MD-2：髓样分化蛋白-2]

4. TLR 的生物学作用　TLR 结构上比较保守、多样性较少，并且在大多数有核细胞中都有表达和分布，在识别病原体所特有的病原物相关分子模式（PAMP）后活化抗原递呈细胞，诱导免疫应答。

（1）识别 PAMP。TLR 识别病原体，主要是识别病原体产生的 PAMP 分子，这是固有免疫发挥防御作用的关键。例如，TLR4 在 LPS 结合蛋白（LBP）及髓样分化蛋白-2（MD-2）的辅助下，可以识别细菌细胞壁中的成分 LPS。此外，TLR4 还可识别机体自身细胞坏死后释放的热休克蛋白。相比于 TLR4，TLR2 的配体更为广泛，如肽聚糖、脂蛋白、脂多肽、脂壁酸、酵母多糖等。其他的 TLR 分子，如 TLR5 识别细菌的鞭毛蛋白，TLR9 识别细菌的非甲基化 CpG DNA 序列，TLR3 识别病毒的 dsRNA 等。

（2）启动适应性免疫应答。APC 细胞如树突状细胞，高表达多种 TLR 分子。人类外周血中有未成熟的 DC，可被多种微生物成分（包括多种 PAMP 分子，如 LPS、非甲基化的 CpG-DNA、肽聚糖、脂蛋白以及分枝杆菌的细胞壁成分等）刺激后活化，活化成熟的 DC 又可以上调表达多种 TLR，如 TLR1、TLR2、TLR4、TLR5 等。

（3）调控适应性免疫应答的类型。病原微生物感染可引起不同的免疫应答类型，主要包括 Th1 型的细胞免疫和 Th2 型的体液免疫，这些免疫类型的差别主要是不同的 Th 细胞分泌不同的细胞因子引起的。例如，IFN-γ、IL-12 主要诱导 Th1 型细胞的分化，引起细胞免疫反应应答；IL-4 则主要激发 Th2 型细胞的分化，诱导体液反应的发生。而以上免疫应答的类型，又和 APC 细胞的活化有关，受到 APC 上模式识别受体 TLR 的重要影响。

(4) 抗病原微生物药物设计的靶标。目前研究发现，TLR 识别的分子种类，既有细菌的细胞壁成分，如 LPS、胞壁酸、肽聚糖等，又有细菌的核酸成分，如甲基化的 CpG-DNA，此外，还有病毒的遗传物质，如双链 RNA。随着人们对 TLR 识别配体的确切机制的进一步了解，对 TLR 信号通路的研究不断深入，将有可能以 TLR 为靶点，研究新型的抗菌药物、抗病毒药物、抗炎药物和抗感染药物，通过这些新型药物可以对 TLR 信号通路中的某些环节进行干预，发展新的治疗策略，从而可以提高对脓毒性休克及其他感染性疾病的疗效。

(二) 自然杀伤细胞识别受体 (natural killing cell receptor, NKCR)

NK 细胞表面大多表达非抗原特异性的受体。按照分子中结构域的差异，NK 细胞受体有 Ig 超家族和 C 型凝集素超家族两大类。按照受体功能的不同，又可以分为 NK 细胞激活性受体 (NKAR) 与 NK 细胞抑制性受体 (NKIR)。NK 细胞依赖受体与相应配体结合以实现其生物学功能。

NK 细胞的表面受体控制着 NK 细胞的活化、增殖和效应功能。NK 细胞受体与配体的特异识别包括 NK 细胞对靶细胞的识别、活化型和抑制型受体与靶细胞相应配体的相互作用，以及这些受体的传导活化信号和抑制信号的整合，以上决定 NK 细胞是选择沉寂还是发挥效应功能。

NK 细胞抑制性受体 (NKIR) 的功能：通过监测靶细胞表面是否表达 MHC Ⅰ 类分子来区分自身或异己，进而激活或抑制 NK 细胞的杀伤功能。如果机体细胞正常表达 MHC Ⅰ 类分子，NKIR 就能侦测到 MHC Ⅰ 类分子并与之相互识别，此时 NK 细胞的杀伤功能被抑制。反之，当 NK 细胞通过 NKIR 监测到机体细胞表面的 MHC Ⅰ 类分子表达下降、丢失或发生变异 (如细胞癌变或感染病毒)，NK 细胞被激活并启动对这些 MHC Ⅰ 类分子发生变化的靶细胞的杀伤作用。因此，NK 细胞通过 NKIR，既可以保护表达 MHC Ⅰ 类分子的正常细胞免受 NK 细胞的攻击，又能监测、识别并杀伤那些 MHC Ⅰ 类分子发生变异的细胞 (癌细胞、被病毒感染的细胞等)。通常情况下，NKIR 与其配体结合的亲和力大于 NKAR，因此以抑制性信号为主。与 NK 细胞的固有免疫识别机制不同，细胞毒 T 淋巴细胞 (CTL) 介导的特异性免疫应答，是通过 CTL 细胞表面的 T 细胞受体 (TCR) 识别并杀伤表面带有特异性抗原和相应 MHC Ⅰ 类分子的靶细胞。NK 细胞 (固有) 和 CTL (适应性) 这两种识别机制互补，共同完成机体的免疫监视任务，维持机体的免疫稳定。

(三) NOD 样受体 (NLR)

NOD 样受体是指细胞质内的核苷酸结合寡聚化结构域 (nucleotide binding oligomerization domain, NOD) 蛋白家族。与 TLR 不同，NLR 属于胞内模式识别受体，包括 N 端的效应域 (结合下游的效应分子)、中间的寡聚域 (介导自身的寡聚反应) 和 C 端富含亮氨酸的重复序列 (能够识别配体) 三个部分。目前研究最多的 NOD 样受体为 NOD1 和 NOD2，其中 NOD1 的配体是作为细菌细胞壁成分的 PAMP 类分子 $\gamma\text{-}D\text{-}$谷氨酸-m-二氨基庚二酸 ($\gamma\text{-}D\text{-}glu\text{-}m\text{-}DAP$)，NOD2 的配体同样是细菌细胞壁成分的 PAMP 类分子胞壁酸二肽。

1. NLR 家族和炎症小体 在人类细胞中目前已发现有 23 种 NOD 样受体 (NLR) 分子，在小鼠中更多，至少有 34 种分子。NLR 的 N 端是效应结构域，主要通过结合下游的效应分子介导蛋白质之间的相互作用。N端结构域主要有4种，包括CARD结构域、PYD结构域、BIR结构域和转录激活结构域。NLR的中间部分为NOD结构域，NLR分子与配体结合后被激活，在此过程中NOD结构可以介导自身的寡聚化。NLR的C端是亮氨酸富集结构域（LRR），可以介导自身的调控和识别病原物的PAMP类分子。

根据N端结构域的不同，又可以将NLR家族分为不同的亚家族。其中最早报道的NLR为NALP（nacht domain, leucin-rich repeat and pyrin domain-containing protein, 又称为NLRP），N端为Pyrin域，能够在激活情况下形成炎症小体，激活下游效应物Caspase 1（胱天蛋白酶），促使IL-1活化成熟。以后又发现了NOD蛋白亚家族，N端为胱天蛋白酶募集域（caspase recruitment domain, CARD）；以及IPAF/NAIP亚家族，效应域为杆状病毒细胞凋亡抑制蛋白（baculovirus inhibitor of apoptosis-repeats, BIR）（图7-6）。

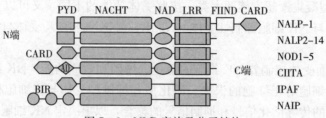

图7-6 NLR家族及分子结构

[CARD：胱天蛋白酶募集域；PYD：热蛋白结构域（pyrin domain）；BIR：杆状病毒细胞凋亡抑制蛋白；NACHT：NOD结构域，对于NOD蛋白的寡聚体化和活化非常重要；NAD：NACHT相关结构域（NACHT-associated domain）；LRR：富含亮氨酸的重复序列，能够识别配体；FIIND功能未知的结构域；AD：激活结构域（activation domain）]

2. NLRP3（NALP3）炎症小体 目前研究较多的炎症小体为NLRP3，也称为NALP3。NLRP3炎症小体可被多种PAMP分子所激活，如真菌（白色念珠菌和酿酒酵母）、细菌（金黄色葡萄球菌和李斯特菌）、病毒等病原体或病原体分泌的毒素（尼日利亚菌素和藻类产生的刺尾鱼毒素，可改变细胞膜的通透性，导致细胞内的钾离子外流，进而激活NLRP3）。

除了病原体可以激活NLRP3，体内一些危险信号和代谢产物也能激活NLRP3炎症小体。当宿主细胞受到损伤坏死时，细胞内的能量物质ATP和代谢产物尿酸盐等分子随着细胞坏死而被释放到胞外，作为配体或信号分子激活NLRP3炎症小体，进而激活下游效应物Caspase 1，促进IL-1的成熟与释放，并引起炎症反应。此外，又有其他代谢产物如葡萄糖、淀粉样蛋白以及氧化型低密度脂蛋白（Ox-LDL）也被发现可以与NLRP3结合而引起炎症反应。更多的研究表明，铝佐剂、硅石和石棉等晶体类分子也能激活NLRP3，可进一步解释相应的铝佐剂作用机制以及硅石和石棉导致尘肺病的炎症基础。因此，在长期进化过程中，NLRP3被选择作为一种模式识别受体，可以识别并结合多种外来病原体和内在的危险信号，从而激发机体的炎症反应，清除病原体，但有时也会导致自身的炎症损伤。

3. NLRP3炎症小体的激活机制 虽然NLRP3炎症小体已被证明能够识别多种病原体或机体自身的危险信号，但是激活机制有待进一步的了解。未激活的NLRP3处于抑制状态，当与配体结合后，NLRP3分子能够通过中间的寡聚域（NACHTII结构域）进行自身寡聚化而激活，激活的NLPR3再通过其N端的PYD结构域招募ASC接头蛋白分子，形成一个巨大的复合体，称为焦亡小体（ASC pyroptosome）。焦亡小体作用于

Caspase 1 的前体，将 Caspase 1 进行切割加工后，形成有活性的 Caspase 1。成熟的 Caspase 1 可以切割 IL-1β 的前体，生成并分泌释放有活性的 IL-1β，促进炎症反应的发生（图 7-7）。

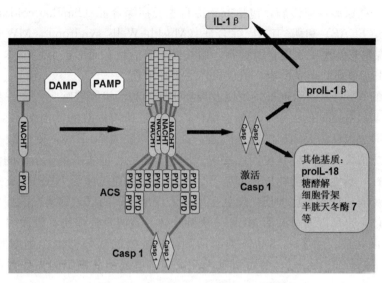

图 7-7 NLRP3 炎症小体的激活模式
[PAMP：病原相关分子模式；DAMP：损伤相关分子模式；Casp 1：Caspase 1]

根据现有的研究结果，可以将 NLRP3 炎症小体的激活归结为以下三种模型。

（1）半通道模型。ATP 激活细胞表面受体，可以诱导 ATP 介导的离子通道，使胞内的钾离子外流，并在细胞膜上形成小孔，从而有助于某些配体通过小孔进入胞内结合并诱导 NLRP3 炎症小体的形成。

（2）溶酶体破坏模型。许多晶体类物质如尿酸钠晶体、硅石、石棉、淀粉样蛋白、铝佐剂以及胆固醇晶体能够以内吞的方式进入细胞，随后进入并破坏溶酶体，造成溶酶体中的蛋白酶被释放到细胞质中，进而以仍未完全阐明的方式激活 NLRP3 炎症小体。除了上述晶体，以小分子物质单纯破坏溶酶体也能达到激活 NLRP3 炎症小体的目的，说明破坏溶酶体确实可以激活 NLRP3 炎症小体。

（3）活性氧（reactive oxygen species，ROS）模型。NLRP3 激活剂诱导 ROS 的产生，并以 ROS 作为共同信号来激活 NLRP3 炎症小体，因此，ROS 的抑制剂或清除剂能够抑制激活剂诱导的 NLRP3 炎症小体。和前述两个模型相比，ROS 激活模型更有普遍适用性，但有一些能够诱导 ROS 的物质（如 TNF-α）却不能激活 NLRP3 炎症小体。

4. NLRP3 炎症小体的调控 NLRP3 炎症小体是机体重要的固有免疫，参与对疾病的防御，也与某些自身免疫性疾病的发生密切相关，因此对于 NLRP3 炎症小体的调控至关重要。现有研究表明，许多蛋白质参与了调控炎症小体的装配以及 Caspase 1 的激活。按照结构的不同，将调控蛋白分为两类：① 具有 CARD 结构域的调控蛋白。这类调控蛋白，可以通过其具有的 CARD 结构域与接头蛋白 ASC 中的 CARD 结构域相互作用，从而阻断 Caspase 1 与 ASC 之间的相互作用，进而负向调控 IL-1 的分泌，抑制炎症反应的发生。② 含有 PYD 结构域的调控蛋白。这类调控蛋白主要通过其具有的 PYD 结构域与 ASC

或 NLRP3 中的 PYD 结构域相互作用，从而阻断或抑制 NLRP3 与 ASC 通过 PYD 结构域相互作用，也就阻断了炎症小体的形成。

5. NLRP3 炎症小体与免疫性疾病 在炎症小体概念提出之前，就已经报道 NLRP3 与疾病相关，如一些家族性遗传病，包括家族冷自主炎症综合征（familial cold autoinflammatory syndrome，FCAS）和穆-韦二氏综合征（Muckle-Wells syndrome，MWS），患者细胞内的 NLRP3 在静息情况下不能自身抑制，始终处于激活状态而形成炎症小体，持续产生并分泌 IL-1，引起很强的炎症反应，造成机体的炎症损伤。

随着更多的 NLRP3 激活剂被发现以及炎症小体的激活机制被阐明，进一步证实了 NLRP3 炎症小体与疾病之间的关系。尿酸盐晶体能够通过所谓的溶酶体损伤模型激活 NLRP3 炎症小体，同时也被认为是痛风的诱导因素；如果机体缺失 NLRP3，则尿酸盐晶体诱导的炎症反应也随之消失，痛风症状也因此缓解或消失，进一步证实了炎症小体的激活与痛风之间的关联。同样，其他晶体类物质，如硅石、石棉等也能通过激活 NLRP3 炎症小体，诱导肺部产生炎症反应，造成炎症损伤，患者也因此表现出所谓的"尘肺病"的症状。淀粉样蛋白和胆固醇晶体，也可以通过激活 NLRP3 炎症小体，造成炎症损伤，继而引起阿尔茨海默病和动脉粥样硬化症。除了上述晶体类激活剂，高浓度的葡萄糖也能刺激胰岛细胞中的 NLRP3 炎症小体，产生 IL-1，继而引发炎症反应，造成胰岛细胞的炎症损伤，导致 2 型糖尿病的发生。

（四）TLR 与 NLR 之间的相互关系

TLR 和 NLR 是两种重要的固有免疫受体，存在于大多数有核细胞中，结构上多样性较少，识别不同的 PAMP 分子和危险性信号，在病原入侵或组织损伤时能迅速诱导产生免疫反应，并进一步活化适应性免疫应答。二者的作用往往存在着复杂的联系，包括配体/刺激分子（细菌、真菌、病毒以及自身危险性信号分子）、信号通路、炎症分子等各个层面和多种类型。

炎症是机体对入侵的病原做出的一个复杂的反应过程，受到多种因素的影响，并且需要多组分参与的反应。通过炎症反应，机体可以清除入侵的病原，但也可能造成机体的损伤。机体细胞需要通过细胞膜上或胞内分布的受体感知来自病原微生物和受损伤细胞释放的各种信息，从而做出正确的反应。细胞中各类受体，以及由受体触发的各种信号转导途径之间也存在着复杂的相互关系，共同精确调控固有免疫和适应性免疫应答的发生与过程（表 7-3）。

由于 NLR 是作为胞内受体而存在，那么与其结合的配体又是如何进入胞内的？NLR 配体进入胞内的过程是否需要存在于细胞膜上 TLR 的协助？NLR 与 TLR 之间是否存在相互调控的机制？如果存在相互调控的机制，那么这种调控作用是协同还是拮抗？如果使用药物同时干预 TLR 和 NLR 的作用，能否更加有效实现对炎症过程的调节，从而实现对自身免疫性疾病，如糖尿病、痛风、动脉粥样硬化等进行有效治疗？随着更加深入的研究，这些问题终将得到解决，届时将为感染性疾病的预防和治疗提出新的策略并研发新的药物。

表 7-3 固有免疫识别受体（PRR）与病原相关分子（PAMP）

PRR	PAMP	PRR-PAMP 定位及作用
TLR1	与 TLR2 结合成异源二聚体，同 TLR2	细胞表面，同 TLR2，增强 TLR2 介导的信号机制
TLR2	肽聚糖、脂蛋白、脂多肽、脂壁酸（LTA）、阿拉伯甘露聚糖（LAM）及酵母多糖等	细胞表面，激活 APC 后产生不同的细胞因子和趋化因子，优先表达 IL-8 和 IL-23
TLR3	病毒复制的中间产物 ds-RNA	位于细胞内，MyD88 非依赖型，激活 NF-κB 和干扰素 IFN-β 前体
TLR4	G⁻菌的 LPS，宿主坏死细胞释放的热休克蛋白（HSP）等	细胞表面，激活 APC 后，产生细胞因子和趋化因子，主要为 IL-12、IFN-γ、IFN-β
TLR5	细菌鞭毛蛋白	细胞表面，激活核转录因子 NF-κB，产生促炎细胞因子
TLR6	与 TLR2 组成异源二聚体，同 TLR2	细胞表面，同 TLR2，增强 TLR2 介导的信号机制
TLR7	病毒单链 RNA	位于胞内，MyD88 依赖型，激活 NF-κB，产生促炎细胞因子
TLR8	同 TLR7	位于胞内，同 TLR7
TLR9	细菌或人工合成的 CpG-DNA	位于胞内，激活 B 细胞和 APC
TLR10	病毒单链 RNA	位于胞内，功能未知
清道夫受体（SR）	G⁻菌脂多糖、G⁺菌磷壁酸、乙酰化低密度脂蛋白、磷脂酰丝氨酸	巨噬细胞表面，清除病原体、丧失唾液酸的红细胞及凋亡细胞
甘露糖受体（MR）	病原体细胞壁糖蛋白或糖脂末端的甘露糖或岩藻糖残基	巨噬细胞等吞噬细胞表面，有助于产生吞噬作用
NOD 样受体（NLR）	能被许多细菌、病毒等病原体所激活，同时也能被体内自身产生的危险信号激活	激活炎症小体，产生 IL-1β 和 IL-18，诱导适应性免疫应答

第四节 固有免疫的生物学作用

一、固有免疫是机体抗感染的第一道屏障

固有免疫首先发挥的是外围屏障功能。例如，皮肤和黏膜是机体第一道防线，包括：皮肤、黏膜的机械阻挡作用和附属物（如纤毛）的清除作用；皮肤、黏膜分泌物（如汗腺分泌的乳酸、胃黏膜分泌的胃酸等）的杀菌作用；体表和与外界相通的腔道中寄居的正常微生物对入侵微生物的拮抗作用等。其次，固有免疫还有内部屏障作用。抗原物质一旦突破第一道防线进入机体后，即遭到机体内部屏障的清除，包括：淋巴系统和单核-吞噬细胞系统屏障；正常体液中的一些非特异性杀菌物质；血脑屏障和胎盘屏障等。

微生物进入机体组织以后，多数沿组织细胞间隙的淋巴液经淋巴管到达淋巴结，淋巴结内的巨噬细胞将之消灭，阻止其在机体内扩散，此即淋巴屏障作用。如果微生物数量大，毒

力强，就有可能冲破淋巴屏障，进入血液循环，扩散到组织器官中。这时，它们会受到单核-吞噬细胞系统屏障的阻挡。这是一类大的吞噬细胞。机体内还有一类较小的吞噬细胞，其中主要是中性粒细胞和嗜酸性粒细胞。它们不属于单核吞噬细胞系统，但与单核吞噬细胞系统一样，分布于全身，对入侵的微生物和大分子物质有吞噬、消化和消除作用。

在正常体液中的一些非特异性杀菌物质，如补体、调理素、溶菌酶、干扰素、乙型溶素、吞噬细胞杀菌素等，也与淋巴系统和单核吞噬细胞系统屏障一样，有助于消灭入侵的微生物。

血脑屏障主要是由软脑膜、脉络膜和脑毛细管组成，可以阻止微生物等侵入脑脊髓和脑膜内，从而保护中枢神经系统不受损害。血脑屏障随个体发育而逐渐成熟，婴幼儿容易发生脑脊髓膜炎和脑炎，是由于血脑屏障发育不完善的缘故。胎盘屏障是由母体子宫内膜的基蜕膜和胎儿绒毛膜滋养层细胞共同组成，其屏障作用既不妨碍母婴间的物质交换，又能防止母体内的病原微生物入侵胎儿，从而保护胎儿的正常发育。

二、固有免疫通过模式识别发挥识别"自己"和"非己"的能力

脊椎动物的固有免疫系统有三种免疫识别的策略，分别称为：识别"微生物非己"、识别"遗失的自己"和识别"诱导或改变的自己"。第一种策略，即识别"微生物非己"的基础是依赖于宿主识别微生物的独特代谢产物，而这些产物宿主并不产生。这个策略允许固有免疫系统去区分"感染性的非己"和"非感染性的自己"。第二种策略，即识别"遗失的自己"，依赖于探测"正常自己的标志"。这些识别方式结合各种抑制途径阻止机体对自身的免疫应答。正常标志是由基因编码和代谢途径产生的，为宿主所独有而微生物所缺乏的。第三种策略，即识别"诱导或改变的自己"，是识别由感染或细胞转化而导致的异常自身标志。

在早期多细胞进化过程中，对微生物"非己"的识别在宿主防御过程中发挥关键作用。宿主细胞如何识别"非己"？虽然微生物的种类很多，但是这些微生物的基本代谢产物却是类似的，如革兰阴性细菌的脂多糖、革兰阳性细菌的肽聚糖、病毒的双链 RNA 等，这些物质是作为病原相关分子模式（PAMP）被宿主细胞所识别，所有微生物（病原性和非病原性）都能产生。病原相关分子模式仅仅由微生物产生，但是宿主自身并不产生这些物质。PAMP 的最典型的例子包括革兰阴性菌的细菌脂多糖和革兰阳性菌的肽聚糖，被固有免疫系统模式识别受体所识别，作为感染的分子标签来认知。因此，病原相关分子模式的识别使免疫系统能将"自己"与微生物"非己"区别开来。

"遗失自己"的概念被提出是用来解释为什么 NK 细胞选择性地杀伤在细胞表面表达很少量或不表达 MHC I 类分子的靶细胞。在研究的基础上已证明 NK 细胞将缺乏自己 MHC I 类分子作为杀伤靶细胞的一个信号。MHC I 类分子表达在所有有核细胞表面，病毒感染和细胞转化后，下调 MHC I 类分子的表达，这样 NK 细胞就能识别这些细胞并将其杀灭，而不会杀伤正常细胞。

对"遗失的自己"的识别不是 NK 细胞独特的功能，而是广泛存在于固有免疫系统中，例如补体的旁路激活途径。补体成分 C3 既能够黏附在微生物细胞上，也能黏附在自体细胞上。然而，旁路途径的活性蛋白酶复合体（C3 转化酶）的形成仅出现在微生物细胞表面而不出现在自体细胞表面。这是因为自体细胞能表达抑制 C3 转化酶的蛋白，如 CD46 和 CD55，从而抑制 C3 转化酶的合成。作为非己细胞，病原体缺乏这些宿主基因的产物，在其细胞表面进行的补体激活级联反应没有被抑制，导致病原体细胞被溶解或被吞噬。

另一个作为正常"自己"的分子信号的例子是糖蛋白和细胞表面的糖脂。在脊椎动物中，某些糖蛋白末端连接的唾液酸能被参与细胞通讯的各种受体识别。大部分微生物缺乏唾液酸的表达，在一些情况下，病毒感染和转化的细胞表面（由于感染、转化和衰老而失去唾液酸）也作为"遗失的自己"的信号被识别。

以上事例阐明了免疫识别中"遗失的自己"的基本特性。自己的特有标志表达在宿主的正常细胞表面，通过启动抑制性受体来防止被吞噬细胞吞噬、被 NK 细胞杀伤和被树突状细胞将自身正常细胞抗原递呈。相反，微生物细胞表面缺乏这些标志，感染的、转化的和衰老的宿主细胞表面的这些标志的表达量下降，易被 NK 细胞杀伤和被巨噬细胞吞噬。尽管识别"遗失的自己"策略是一个区分正常"自己"与"非己"或"异常自己"的有效方法，但却易被欺骗。确实有很多"盗窃身份"的例子，病原体通过基因水平转移获得编码宿主自身标志的基因，这样就可保护其自己不被宿主细胞识别和破坏。

在一个后生动物的一生中有大量的凋亡细胞产生，因此识别和去除这些凋亡细胞是非常重要的。凋亡细胞被邻近的细胞或巨噬细胞吞噬，是因为表达一些能被吞噬细胞所识别的细胞表面标志。最重要的标志是在活细胞质膜的内小叶上被发现的磷脂酰丝氨酸，但在凋亡细胞中磷脂酰丝氨酸位于外小叶上，因而能够被吞噬细胞表面的磷脂酰丝氨酸受体识别。磷脂酰丝氨酸受体对磷脂酰丝氨酸的识别导致凋亡细胞被吞噬，这个过程有利于为活细胞保持一个健康清洁的环境。

三、固有免疫成分参与适应性免疫

固有免疫的作用包括抗感染、抗肿瘤、维持自身耐受及参与特异性免疫应答，但是失控的固有免疫也能导致炎症损伤和自身免疫病的发生。固有免疫可以从以下几个方面参与适应性免疫应答的过程：① 诱导适应性免疫应答的启动。② 活化 T 细胞：APC 表面的 PRR（甘露糖受体、清道夫受体等）识别 PAMP，介导 APC 摄取病原体并递呈抗原，从而提供 T 细胞活化的第一信号；APC 表达的 TLR 和 NLR 识别 PAMP，从而启动胞内信号转导，激活相关基因的转录，上调 APC 细胞的 MHC 分子和共刺激分子 B7（CD80/CD86）的表达，从而进一步促进和提高 APC 递呈抗原的能力。③ 诱导产生细胞因子调节免疫应答：TLR 或 NLR 与配体结合后，启动胞内信号转导，诱导产生细胞因子（如 IL-1、IL-12、趋化因子等），从而进一步启动和激活适应性免疫应答。

Summary

Innate immunity plays a key role for non-specific immunity against infection and/or eliciting and regulating effective adaptive immunity against antigens. Barriers, cells (macrophages, mast cells, neutrophils, DCs, NK cells, etc.), and molecules (enzymes, anti-microbial peptides, complements and inflammatory mediators) construct the effective innate immunity system in body.

In innate immunity, several receptors on cells can recognize pathogen associated molecular patterns (PAMPs), induce signal transduction, and then elicit immune response. PAMPs are only found in microorganisms, such as LPS in G^- bacteria, peptidoglycan in G^+ bacteria, viral RNA, bacterial non-methylated CpG motif, etc. The receptors for PAMPs are TLRs, NOD-like receptors, etc. Most of TLRs are found on the cell surface as well as few TLRs are found in cytoplasm. TLRs recognize to bind with PAMPs, induce expression of cytokines and promote inflammation. NOD-like receptors are found in cytoplasm to induce the formation of inflammasome, produce IL-1, and elicit inflammation after bind to ligands.

The innate immunity system can recognize non-self microorganisms depending on the PAMPs produced only by microorganisms but not by self. The innate immunity system also recognizes the missing self by detecting the normal markers of cells but not the normal markers produced by microorganisms. Moreover, the innate immunity systems can recognize the induced or changed cells by detecting the abnormal markers of infected or transformed cells. After recognition, the innate immunity can quickly clean up pathogens, bacteria or virus-infected cells, tumor cells and aged cells to keep a balance in body.

参考文献

陈琳琳,卢放根,2008. 固有免疫中 TLR 和 NOD 的研究现状 [J]. 国际免疫学杂志,31 (6): 461-465.
陈政良,朱锡华,2000. 天然免疫系统的"分子模式识别作用"及其免疫生物学意义 [J]. 免疫学杂志,16 (3): 161-165.
李根亮,等,2007. 天然免疫进化中的无脊椎动物 Toll 样受体 [J]. 生命的化学,27 (3): 232-234.
李文会,胡海林,2002. NK 细胞受体的研究进展 [J]. 同济大学学报（医学版）,23 (3): 264-267.
李岩,梁婧,2006. 自然杀伤细胞受体研究新进展 [J]. 国际肿瘤学杂志,33 (3): 182-186.
梁虹,王安利,王维娜,2006. 无脊椎动物模式识别蛋白研究进展 [J]. 生理科学进展,37 (2): 156-159.
刘燕明,2001. 天然免疫与获得性免疫的进化关系 [J]. 免疫学杂志,17 (3): s20-s23.
钱程,安华章,2005. Toll 样受体在适应性免疫中的作用与相关机制研究进展 [J]. 国外医学免疫学分册,28 (1): 16-19.
王金星,赵小凡,2004. 无脊椎动物先天免疫模式识别受体研究进展 [J]. 生物化学与生物物理进展,31 (2): 112-117.
王英,2008. 昆虫天然免疫的研究进展 [J]. 免疫学杂志,24 (4): 473-478.
颜卫华,2002. NK 细胞受体研究进展 [J]. 国外医学免疫学分册,25 (4): 191-194.
曾祥兴,张驰,2007. 无脊椎动物体液免疫研究进展 [J]. 微生物学免疫学进展,37 (3): 74-77.
张彩,田志刚,2008. 天然免疫识别机制及天然免疫受体的相互调节 [J]. 生物化学与生物物理进展,35 (2): 124-128.
张琪,周兵,2010. Toll 样受体研究进展 [J]. 国际耳鼻咽喉头颈外科杂志,34 (3): 174-176.
章跃陵,王三英,彭宣宪,2005. 无脊椎动物适应性免疫的研究进展 [J]. 水产科学,24 (8): 43-45.
邹勇,2007. NK 细胞受体与配体的特异识别 [J]. 国际免疫学杂志,30 (3): 194-198.

思考题

1. 分别从组织、细胞、分子水平上谈谈你对固有免疫系统的特点和功能的认识。
2. 固有免疫如何识别"自己"和"非己"？
3. 固有免疫的 PPR 如何识别 PAMP 并发挥功能？

课外读物

固有免疫与诺贝尔生理学或医学奖：Toll 样受体

2011 年的诺贝尔生理学或医学奖颁给了发现固有免疫激活过程中重要受体的法国科学家 Jules A. Hoffmann 和美国科学家 Bruce A. Beutler，以及发现适应性免疫过程中起抗原递呈作用的树突状细胞的美国科学家 Ralph M. Steinman。

固有免疫激活过程中的重要受体称为 Toll 样受体（Toll-like receptor），能识别入侵机体的微生物的各种成分，包括脂多糖、脂肽、鞭毛、DNA、RNA 等。Toll 蛋白最早被德国科学家 Christiane Nüsslein-Volhard（曾获 1995 年诺贝尔生理学与医学奖）在果蝇中发现，因为该基因突变后果蝇长得很怪，所以当时被认为是在果蝇发育过程中起重要作用。至于这个蛋白质为什么叫作 Toll，因为发现它的人当时很惊愕很激动，用德语大呼"Das ist ja toll!"（太棒了！）。

1996 年法国科学家 Jules A. Hoffmann 首先发现 Toll 蛋白在果蝇对抗真菌感染的免疫过程中起重要作用，主要是控制抗真菌多肽 drosomycin 的合成。接着，Charles A. Janeway Jr 实验室的 Ruslan Medzhitov 研究了果蝇 Toll 蛋白的人同源蛋白，发现其为 I 型跨膜蛋白，胞外区为 LRR 区域，胞内区类似于干扰素 IL-1 受体的胞内区。虽然 Medzhitov 在这篇文章的结尾写道"人 Toll 蛋白在天然和适应性免疫反应中都能介导信号传递"，但是文章题目却是"果蝇 Toll 蛋白的人同源蛋白介导适应性免疫的激活"。根据后来的结果看，他当时确实还没搞明白自己研究的 TLR4 是在固有免疫而非适应性免疫激活过程中起重要作用。然而，一直在寻找细菌内毒素即脂多糖受体的美国科学家 Bruce A. Beutler 在小鼠中找到了 TLR4，这是首次报道 TLR 对细菌组分的识别，从根本上证明了 TLR 在固有免疫中的重要作用。虽然 Ruslan Medzhitov 后来醒悟过来，但是似乎已经迟了。日本科学家 Shizuo Akira 在 TLR 领域也做了很重要的贡献，比如鉴定了细菌 DNA 的受体 TLR9。

TLR 的结构生物学研究也同时在进行，直到 2005 年，TLR3 的胞外区结构才在 Science 上发表，2008 年又解析了 TLR3 和其配体双链 RNA 的复合物的结构。韩国的科学家解析了 TLR4 和脂多糖的复合物的结构，以及 TLR1-TLR2-脂肽复合物的结构。

第八章 特异性免疫应答与调节

免疫应答（immune response）是指机体的免疫系统识别并清除"异物"的生理适应性过程。特异性免疫应答（specific immune response，IR）是抗原刺激机体后，机体中特异性免疫细胞识别抗原，参与活化、增殖、分化并转化为功能性的淋巴细胞，发挥生物学效应的一系列过程的总称。在此过程中，抗原对淋巴细胞的激活，起了选择与触发作用。免疫应答中的固有免疫，是机体在进化过程中逐渐建立起来的一些天然防御功能，对抗原无特异性和针对性，如 NK 细胞的自然杀伤功能、吞噬细胞可通过非抗原受体（FCR、CR 等）识别和吞噬多种病原体及异物，在感染初期发挥作用。而特异性免疫应答则是机体在受到抗原物质的刺激后才获得的免疫能力，固有免疫对特异性免疫反应的发生有至关重要的促进作用，当特异性免疫应答发生后，又可明显增强固有免疫的能力，并促进和参与免疫效应的全过程。

免疫应答最基本的生物学意义是识别"自己"与"非己"，从而清除"非己"的抗原性物质，保护机体免受异己抗原的侵袭。

抗原激发机体产生的免疫应答反应种类，主要取决于抗原的类型以及机体的免疫功能状态。免疫系统对抗原的免疫应答反应，可表现为两种类型：①正常情况下，对非己抗原产生正应答，并将其清除，而对自身组分产生负免疫应答，即产生耐受。②异常情况下，异己成分可能在机体内激发高于正常水平的免疫应答反应，如促进超敏反应的发生，导致机体产生病理损伤；另一种情况是，机体对异己成分的刺激反应过低，出现免疫功能低下和无应答现象，继而形成严重感染甚至肿瘤发生；还有一种情况是，如果免疫系统将自身成分认为异己分子，则自身的器官遭受损伤，引发自身免疫性疾病。

根据参与免疫应答的主要细胞类型及免疫效应特征，可将特异性免疫分为体液免疫应答和细胞免疫应答。特异性免疫应答的发生场所在外周免疫器官，其过程可分为：①启动阶段（主要是针对细胞免疫应答）：抗原递呈细胞（APC）摄取、加工、处理抗原，并将加工处理的片段与细胞分子结合展示于细胞表面，供 T 淋巴细胞的受体识别。②增殖、分化阶段：特异性 T 细胞和 B 细胞识别抗原后，发生活化、增殖和分化。③效应阶段：主要由 T 细胞介导的细胞免疫和 B 细胞介导的体液免疫清除"异己"物质。

一般来说免疫应答发生在外周淋巴组织，如淋巴结、脾脏。病原菌或其产物经淋巴液转运至淋巴结，在该处被吞噬细胞捕获。如果感染的病原生物在血流中，则在脾脏被捕获。如果感染的病原生物在黏膜，则可经淋巴管引流至局部集合淋巴结或扁桃体。

第一节 T 细胞介导的免疫应答

T 细胞介导的免疫应答，从初始 T 细胞（naive T Cell）接受抗原刺激到分化成效应 T 细胞，直至将抗原清除。T 细胞介导的免疫应答主要分为三个阶段：①抗原识别阶段，APC 捕获、加工、处理 T 细胞抗原，然后将处理好的抗原递呈至 TCR 进行特异性识别；

②T细胞活化阶段，T细胞识别抗原后产生的第一信号及T细胞与APC表面分子间的相互作用产生的第二信号促进T细胞活化、增殖、分化，形成效应性T细胞（Tc）和分泌细胞因子的辅助性T细胞；③效应阶段，Tc和细胞因子共同作用清除异己物质，使机体处于正常的生理状态或产生病理疾病。在活化成熟T细胞的过程中，树突状细胞（DC）起到了主要作用。内源性抗原被有核靶细胞（如病毒感染的靶细胞或肿瘤细胞）加工成小肽段，与MHC Ⅰ分子结合，形成MHC Ⅰ-抗原肽复合物，或者与MHC Ⅱ结合形成MHC Ⅱ-抗原肽复合物，在细胞表面，供特异CD8$^+$T细胞或特异CD4$^+$T细胞识别，进而引发细胞毒作用。研究发现，外源性抗原也可以通过MHC Ⅰ途径进行递呈（图8-1）。

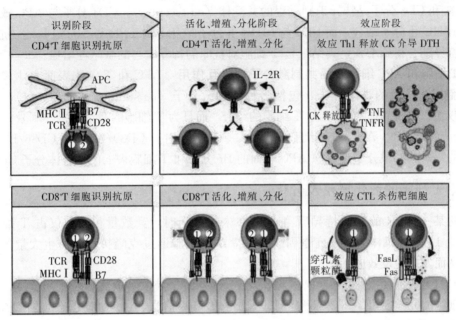

图8-1 细胞免疫应答的基本过程

（曹雪涛.2013.医学免疫学）

一、T细胞对抗原的特异性识别

来自骨髓的造血干细胞，在胸腺内通过MHC选择过程，发育、分化为成熟的T细胞，称为初始T细胞，进入血液循环，到达外周淋巴器官，并通过血液和淋巴系统在体内循环。定位于成熟T细胞上的受体（T cell receptor，TCR），通过识别抗原递呈细胞或靶细胞上的抗原肽-MHC分子复合物，并在其他分子和细胞因子的协同作用下，刺激初始T细胞活化、增殖分化为效应T细胞，发挥免疫效应。

抗原递呈细胞摄取抗原并被激活后，其细胞表面的相关分子与特异T细胞细胞表面的分子相互作用，形成免疫突触（immune synapse）。

1. T细胞与APC的非特异性结合 初始T细胞在淋巴结皮质区，通过T细胞表面的黏附分子（LFA-1、CD2、ICAM-3）和APC表面相应的配体分子（ICAM-1或者ICAM-2、LFA-3）非特异可逆结合，使得T细胞和APC短暂结合，为特异性TCR与MHC-抗原肽复合物的结合提供机会。若TCR没有遇到特异性MHC-抗原肽复合物，T细胞和

APC分离，继续进行这种识别作用，或者离开淋巴结而进入血液循环。

2. T细胞和APC特异性结合　T细胞和APC首先发生的是可逆性结合，当TCR遇到特异性抗原结合的MHC-抗原复合物时发生特异性结合。TCR和APC特异性结合后，活化信号通过CD3分子传递至胞内。活化信号首先改变LFA-1的构象，增强其与ICAM的结合力，从而加强APC和T细胞的接触并尽可能延长接触时间，已证实这种结合可以持续数天的时间，同时这样的结合时间也保证能有效诱导抗原特异性T细胞的活化和增殖，并分化为特异性的效应细胞。

T细胞和APC通过TCR与MHC分子-抗原肽复合物特异性结合的过程中，T细胞表面的CD4和CD8分子是特异识别过程的共受体（co-receptor）。CD8分子与APC或靶细胞表面的MHC Ⅰ分子结合，而CD4与MHC Ⅱ分子结合，使TCR与MHC Ⅰ/Ⅱ-抗原肽复合物的特异结合得到增强，其结果是T细胞对抗原的特异应答的敏感性增强。

3. T细胞和APC细胞表面共刺激分子的相互作用　APC和T细胞表面表达多种促进两类细胞相互结合的黏附分子，包括多种共刺激分子（co-stimulatory molecule），它们的结合不仅可以维持和加强APC与T细胞的结合，而且为T细胞的激活提供共刺激信号（co-stimulatory signal）。APC和T细胞表面的共刺激分子对有CD80/B7-1、CD86/B7-2等。最重要的一对共刺激分子是专职APC表面的B7分子和T细胞表面的二聚体分子CD28。

二、T细胞的活化增殖及分化

表达某一TCR的抗原特异T细胞，在未被激活时，其数量很少，仅占T细胞库的$1/10^4 \sim 1/10^5$。当机体被某一抗原刺激时，特异T细胞通过克隆扩增，产生大量的效应T细胞，从而发挥免疫效应。

（一）T细胞的活化

T细胞的完全活化，是来源于MHC分子的第一信号、协同刺激分子的第二信号及APC及T细胞分泌的细胞因子共同作用的结果。

1. 活化T细胞的第一信号　识别特异性抗原的T细胞，在黏附分子对的作用下，其TCR识别APC细胞膜外MHC-Ag复合物，促进TCR交联。TCR与MHC-Ag结合启动抗原识别信号，使CD3、CD4、CD8共受体分子的胞内部分汇聚，活化这些分子的胞内酪氨酸激酶，对胞内靶蛋白进行磷酸化，开启激酶参与的级联反应，促使转录因子的激活，表达细胞因子及相关受体蛋白。因此，TCR与MHC-Ag复合物结合并促进TCR交联是T细胞激活所需的第一信号。

2. 活化T细胞的第二信号　由TCR识别MHC-抗原肽引起TCR交联所产生的第一信号，不能完全激活T细胞。必须进一步经由APC和T细胞表面的多种配体-受体的互作，如B7-CD28、LFA-1-ICAM-1/ICAM-2、CD2-LFA-3等第二激活信号的协同作用，T细胞才能完全活化。

在T细胞的活化过程中，CD28-B7主要通过增强IL-2的转录、合成，而促进初始T细胞分化成效应T细胞和记忆T细胞。第一、第二信号的整合可最有效地诱导T细胞活化，如果缺乏协同信号共刺激，IL-2的合成将会受阻，可致T细胞应答能力下降。此时，抗原刺激不能激活特异性T细胞，反而会导致T细胞功能丧失（anergy）。共刺激信号的缺乏使得自身反应性T细胞处于功能丧失状态，从而利于自身耐受的维持，避免自身免疫的发生。

CD28-B7 相互作用可促使 T 细胞的激活,而 CTLA4 与 B7 结合,可抑制 T 细胞的活化。CTLA4 是与 CD28 同源性极高一类细胞表面分化抗原,它与 B7 的结合能力高于 CD28 与 B7 的结合能力。CD28-B7 参与 T 细胞的激活过程,当 T 细胞活化至较高水平时,CTLA4 的表达就增加,并优先与 B7 结合,抑制 T 细胞活化从而维持机体的免疫应答在正常水平(图 8-2)。

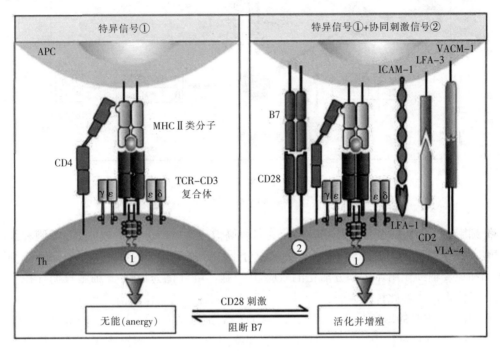

图 8-2　T 细胞活化相关信号分子
(曹雪涛. 2013. 医学免疫学)

3. T 细胞激活的辅助信号　T 细胞的充分活化,除了依赖上述两种信号外,还有赖于多种细胞因子的参与。活化的 APC 和 T 细胞可以分泌 IL-2、IL-6、IL-12 等细胞因子,参与 T 细胞的活化。

(二)T 细胞的增殖和分化

T 细胞被激活后,迅速进行有丝分裂并大量增殖,分化成为效应 T 细胞或抑制性 T 细胞。在免疫应答后期,一些效应 T 细胞发生凋亡,部分细胞分化为记忆 T 细胞。活化后的效应 T 细胞,在细胞因子的介导下离开淋巴器官,通过血液或体液循环进入感染部位,发挥免疫效应。在 T 细胞的增殖和分化过程中,多种细胞因子协同发挥作用,以调节免疫反应,IL-2 的作用最为重要。IL-2 有两种受体,未激活的 T 细胞表达的受体 IL-2R 由 βγ 链组成,对 IL-2 的亲和力低;激活的 T 细胞表达的受体 IL-2R 由 αβγ 链组成,对 IL-2 的亲和力高,并且 T 细胞自身分泌 IL-2。通过自分泌和旁分泌作用,IL-2 与 T 细胞表面的 IL-2R 结合,从而促使 T 细胞的增殖和分化。IL-4、IL-12、IL-15 等细胞因子在 T 细胞的增殖和分化中发挥重要作用,尤其是 Th1 和 Th2 细胞的分化调控(图 8-3)。

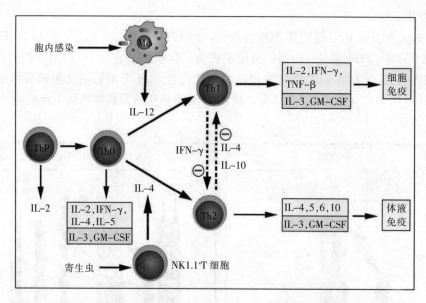

图 8-3 细胞因子对 Th1 和 Th2 细胞分化的调节作用
(曹雪涛. 2013. 医学免疫学)

T 细胞经过 4~5d 的迅速增殖，分化为各种高效表达效应分子的效应 Th 细胞和细胞毒 T 细胞（CTL 细胞），通过定位于膜上的效应分子和分泌于胞外的细胞因子，启动靶细胞杀伤作用和免疫辅助作用。一部分活化的效应 T 细胞，可分化为记忆 T 细胞长期存在于机体内，当机体再次遭遇此种抗原时，可迅速启动免疫应答，从而快速清除抗原。

1. $CD4^+$ T 细胞的增殖分化　静息状态 $CD4^+$ T 细胞活化后，增殖、分化为 Th0 细胞。在 Th0 细胞的分化过程中，局部微环境中的细胞因子起主要的调控作用。任一特定亚群细胞自身产生的细胞因子在参与本亚群细胞进一步分化时，抑制细胞向其他亚群进行分化，这种正、负反馈导致更多特定亚群细胞的极化和产生，进而起放大作用。Th1、Th2 和 Th17 的分化尤其如此。如 IL-12 促使 Th0 细胞分化为 Th1 细胞，而 IL-4 促进 Th0 细胞分化成为 Th2 细胞。Th0 细胞的分化方向，决定了机体免疫应答类型。

2. $CD8^+$ T 细胞的增殖分化　初始 $CD8^+$ T 细胞的激活，主要有以下两种途径。

(1) Th 细胞非依赖的 $CD8^+$ T 细胞的激活。已经感染病原微生物的 APC，由于其高表达有 MHC 和共刺激分子，这些 APC 就可以直接激活 $CD8^+$ T 细胞，激活的 $CD8^+$ T 细胞则可分泌 IL-2 等细胞因子促使自身增殖并分化为细胞毒性 T 细胞，该过程并不需要 Th 细胞的辅助协作。

(2) Th 细胞依赖的激活。如 $CD8^+$ T 细胞作用的靶细胞，一般很低量或不表达共刺激分子，不能有效地激活初始 $CD8^+$ T 细胞，因此需要活化的 APC 和 $CD4^+$ T 细胞的辅助作用。Th 细胞依赖的初始 $CD8^+$ T 细胞的激活和增殖过程及机制如下。

①来源于病毒、肿瘤等的可溶性抗原，首先被 APC 摄取、加工，然后与细胞的 MHC Ⅰ类分子或者 MHC Ⅱ类分子结合，形成复合物，展示于抗原递呈细胞表面。胞内寄生的微生物，其抗原也能被 APC 摄取加工，激活 $CD8^+$ T 细胞。

②$CD4^+$ T 细胞辅助 $CD8^+$ T 细胞，须是二者识别同一 APC 所递呈的特异抗原。当 $CD4^+$ T 细胞为初始 T 细胞之类的细胞，经 APC 诱导后活化，产生细胞因子辅助 $CD8^+$ T 细

胞的活化、增殖和分化。若 $CD4^+$ T 细胞已经活化，则可分泌相应的细胞因子促 APC 表达 B7 等共刺激分子，使 $CD8^+$ T 细胞被充分激活，同时自身分泌的 IL-2，进一步引起 $CD8^+$ T 细胞的增殖分化。

3. 活化 T 细胞的最终命运

（1）活化 T 细胞分化为记忆 T 细胞。免疫系统对某一抗原产生初次免疫应答后，伴随着抗原的清除，绝大多数活化的抗原特异性 T 细胞将发生凋亡，部分抗原特异性 T 细胞分化为记忆 T 细胞（Tm），当这种抗原再次进入机体时，记忆 T 细胞被快速激活，产生强烈而持久的免疫应答反应，快速清除入侵的病原体。

（2）活化 T 细胞的凋亡。处于活化状态的 T 细胞，在抗原被大量清除后，绝大多数 T 细胞发生凋亡。这有助于控制免疫应答的强度，以适时终止免疫应答反应，既是为了维持自身免疫耐受，也是为了减轻免疫系统的负担，将免疫系统有限的资源用于应对复杂多样的抗原环境。

T 细胞凋亡有两条途径，分别是：① 活化诱导的细胞死亡（activation induced cell death，AICD）：激活的 T 细胞高表达死亡受体 Fas 及 Fas 配体（Fas ligand），当 Fas 受体和 Fas 配体结合后，启动 Caspase 酶联反应，从而导致细胞的凋亡。AICD 作用有利于控制抗原特异性 T 细胞克隆的增殖水平，从而对免疫作用产生负调节。② 被动细胞死亡（passive cell death，PCD）：在免疫应答晚期，抗原逐渐被免疫应答产物大量被清除，针对已活化的 T 淋巴细胞的抗原刺激、信号调节以及相关细胞因子逐步降低，这会导致细胞内线粒体细胞色素 c 的释放，然后经 Caspase 酶联反应诱导细胞凋亡。

三、T 细胞免疫应答效应及其机制

（一）效应 T 细胞的特征

1. 分泌多种效应分子 初始 T 细胞经抗原刺激后，增殖、分化产生的效应性 T 细胞，能分泌多种活性效应分子，如穿孔素、颗粒酶、蛋白酶等，发挥免疫效应。

2. 膜结合型效应分子的产生及其生物学活性 效应 T 细胞表达的膜分子，不管是从表达量还是从生物活性上，都发生了明显改变。如，效应 T 细胞能高表达 FasL，调节细胞凋亡的信号通路介导靶细胞的凋亡；高表达 VLA-4 等整合素家族分子，有助于效应 T 细胞侵润炎症感染部位，产生免疫学效应；效应 T 细胞高表达 CD2、LFA-1 等细胞因子，促进 T 细胞与靶细胞结合；效应 T 细胞从表达 CD45RA 转化到表达 CD45RO 分子，有利于 T 细胞对低剂量抗原刺激产生较高的免疫应答效应。

（二）Th1 细胞的免疫学效应

胞内寄生病原微生物，如分枝杆菌和麻风杆菌，可在 MΦ 内的吞噬小体中生长繁殖，躲避特异性抗体和 CTL 的攻击。Th1 细胞可通过活化巨噬细胞（MΦ）、诱生并招募巨噬细胞以及释放各种活性因子，攻击胞内寄生病原体的感染。

1. 激活巨噬细胞 Th1 细胞经 TCR 识别巨噬细胞表面所递呈的病原体特异的 MHC Ⅱ-抗原肽复合物，产生 γ-干扰素（IFN-γ）等巨噬细胞活化因子，或通过其和巨噬细胞表面的 CD40L-CD40 结合，激活巨噬细胞。活化的巨噬细胞，可以通过不同的机制，杀伤胞内寄生的病原微生物。而且巨噬细胞被激活后，产生一氧化氮分子以及超氧离子，可促进溶酶体和吞噬体融合，释放出各种抗菌的蛋白酶和抗菌肽。

活化的巨噬细胞也能够进一步通过表达 B7 和 MHC Ⅱ 类分子，加强自身的抗原递呈能力和对 CD4$^+$T 细胞的激活能力。此外，激活的巨噬细胞分泌 IL-12，以促进 Th0 细胞向 Th1 细胞的分化，扩大 Th1 细胞的应答效应。

2. 诱生并招募巨噬细胞 激活的 Th1 细胞，可诱生并募集巨噬细胞，增强巨噬细胞介导的杀伤作用。该作用一方面是 Th1 细胞分泌 IL-3 和粒细胞-巨噬细胞集落刺激因子（GM-CSF）等细胞因子，诱导骨髓干细胞分化为巨噬细胞。另一方面是 Th1 细胞产生的 TNF-α、TNF-β、单核细胞趋化蛋白-1（monocyte chemotactic protein-1，MCP-1）等细胞因子，可诱使血管内皮细胞高表达黏附分子，促使巨噬细胞和淋巴细胞黏附于血管内皮，然后穿过血管壁，并通过趋化作用，募集至感染处。

3. Th1 细胞对 T 细胞、B 细胞和中性粒细胞的作用 Th1 细胞产生的细胞因子，如 IL-2 等，可促进自身和 CTL 细胞的增殖，对免疫应答起到放大效果。Th1 细胞诱导 B 细胞产生具有较强调理作用的抗体如 IgG$_2$a，IgG$_2$a 与抗原结合后，可增强巨噬细胞对病原体的吞噬作用。同时，Th1 细胞产生的淋巴毒素和 TNF-α 可促使中性粒细胞的活化，强化其对病原体的杀伤作用（图 8-4）。

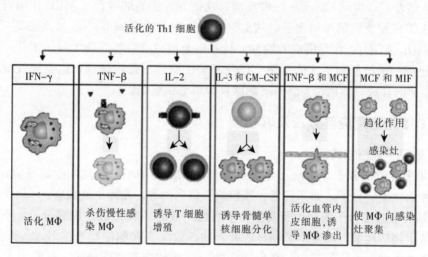

图 8-4 Th1 细胞的免疫学效应
（曹雪涛. 2013. 医学免疫学）

（三）CTL 介导的细胞毒效应

CTL 可高效特异的识别和杀伤靶细胞，具有 CTL 活性的 T 细胞主要杀伤胞内寄生有病原体的细胞，如病毒感染的细胞、胞内寄生菌感染的细胞以及肿瘤细胞。CTL 多为 CD8$^+$T 细胞，识别靶细胞上 MHC Ⅰ-抗原肽分子复合物，从而发挥特异性杀伤作用。约 10% 的 CTL 为 CD4$^+$T 细胞，通过识别 MHC Ⅱ-抗原肽分子复合物而发挥特异性识别和杀伤作用。

1. CD8$^+$CTL 与靶细胞的结合 定居于外周淋巴组织的 CD8$^+$T 细胞在受到抗原刺激活化后，增殖、分化为 CTL，然后在趋化因子的牵引作用下，CTL 离开定居的淋巴器官，到达病原体感染部位。效应 CTL 高表达黏附分子，如 LFA-1、CD2 等，可有效结合表达相应受体的靶细胞。TCR 一旦遇到特异的 MHC Ⅰ-抗原肽复合物，TCR 就活化，TCR 的激活信号可加强效应细胞和靶细胞表面黏附分子对的亲和力，并在细胞接触部位形成紧密而狭小的空间，CTL 分泌的非特异性效应分子集中于此，从而杀伤与其接触的靶细胞，而不影响附近的正常细胞。

2. CD8⁺CTL 的极化　当 CTL 的 TCR 与靶细胞表面的 MHC Ⅰ-抗原肽分子复合物特异性结合后，TCR 及其共受体向细胞的接触部位聚集，导致 CTL 细胞内的亚显微结构极化。亚显微结构极化的细胞骨架系统，如肌动蛋白、高尔基复合体等在细胞接触部位重新排列和分布，促进 CTL 分泌非特异性效应因子，定向作用于特定的靶细胞。

3. CD8⁺CTL 对靶细胞的杀伤作用　CD8⁺CTL 对靶细胞的杀伤迅速，靶细胞在数分钟内迅速被溶解，这种杀细胞效应主要通过以下两条途径。

（1）穿孔素/颗粒酶介导的杀伤途径。CD8⁺CTL 释放的细胞质内的颗粒至少含有两种细胞毒素，一种是在靶细胞膜上穿孔的穿孔素（perforin），其生物学效应类似于补体激活所形成的膜攻击复合物。穿孔素单体可在钙离子的存在环境中插入靶细胞膜，然后聚集装配成内径为 16 nm 的膜通道，在渗透压的作用下胞外水分子得以进入细胞，导致靶细胞的裂解。另一种是颗粒酶（granzyme），属于丝氨酸蛋白酶，也是一种重要的细胞毒素。由于 CTL 的脱颗粒作用排出胞外的颗粒酶，经穿孔素在包膜上形成的通道进入靶细胞，诱导与细胞凋亡相关的信号途径和酶系，从而介导靶细胞的凋亡。

（2）TNF 与 FasL 介导的凋亡途径。效应 CD8⁺CTL 可分泌 TNF-α 和 TNF-β，并在细胞膜上表达 FasL。分泌的 TNF-α 和 TNF-β 分别与靶细胞膜上的 TNF 受体结合，而 FasL 与 Fas 结合，然后通过激活胞内的 Caspase 系统，介导靶细胞的凋亡。

CTL 的细胞毒效应，主要介导靶细胞的凋亡，其生物学意义在于：在清除感染细胞及肿瘤细胞时，并无细胞内溶物的外漏，从而保护了正常组织细胞免遭溶酶体酶和其他活性分子的损害；靶细胞凋亡过程中，可激活靶细胞的核酸内切酶，使得病毒的 DNA 和 RNA 被降解，从而避免靶细胞死亡时所释放的病毒再次感染临近的正常组织细胞。效应 CTL 将靶细胞杀死后，可再次与表达相同特异性抗原复合物的靶细胞结合，从而产生持续性的杀细胞效应（图 8-5）。

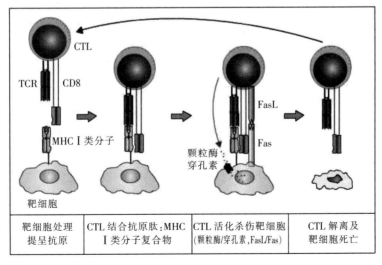

图 8-5　CTL 杀伤靶细胞的过程

（曹雪涛. 2013. 医学免疫学）

第二节 B细胞介导的免疫应答

许多引起感染性疾病的细菌、真菌和寄生虫，都存在于细胞的外部；很多胞内寄生的病原体的传播，也需要通过细胞外间隙从一个细胞转移到另一个细胞；同时，胞内寄生的病原体在宿主细胞表面也会表达一些蛋白，如病毒的膜蛋白，这些存在于细胞外的病原体或病原体成分，主要由B细胞介导的体液免疫应答进行清除。如，细胞膜表达的病原体抗原的细胞，B细胞介导的体液免疫可将其清除掉；结合有抗体的胞内寄生病原体，可通过其表面的抗体介导靶细胞内抗原的降解。

成熟的初始B细胞离开骨髓，通过血液循环进入机体的外周免疫器官。这些B细胞如果遇到其特异性抗原，则发生活化、增殖和分化，转化为能够分泌抗体的浆细胞。浆细胞通过分泌抗体及其他免疫因子，介导病原体的清除。由于浆细胞产生的抗体存在于体液中并发挥作用，故B细胞介导的免疫称为体液免疫应答（humoral immunity）。

体液免疫应答主要由B细胞的活化启动的。在B细胞的活化过程中，首先是BCR识别特异性抗原，该识别信号成为启动B细胞活化的第一信号，同时，识别信号传入胞内，与协同刺激分子共作用形成的第二信号，诱导B细胞活化、增殖，然后转化为浆细胞或记忆细胞。

一、B细胞对抗原的特异性识别

B细胞产生的免疫应答，由于抗原的类型不同，免疫应答的机制也有所不同。B细胞免疫应答反应可分为Th细胞依赖（TD）的和Th细胞非依赖（TI）的免疫应答反应，其中B2细胞识别的抗原主要是T细胞依赖性抗原。B细胞的完全活化，常常需要Th细胞的协助才能完成。

（一）B细胞识别TI抗原

T细胞非依赖性抗原（TI-Ag）是指在激活初始B细胞时无需Th细胞的辅助的抗原，如细菌多糖、多聚蛋白质、LPS等。TI抗原根据激活B细胞方式的不同，又被分为TI-1抗原和TI-2抗原两类。TI抗原主要激活$CD5^+$ B1细胞，产生的抗体主要为IgM。此类抗原刺激B细胞产生应答反应，不受MHC的限制，也不需要APC的递呈。仅TI抗原不足以诱导Ig类别转换、亲和力成熟以及记忆性B细胞的形成，要完成这些过程需要其他因子的辅助。

1. TI-1抗原 TI-1抗原既可直接与BCR结合，也可借助其丝裂原成分与B细胞上的丝裂原受体结合，诱导B细胞增殖、分化，因此TI-1抗原也称为B细胞丝裂原。TI-1抗原既可诱导成熟B细胞也可诱导不成熟的B细胞活化，但诱导产生的IgM亲和力较低。

当TI-1抗原浓度高时，通过丝裂原受体与B细胞结合，诱导多克隆B细胞增殖和分化；当TI-1抗原浓度低时，可激活抗原特异性B细胞。由于TI-1抗原无需Th细胞预先致敏与克隆性扩增，即在感染初期就可产生特异性抗体，这对抵抗早期细胞外感染起到重要的作用（图8-6）。

2. TI-2抗原 TI-2抗原具有高度重复的结构，可引起特异性B细胞BCR的交联，从

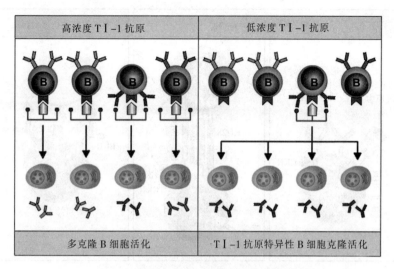

图 8-6 TI-1 抗原诱导 B 细胞的激活
(曹雪涛.2013.医学免疫学)

而使 B 细胞被激活。但是,由于这类抗原不易被降解,抗原识别信号持续存在,导致 BCR 的过度交联,使成熟 B 细胞产生耐受。因此,抗原表位密度在 TI-2 抗原激活 B 细胞中似乎起决定作用:密度太低,BCR 交联的程度不足以激活 B 细胞;密度太高,则导致 B 细胞抑制。

细菌胞壁与荚膜多糖是 TI-2 抗原的主要来源。B1 细胞是对 TI-2 激活产生应答的主要细胞,T 细胞分泌的细胞因子可显著增强 B1 细胞的活化程度。在临床上,婴幼儿容易感染含 TI-2 抗原的病原体,主要是由于体内 B1 细胞至 5 岁左右才发育成熟。

B 细胞对 TI-2 抗原的应答具有重要的生理意义。大多数胞外菌有胞壁多糖,能抵抗吞噬细胞的吞噬消化。B 细胞针对此类 TI-2 抗原所产生的抗体可发挥调理作用,促进吞噬细胞对病原体的吞噬,并且有利于巨噬细胞将抗原递呈给特异性 T 细胞。

(二)B 细胞识别 TD 抗原

TD 抗原刺激 B 细胞产生免疫应答,需要抗原特异性 Th 细胞的辅助作用。在应答过程中,BCR 分子可直接识别天然抗原的表位,而并不像 TCR 那样需要 APC 对抗原加工、处理。BCR 是 B 细胞识别特异性抗原的第一关键分子,对 B 细胞的激活起到非常关键的作用。BCR 识别特异性抗原后,首先形成 B 细胞活化的第一信号;然后 B 细胞将 BCR 结合的抗原在胞内进行加工处理,加工后的抗原与 MHC Ⅱ 类分子形成复合物,复合物被 B 细胞递呈给抗原特异性 Th 细胞识别,识别了特异性抗原的 Th 细胞活化并表达 CD40L,CD40L 与 B 细胞表面 CD40 结合,形成 B 细胞活化的第二信号。同时,抗原经 DC 和巨噬细胞摄取,然后加工后形成 MHC Ⅱ 类分子-抗原肽复合物,可激活 Th 细胞,也可对 B 细胞的活化产生协助作用。

B 细胞可通过抗原递呈细胞活化 T 细胞,反过来,活化的 T 细胞可提供多种细胞因子协助 B 细胞的分化,二者互作促进 B 细胞对 TD 抗原的识别,活化的 B 细胞快速增殖、分化,然后转化为浆细胞和记忆性 B 细胞(图 8-7)。

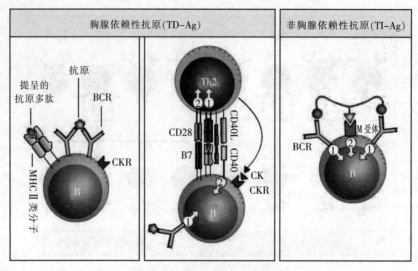

图8-7 B细胞活化的双信号
(曹雪涛.2013.医学免疫学)

二、B细胞的活化增殖及分化

未激活的B淋巴细胞,在抗原刺激及其他细胞因子的作用下,增殖分化为分泌抗体的浆细胞,需经历活化(activation)、增殖(proliferation)及分化(differentiation)三个阶段。活化B细胞体积增大,mIgD消失,细胞膜上产生一些新的细胞因子的受体,如IL-2及IL-5的受体。产生的细胞因子反过来作用于B细胞,使其增殖、分化。B细胞增殖过程中,还表达IL-6、IL-10及IFNγ等细胞因子受体,分化的B细胞一部分转化为浆细胞,一部分形成记忆性B细胞。整个B细胞的激活过程中,都离不开Th细胞的辅助。

(一)B细胞的激活

B细胞的激活,需要抗原特异性的识别信号、共刺激信号以及细胞因子的协同作用。

1. B细胞活化的信号 BCR与特异性抗原表位结合由Igα/Igβ传导入细胞内,形成B细胞活化的第一信号。BCR重链细胞质区很短,自身不能传递识别信号,这需由与mIg组成BCR复合物的Igα/Igβ将信号转入B细胞内。

不同发育和分化阶段,B细胞的BCR由不同类别的mIg构成。未成熟B细胞为mIgM,成熟的初始B细胞为mIgM和mIgD。BCR在B细胞激活中的作用为:抗原与mIg的可变区特异结合,形成第一活化信号;B细胞对识别的抗原进行加工处理,加工成的抗原肽与MHC Ⅱ结合成复合物递呈给T细胞。这两种作用是相辅相成,并且抗原只有与BCR结合后,才能启动B细胞的新的细胞周期活动。

协同受体在B细胞活化过程中起到重要的作用。如在成熟B细胞表面,CD19与CD21、CD81、CD225等以非共价键结合形成B细胞活化辅助受体。在这些受体中,虽然CD21有很长的胞外区,但其胞内区短,故不能有效传导信号。因此,需要共受体中CD19协助传递信号。结合了抗原的补体成分C3d与CD21结合,使CD19/CD21交联,信号由CD19传向胞内。CD19分子传导的信号加强了BCR复合物传导的信号,并可降低抗原激活B细胞的阈值，因而可以加强 B 细胞对抗原刺激的感受能力。

CD81 与 CD21 不直接发生关系，但与 CD19 在胞外区相连，因此推测 CD81 分子可能主要连接 CD19 和 CD21，加固 CD19/CD21/CD81 复合物。CD81 属 4 次穿膜超家族成员，参与多种不同的信号传导，其 N 端与 C 端均在细胞内。CD81 与 CD225 相连。CD81 与 CD225 的功能尚不清楚。关于 CD19/CD21/CD81/CD225 复合物的作用，一般认为，在炎症和补体激活下，补体成分 C3d 将 CD19/CD21/CD81/CD225 复合物与 BCR 复合物桥联在一起，CD19 的进一步传导就加强了 BCR 复合物的激活信号。这样，B 细胞对抗原刺激的敏感性增加 100~1 000 倍，同时明显降低了抗原激活 B 细胞的阈值。静息 B 细胞中，CD19/CD21/CD81/CD225 复合物在脂筏外，一旦 BCR 交联，即与 BCR 一起进入脂筏。在脂筏中与 BCR 交联的 CD19/CD21/CD81/CD225 复合物还有抑制 BCR 内化的作用，延长经由 BCR 传导的刺激信号的作用时间。

2. 共刺激信号对 B 细胞活化的作用 B 细胞只有在 T 细胞的辅助作用下才能充分被激活。B 细胞在与 Th 细胞的相互作用过程中，可获得自身活化所需的共刺激信号。

(1) 抗原特异性 T 细胞的激活。APC（主要是 DC）捕获的抗原被加工后，与 MHC Ⅱ类分子结合，形成 MHC Ⅱ类分子-抗原肽复合物，展示于细胞表面，在外周淋巴组织如淋巴结中的 T 细胞区，被初始 CD4$^+$ T 细胞特异性识别，激活 T 细胞，使其增殖分化为活化的 Th 细胞。

(2) 抗原特异性 Th 细胞与特异性 B 细胞的结合。B 细胞通过淋巴循环，进入外周淋巴组织，未接受同源抗原刺激的 B 细胞快速穿过 T 细胞区，进入 B 细胞区。接受同源抗原刺激的特异性 B 细胞与相应的抗原特异性 Th 细胞相遇，被阻留在 T 细胞区。B 细胞在 T 细胞区通过以下作用被阻留下来：①激活的特异 Th 细胞，通过 TCR 识别并结合 B 细胞表面的 MHC Ⅱ类分子-抗原肽复合物，其结果是 B 细胞（通过 BCR）和 Th 细胞（通过 TCR）识别同一抗原的 B 细胞表位和 T 细胞表位；②活化 Th 细胞与 B 细胞表面的黏附分子对（如 LFA3/CD2、ICAM-1 或者 ICAM-3/LFA1，MHC Ⅱ分子和共受体 CD4）发生相互作用，使得 T 细胞和 B 细胞的特异性结合变得更牢固。

(3) 抗原特异性 B 细胞的活化。活化的 Th 细胞，首先通过 TCR 识别 B 细胞 MHC Ⅱ 分子结合的特异性抗原。同时，Th 细胞表面的 CD40L 通过与 B 细胞表面的 CD40 互作，传递给 B 细胞第二活化信号，诱导 B 细胞进入增殖周期，上调 B7 分子的表达，增强 B 细胞对活化 Th 细胞的激活作用，促进生发中心的发育以及抗体类别的转化。

3. 细胞因子对 B 细胞活化的作用 B 细胞的活化过程中，Th 细胞和巨噬细胞分泌细胞因子起到重要作用。如来源于巨噬细胞的 IL-1 和 Th2 细胞的 IL-4，可诱导 B 细胞表达不同的细胞因子受体，这些受体与 Th 细胞分泌的效应细胞因子互作，促进 B 细胞的活化。另外，Th1 细胞分泌的 IL-2、IFN-γ 及 Th2 细胞分泌的 IL-5、IL-6 等细胞因子也参与了 B 细胞激活、增殖分化与抗体产生。

Th2 通过细胞极化，来保证 B 细胞的激活过程中其与抗原特异性 B 细胞相互作用的特异性。Th2 细胞的 TCR 与 B 细胞递呈的 MHC Ⅱ-抗原肽复合物特异性结合，致使 Th2 细胞骨架系统和分泌装置重新排列，均向与 B 细胞接触的部位发生极化，黏附分子也环绕 TCR 与 MHC Ⅱ-抗原肽复合物特异性结合部位在 Th2 细胞和 B 细胞间形成紧密连接，即形成免疫突触，使得 Th2 细胞分泌的细胞因子（如 IL-4）被局限在二者接触的狭小空间，以形成局部高浓度的细胞因子。

滤泡辅助性 T 细胞（follicular helper T cell，Tfh）是新发现的一类 $CD4^+$ T 细胞亚群，在生发中心（germinal center，GC）形成和 B 细胞分化中起更为重要作用。Tfh 细胞特征性标记为 $CXCR5^+$、$PD-1^+$、$ICOS^+$、$CCR7^+$。其中 ICOS 是 Tfh 细胞辅助 B 细胞激活的重要参与者；而 PD-1 是生发中心 Tfh 与 B 细胞的互作重要媒介，还参与调控 Tfh 细胞数量平衡以及参与免疫耐受。

在维持 Tfh 细胞生存和平衡中，B 细胞持续抗原递呈成为必要条件。在外周免疫器官的 B 细胞区，生发中心的形成是 B 细胞和 Tfh 细胞互作的结果，并进一步诱导 B 细胞分化成为浆细胞和记忆性 B 细胞。在 B 细胞的生长、分化、类型转变和机体免疫中，Tfh 细胞分泌的 IL-4、IL-6、IL-10 和 IL-21 细胞因子都起重要的作用（图 8-8）。

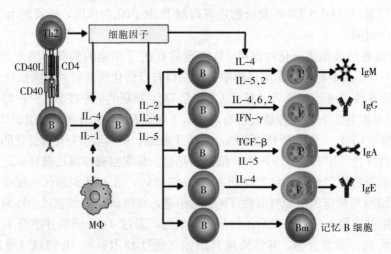

图 8-8 B 细胞活化中的细胞因子的作用
（曹雪涛．2013．医学免疫学）

（二）B 细胞的增殖分化

外周淋巴器官的 T 细胞区和生发中心是 Th 细胞对 B 细胞起辅助作用的场所。血循环中的 B 细胞穿过高内皮小静脉进入 T 细胞区，抗原特异性 B 细胞与抗原特异性 Th 细胞在这一特定的部位相遇，B 细胞在 Th 细胞辅助下活化后进入淋巴小结。进入淋巴小结的 B 细胞分裂增殖，形成生发中心。在这里，B 细胞进一步分化成浆细胞，产生抗体，或分化成记忆性 B 细胞。

1. 抗原特异性 B 细胞的增殖和分化 表达于活化的 B 细胞表面的多种细胞因子受体与 Th 细胞所分泌的细胞因子互作，诱导自身的活化，如 Th 细胞所分泌的 IL-2、IL-4 和 IL-5 可以刺激 B 细胞的增殖，Th 细胞所分泌的 IL-5 和 IL-6 则可以促进 B 细胞分化为产生抗体的浆细胞。

经特异性抗原刺激的 B 细胞活化和增殖后，有着不同的命运，一部分会迁移至淋巴组织髓质，转化为产生抗体的浆细胞，产生特异性抗体，发挥免疫清除作用；一部分则迁移至附近淋巴组织的 B 细胞区，如初级淋巴滤泡，继续增殖并形成生发中心，即形成次级淋巴滤泡，为慢性感染或者宿主再次感染提供更有效迅速的免疫应答反应。

2. 生发中心 B 细胞的分化成熟 生发中心的淋巴细胞主要由 90% 的增殖 B 细胞组成和 10% 的抗原特异性 T 细胞组成。生发中心是 B 细胞的发育和成熟的重要场所，生发中心的滤泡树突状细胞将抗原和免疫复合物长期展示在其表面，可不断提供抗原刺激信号给 B 细胞；B细胞通过摄取、处理并递呈抗原，使Th细胞保持活性状态；活化的Th细胞，通过其细胞表面的CD40L及其分泌的多种细胞因子，辅助B细胞的增殖和分化。

生发中心的B细胞，通过DC、Th细胞、B细胞间的复杂的相互作用，经过克隆增殖、抗体可变区的体细胞高突变、抗原受体的编辑等过程，最终转化为分泌高亲和力抗体的浆细胞或记忆性B细胞。

(1) 体细胞高频突变和Ig亲和力成熟。体细胞高突变是形成抗体多样性的机制之一。B细胞Ig基因的体细胞高频突变（somatic hypermutation）发生于生发中心分裂中的母细胞。B细胞Ig重链和轻链的V区DNA序列的体细胞突变率比其他体细胞高1 000万倍，即B细胞每次分裂，均有50%的BCR基因发生变化。B细胞Ig重链和轻链的V区基因各由约360 bp组成，且每4次碱基改变中约有3次会造成编码蛋白质中一个氨基酸的改变，故细胞每次分裂所产生的每个子代细胞的抗原受体会有一个氨基酸发生改变。发生在重链和轻链可变区的位点突变，直接会导致B细胞产生异常的抗体分子。一般情况下，体细胞高频突变与抗原的诱导有关。

当抗原刺激机体时，表达有特异性抗原BCR的B细胞与之结合并活化，转化为浆细胞，产生抗体。当产生的抗体与相应与抗原相遇时，二者发生特异性结合，其中一部分抗原-抗体复合物被吞噬细胞吞噬并降解，一部分抗原 抗体复合物被脾边缘区和淋巴结边缘窦中的特殊抗原输送细胞捕获，输送到淋巴滤泡，并定位于滤泡树突细胞表面。表达有高亲和力BCR的B细胞会与抗原-抗体复合物中的抗原结合，将抗原加工、处理成多肽片段，加工的多肽与细胞表面MHC Ⅱ形成复合物递呈给生发中心活化的Th细胞。在该过程中，活化Th细胞借其表面的CD40L与B细胞表面CD40分子间的互作，传递给B细胞辅助刺激信号，促进其转化为浆细胞。在以上整个过程中，只有那些表达高亲和力抗原受体的B细胞才能有效地结合抗原，并在抗原特异的Th细胞辅助下增殖，进一步产生高亲和力的抗体。BCR不能与抗原高亲和力结合的B细胞，均发生凋亡而被清除。能与抗原高亲和力结合的B细胞，则继续进行增殖和突变。经历多次筛选的B细胞，最终存活下来，表达高亲和力的BCR，成为抗原特异性的B细胞。此过程为抗体亲和力成熟（affinity maturation）。

(2) 抗原受体的编辑。由于Ig的$V(D)$和J基因节段的重排在骨髓B细胞发育成熟的过程中是随机发生的，因此机体中就有可能产生识别自身抗原的无功能性B细胞克隆。$V(D)J$基因可发生二次重排，通过二次重排可达到校正、修饰与自身抗原应答的重链和轻链蛋白质的基因的目的。$V(D)J$基因二次重排可发生于重链，也可发生于轻链，可发生于中枢淋巴器官，也可发生于周围淋巴器官的淋巴滤泡生发中心。在生发中心中发生的B细胞的抗原受体$V(D)J$基因的二次重排，称为受体修正（receptor revision）。Ig重链基因第一次重排生成$V_{H2}DJ_{H2}$，二次重排可发生于VDJ与其$5'$上游的其他V节段之间，也可在VDJ与其$3'$下游的其他J节段之间。

(3) 抗体类型转换。经过重排的V基因一旦在B细胞中形成后，可稳定地遗传给子代细胞，但C基因则相反，它随子代细胞受抗原刺激不同而变化。针对特定的抗原，B细胞首先产生的是抗体类型是IgM，接着产生IgG、IgA或IgE，这些抗体中V区是稳定不变的。TI抗原不引起抗体类别的转换，TD抗原主要诱导抗体向IgG转换，变应原主要诱导抗体向IgE转换。在抗原特异性的Ig不同类型转换的过程中，T细胞协同激分子和细胞因子的调节起到重要的作用，例如，Th细胞若缺失CD40L，则不发生抗体类型的转换。Th1和

Th2 细胞分泌的因子均参与了 Ig 的同种型转换,如 Th1 细胞分泌的 IFN-γ 可诱导抗体转换成 IgG_2a 和 IgG_3;Th2 细胞分泌的 IL-4 则诱导抗体转换成 IgG_1 和 IgE。抗体类别的转化是通过 Ig 恒定区基因重组,或者重链 mRNA 的不同剪接来完成的。

3. 生发中心发育成熟的 B 细胞的命运 B 细胞在生发中心经过增殖、亲和力成熟,最终分化为浆细胞和记忆 B 细胞。

(1) 浆细胞(plasma cell)的分化。生发中心的部分 B 细胞转化为分泌抗体的浆细胞后,离开外周淋巴组织,在趋化因子的作用下迁移至骨髓,获得骨髓基质细胞提供的生存信号。回流至骨髓中的 B 细胞停止分裂增殖,继而转化为持续、高效产生特异性高亲和力抗体的浆细胞。

(2) 记忆 B(memory B cell)细胞的分化。生发中心的 B 细胞一部分分化成高效、持续分泌特异性抗体的浆细胞,另一部分分化为记忆 B 细胞。记忆 B 细胞寿命长,增殖能力低,能表达 mIg,但不能大量产生抗体。记忆 B 细胞离开生发中心后,参与淋巴细胞再循环。在循环过程中记忆 B 细胞一旦再次接触相同抗原,就可立即活化、增殖和分化,迅速而高效地产生特异性的高亲和力抗体。

三、B 细胞介导的体液免疫应答的规律

病原体首次侵入机体时,诱导机体产生时间短、水平低的初次免疫应答(primary immune response)。初次免疫应答产生后,随着抗原的清除,绝大多数效应细胞发生凋亡,特异性抗体的浓度也随之下降,但初次免疫应答过程中所形成的记忆性 B/T 细胞可持续存在于机体中。当机体再次遇到相同抗原时,记忆性 B/T 细胞迅速被激活,产生应答水平高、持续时间长的特异性免疫应答反应,即再次免疫应答(secondary immune response)。

(一)初次免疫应答

抗原初次进入机体产生的免疫应答,诱导时间较长,1~2 周后才能产生以 IgM 为主的抗体。因为初次应答主要是低亲和力受体的 B 细胞与抗原结合,所以产生的抗体亲和力也较低。初次反应产生的 IgM 持续时间短,抗体水平低,紧随 IgM 产生的 IgG,较 IgM 水平高,持续的时间也稍长。

机体初次接受抗原刺激后,体液免疫应答过程可分为四个阶段:①潜伏期(2~3 周),是指抗原刺激机体后至血清中能测到特异抗体前的阶段,抗原的性质、抗原进入机体的途径及宿主的状态等决定了该阶段时间长短;②对数期,该阶段抗体水平呈指数增长,抗原剂量及性质是决定此时抗体水平增长速度的重要因素;③平台期,此时期血清中抗体浓度基本维持在一个相当稳定的较高水平,平台期形成时间、平台期抗体水平的高度及持续时间依抗原不同而异;④下降期,该阶段由于抗体-抗原复合物的清除或抗体自身降解,血清中抗体浓度慢慢下降,持续时间为几天至数周。

初次免疫应答发生于宿主 B 细胞第一次识别特异性抗原。B 细胞识别抗原后分化形成浆细胞分泌抗体,初次免疫应答中首先合成 IgM。在细胞因子的诱导下,浆细胞分泌产生的抗体的类型从 IgM 转为 IgG,所以随着时间推移,IgM 水平逐渐降低,IgG 水平逐渐提高。初次免疫应答后期,IgG 水平和 IgM 一样,逐渐降低,直至消失。但在初次免疫应答中形成的记忆 B 细胞,仍持续存在于淋巴组织中,并保留识别相同特定抗原的特征。

(二)再次免疫应答

初次免疫应答后,当相同抗原再次进入机体时,免疫系统产生的迅速、高效的特异性免

疫应答反应，称为再次免疫应答。再次免疫应答中，由于记忆 B 细胞表达有高亲和力的 BCR，只需低剂量的抗原就可被激活。在激活过程中，记忆 B 细胞通过高亲和力的 BCR 结合特异性抗原，并将特异性抗原加工、处理成适合肽段，与 MHC Ⅱ 分子结合构成展示于细胞表面 MHC Ⅱ-抗原肽复合物，递呈给记忆 Th 细胞。激活的 Th 细胞表达多种膜型共刺激分子，并分泌大量的细胞因子，作用于记忆 B 细胞，使之迅速增殖并分化为浆细胞，合成并分泌高亲和力的抗体。

在初次免疫应答的生发中心的记忆 B 细胞，经过增殖、体细胞高突变、筛选等一系列过程，当再次遇到同一抗原时，可迅速启动快速、高效的再次免疫应答反应。因此，与初次应答相比，再次应答中抗体的产生特征是：免疫应答迅速，表现为，潜伏期、对数期明显缩短，约为初次应答时间的 1/2，所以可迅速到达平台期，并且下降期趋于平缓；应答抗体水平高，再次免疫应答平台期抗体水平约是初次的 10 倍以上，并且平台期维持时间较长；再次应答所需抗原剂量小，产生的抗体 IgG 亲和力高；再次免疫应答由记忆淋巴细胞介导，而初始淋巴细胞不参与应答。记忆 B 细胞以及抗原特异性抗体可阻止初始 B 细胞参与再次免疫应答。

在再次免疫应答中，激发免疫应答水平的高低主要取决于两次免疫之间的间隔时间长短。由于初次应答后存留的抗体可与抗原结合，因此当间隔短时，体内的抗体易于与再次免疫的抗原形成抗原-抗体复合物而被迅速清除；由于记忆细胞具有时限性，间隔太长则免疫应答反应也弱。再次应答后产生的免疫应答效应可在体内持续数月或数年，所以机体一旦被病原体感染后，可在相当长时间内具有防御该病原体的免疫力。

全面了解再次应答的规律有利于指导临床诊断及预防接种。如，在免疫接种或制备多克隆抗体时，为了获得高效价、高亲和力的抗体，对机体进行再次或多次加强免疫，来维持机体长期的免疫力；在体液免疫应答过程中 IgM 是最早出现的抗体，因此 IgM 可作为早期诊断的指标之一；当检测抗体的效价较前次增高 4 倍以上者可作为感染的证据。而且，掌握再次免疫应答的规律，有利于排除抗体效价非特异性增长的影响，因为非特异性抗体的增长一般在短时间内可很快下降（图 8-9）。

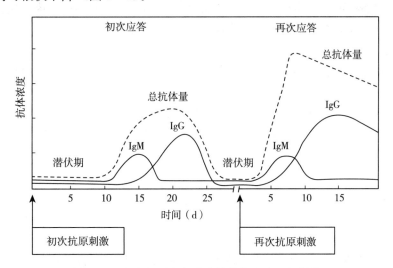

图 8-9 初次与再次免疫应答抗体产生一般规律
（曹雪涛.2013.医学免疫学）

四、B 细胞介导的体液免疫应答效应

B 细胞介导的体液免疫应答，主要效应分子是抗原特异性抗体。抗体分子通过多种机制，发挥免疫效应，亦可引起免疫保护和免疫损伤。

（一）免疫保护效应

1. 中和效应 细菌分泌的外毒素、昆虫和蛇类产生的毒素，通常由结合亚单位和毒素亚单位组成。结合亚单位与宿主细胞的受体结合，使毒素亚单位被宿主细胞内化。毒素亚单位可进入细胞质，从而发挥毒性效应。血清中及黏膜局部存在的中和抗体 IgG 和 IgA，与毒素结合，可中和其毒性。病毒胞内寄生菌通过与细胞表面受体结合而侵入宿主细胞，高亲和力的 IgG 和 IgA 可与病毒和细菌的表面蛋白结合，通过阻止病毒和细菌进入宿主细胞而发挥中和作用。

2. 免疫调理效应 高亲和力的 IgG 抗体，通过 Fab 区与病原体结合后，抗体 Fc 区与巨噬细胞表面的 FcR 结合，促进吞噬细胞对抗原物质的吞噬作用，发挥抗体介导的免疫调理作用。

3. 补体激活效应 抗体 IgG 和 IgM 与抗原结合形成免疫复合物后，抗体 Fc 能够激活补体系统，形成攻膜复合体，发挥细菌和细胞溶解效应。补体激活所产生的结合在病原体的表面的 C3b 可与吞噬细胞表面的 C3bR 特异性结合，二者结合可导致吞噬细胞对病原体的吞噬作用，发挥补体介导的免疫调理作用。

4. 抗体依赖的细胞毒效应 抗体 IgG 的 Fab 段与靶细胞结合，Fc 段再与 NK 细胞、巨噬细胞、中性粒细胞和嗜酸性粒细胞表面的 FcγR Ⅲ 结合，从而介导效应细胞杀伤携带特异性抗原的靶细胞，发挥抗体依赖的细胞毒作用（antibody dependent cellular cytotoxicity, ADCC）。效应细胞可通过 ADCC 效应杀伤肿瘤细胞及被病毒感染的靶细胞。

5. 黏膜局部抗感染效应 分泌型 IgA 抗体在黏膜抗感染中起主要作用。sIgA 抗体分泌至呼吸道、消化道和生殖道黏膜，阻止细菌、病毒、寄生虫等病原体的感染。黏膜介导感染的病原体，通过表面的黏附素分子与宿主黏膜上皮细胞黏附，起初始感染作用。抗黏附素的分泌型 IgA 抗体可抑制病原体的黏附作用，从而阻止病原体的感染。

（二）免疫损伤效应

B 细胞体液免疫应答的效应分子抗体，除了参与免疫保护作用，也可参与某些病理过程。

1. 超敏反应与自身免疫病 抗体介导的 Ⅰ、Ⅱ 和 Ⅲ 型超敏反应以及自身免疫疾病，可引起免疫损伤作用。IgE 介导 Ⅰ 型超敏反应，IgG、IgM 介导 Ⅱ 和 Ⅲ 型超敏反应。某些自身免疫疾病与 Ⅱ 型、Ⅲ 型超敏反应有关，有些自身免疫疾病由具有异嗜性抗原的病原体感染引起。

2. 移植超急排斥反应 在器官移植过程中，接受器官移植者体内存在针对移植物抗原的抗体，可导致超急性排斥反应。体液免疫应答反应在慢性移植排斥反应中也有起到一定作用。

3. 肿瘤促进作用 肿瘤患者产生的某些 IgG 亚类，可作为封闭因子，阻碍特异性 CTL 识别、杀伤肿瘤细胞，使肿瘤细胞逃逸免疫应答，从而促进肿瘤生长。

第三节 免疫耐受

免疫耐受（immunological tolerance）是指机体对特定抗原刺激表现为无应答，而对其他抗原刺激仍表现出正常免疫应答的现象。诱导免疫耐受性形成的抗原称为耐受原（tolerogen）。在一般情况下，免疫耐受具有特异性，只针对特定的抗原，而并不影响整体的适应性免疫应答功能。免疫耐受与免疫应答相反，是免疫系统的重要功能组成，但二者之间的功能相反，因此免疫耐受也称负免疫应答。免疫耐受的形成需耐受原的刺激，与正常的免疫应答一样，耐受原刺激后，形成特定的效应细胞，并且具有记忆性。

一、免疫耐受的特征

免疫耐受可天然形成，如机体对自身组织抗原的耐受，也可后天形成，如人工注射某种耐受原或者感染某种病原体后诱导的耐受。同一种抗原，在不同理化性质、剂量、免疫途径等情况下，可以成为免疫原，也可以是耐受原。

（一）固有免疫耐受

最常见的固有免疫耐受现象是机体对自身组织成分不发生免疫应答，也即自身耐受性。在一定条件下免疫系统也可对"非已"抗原产生免疫耐受性，例如异卵双生的个体，由于在胚胎期生存环境相同，出生后双方间进行器官移植也不发生移植排斥反应。

（二）获得性免疫耐受

获得性免疫耐受通过接种耐受诱导产生。1953年Medawar等成功建立了胚胎期诱导耐受的动物模型。他们将CBA系黑鼠的脾细胞注入A系白鼠的胚胎内，子代A系白鼠8周龄后可接受CBA系黑鼠的皮肤移植而不排斥，但对其他品系小鼠的皮肤移植物则产生排斥反应。1962年Dresser用去凝聚的可溶性蛋白在成年动物诱导免疫耐受获得成功。1968年Mirchison给成年小鼠反复注射各种剂量的牛血清白蛋白（BSA），然后再以BSA加弗氏完全佐剂进行攻击，并不出现对BSA的抗体应答。虽然这些实验证明成年鼠也可诱导免疫耐受，但较胚胎期和新生期明显困难得多。

免疫耐受与免疫缺陷和免疫抑制的区别：免疫耐受有抗原特异性，而免疫缺陷和免疫抑制均无抗原特异性；免疫缺陷起因于遗传或疾病等因素，主要是机体免疫系统对多种抗原物质的不应答或应答低下，表现为体液免疫功能缺陷、细胞免疫功能缺陷或联合免疫缺陷；免疫抑制主要是抑制剂抑制整个机体免疫系统的功能，受抑制的机体对多种抗原物质不应答或应答低下，可通过去除抑制剂恢复机体的免疫应答功能。

二、免疫耐受形成的条件和机制

（一）免疫耐受形成的条件

抗原和机体两方面构成免疫耐受能否诱导成功的主要因素。

1. 抗原因素 免疫耐受的形成是由特异性抗原诱导的，因此，抗原的性质、剂量、免疫途径和抗原刺激时间与免疫耐受的形成密切相关。

（1）抗原的性质。抗原与被接种机体的亲缘关系越远，分子结构越复杂，则免疫原性越强；反之，亲缘关系近、结构简单的抗原则容易诱发机体形成免疫耐受。另外，大颗粒性抗原物质易被 APC 摄取、加工并递呈，所以免疫原性较强；而小分子抗原物质、可溶单体蛋白质常为易引起免疫耐受的耐受原。天然可溶性蛋白中存在有单体（monomer）分子及聚体（aggregate）分子，诱导免疫耐受的能力有很大差异。以牛血清白蛋白免疫小鼠，可产生抗体。若将牛血清白蛋白先经高速离心，去除其中的聚体，再免疫小鼠，则引起耐受，不产生抗体。其原因是蛋白质单体不易被巨噬细胞吞噬处理，不能被 APC 递呈，T 细胞不能被活化。

(2) 抗原剂量。诱导免疫耐受的抗原剂量，无一定标准，随抗原性质、动物种类而异。一般而言，适当的抗原剂量免疫机体容易诱导特异性免疫应答，但是异常量的抗原则易引起免疫耐受。例如，高剂量抗原会引起高带区耐受（high zone tolerance），致 T、B 细胞形成免疫耐受，抑制免疫应答；低剂量抗原会引起低区带耐受（low zone tolerance），使 T 细胞形成耐受。当然，除了以上因素，诱导免疫耐受所需抗原剂量还因抗原种类而异，例如，TI 抗原是高剂量才可诱导免疫耐受，而 TD 抗原低剂量和高剂量都可以诱导免疫耐受。免疫耐受形成后，在机体内维持时间与抗原剂量有关，高剂量致耐受在机体存在时间长，低剂量则短，但随着耐受原的排除，免疫耐受可逐渐消除。通常 T 细胞耐受易于诱导，所需抗原的剂量低，耐受持续时间长达数月至数年。而诱导 B 细胞耐受需要较大剂量的抗原，B 细胞耐受持续时间较短，一般只有数周的时间（图 8-10）。

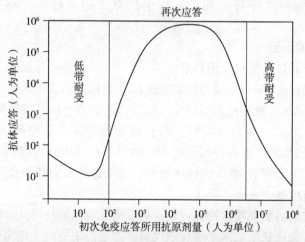

图 8-10 抗原剂量与免疫耐受
（曹雪涛. 2013. 医学免疫学）

(3) 抗原免疫途径。通常，抗原通过口服和静脉注射，易诱导免疫耐受，皮下和肌内注射则容易诱导免疫应答。抗原经口服诱导胃肠道派氏集合淋巴结及小肠固有层 B 细胞，产生分泌型 IgA，形成局部黏膜免疫，但也可引起全身的免疫耐受。总之，对同一抗原，静脉注射最易致耐，其次是腹腔注射，皮下注射最难导致耐受，若抗原与免疫佐剂共同注射，则不易引起耐受。另外，低剂量的抗原长期在机体内存在，容易诱导免疫耐受，如有些病毒的潜伏感染。

2. 机体因素 免疫耐受的产生与机体免疫功能状态、免疫系统发育成熟的程度、机体的遗传背景等因素密切相关，这些因素影响到免疫耐受的产生和维持。

(1) 免疫系统发育成熟的程度。机体在胚胎期或者新生儿期，免疫系统不成熟。胚胎期最易诱导免疫耐受，新生期次之，免疫功能正常的成年个体，则较难诱导免疫耐受。胚胎期或者新生儿期，新生的胸腺 T 细胞较容易受到耐受原的作用，在很低剂量的情况下就易形成免疫耐受，而成熟的 T 细胞形成耐受所需的抗原量远远大于未成熟 T 细胞所需的。因此，在临床上若要诱导免疫耐受多在动物幼龄时进行。

(2) 机体的遗传背景。动物种属与品系的不同，对耐受原诱导作用的敏感性不同。鼠类在胚胎期和新生期都可诱导免疫耐受，而兔、灵长类和有蹄类动物一般仅在胚胎期可诱导形成免疫耐受。此外，即使在同一物种中，不同品系的动物诱导耐受性所需的剂量也不同。

(3) 机体免疫功能状态。机体免疫耐受的形成还与免疫系统是否处在抑制状态有关。在免疫耐受形成的过程中，如成年机体仅用抗原难以诱导免疫耐受的情况下，若联合应用抗原和免疫抑制剂等方式，破坏已经成熟的免疫系统，造成类似新生儿期的免疫功能不成熟状态，则免疫耐受成功诱导的概率将大大增加。全身淋巴组织照射、抗淋巴细胞球蛋白的应用、特异性抗淋巴细胞单克隆抗体的应用是引起免疫损伤及抑制的常用方法。

(二) 免疫耐受的形成机制

1. 中枢免疫耐受 克隆清除学说（clonal deletion）认为，胚胎期和新生期个体的淋巴细胞尚未发育成熟，此时接受抗原的刺激，相应特异性淋巴细胞克隆不但不发生克隆扩增，相反会被作为禁忌细胞克隆（forbidden clone），受到抑制或者通过阴性选择而发生凋亡，从而使特异性免疫细胞在早期发育分化阶段即对该抗原产生耐受。个体成年后，因缺乏该特异性淋巴细胞克隆，导致了对该抗原的终身耐受。自身免疫耐受形成的重要的机制中，其中一种可能是机体对某一种自身抗原起反应的特异淋巴细胞克隆清除或丢失，这与 Burnet 提出的克隆选择学说相一致。

T 细胞的克隆清除主要发生在胸腺。从骨髓到达胸腺的双阴性前体 T 细胞（$CD4^- CD8^-$）分化发育成双阳性 T 细胞（$CD4^+ CD8^+$），双阳性 T 细胞在接触胸腺皮质上皮细胞后经历 MHC 限制性选择过程，即只有能与 MHC Ⅰ类分子-自身抗原肽或 Ⅱ 类分子-自身抗原肽有适当亲和力结合的双阳性 T 细胞才能存活增殖，分别发育成 $CD8^+$ T 细胞或 $CD4^+$ T 单阳性 T 细胞，而不与 MHC 分子结合的双阳性 T 细胞则进入程序性死亡。

已经证实在外周免疫器官的生发中心有 B 细胞克隆的清除和丢失，但以前一直认为识别自身抗原的 B 细胞克隆的清除主要发生在骨髓。Nossal 等用 NP-HSA（4-羟基-3-硝基乙酰苯和人血清白蛋白的复合物）给小鼠免疫之前或之后，注入解聚的可溶性 NP-HSA，均可导致抗体的减少，尤其是高亲和性 IgG_1 的减少更为明显。研究发现，给小鼠注入可溶性抗原后其脾脏白髓生发中心的凋亡细胞明显增加，而且细胞凋亡的发生具有抗原特异性，当用无关蛋白质如转铁蛋白给小鼠注射时则不能诱导细胞凋亡。当采用具有抗凋亡功能的 Bcl-2 转基因小鼠（该小鼠的所有 B 细胞均可表达 Bcl-2 基因）进行该种实验时，由可溶性抗原诱导的 B 细胞凋亡只是受到部分抑制。这表明除抗原特异性 B 细胞克隆清除外，尚有其他机制参与可溶性抗原诱导的免疫耐受性。

在 B 细胞发育早期，膜表面只表达 SmIgM，此时若与抗原接触，可对 B 细胞产生抑制信号，阻断 SmIg（膜表面免疫球蛋白）的进一步表达，从而对抗原物质不能应答；但此时仍可被 LPS 等多克隆刺激剂激活，这是因为多克隆刺激剂的受体与 SmIg 无关。B 细胞抗原受体表达的抑制机制也称为克隆流产（clonal abortion）（图 8-11）。

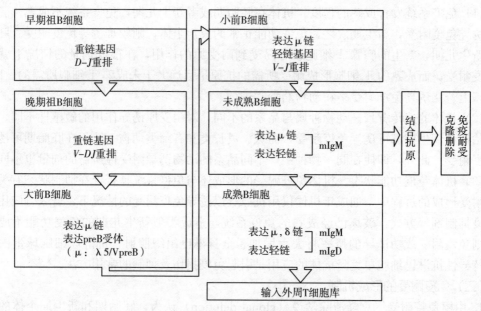

图 8-11 B细胞的发育与中枢免疫耐受
(曹雪涛.2013.医学免疫学)

2. 外周免疫耐受 借助于中枢耐受机制，仍然不能完全清除自身反应性 T 细胞和 B 细胞克隆。在外周免疫器官，自身反应性 T 细胞和 B 细胞克隆通过外周耐受机制被清除或丧失功能。参与外周耐受的机制包括：信息传导通路关闭导致的克隆忽略（clone ignorance），共刺激信号缺失导致的克隆失能（clone anergy），凋亡信号启动导致的克隆凋亡，独特型网络的调节等。T 细胞克隆失能是外周免疫耐受的重要机制。

(1) 克隆忽视（clonal ignorance）。克隆忽视是指自身应答性 T、B 细胞与自身抗原同时存在而又不发生应答的现象。推测认为过低浓度的自身抗原达不到 APC 的最低摄取量，进而不能提供足够强度的淋巴细胞第一活化信号；或者 BCR/TCR 对自身抗原的亲和力低，不能足以激活自身应答性 T 细胞；还有可能是机体的生理性屏障隔离自身应答性淋巴细胞与自身组织抗原，形成所谓"免疫赦免区"，使机体免疫细胞不能与相应自身组织抗原接触。由于以上原因，这些自身应答性淋巴细胞处于被忽视状态。如果自身抗原浓度增高，或者屏障作用被打破时，就可能活化相应的淋巴细胞，导致自身免疫病。

(2) 克隆失能（clonal anergy）。在 T、B 淋巴细胞的活化的过程中，仅受体同抗原肽/抗原肽复合物结合作为第一信号还不够，若要完全激活淋巴细胞，还需要淋巴细胞表面协同刺激分子的互作才行。若没有细胞表面的共刺激，则 T、B 细胞仍处于无应答状态，即克隆失能状态。

如针对于特定 T 细胞的某些抗原，虽然可以同 MHC 分子形成 MHC-抗原复合物，但若无协同刺激因子的共刺激，T 细胞处于克隆无能状态。同样，即使 B 细胞抗原受体已识别抗原，但若缺少共刺激分子的促进作用，B 细胞同样处在无能状态。

(3) 克隆清除（clonal deletion）。外周成熟 T、B 细胞接触自身抗原后，也可以通过淋巴细胞活化诱导的细胞凋亡建立并维持外周免疫耐受。自身反应性 T、B 淋巴细胞反复接触持续存在的较高浓度的自身抗原，特异性 T 细胞被激活并高表达 Fas 及 FasL，而活化的自身应答性B细胞仅表达Fas。当自身反应性T、B细胞活化后,可通过自身表达的Fas与已激活的T细胞表面或脱落的FasL结合而启动凋亡信号转导,导致针对自身抗原活化的T、B细胞凋亡,由此建立并维持外周自身耐受。

(4) 免疫负调节。机体免疫系统可通过负向免疫调节机制,抑制机体的免疫应答而形成免疫耐受。目前研究较多的主要是调节性T细胞(Treg细胞)、调节性B细胞核抑制性细胞因子。

Treg细胞为$CD4^+CD25^+Foxp3^+$的细胞,分为自然调节性T细胞(nTreg)和适应性/诱导性调节性T细胞(iTreg),可经细胞-细胞的直接接触或分泌TGF-β和IL-10等抑制性细胞因子,抑制未成熟DC分化为成熟DC,促进未成熟DC诱导免疫耐受,也可抑制Th1和CTL、B淋巴细胞的免疫应答。在瘤型麻风患者中,其Treg细胞的抑制活性增高,能抑制Th1细胞应答,从而不能有效地清除细胞内的细菌,导致病情加重。

TGF-β和IL-10是两种重要的抑制性细胞因子。TGF-β可抑制T细胞的增殖、调节Treg细胞和Th7细胞的分化、抑制效应性T细胞的功能以及巨噬细胞的活化;IL-10能抑制IL-12的分泌,抑制DC和巨噬细胞表达共刺激分子和MHC Ⅱ类分子。

三、免疫耐受的建立、维持、终止及意义

免疫耐受可在特定情况下建立并维持,也可因造成耐受条件的消失而终止,并形成抗原特异性免疫应答状态。抗原因素和机体因素决定耐受的产生和维持。

(一) 免疫耐受的建立与维持

能否让机体维持免疫耐受,与机体中耐受原是否持续存在密切相关。在临床诱导免疫耐受相关实验中,当免疫耐受一旦形成,若终止提供耐受原,则免疫耐受逐渐消失,机体对该抗原的特异性免疫应答也逐渐恢复;若持续供给耐受原,则机体的免疫耐受可持续存在并不断加强。对自身组织成分及病毒和细菌的长期感染建立起来的免疫耐受不容易解除。对易于降解、不能自我更新的耐受原,需多次接触才能维持免疫耐受。某些分解缓慢的耐受原,如多聚D-氨基酸,注射一次即可使耐受维持一年。免疫系统未发育成熟的胚胎和新生期,或者成年期联合免疫抑制,均可建立并维持免疫耐受。

(二) 免疫耐受的终止

免疫耐受可因耐受原在机体内被逐渐清除而自发终止,也可以通过特殊的免疫途径和方法而人工解除。机体对自身抗原所建立起来的固有免疫耐受,在某些情况下也可以终止,从而导致自身免疫性疾病,如机体组织受损而暴露隐蔽抗原,自身组织分子发生结构上的变化,与自身抗原有交叉成分的病原体的入侵等情况。

人工解除免疫耐受,可通过改变耐受原的分子结构,或者改变半抗原的载体,然后用这些改造过的物质免疫机体,特异性终止已经建立的免疫耐受。在新型疫苗的设计中,打破某些病原体慢性感染所造成的免疫耐受已成为治疗性疫苗研究的重要方向。构建成分相似的疫苗终止耐受是关键的策略之一。研究发现,改变抗原的递呈途径可以有效打破免疫耐受,由此可建立具有广泛适应性的抗原递呈系统。

(三) 研究免疫耐受性的意义

对免疫耐受性进行深入的研究,是对免疫学基础理论的发展,也可为临床医学的实践提供重要的参考。

1. 促进基础理论研究 免疫学研究的核心问题之一是机体与"自己"和"非己"的关系,即机体对自身成分形成免疫耐受,而对外来抗原视为异物加以清除是如何形成的。既然机体中的免疫耐受是机体免疫系统对抗原应答的一种正常的生理方式,那就有必要对免疫耐受进行深入研究,为进一步解答免疫应答的本质问题提供参考。目前已解答免疫耐受的形成与免疫细胞的分子识别、信号传递、基因表达等多方面的初步问题,对免疫耐受形成机制的深入研究定会完善免疫学基础理论的研究。

2. 临床意义

(1) 防止器官移植的排斥反应。在临床上,组织配型和免疫抑制的是防止器官移植排斥反应的主要方法。虽尽管组织配型和免疫抑制能有效地提高器官移植的存活率,但由于MHC抗原的多态性,寻找组织相容性合适类型的供者非常困难,另外,免疫抑制剂的毒副作用也十分明显。因此,通过诱导受者产生免疫耐受,可最大限度防止受者对器官移植排斥反应。此外,由于同种异体移植器官的短缺,除了要开展同种异体移植耐受的研究外,更有必要开展异种移植耐受的研究。

(2) 自身免疫病和超敏反应的防治。机体免疫系统针对自身组织成分的抗体和致敏淋巴细胞在机体正常情况下可以有限度的存在,特别在老年人体内更为明显,多数属于生理现象。而自身免疫引起相应组织器官的功能障碍并出现临床症状时,则称为自身免疫病。当自身组织抗原性发生改变,病原微生物交叉抗原的出现,免疫系统发育异常或免疫调节功能紊乱时,可干扰自身耐受而引起自身免疫病。因而,在机体出现病理症状时,若能提高机体对自身成分的免疫耐受性,也许可以为防治自身免疫性疾病提供一种模式。同样若诱导机体对变应原产生耐受性,则可消除超敏反应的发生。

(3) 肿瘤及感染性疾病的治疗。肿瘤的发生是由于机体对突变细胞不能及时识别和清除,即对其产生免疫耐受的结果,如乙型肝炎病毒(HBV),它之所以能在体内持续存在,机体对其产生了免疫耐受是主要的原因。在研究免疫耐受产生的原因和条件时,运用适当的方法阻断机体对特定抗原的耐受性,从而增强机体的主动免疫监视和免疫防御功能。

(4) 控制生殖过程。胎儿是一种特殊的"异体移植物",但母体对异己的子代胚胎组织具有免疫耐受性而不排斥,因此,深入研究母体与胎儿之间的耐受机制后,可运用适当的方法阻止母-胎耐受模式的破坏而防治自然流产,解决一些临床流产难题。

第四节 免疫调节

免疫应答的产生,是抗原刺激机体后,多系统、多器官、多细胞、多分子相互作用的结果。免疫系统不适当的应答反应,如对病原体的免疫耐受或者过强的免疫应答,以及对自身抗原产生的免疫应答,均会对机体造成损害。免疫系统在长期进化过程中,形成了多方位的免疫调节机制,对机体的免疫应答进行全面调控。

免疫调节(immunoregulation)是指在免疫应答过程中,免疫细胞、免疫分子间及其与神经、内分泌系统间的相互作用,通过相互协助和相互制约的网络系统调控机体免疫应答过程,以维持机体免疫应答的平衡。免疫应答的调控,包括正、负反馈两个方面。

一、基因水平的免疫调节

研究发现，不同个体对同一抗原的免疫应答能力存在差异。例如，遗传背景不同的豚鼠，对白喉杆菌的抵抗能力不同，这种能力受到遗传的影响。强直性脊柱炎患者中90%以上都具有人体白细胞抗原（HLA-B27）。不同MHC单元型小鼠，对特定抗原的应答能力不同。对某一抗原呈高反应性的小鼠品系，对其他抗原可能呈现低反应性。因此，机体对某种抗原的应答与遗传条件有关。

机体的免疫应答主要受两类基因的调控，一类与识别抗原有关的分子的编码基因，如淋巴细胞受体基因；一类是与免疫应答调控有关的分子的编码基因，如协同分子的编码基因。调整免疫细胞或靶细胞表面MHC抗原的表达，就能对机体免疫应答能力产生一定的影响。例如IFN-γ可明显增强巨噬细胞、Langerhans细胞和肿瘤细胞表面MHC Ⅰ、Ⅱ类分子的表达，因而可大大提高APC的抗原递呈能力和促进Tc细胞对靶细胞的杀伤作用；前列腺素E_2能抑制MHC Ⅱ类分子的表达，因而呈现免疫抑制作用。

在免疫应答过程中MHC限制性普遍存在于T-MΦ、T-B、Th-Ts、Tc-靶细胞之间。如致敏的Tc细胞必须识别与MHC Ⅰ类分子结合的抗原肽才能发挥杀伤靶细胞作用；Th细胞必须以其TCR识别APC上与MHC Ⅱ类分子结合的抗原肽才能活化，继而完成对B细胞及其他细胞的辅助作用，因此，MHC Ⅰ类和Ⅱ类分子与机体免疫应答的发生和调节密切相关。

1. MHC对T细胞免疫应答的调节　MHC对T细胞的免疫调节作用，主要表现在T细胞发育、T细胞对抗原的识别以及在群体水平对免疫应答的调节。

（1）MHC对T细胞发育的调节。从骨髓中形成并移出的前T细胞，进入胸腺经历阳性选择和阴性选择后，分化成成熟的T细胞。凡是不能识别和结合自身MHC Ⅰ/Ⅱ分子的T细胞，通过阳性选择而被清除，从而获得具有MHC限制性识别能力的T细胞。凡是能识别MHC Ⅰ/Ⅱ-自身抗原肽的T细胞，通过阴性筛选而被清除，从而实现免疫系统对自身抗原的耐受。经过阴性和阳性筛选，T细胞获得了免疫应答的异己性和识别抗原的MHC限制性。

（2）MHC对T细胞识别抗原的调节。T细胞识别抗原的MHC调节，主要是指Th细胞TCR识别抗原受MHC Ⅱ分子调节和CTL靶细胞识别受MHC Ⅰ/Ⅱ调节。TCR识别APC细胞表面的MHC Ⅰ/Ⅱ抗原肽复合物，因此，MHC通过限制性实现对T细胞识别抗原的调节。TCR α、β链的CDR3识别并结合抗原肽的T细胞表位，TCR α、β链的CDR1和CDR2识别并结合MHC分子的多态区以及抗原多肽的两端。那些能选择性与TCR结合的MHC分子，才能启动T细胞的活化。CTL仅杀伤表达同一类型MHC分子的靶细胞，CTL细胞毒效应同样受MHC限制。

2. MHC对B细胞免疫应答的调节　在B细胞识别TD抗原的应答过程中，T细胞的辅助作用非常关键，如定位在Th细胞上的协同分子通过与定位B细胞上的配体的结合，可为B细胞的活化提供第二信号。同样，产生免疫应答的T细胞分泌的各种细胞因子，可促进B细胞的充分活化、增殖和分化。更有意义的是，B细胞经表面MHC分子与T细胞的相应互作后，可加强自身活化最终产生抗体，介导体液免疫应答。因此，MHC对B细胞免疫应答也起调节作用。

二、分子水平的免疫调节

各种定位在淋巴细胞上的和分泌到细胞外的分子可通过不同作用机制，参与免疫应答的调节。

(一) 抗原介导的免疫调节作用

1. 与抗原特性相关的免疫调节 在由抗原引起的免疫应答中，抗原的质和量均会影响和调节免疫应答的类型和强度。不同性质的抗原，所诱导的免疫应答的类型不同。蛋白质抗原一般既能够诱导体液免疫应答，也能够诱导细胞免疫应答，并且可以诱导抗体类型的转换和亲和力成熟，以及免疫记忆的产生。多糖及脂类抗原诱导的体液免疫应答不依赖T细胞的作用，一般不能诱导MHC限制的T细胞应答，抗体类型主要为IgM。除了某些自身免疫疾病，DNA和RNA一般不能诱导针对自身的免疫应答反应。

在免疫应答中，抗原的剂量、接种途径和理化性质的改变可影响应答的类型和水平，如在一定范围内，适当增加抗原量可提高特异性免疫应答的水平，但过高或过低的抗原量刺激机体后会引起特定的免疫耐受。同一抗原，经静脉注射或口服接种机体，容易诱导免疫耐受，但皮下和皮内注射接种机体，则易激发机体产生免疫应答。聚合状态抗原的免疫原性高于单体抗原，颗粒性抗原的免疫原性强于可溶性抗原的免疫原性。

2. 不同抗原之间的相互调节 在机体免疫应答过程中，若结构相似的两种或两种以上的抗原同时刺激机体，会发生相互干扰，例如先进入的抗原可调控机体对后进入抗原的产生免疫抑制。结构相似的抗原多肽可导致T细胞上特异性TCR对类似抗原的亲和力下降，从而抑制相关T细胞克隆的激活和增殖。此时，即便存在第二信号，TCR介导的信号也不能被传导，针对该多肽的T细胞不能被激活。在调节免疫平衡中，抗原间的这种竞争抑制的调节作用具有重要的意义。

(二) 抗体的免疫调节作用

作为体液免疫应答中的核心成分的抗体，在机体的免疫调节中既可发挥正调节作用，也可发挥负调节作用，这两种调节在维持机体的免疫平衡中发挥着重要功能。

1. 抗体负调节作用 抗体反向调控免疫应答的作用，称为抗体对免疫应答的负调节。抗原免疫动物前，或者免疫初期输入特异性抗体，可使被免疫动物产生相同特异性抗体的能力下降。特异性抗体通过多种机制，对免疫应答产生负调节。

(1) 抗体对抗原的作用，使得被动给予的抗体可与BCR竞争结合抗原，降低机体内抗原的含量，从而对免疫应答发生负调控，IgG抗体的封闭功能取决于抗体的浓度和亲和力。

(2) 抗体与特异性抗原形成复合物后，复合物中除了抗原可与B细胞上的BCR结合外，抗体的Fc段也可与B细胞的Fc受体发生交联，向B细胞传入抑制信号，使B细胞不被活化，从而抑制抗体的产生。

(3) 抗体-抗原复合物的形成后，通过抗体Fc段与巨噬细胞的FcR结合可促进吞噬细胞对复合物的摄取，进而对抗原进行清除，抗原减少，进而减少机体免疫活性细胞的产生，达到抑制免疫应答的目的。

2. 抗体对免疫的正调节作用 抗体除了能够对特异性免疫应答反应发生负调控，在某些情况下，抗原特异性抗体也能进行正调节作用，促进免疫应答的发生。

(1) 抗原、IgM、补体三者结合可形成抗原-IgM-补体复合物，当这一复合物与BCR

结合时,结合信号传递至 B 细胞,促进 B 细胞的增殖、分化,提高免疫水平。这一现象的产生可能是由于补体 C3b 成分与抗原受体复合物的 CD21 分子相互作用,然后 CD21 向 B 细胞传入增强信号的结果。

(2) 在抗原量多于抗体的免疫应答早期,抗体的调理作用主要体现在抗原-抗体复合物可介导 APC 摄取抗原的能力,增强 APC 的功能,进一步促进免疫应答水平。

(三) 补体的免疫调节作用

补体系统除了在免疫反应中发挥抗感染作用外,还参与免疫应答的调节。补体对细胞免疫和体液免疫调节作用,表现在以下几方面。

1. 淋巴细胞增殖的促进作用 C3b 可促进 B 细胞增殖,C3b 的结合可作为 B 细胞活化的信号。B 细胞和 MΦ 活化与其表面补体的活化有关。C3d 可通过 CR2 直接刺激 B 细胞,对 B 细胞的增殖、分化、记忆和抗体产生起重要的调节作用。当 Ag-C3d 复合物分别与 BCR 及 CD2 交联,通过 CD19 分子的帮助可促进 B 细胞增殖,而单体 C3d 则抑制 B 细胞分化。C5a 具有促进抗原诱导的 T 细胞增殖作用,C6 及 C7 在淋巴细胞活化增殖中也起一定的作用。C3a 可诱导 Ts 细胞。

2. 免疫复合物的调理作用 补体对免疫复合物的调理作用可通过抗体的 Fc 段的补体催化作用发生。补体对免疫复合物的调理作用体现在促进致敏 T 细胞增殖、混合淋巴细胞反应、诱导 B 细胞增殖和分泌抗体等方面。补体活化过程中获得的 C3b、C4b、iC3b 等,在识别各自对应的受体后,可调理增进 APC 对抗原的捕获和递呈能力,促进免疫应答。同样,免疫复合物也可通过补体激活的经典途径激活补体系统,补体活化产生的膜攻击复合体可清除免疫复合物,防止免疫复合物沉淀造成的机体损伤。

3. T 细胞抑制作用 C3 可抑制 CTL 的早期增殖,但对分化后的 CTL 无作用。C3b、C3bi 及 C3c 能刺激人巨噬细胞释放前列腺素 E (PGE) 及其他各种前列腺素 (PG),间接地抑制 T 细胞增殖。C3d 片段也可抑制 T 细胞增殖。

4. 补体介导的炎症反应 补体激活所产生的许多活性片段,可以趋化、激活免疫细胞,可抑制或者促进淋巴细胞释放细胞因子,介导炎症反应。C5a 与表达 C5a 受体和 MHC Ⅱ 的巨噬细胞相互作用后释放 IL-1。若巨噬细胞上同时存在 C3a 受体,则会进一步促进 IL-1 的释放。在人或豚鼠的 B 细胞培养中加入同样的 C3b,上清中可检测到单核细胞趋化因子。然而,将 C3a 加入经抗原或有丝分裂原刺激后的人外周血 T 细胞,可抑制白细胞移动抑制因子的释放,但并不影响 T 细胞的增殖。上述事实说明,补体可调节淋巴因子的产生。

(四) 受体的免疫调节作用

表达于多种免疫细胞表面的激活性或抑制性受体,通过结合其配体分子,改变胞内催化区域的活性,从而启动或者抑制免疫细胞的活化。B 细胞的激活受体为 BCR Igα/Igβ,抑制性受体为 FcγR Ⅱ B。T 细胞的激活受体为 TCR CD3,抑制性受体为 CTLA-4 和 KIR。NK 细胞的激活受体为 CD16/DAP12,抑制性受体为 KIR、CD94/NKG2。肥大细胞的激活受体为 FcεR Ⅰ,抑制性受体为 FcγR Ⅱ B、gp49B1。

三、细胞水平的免疫调节

(一) 巨噬细胞的免疫调节

具有很强递呈抗原能力的巨噬细胞 (MΦ) 可通过细胞表面受体与淋巴细胞作用,介导炎症介质的分泌，参与调节免疫应答。根据功能不同，MΦ可分为辅助亚群和抑制亚群。根据比重不均一性，MΦ可分为A、B、C和D 4个亚群。

虽然有些MΦ吞噬消化能力强，但由于其不表达MHC Ⅱ类分子，所以最终是MΦ将抗原物质完全降解。这在一定程度上降低机体对抗原的应答反应，从而减弱机体免疫应答水平。而表达MHC Ⅱ类分子的MΦ，可根据机体的环境加工处理大量抗原或浓集抗原，维持机体在正常的免疫应答水平，因此，机体对抗原产生的特异性免疫应答强度与MΦ的MHC Ⅱ类分子的数量和比例存在密切的相关性。

1. 免疫应答正向调节作用 在MΦ中，有一部分辅助性MΦ亚群，主要由中、小MΦ组成，其细胞膜高表达MHC Ⅱ类分子，抗原递呈功能强，可正向调节免疫应答。这一亚群细胞群对抗体的合成和介导淋巴细胞应答有丝分裂原起重要的调节作用。它们可对递呈抗原进行深加工，以分泌IL-1、IFN-γ细胞因子等方式调节免疫应答，如促进T、B细胞的活化、增殖，提高抗体的分泌和效应性T细胞的产生。

2. 免疫负向调节作用 MΦ群中的抑制性MΦ亚群（suppressor macrophage，MsΦ），在体内、外均能明显抑制免疫应答。抑制性MΦ亚群由体积较大的MΦ组成。抑制性MΦ不表达或低表达MHC Ⅱ类分子，递呈抗原能力极弱，少量的分泌IL-1。

MsΦ存在于脾、淋巴结和胸腺中，但必须经激活之后才能表现抑制活性。短小棒状杆菌、卡介苗等均能诱导MsΦ产生，但MsΦ的抑制机制尚未阐明。关于MsΦ的抑制机制，推测淋巴细胞的免疫活性的抑制可能与MsΦ释放可溶性抑制因子有关。MΦ产生的PGE能抑制T细胞产生淋巴因子。

MHC Ⅱ类分子的表达与MΦ递呈抗原的能力并不完全一致。因此不能简单地认为MHC Ⅱ类分子阳性MΦ就是辅助性MΦ或MHC Ⅱ类分子阴性MΦ就是抑制性MΦ。因为MHC Ⅱ类分子阳性的MΦ，也有抑制免疫应答的活性。

（二）T细胞的免疫调节作用

Th细胞、Treg细胞等T细胞亚群与免疫应答过程密切相关，在免疫应答效应的发挥、免疫应答的调节等多方面发挥着重要的作用，维持免疫应答的平衡。在免疫应答调节中，T细胞亚群通过分泌的细胞因子发挥着免疫调节功能，其中Th细胞发挥着正调节作用，而Treg细胞发挥着负调节作用。

1. Th细胞的免疫调节 Th细胞是细胞免疫应答中形成的一类主要功能细胞，它通过分泌细胞因子，介导和促进免疫应答水平的提高。Th细胞因分泌细胞因子种类不同而分成Th1、Th2两类，它们在免疫调节中发挥不同的功能。Th1细胞通过分泌IL2、IFN-γ和TNF-β等细胞因子，参与Tc、T_{DTH}细胞增殖、分化、成熟。Th1细胞分泌的细胞因子主要参与细胞免疫和迟发型超敏反应的发生，清除胞内感染；Th2/Tfh细胞分泌的IL4、IL5、IL6、IL13等细胞因子参与B细胞增殖、分化、成熟以及抗体的分泌，增强抗体介导的体液免疫应答，并介导Ⅰ型超敏反应。清除Th2细胞可导致免疫系统功能失调，说明Th2细胞对免疫应答的调节是一种正常生理现象。

在免疫应答过程中，Th1细胞和Th2细胞间相互影响，如，来源于Th1细胞的IFN-γ可抑制Th2细胞的功能，而来源于Th2细胞的IL-4可抑制Th1细胞的活化。Th1细胞的大量增殖及其释放的细胞因子可遏制Th2细胞及其介导的免疫或病理效应；同样，Th2细胞的增殖与释放的细胞因子也可调控Th1细胞诱导的免疫应答反应。在机体免疫应答过程中，常会出现免疫偏离现象（immune deviation），即 Th1 细胞或 Th2 细胞的优先活化而导致不同类型的免疫应答的现象。这种选择性效应的应答现象在变态反应的治疗中可能有重要意义。

2. 调节性 T 细胞对免疫应答的负调节 调节性 T 细胞（Treg 细胞）主要分成两类：自然调节 T 细胞和适应性调节 T 细胞。

(1) 自然调节 T 细胞（natural Treg, nTreg）。在胸腺中分化，人体中 nTreg 占外周血 $CD4^+$ 细胞的 5%～10%，表型特征为 $CD4^+CD25^+Foxp3^+$，即 $CD4^+CD25^+Foxp3^+$ Treg。Foxp3（forkhead box P3）不仅是自然调节 T 细胞的主要标志，而且参与此类细胞的分化。nTreg 细胞本身缺乏增殖能力，但具有免疫抑制作用，可通过直接接触或分泌 IL-10、TGF-β、IL-35 等抑制性细胞因子抑制 $CD4^+$ 和 $CD8^+$ T 细胞的活化和增殖。nTreg 细胞除了遏制自身免疫病的发生，还参与肿瘤的发生和诱导移植耐受。

(2) 适应性调节 T 细胞。又称诱导性型调节 T 细胞（inducible Treg, iTreg），一般由抗原及多种因素激发而产生，可以来自 $CD4^+$ 初始 T 细胞，亦可从自然调节 T 细胞分化而来。iTreg 细胞的特点是几乎不表达 CD25 分子和 Foxp3，分化和功能发挥必须有特定细胞因子的参与。Tr1 和 Th3 细胞是两类重要的适应型性调节性 T 细胞。Tr1 细胞能同时分泌 IL-10 及 TGF-β，而 Th3 细胞主要产生 TGF-β。IL-10 及 TGF-β 皆可发挥抑制作用，因而 Tr1 和 Th3 具有下调免疫应答的特性。Th3 通常在口服耐受和黏膜免疫中发挥重要作用，而 Tr1 则可调控炎症性自身免疫反应和抑制 Th1 细胞增殖，从而诱导移植耐受相关的一类抑制性 T 细胞。

(三) B 细胞的免疫调节作用

B 细胞包含有功能不同的亚群，除了产生特异性抗体参与体液免疫外，可通过递呈抗原和分泌细胞因子两种方式调节免疫应答，在免疫调节中起促进或抑制作用。B 细胞递呈抗原的范围很广，包括大分子蛋白、微生物抗原、自身抗原等。B 细胞摄取和处理抗原后，由 MHC Ⅱ 类分子将经过处理的抗原多肽片段递呈给 T 细胞以引起免疫应答。即使抗原浓度极低，少到 0.01 μg/mL，B 细胞也有高效递呈作用。B 细胞能产生多种促进 B 细胞发育的淋巴因子，还可通过递呈抗原，分泌 IL-1 等激活 T 细胞，从而构成由 T、B 细胞组成的环形免疫调节网。

1. 免疫抑制作用 在机体内，存在一种具对免疫应答有抑制功能的 B 细胞亚群，称为抑制性 B 细胞（suppressor B cell, Bs），它们是 B 细胞群中除了通过产生抗体反馈于免疫应答的 B 细胞群外的另一类亚群，通常对免疫应答起反馈抑制作用，如抑制 T 细胞与 B 细胞的增殖和分化而抑制细胞免疫和体液免疫产生。Bs 细胞膜表达有 IgG 的 Fc 受体，受刺激后可与免疫复合物结合，分泌一种抑制性 B 细胞因子（suppressor B cell factor, BsF）参与抑制免疫应答。当然，Bs 除了可以抑制正常的免疫应答外，也可在体内和体外参与抑制 B 细胞或 T 细胞的肿瘤细胞株的增殖。

B 细胞也存在调节性 B 细胞（regulatory B cell, Breg）亚群，可通过产生 IL-10 或 TGF-β 等抑制过度炎症反应，并可介导免疫耐受。Breg 细胞在某些慢性炎性疾病（如肠炎、类风湿性关节炎、多发性硬化症）、感染和肿瘤等的发生、发展中起重要调节作用。

2. 免疫促进作用 B 细胞也能够递呈抗原，激活 T 细胞。B 细胞的抗原递呈作用，具有 MHC 分子的限制。不同分化阶段的 B 细胞，递呈抗原的能力不同。激活的 B 细胞的递呈能力与 MΦ 相当，静止的 B 细胞作用较弱。B 细胞递呈抗原作用与细胞膜上的 MHC Ⅱ 类分子和 mIg 分子有关。mIg 在抗原的摄取、浓缩与处理中起重要作用。B 细胞通过 mIg 与异种抗原结合，以内化的方式摄入抗原，然后经过加工、处理将抗原与膜表面的 MHC Ⅱ 类分子结合形成 MHC Ⅱ-抗原复合物分，递呈给活化 Th 细胞。此时 B 细胞可与活化的 Th 细胞直接接触，并接受其辅助作用。B 细胞也能通过 MHC Ⅰ 途径递呈抗原，激活 CTL。B 细胞还能分泌 IL-1，辅助 T 细胞产生 IL-2，在体外能辅助增强 T 细胞对丝裂原（如 ConA，PHA）的增殖反应。

(四) NK 细胞的免疫调节作用

NK 细胞能通过杀伤的方式清除肿瘤细胞和病毒感染细胞，还能广泛调节免疫应答。NK 细胞还可通过其产生的淋巴因子实现免疫调节作用，在致瘤病毒、肿瘤细胞、丝裂原等刺激下，NK 细胞可产生 IL1、IL2、IFN-γ 等细胞因子，既能调节 T、B 细胞的功能，又能增强 NK 活性。在 IL-2 存在时，NK 细胞自身也分泌 IFN-γ，进而激活更多的 NK 细胞，构成调节环路，调节免疫监视功能。

1. 对 B 细胞的调节 NK 细胞分布于外周淋巴组织中 B 细胞所在的生发中心，NK 细胞可负调节 B 细胞的功能，例如在 B 细胞应答过程中，NK 细胞可抑制 TD 抗原或有丝分裂原诱导的 B 细胞增殖、分化和抗体应答。在机体中，若除去反应系统中的 NK 细胞，抗体的产生能力明显较正常机体中高。许多自身免疫病患者及易发自身免疫的小鼠均显示 NK 细胞活性低下。某些 B 细胞增生性自身免疫病，常伴随着 NK 细胞数量下降，可能由于 NK 细胞的活性低下时，B 细胞等失去调控而过度增生。关于 NK 细胞对 B 细胞功能的调节机制目前尚不清楚，推测认为 NK 细胞调节抗体的形成主要通过杀伤 B 细胞的方式而实现，另一种可能是 NK 细胞通过抑制免疫辅佐细胞而抑制 B 细胞的免疫活性。

2. 对 T 细胞的调节 NK 细胞对未成熟的胸腺细胞具有杀伤或抑制作用。有的 NK 细胞可作为抗原递呈细胞，在 T 细胞增殖反应中起辅佐细胞的作用，增强抗原诱发的 T 细胞增殖反应。因此，NK 细胞可能参与 T 细胞增殖、分化和成熟的调节。

3. 对骨髓造血干细胞的调节 NK 细胞对正常骨髓干细胞的增殖、分化有抑制作用。NK 细胞是自然排斥骨髓细胞的效应细胞。低度分化的细胞似乎对 NK 细胞的攻击更为敏感，而且如果在体外人工诱导靶细胞进一步分化，即可使靶细胞对 NK 细胞的敏感性降低。

4. 自我反馈调节 NK 细胞的活性受 IL-2 和 IFN-γ 的调节，后两者可促进 NK 细胞增殖分化，并可增强其杀伤效应。在某些情况，如在 IL-2、ConA 和致瘤病毒等刺激下，NK 细胞自身也可分泌 IL-2 和 IFN-γ 等细胞因子，进而激活更多的 NK 细胞，构成自我反馈调节环路，并通过这些细胞因子参与免疫调节。NK 细胞刺激因子（natural killer cell stimulatory factor, NKSF），亦称 IL-12，同样可诱导活化 NK 细胞，增强其细胞毒性，诱导产生 IFN-γ。

(五) 细胞凋亡的免疫调节作用

细胞凋亡在个体发育以及维持机体生理平衡过程中具有重要作用。此外，细胞凋亡能够促进和抑制免疫应答反应，从而发挥免疫调节作用。

1. 细胞凋亡的正向免疫调节作用 肿瘤细胞的破裂或者凋亡是启动针对肿瘤抗原特异性免疫应答的前提。肿瘤细胞的凋亡有利于 APC 对肿瘤抗原的获取，从而促进抗原的处理和递呈。某些免疫细胞，如 DC，可以诱导肿瘤细胞的凋亡，从而促进肿瘤抗原特异性免疫应答反应。

2. 细胞凋亡的负向免疫调节作用 细胞凋亡除了能加强 APC 对抗原的摄取、促进免疫应答反应外，还能抑制抗原特异性免疫应答。Fas 和 FasL 介导的细胞凋亡在特异性免疫应答的负调控中起重要作用。Fas 广泛表达于多种细胞表面，FasL 一般只表达于活化的 T 细胞和 NK 细胞表面。活化的 T 细胞通过其表面的 FasL 与其自身或者临近的活化 T 细胞表面的 Fas 结合，介导靶细胞凋亡。此过程即为活化诱导的细胞的凋亡（activation induced cell death，AICD）。通过 AICD 效应，使抗原特异性 T 细胞克隆的细胞数量快速下降，从而发挥免疫负调控。

四、独特型网络的免疫调节

独特型（idiotype, Id）指抗体分子（V 区）及 TCR 上可变区的特定抗原决定簇。Id 刺激产生抗独特型抗体（anti-idiotype, AId）以调节 Id 的形成。有些 Ig 或抗原受体 V 区的独特型位点恰恰位于结合抗原的部位，为结合位点（即位点相关）的 Id，此处独特型与抗独特型的反应可影响抗原与抗体、抗原与受体的结合；也有的独特型不在抗体结合抗原的部位，称为非结合位点（即非位点相关）的 Id。独特型又可分为特有或个体独特型（private Id）和交叉（共有）独特型（cross or common Id），前者是指某一克隆抗体分子或细胞受体所独有的，后者指不同克隆抗体分子或细胞受体所特有。

免疫网络学说是 Jerne 基于克隆选择学说于 1974 年提出的。该学说认为，免疫系统中淋巴细胞上分布有抗原受体，受体的可变区因可互相识别而形成复杂的网络。任何抗体分子或淋巴细胞的抗原受体上存在的独特型决定簇，可被另外的淋巴细胞所识别并产生抗独特型抗体。该网络的构成物质基础就是淋巴细胞抗原受体上的独特型和抗独特型，其网络结构由抗原反应细胞（antigen reaction cell，ARC）、抗独特型淋巴细胞组、ARC 激活细胞、Id 与 ARC 相同的细胞组成。

针对抗体分子的独特型-抗独特型网络学说是 Richter 根据 Jerne 的免疫网络学说提出的。此学说认为 B 细胞受抗原刺激后产生特异性抗体 Ab1，Ab1 和 Id 又可被另一 B 细胞克隆识别，产生抗独特型抗体，即 Ab2，Ab2 的 Id 又可激活另一 B 细胞克隆产生 Ab3，以此类推，产生一系列连锁反应，在体内构成复杂的 Id - AId 网络。Id 作为自身免疫系，可在同一个体内触发一系列互补的 AId 应答，Id - AId 的级联式反应以周期性循环的闭合方式进行，并随着各级 Id - AId 的反应进行逐步减弱。这种多层次、闭合式的 Id 网络使位于网络中的免疫细胞受到多方面的牵制，从而维持免疫系统的自身稳定。

在正常免疫应答中，Ab3 对 Ab1 的活化起重要协助作用。当抗原适量时，产生的 Ab3 可充分抑制 Ab2，但不会刺激产生 Ab4，此时免疫效果最佳；当抗原量过低，此时只能刺激产生 Ab1，然后是 Ab2，低剂量免疫耐受也会随后产生；当抗原剂量过高，首先产生的是 Ab3，接着是 Ab4，Ab4 会抑制 Ab3 的辅助作用，出现高剂量免疫耐受性。

抗 Id 抗体除了抑制免疫应答外，还可促进免疫应答。现已证明抗 Id 抗体有模拟抗原的作用，可用抗 Id 抗体代替抗原刺激抗体产生。

免疫网络理论不仅对于免疫应答调节的理论研究具有重要意义，而且在感染性疾病的预防、自身免疫疾病发病机制研究和恶性肿瘤的治疗等应用研究中也具有重要的价值。如应用抗原内影像（即 AId）可模拟抗原构象的性质，代替抗原刺激产生抗体，开发出新型的人工疫苗抗独特型疫苗（anti-idiotype vaccine），具有安全性好、易于大量制备等优点。已有一些研究用抗 Id 代替一些较难获得或有潜在致癌作用的抗原作为疫苗（抗独特型疫苗）用于疾病预防。

五、整体水平的免疫调节

免疫系统、神经、内分泌系统三者在正常机体的免疫应答过程中，构成复杂的神经－内分泌－免疫调节网络，相互作用、相互影响，共同维持机体内环境平衡。

（一）免疫系统中神经、内分泌系统的调节作用

神经系统中交感神经、副交感神经和肽能神经纤维广泛分布于胸腺、骨髓、脾等免疫组织和器官，直接调控免疫系统的一系列活动。一般认为，交感神经兴奋可减弱免疫机能，而副交感神经兴奋则能增强免疫机能。神经系统调节免疫应答的场所主要在脑皮质和下丘脑。中枢神经系统生物正常运行是保障免疫系统功能正常的重要因素，如增强免疫应答的左侧脑皮质损伤后，机体的免疫功能受到不同程度的抑制；而抑制免疫应答的右侧脑皮质损伤后，机体的免疫应答出现则增强效应；若动物的下丘脑损伤，则会出 MsΦ 活性增强、抗体滴度下降的异常免疫应答。

神经系统遍布于全身的免疫器官中并执行着其支配功能。胸腺中，可在淋巴细胞富集的基质中检测到神经末梢，并且这些神经末梢围绕淋巴细胞形成网状结构；外周免疫器官中，可观察到交感神经的末梢与淋巴细胞紧密邻接形成的网状结构。星形胶质细胞可视为脑内的免疫细胞，并行使一定的免疫功能，可分泌众多的细胞因子，如 IL-1、TNF、补体因子等。星形胶质细胞可表达 MHC I / II 类分子和黏附分子，参与抗原递呈，进而激活 T 细胞。与其他抗原递呈细胞一样，星形胶质细胞的抗原递呈也具有抗原特异性和 MHC 限制性。脑内小胶质细胞与外周组织中的巨噬细胞类似，可视为脑内的免疫辅佐细胞。小胶质细胞表面有补体 C3 受体和 Fc 受体，并表达低水平的 CD4 抗原、MHC II 类分子、转铁蛋白受体和 B 细胞共同抗原，参与多种免疫相关功能。

同样，免疫系统与内分泌系统之间密切相关，二者之间任何一方异常都会导致另一方功能障碍。如果动物的垂体机能低下，则会伴随出现胸腺和外周淋巴组织的异常萎缩、免疫细胞功能缺陷等症状；如果切除新生小鼠的胸腺，则会导致小鼠内分泌功能紊乱以及内分泌器官的发育异常。

（二）神经内分泌因子对免疫应答的影响

由于免疫细胞膜上或胞内有多种激素和神经递质的特异性受体，如促生长激素受体、β-肾上腺素能、胆碱能受体等，因此神经内分泌系统释放的神经递质和内分泌激素可通过相应受体识别后调节免疫系统的应答水平。不同免疫细胞的受体表达水平及对相应激素和神经递质的应答水平，在不同的组织和器官中是有差异的。

糖皮质激素、性激素、肾上腺皮质激素等激素能抑制机体免疫应答，这已被充分证实。在所有的具有免疫调节功能的激素中，肾上腺皮质激素是最早被发现的，其抑制作用几乎涉及所有的免疫细胞，如 T/B 淋巴细胞、MΦ、中性粒细胞等。前列腺素抑制免疫细胞和抗体的分泌，但生长激素、甲状腺激素、胰岛素等可提高机体免疫应答水平。乙酰胆碱、肾上腺素、多巴胺等神经递质对免疫应答的影响因免疫细胞的种类不同而作用各异。神经内分泌系统释放的神经递质和内分泌激素都具有免疫调节功能。

在免疫应答过程中，神经内分泌系统通过由垂体和淋巴细胞产生的 ACTH 和内啡肽（End）与免疫系统建立关联。具有刺激肾上腺皮质产生和糖皮质类固醇激素释放功能的 ACTH，同样具有抑制免疫的功能。具有与神经细胞受体结合后起到镇痛作用的 End，也可与淋巴细胞表面受体结合，促进淋巴细胞的有丝分裂、单核细胞的趋化能力和 NK 细胞活性，调节体液免疫应答，抑制抗体的生成。研究证实，下丘脑肽类激素促肾上腺皮质激素释放因子（CRF）不仅作用于脑垂体细胞，调节 ACTH 及 End 的分泌，也作用于免疫细胞，调节免疫活性 ACTH（irACTH）及免疫活性内啡肽（irEnd）的分泌，进而影响肾上腺皮质功能。

（三）免疫系统对神经、内分泌系统的调节

神经内分泌系统在调节免疫系统时，免疫系统的细胞产生的神经内分泌激素、细胞因子可反馈于神经内分泌系统，调控机体全身。个体发育学的研究证实，无菌动物因未接受抗原刺激而免疫系统发育较差，导致内分泌腺体（如甲状腺、肾上腺等）及神经组织的发育也明显延缓；先天性无胸腺小鼠则表现出细胞免疫功能极低，内分泌功能严重失调。病毒刺激淋巴细胞产生干扰素同时，也检测到淋巴细胞分泌的与垂体产生的结构和功能相似的 irACTH 和 irEnd。因此，免疫系统与神经内分泌系统间密切互作对维持机体平衡具有重要的意义。

免疫细胞在免疫应答过程中产生的各种细胞因子，通过多种途径作用于神经内分泌系统，从而维持全身各系统间的相互协调。神经内分泌细胞膜上表达有多种免疫细胞因子的受体，如白细胞介素、IFN-γ、胸腺肽等。因此，免疫应答产生的细胞因子可作为免疫系统调控神经内分泌系统的媒介。

下丘脑神经元细胞表达有 IL-1 受体，因此，免疫细胞分泌的 IL-1 就是通过该受体作用于下丘脑的 CRF 合成神经元的。与 CRF 具有相同生物学效应的 IL-1，可以直接或协同 CRF 作用于垂体前叶腺细胞，促进 ACTH 的分泌合成及糖皮质激素的释放。IL-1 还可诱导下丘脑前部前列腺素（PGE2）的合成，从而介导发热反应。IL-1 可诱导动物嗜眠，抑制动物摄食活动。IL-1 可促进星形胶质细胞增殖，介导神经元与胶质细胞间免疫信号的传递。随着大剂量 IL-2 的临床应用，IL-2 的副作用有诱导厌食、消瘦及钠水潴留，这些与其对神经、内分泌系统的影响有关。

IL-6 可诱导神经细胞分化，IL-1 则可诱导星形细胞和胶质细胞中 IL-6 mRNA 的转录，促进 IL-6 的分泌增加，提示 IL-1 对神经细胞的调控效应。免疫细胞因子中的干扰素则既具有 ACTH 的功能，诱导肾上腺皮质产生类固醇激素；也具有甲状腺刺激因子的功能，促进甲状腺细胞对碘的摄取；还具有胰高血糖素的功能，拮抗胰岛素的活性等。另外，IL-2、IL-1、IFN 等还可介导镇痛作用。

神经内分泌系统与免疫系统间通过细胞因子介导的正、反调节作用，在体内构成一个具有密切内在联系的调节网络——神经内分泌免疫网络，来维持机体的内、外环境的平衡。

六、群体水平的免疫调节

不同种群对抗原的免疫应答能力各异，此与种群中调控免疫应答的基因存在差异性相关。其中主要是与群体中 MHC 等位基因多态性和 BCR、TCR 基因库多样性相关。因此，群体水平的免疫调节主要体现于基因水平的调节。

（一）MHC 多态性与群体水平的免疫调节

在由具有不同的抗原应答能力的个体组成的种群系中，免疫应答基因（Ir 基因）可决定个体间免疫应答能力的差异。现已知道，Ir 基因即特定的 MHC 等位基因，通过其产物 MHC 分子调控免疫应答。

前已述及，MHC 是参与抗原递呈的关键分子，MHC 分子的抗原结合槽以其锚着位与抗原肽的锚着残基结合，进而将抗原肽递呈给 T 细胞，供 TCR 识别。群体中 MHC 具有高度多态性，众多 MHC 等位基因产物的分子结构（尤其是抗原结合槽的氨基酸序列组成）各不相同，由此决定其选择性结合或递呈某些抗原肽的特异性，并且与抗原肽结合的亲和力各异。由于个体所携带的 MHC 等位基因型别不同，因此，特定等位基因编码的 MHC 分子也就不同。如特定 MHC 分子的抗原结合槽能与某一抗原肽结合，则机体可对该抗原产生免疫应答，否则不产生应答；如特定 MHC 分子的抗原结合槽与抗原肽呈现高亲和力结合，则可介导高强度的免疫应答，否则仅产生低强度的应答。换而言之，MHC 等位基因的高度多态性是决定个体对抗原免疫应答能力差异性的主要原因。

MHC 多态性所导致的个体免疫应答能力的差异，是一种群体水平的调节方式，在群体水平赋予物种极大的应变能力。结果是，各种病原体袭来时，该物种不会"全军覆没"，这是长期自然选择的结果。

（二）BCR 及 TCR 基因库多样性与免疫调节

BCR/TCR 多样性不仅可诱导产生特异性免疫应答，还可诱导特异性免疫调节。抗原进入机体后，选择性地激活表达相应 BCR/TCR 的淋巴细胞克隆，产生特异性免疫应答。自然界存在数量巨大的抗原种类，而机体免疫系统可针对几乎所有抗原产生特异性应答。因此，在机体内必定存在数量庞大的 T、B 细胞克隆储备库，主要体现于由 BCR/TCR 基因多样性构成的受体库，从而使每一克隆均表达能与特定抗原表位结合的特异性 BCR 或 TCR。由于 BCR 和 TCR 库的多样性，不同个体或种群对不同抗原的免疫应答及其强度各异。若没有 BCR/TCR 多样性受体库，即不存在免疫系统中独特型网络，也不会有 AICD 调控特异性免疫应答。

Summary

Specific immunity is a kind of response to the foreign antigens by immune system. It is also known as the acquired immunity or the adaptive immunity. The antigen can activate immune system to prevent the infection of pathogen and remember the antigen when body meets foreign antigen for the first time. Thereby, when the immune system encounters the same antigen next time, it can produce much more rapid and accurate immune response to the pathogens. Specific immunity can be naturally acquired through exposure of pathogens by natural means or artificially vaccination.

There are T cell-mediated or B cell-mediated immune response according to the type of components, cells and immunological effect. Sometimes, the antigen can induce immune system to produce specific state-immune tolerance.

T cells can participate in the blood circulation once they mature in the thymus. The mature T cells migrate to the peripheral lymphoid organ and stay in lymphoid tissue for meeting the specific antigen. It is known that the mature T cell without encountering antigen is naive T cells. During adaptive immune response, naive T cell encounter antigen and is induced to proliferate and differentiate into more functional cells for contributing to remove the antigen. We name these cells as effector T cells.

Many of the bacteria can multiply in extracellular spaces and most intracellular pathogens spread from cell to cell through the extracellular fluids. B cells can produce the humoral immune response for destructing the pathogen and preventing the spread of intracellular infection. The activation of B cells is triggered by antigen and needs helper T cells. The term 'helper T cell' is often used to mean the Th2 class of $CD4^+$ T cells, and Th1 cells also can activate B-cell.

Immunological tolerance describes that immune system is unresponsive to antigen. It contrasts with general immune response to foreign antigens. Tolerance is classified into central tolerance and peripheral tolerance which it depends on the address of the original immune. The mechanism of the two kind of tolerance is distinct, but the last effect is similar. Immune tolerance is important for normal physiology. Central tolerance is the main way of the immune system to discriminate self from non-self. Peripheral tolerance can prevent over-reactivity of the immune system to various pathogens.

The immune system serves essential functions in protection from numerous pathogenic organisms. The process of immunoregulation controls the immune response by antigen-presenting signals pathway, cytokines effects and apoptotic cell death.

In this chapter, firstly, we will describe how naive T cells are activated into the effector T cells and the process of T cells recognizing the antigen, proliferation and differentiation. Then we will also describe the ultimate fate of activated T cells, and the mechanism of cellular immune response.

Secondly, we will describe the specific antigen recognition, proliferation and differentiation of B cells. The activation of B cell needs helper T cells to produce antibodies, to switch the antibodies. The memory B cells can provide a long-lasting immunity to reinfection.

Thirdly, we will describe the characteristics of immune tolerance, the mechanism of induction immune.

At last, we will describe how the cells and molecules of the immune system work together to eliminate infectious agent, and how the adaptive immune system provides long-lasting protective immunity in gene, cellular, and unique network level.

参考文献

AKTIPIS C A, et al, 2013. Life history trade-offs in cancer evolution [J]. Nat Rev Cancer, 13 (12): 883-892.
BECKER J C, et al, 2013. Immune-suppressive properties of the tumor microenvironment [J]. Cancer Im-

munol Immunother, 62 (7): 1137-1148.

BRAZA F, SOULILLOU J P, BROUARD S, 2012. Gene expression signature in transplantation tolerance [J]. Clin Chim Acta, 413 (17-18): 1414-1418.

CERNADAS J R, 2013. Desensitization to antibiotics in children [J]. Pediatr Allergy Immunol, 24 (1): 3-9.

CHRISTIANSEN O B, 2013. Reproductive immunology [J]. Mol Immunol, 55 (1): 8-16.

CLARK D A, CHAOUAT G, 2012. Regulatory T cells and reproduction: how do they do it [J]. J Reprod Immunol, 96 (1-2): 1-7.

GANGULY D, et al, 2013. The role of dendritic cells in autoimmunity [J]. Nat Rev Immunol, 13: 566-577.

GOKMEN R, HERNANDEZ-FUENTES M P, 2013. Biomarkers of tolerance [J]. Curr Opin Organ Transplant, 18 (4): 416-420.

LINDAU D, et al, 2013. The immunosuppressive tumor network: myeloid-derived suppressor cells, regulatory T cells, and natural killer T cells [J]. Immunology, 138 (2): 105-115.

MAAZI H, LAM J, LOMBARDI V, et al, 2013. Role of plasmacytoid dendritic cell subsets in allergic asthma [J]. Allergy, 68 (6): 695-701.

MURPHY K, 2012. Janeway's Immunobiology [M]. 8th ed. Garland Science.

PERNIOLA R, 2012. Expression of the autoimmune regulator gene and its relevance to the mechanisms of central and peripheral tolerance [J]. Clin Dev Immunol, 207403.

PETALAS K, DURHAM S R, 2013. Allergen immunotherapy for allergic rhinitis [J]. Rhinology, 51 (2): 99-110.

RAMSAY A G, 2013. Immune checkpoint blockade immunotherapy to activate anti-tumour T-cell immunity [J]. Br J Haematol, 162 (3): 313-325.

SOYER O U, et al, 2012. Mechanisms of peripheral tolerance to allergens [J]. Allergy, 68 (2): 161-170.

VADASZ Z, et al, 2013. B-regulatory cells in autoimmunity and immune mediated inflammation [J]. FEBS Lett, 587 (13): 2074-2078.

VERBSKY J W, CHATILA T A, 2013. Immune dysregulation, polyendocrinopathy, enteropathy X-linked (IPEX) and IPEX-related disorders: an evolving web of heritable autoimmune diseases [J]. Curr Opin Pediatr, 25 (6): 708-714.

思考题

1. Th 细胞在 B 细胞的免疫应答有何作用？
2. 体液免疫应答中的再次应答和初次应答有何不同？
3. 抗体的多样性是怎样形成的？
4. 简述免疫耐受的特点及生物学作用。
5. 简述免疫耐受形成的主要机制。
6. 免疫耐受与免疫抑制有哪些不同？
7. 试举例说明人工建立或打破免疫耐受的临床意义。

课外读物

乙型肝炎病毒感染的免疫应答

乙型肝炎病毒（HBV）是一种引起急性和慢性肝脏炎症的病原体。机体对HBV的免疫应答是清除病毒和控制病毒持续感染的主要途径，主要包括体液免疫应答和细胞免疫应答。

体液免疫

在HBV感染机体早期，首先出现的抗HBV标志性抗体是IgM。抗HBV表面抗原（HsAg）和HBVe抗原——HBV核心抗体IgG形成在急性感染期，其能持续至临床症状痊愈甚至终生。针对HsAg抗体是病毒中和抗体，它能通过结合游离的病毒颗粒，阻止病毒感染肝细胞而起到保护性的免疫功能。但中和抗体只有在HsAg从血清中消失或临床症状恢复后形成，它们通常是不存在于急性感染阶段及慢性感染阶段。至今，中和抗体延迟产生的原因仍不明确。

在HBV感染分辨期，尽管HsAg血清学检测为阴性，但HBV仍在合成不能被检测到的微量抗原。B细胞在HBV感染控制中起到重要作用，除了可以识别抗原产生体液免疫应答抑制病毒的感染、肝癌的产生外，它还可作为抗病毒$CD4^+$ T细胞的抗原递呈细胞，通过比传统的抗原呈递细胞更优先加工和呈递的乙型肝炎核心抗原给天然Th细胞和T细胞，激发有效的细胞免疫应答。因此，我们应该更好地探讨HBV免疫应答中，细胞免疫和体液免疫系统间的互作机制，充分挖掘B细胞在HBV有关的发病机制和治疗肝脏疾病中的潜在作用。

细胞应答

细胞免疫应答主要是由T细胞介导的一种免疫应答类型，在HBV患者体内，急性期后感染的控制普遍归因于记忆性T细胞有效的开发。

(1) $CD4^+$ T细胞应答。在抗HBV感染过程中，$CD8^+$ T细胞发挥了重要的作用，活化的$CD8^+$ T细胞可清除被HBV感染的表达HsAg肝细胞。最近，又有研究者在$CD4^+$ T细胞抗HBV感染方面有了新的发现。报道显示，$CD4^+$ T细胞介导的免疫反应在慢性感染的急性期病人体内完全检测不到，但在自限性感染急性期则活动比较频繁、强大和多特异性。在许多影响免疫反应的因素中，$CD4^+$ T细胞启动的时机对HBV的感染趋势有很大的影响，如早期的$CD4^+$ T细胞启动需要HBV特异性的$CD8^+$ T细胞同步介入，最终清除病毒。在已感染HBV的宿主体内，$CD4^+$ T细胞和$CD8^+$ T细胞介导的免疫应答反应有相似的增殖期，达到最高峰也在相同的时间，但$CD4^+$ T细胞应答水平下降比$CD8^+$ T细胞应答水平下降要早。同样，$CD4^+$ T细胞活化后首先是分泌Th2型细胞因子，紧接着是分泌Th1细胞因子。

$CD4^+$ T细胞群体组成较复杂，由记忆辅助T细胞亚单位的鉴定作为基础，根据细胞因子、转录因子和归巢受体的表达来分类的。记忆$CD4^+$ T细胞针对具有不同特征病原体启用不同的功能识别模块。在病毒感染的情况下，特异性的$CD4^+$ T细胞主要属于Th1亚单位并能表达CXCR3。在肝脏中，肝细胞、星状细胞、正弦内皮细胞和CD4淋巴细胞都表达有CXCR3配体，并在慢性感染时血清和肝组织中CXCR3配体上调，它们的表达在不同肝损伤阶段会有所变化。Th17 和 Th22 细胞产生的 IL-22 在一定的条件下保护肝脏组织，虽然它没有直接抗病毒的影响，如在细胞培养和 HBV 转基因小鼠条件下 IL-22 不抑制乙肝病毒。调节性 $CD4^+$ T 细胞可表达白介素受体 αCD25 和转录因素 Foxp3，能够抑制 T 细胞的辨识反应和维持免疫耐受。调节性 $CD4^+$ T 细胞并不影响后期 HBV 特异性 $CD8^+$ T 细胞或记忆 T 细胞的形成。

在各类 Th 亚单位中，T 卵泡辅助细胞（Tfh）通过表达 CXCR5，诱导辅助刺激因子（ICOS）和 PD-1 的产生，协助 B 细胞发展浆细胞产生抗体。Tfh 应答水平与抗原是否持续刺激相关。慢性 HBV 感染患者比健康对照组有更高的 $CXCR5^+$ $CD4^+$ T 细胞，这可能有助于乙型肝炎 e 抗原血清转化。

(2) $CD8^+$ T 细胞效应。众所周知，CTL 效应是通过杀死被感染的细胞清除病毒感染的。感染了 HBV 的黑猩猩的消除试验说明，$CD8^+$ 细胞是主要的清除病毒的效应细胞。还有研究表明，患有严重的肝炎疾病的患者外周血液中有很高活性的多克隆效应 $CD8^+$ T 细胞，而慢性感染者体内只检测到微弱活性的 $CD8^+$ T 效应 T 细胞活性。CTL 可负责肝损伤和病毒的清理，但由于这两者的作用机制不同并不相互依赖。在慢性感染中，若 $CD8^+$ T 细胞功能障碍，则会导致完全缺失 HBV 特异性的 T 细胞或使它们的功能无法发挥抗病毒功能。尽管打破免疫耐受的数据是不容易的，需要仔细的评估风险/收益比率。这应该被认为是最重要的，由于有多个在慢性乙型肝炎病毒感染中最有可能协同的抗病毒功能障碍组分，只是其中一个组件的改变很可能不足以提高病毒控制。例如，长期抗病毒治疗引起的病毒抑制不能使自己恢复抗病毒免疫。

结论

抗 HBV 适应性应答是影响 HBV 感染的关键因素。目前认为特异性 $CD8^+$ T 细胞的功能障碍是造成持续感染中抗病毒控制缺乏的主要原因。提高乙型肝炎病毒感染控制免疫的可能性需要深入了解 HBV 特异性和非特异性的细胞网络以及它们的相互作用。

第九章 超敏反应与自身免疫病

　　超敏反应（hypersensitivity）是指机体接受特定抗原持续刺激或同一抗原再次刺激所致的生理功能紊乱和/或组织细胞损伤的反应过程，是一种病理性、适应性免疫反应，但固有免疫应答也参与超敏反应发生和发展，并发挥重要作用。按参与超敏反应的细胞、活性物质、发生机制、临床特点和反应发生的速度不同，Coombs 和 Gell（1963）将其分为 I、II、III 和 IV 型。I 型超敏反应又称速发型超敏反应，II 型又称细胞毒型超敏反应，III 型又称免疫复合物型超敏反应，I、II、III 型超敏反应均由抗体介导，可经血清被动转移。IV 型又称迟发型超敏反应，由 T 细胞介导，可经淋巴细胞被动转移。以上分型是国际通用分型方法，近年来，有些学者对超敏反应提出了一些新的分型方法，但仍未被广泛接受。其实，临床上所观察到的超敏反应，往往是混合型的，而且其反应强度可因个体不同而存在较大差异。

　　机体因自身稳定功能被破坏而出现针对自身组织成分的抗体或细胞，由此介导的免疫称为自身免疫，又称自身超敏反应。自身超敏反应是一个复杂的、多因素导致的自然现象。除药物半抗原、微生物感染等外界因素影响外，还与机体自身的遗传因素紧密相关。自身抗体或自身致敏淋巴细胞攻击自身靶抗原（可溶性抗原、细胞或组织），使机体产生病理性改变和功能障碍，从而引起自身免疫病。其发生机制主要是自身潜能细胞的激活，损伤机制类似于超敏反应。

第一节　I 型超敏反应

　　I 型超敏反应（type I hypersensitivity）又称速发型超敏反应（immediate hypersensitivity），又称过敏症（anaphylaxis）或变态反应（allergy）。刺激产生过敏反应的抗原称为过敏原（allergen）。I 型超敏反应主要由结合于肥大细胞和嗜碱性粒细胞上的特异性 IgE 抗体介导，肥大细胞和嗜碱性粒细胞释放的生物活性介质是引起各种临床表现的分子基础。I 型超敏反应的主要特点有：① 反应发生和消退都很迅速；② 由 IgE 抗体介导，且多种血管活性胺类物质都参与反应；③ 主要表现为生理功能紊乱；④ 存在明显的个体差异及遗传倾向性，对变应原易发生 IgE 型抗体应答者，称之为特应性（atopy）素质个体。属于此类反应的有过敏性休克、支气管哮喘、荨麻疹及食物、药物过敏等。

一、参与 I 型超敏反应的主要成分

　　参与 I 型超敏反应的成分有过敏原、IgE 抗体、肥大细胞、嗜碱性粒细胞、嗜酸性粒细胞、血小板及其表面的 IgE Fc 受体（FcεR）。

　　1. 过敏原（allergen）　过敏原是指能够选择性诱导机体产生特异性 IgE 抗体、引起速发型过敏反应的抗原物质。临床常见的过敏原主要有以下几类：①药物或化学物质过敏原，如青霉素、普鲁卡因、磺胺、有机碘等；②食物过敏原，如奶类、蛋类、水产类、真菌类食

物蛋白或部分肽类物质以及食品添加剂、防腐剂、保鲜剂等；③吸入性过敏原，主要有花粉、尘螨、真菌菌丝及孢子、人或动物皮毛、昆虫毒液、酶类以及生活用品的纤维等。有些过敏原本身没有免疫原性，但进入机体后就可作为半抗原与某些蛋白质结合而获得免疫原性。例如，尘螨中的半胱氨酸蛋白可引起呼吸道过敏反应；细菌酶类物质（如枯草菌溶素）可引起支气管哮喘。过敏原可通过吸入、食入、注射或皮肤接触等途径进入体内。

2. IgE 抗体 Ⅰ型超敏反应的抗体主要是 IgE，主要由鼻咽、扁桃体、气管和胃肠道黏膜下固有层淋巴组织中的 B 细胞产生，这些部位也是过敏原易于侵入引发过敏反应的部位。一方面，过敏性个体更倾向于产生 Th2 细胞，而 Th2 细胞产生的 IL-4 或 IL-13，可激发 B 细胞合成 IgE。另一方面，受刺激的肥大细胞产生的大量 IL-4 又可导致更多 Th2 细胞产生，并分泌更多 IL-4。因此过敏病人可过度表达 IL-4，导致 Th2 细胞活性过高，产生更多的 IgE。

IgE 的产生受多种细胞因子调节。Th1 细胞分泌的 IFN-γ、IL-12 和巨噬细胞分泌的 IL-21 可抑制 Th0 细胞向 Th2 细胞分化，从而减少 IL-4 的水平，进而增加 IgG 抗体产生，降低 IgE 抗体的产生；Treg 细胞分泌 IL-10 或 TGF-β 也可抑制 IgE 的产生。

另外，已发现 IgG_4 亚类抗体及其免疫复合物也能介导Ⅰ型超敏反应。

3. 肥大细胞、嗜碱性粒细胞、嗜酸性粒细胞和血小板 参与Ⅰ型超敏反应的细胞主要是肥大细胞和嗜碱性粒细胞，它们均来源于骨髓髓样前体细胞，其形态特征和组织分布各异，但功能非常相似。肥大细胞主要分布于皮肤黏膜下层及多数器官血管周围的疏松结缔组织中，细胞内含有多种生物活性物质，因此肥大细胞与机体的诸多生理学、免疫学和病理学过程有关。嗜碱性粒细胞主要存在于血液中，但在 T 细胞产生的一些趋化因子作用下可以进入组织中，细胞中含有一种作用于血管的复合物，与肥大细胞颗粒中作用于血管的成分相似。

嗜酸性粒细胞被视为过敏反应的效应细胞。发生Ⅰ型超敏反应的组织会招募大量嗜酸性粒细胞（由肥大细胞吸引而来），一方面嗜酸性粒细胞进行脱颗粒反应，另一方面释放自己的生物活性物质。另外，患肥大细胞缺陷症的小鼠也可发生致死性过敏反应，这种反应可以被抗血小板血清所阻断，因此推断这种致死性过敏反应可能是由血小板介导的。

4. IgE 的 Fc 受体（FcεR） IgE 受体有两种：高亲和力的 FcεR Ⅰ 和低亲和力的 FcεR Ⅱ（CD23）。

FcεR Ⅰ 也有两种形式：即 $αβγ_2$ 和 $αγ_2$。$αβγ_2$ 存在于肥大细胞和粒细胞上，α 链与 IgE 结合，β 链起稳定复合物的作用，而 γ 链负责信号转导（该 γ 链也是 FcγR Ⅰ、FcγR Ⅲ 及 γ/δ T 细胞抗原受体的信号转导者），$αβγ_2$ 使肥大细胞不断被 IgE 包被；而 $αγ_2$ 存在于树突状细胞和单核细胞的表面，抗原和 IgE 结合后，被摄取并加工处理，激活 Th2 细胞并产生 IL-4，IL-4 又可增强树突状细胞和单核细胞表面 $αγ_2$ 的表达，因此形成一个正反馈环（过敏环）。

FcεR Ⅱ（CD23）存在于 B 细胞、NK 细胞、巨噬细胞、树突状细胞、嗜酸性粒细胞和血小板上，除作为 IgE 受体外，还可与补体受体 CR2（CD21）结合，这样表达 FcεR Ⅱ 的 B 细胞就会和树突状细胞通过 CR2 结合，从而促进 IgE 的生成。

二、Ⅰ型超敏反应发生机制

Ⅰ型超敏反应的发生机制可归纳为两个阶段，即致敏阶段和发敏阶段（图 9-1）。

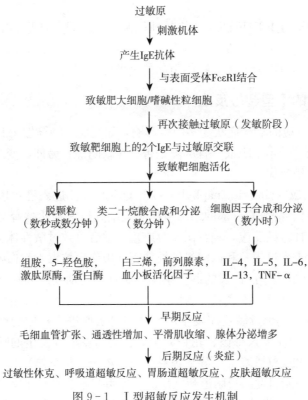

图 9-1　Ⅰ型超敏反应发生机制

1. 致敏阶段　过敏原第一次通过呼吸道、消化道、注射等途径进入机体，可刺激鼻咽、扁桃体、气管及胃肠道等黏膜固有层浆细胞产生 IgE，即过敏素（allergin），IgE 的 Fc 段可与组织中的肥大细胞和血液中的嗜碱性粒细胞表面相应的 FcεRⅠ高亲和力结合，使机体致敏。表面结合特异性 IgE 的肥大细胞和嗜碱性粒细胞称为致敏靶细胞。这种致敏状态通常在第一次接触抗原后 2 周形成，可维持数月或数年。IgE 的亲细胞性具有明显种属特异性，同一种属个体间可经 IgE 转移过敏性，因此 IgE 又称亲同种细胞性抗体。

2. 发敏阶段　已致敏机体再次接触相同过敏原时则发生超敏反应，即为发敏阶段。多价的过敏原可与致敏靶细胞上的两个以上 IgE 交叉结合，导致 FcεRⅠ聚集并发生构型改变，即发生受体交联，形成桥状，从而启动激活信号，使致敏靶细胞活化，改变细胞膜的稳定性，导致脱颗粒（degranulation），并激活细胞内酶系统，产生多种花生四烯酸代谢产物，即脂类活性介质（组胺、激肽原酶、前列腺素、5-羟色胺和白三烯等），释放到细胞外，产生各种生物学效应。

根据释放的生物活性介质（包括颗粒内原有的和新合成的）产生效应的速度和持续时间，可将Ⅰ型超敏反应分为速发相反应和迟发相反应。速发相反应在再次接触变应原后的几秒钟、几分钟或十几分钟后发作，通常只导致机体生理功能紊乱，可持续数小时，主要表现为平滑肌收缩、毛细血管扩张、血管通透性增强、腺体分泌增多等，并能迅速消退，但严重时发生过敏性休克（anaphylactic shock）则可能导致死亡；迟发相反应一般在机体再次受相同变应原刺激数小时后发生，且在 6~12 h 达到反应的高峰，持续 24 h 后逐渐消退，主要表现为以局部的嗜酸性粒细胞、中性粒细胞浸润并产生炎症介质导致的炎症反应为特征，也伴有某些功能异常。

此外，机体还可通过 IgE/FcεR I 非依赖性机制，促使肥大细胞和嗜碱性粒细胞脱颗粒并释放活性介质，主要见于过敏毒素 C3a/C5a、神经肽（P 物质、生长抑素、血管肠肽）及某些药物、造影剂、脂质成分和多聚物等引起的过敏样反应。

三、临床常见的 I 型超敏反应

IgE 所介导变态反应的临床症状受多因素影响，如变应原特异性 IgE 产生水平；变应原剂量及进入机体途径；受累组织或器官屏障是否存在缺陷等。另外，变态反应可表现为全身性过敏反应及局部过敏反应。

1. 全身性过敏反应（allergic anaphylaxis） 变应原直接进入已致敏者血液（如静脉注射），可导致遍布全身、沿血管分部的结缔组织肥大细胞迅速活化并释放活性介质，从而引起急性全身性或系统性过敏反应，轻者出现荨麻疹，重者可致过敏性休克，可危及生命，如药物过敏性休克（青霉素过敏）和血清过敏性休克（破伤风抗毒素和白喉抗毒素动物血清过敏）。其具体临床症状取决于所涉及的器官系统，而且不同动物之间存在差异。许多症状是由血管活性分子使不同器官（支气管、胃肠道、子宫和膀胱）平滑肌收缩所产生。

2. 局部过敏反应 局部过敏反应发生的部位与过敏原进入机体的途径有关。临床常见的局部过敏反应包括：① 吸入霉菌、花粉、尘螨、动物皮毛等发生的呼吸道超敏反应，主要引起上呼吸道气管和支气管炎症，导致鼻黏膜液体渗出（枯草热）和气管支气管窄缩（哮喘）；② 食入异种蛋白质引发的胃肠道超敏反应，可引起肠道平滑肌剧烈收缩发生下泄和腹痛；③ 药物性、疫苗、食物性或肠道寄生虫过敏原或物理性因素（如寒冷）都可引发皮肤超敏反应，造成局部皮炎，反应是红斑性和水肿性，即荨麻疹型。

3. 牛奶过敏 牛奶过敏是牛的一种自身免疫性疾病，属于 I 型超敏反应，是由于 α 酪蛋白进入了全身循环，刺激机体产生 IgE 自身抗体而引起。正常情况下 α 酪蛋白只存在于乳房中，本病的发生是由于延迟挤奶，乳房内的压力迫使牛奶进入血液循环，由 α 酪蛋白刺激产生的免疫应答经 Th2 细胞介导，产生 IgE 自身抗体，结果导致母牛发生急性超敏反应，可表现为轻度不适的皮肤荨麻疹，甚至可能导致牛发生变应性反应至死亡。可采用立即挤奶进行治疗。母马偶尔发生类似疾病，人快速断奶虽然产生抗乳蛋白抗体，但不发生 I 型超敏反应。

四、I 型超敏反应的防治

使用肾上腺素、皮质类固醇药物治疗，采用特异性脱敏药疗法（包括异种免疫血清脱敏疗法和特异性过敏原脱敏疗法），以及尽量避免接触过敏原是防治 I 型超敏反应的有效措施。

第二节　II 型超敏反应

II 型超敏反应（type II hypersensitivity）又称细胞毒型（cytotoxic type）或细胞溶解型（cytolytic type）超敏反应。其特点是 IgG 或 IgM 类抗体直接与吸附在靶细胞（红细胞、白细胞、血小板、某些组织细胞等）上的抗原结合，引起细胞凝集并通过激活补体或在巨噬细胞和 NK 细胞的参与下溶解或杀伤细胞。反应中溶解破坏的靶细胞通常是血细胞和某些组织细胞。

一、Ⅱ型超敏反应发生机制

1. 靶细胞及其表面抗原　正常组织细胞、改变的自身组织细胞和被抗原或抗原表位结合修饰的自身组织细胞，均可成为Ⅱ型超敏反应中被攻击破坏的靶细胞。

诱发Ⅱ型超敏反应的抗原主要有：

（1）正常存在于血细胞表面的同种异型抗原，包括ABO血型抗原、Rh抗原以及HLA抗原。

（2）外源性抗原与正常组织细胞之间具有的共同抗原，如链球菌与心脏瓣膜、肾小球基底膜之间的共同抗原。

（3）因感染和多种理化因素（如辐射、化学制剂等）而改变的自身细胞抗原。

（4）吸附在自身组织细胞表面的药物半抗原或抗原-抗体复合物。

2. 抗体介导的补体、效应细胞相互作用机制　参与Ⅱ型超敏反应的抗体主要是IgG和IgM类抗体，少数为IgA。针对靶细胞表面抗原的抗体通过与补体和效应细胞（巨噬细胞、中性粒细胞和NK细胞）相互作用，杀伤或溶解破坏靶细胞，通过补体介导的溶细胞作用，或发挥调理吞噬和抗体依赖性细胞介导的细胞毒作用（ADCC）。靶细胞主要的损伤机制如图9-2所示。

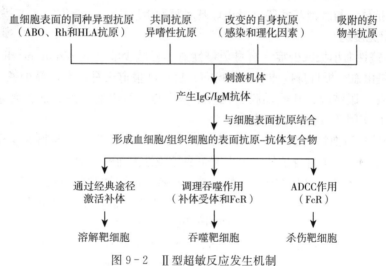

图9-2　Ⅱ型超敏反应发生机制

二、临床常见的Ⅱ型超敏反应

（一）血细胞相关的Ⅱ型超敏反应

1. 不相容输血反应　人及各种动物都有不同的血型系统，血液从供体输给受体，如果受体含有针对供者红细胞的抗体（常为IgM），则供者红细胞与抗体结合会立即引起溶血性输血反应。如果反复输入含异型HLA和血浆蛋白抗原的血液，受体可以产生抗白细胞、血小板和血浆蛋白的抗体，则可导致非溶血性输血反应。

2. 新生儿溶血症　因血型不符而引起的溶血反应，可分为两类：一类是母子间Rh血型不符引起，血型抗原主要由RhD基因编码且免疫原性强。血型为Rh$^-$（RhD基因缺失）的母亲可通过输血、流产或分娩等途径受红细胞表面Rh抗原刺激后产生Rh抗体（可通过胎盘的 IgG 类抗体），带有该类抗体的母亲再次妊娠且胎儿血型为 Rh^+ 时，该抗体可通过母体胎盘进入胎儿体内并与其红细胞结合使其溶解，引起母体流产或导致新生儿溶血。另一类是母子间 ABO 血型不符引起，虽发生率较高，但症状较轻，目前尚无有效的预防方法。

3. 过敏性血细胞减少症 某些药物半抗原与血细胞膜分子结合，或病原微生物感染，均可改变血细胞膜抗原性质，并诱生相应抗体而发病。青霉素、奎宁、左旋多巴、氨基水杨酸和非那西丁等可以与血细胞牢固结合，改变了红细胞表面抗原，引起溶血性贫血；磺胺、保泰松、氨基比林、吩噻嗪、苯、丁氮酮及氯霉素等可结合到粒细胞上引起粒细胞减少症；而保泰松、奎宁、氯霉素、苯及丁氮酮和磺胺等会引起血小板减少症。以上药物是作为半抗原诱发机体产生药物特异性抗体，导致血细胞减少。

(二) 组织细胞相关的Ⅱ型超敏反应

1. 肾小球肾炎和风湿性心肌炎 A 族溶血性链球菌与人类肾小球基底膜有共同抗原，链球菌感染可引起抗基膜型肾小球肾炎；A 族链球菌胞壁蛋白与心肌细胞有共同抗原，因此，链球菌感染也可导致风湿性心肌炎的发生。

2. 肺出血-肾炎综合征（Goodpasture's syndrome） 患者产生针对基底膜（如肺泡基底膜、肾小球基底膜）抗原的 IgG 类抗体，此种抗体可同基底膜结合，通过激活补体或调理吞噬作用，导致肺出血和肾炎。如 A2 型流感病毒感染或吸入某些有机溶剂可造成肺组织损伤而产生自身抗体，与肺泡基底膜、肾小球基底膜发生反应。

(三) 自身免疫病

1. 自身免疫性血小板减少症 自身免疫性血小板减少症（autoimmune thrombocytopenia，AITP）是由血小板自身抗体引起的疾病，目前已报道于马、犬，猫少见。发病动物表现为皮肤、牙龈、眼结膜、其他黏膜出现多个瘀血点，鼻出血、黑粪症、血尿症等也有发生，而致犬死亡多因严重的胃肠道出血。

2. 自身免疫性溶血性贫血 头孢菌素、甲基多巴、吲哚美辛等药物或病毒感染等可导致红细胞膜成分改变产生自身抗体，可引起自身免疫性溶血性贫血。

3. 甲状腺功能亢进 又称 Grave's 病，是一种特殊的抗体刺激型超敏反应。该病患者血清中含有刺激甲状腺分泌的自身 IgG 抗体，可与甲状腺细胞表面的促甲状腺素（TSH）受体结合，刺激甲状腺细胞合成并分泌过多的甲状腺素，引起甲状腺功能亢进。

4. 重症肌无力（myasthenia gravis，MG） MG 患者体内产生的抗神经肌肉接头乙酰胆碱（Ach）受体的自身抗体，通过与神经突触后膜乙酰胆碱受体竞争性结合，并使之内化，导致功能性 AchR 数量减少，竞争性抑制乙酰胆碱的作用，使信号传递受阻，导致肌肉兴奋障碍，引起肌肉收缩无力。

此外，还可见超急性器官移植排斥反应等。

第三节 Ⅲ型超敏反应

Ⅲ型超敏反应（type Ⅲ hypersensitivity）又称免疫复合物型或血管炎型超敏反应。该型反应中抗原、抗体结合形成中等大小的可溶性免疫复合物（immune complex，IC），大量沉积于全身或局部毛细血管基底膜和镶嵌于不同组织间隙，并在补体参与和肥大细胞、嗜碱性粒细胞、血小板、中性粒细胞及单核/巨噬细胞的协助下，引起血管及其周围组织的炎症性反应。

Ⅲ型超敏反应引起的疾病通常称为免疫复合物病（immune complex disease，ICD）。

一、Ⅲ型超敏反应发生机制

1. IC 沉积　引起Ⅲ型超敏反应的抗原有内源性抗原和外源性抗原，内源性抗原有变性 IgG、核抗原和肿瘤抗原等，外源性抗原有病原微生物抗原、血清蛋白抗原及药物半抗原等。这些抗原在血循环或体液中与其相应的特异性抗体 IgG、IgM 或 IgA 结合形成 IC。大分子 IC 可被吞噬细胞吞噬清除，小分子 IC 可通过肾小球滤出，而过量的中等分子 IC 可随血液循环沉积于血管基底膜或镶嵌于不同组织间隙，IC 不断产生和持续存在是其沉积的关键。IC 沉积是引起炎症损伤的始动因素。

2. IC 致炎症损伤机制　Ⅲ型超敏反应的炎症损伤机制见图 9-3。

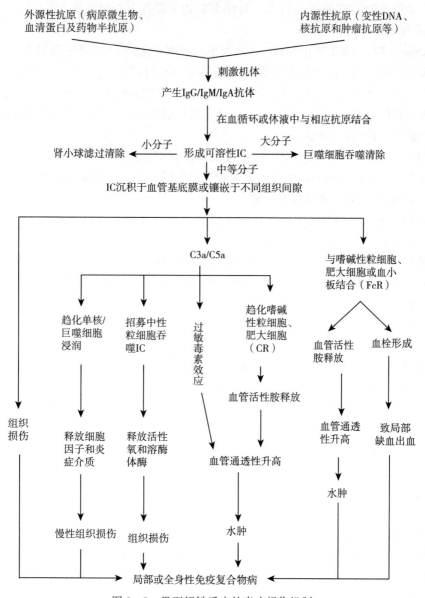

图 9-3　Ⅲ型超敏反应的炎症损伤机制

(1) 沉积的 IC 激活补体系统，并导致局部组织损伤与炎性反应。

(2) 具有过敏毒性和促细胞迁移的 C3a/C5a，除直接导致局部血管通透性增高外，一方面激发嗜碱性粒细胞和肥大细胞释放组胺等炎性介质，增强血管通透性并使渗出增多造成局部水肿；另一方面吸引中性粒细胞聚集，中性粒细胞吞噬 IC 并释放活性氧和溶酶体酶（如弹性纤维酶、蛋白水解酶等）到胞外，导致组织损伤和炎性反应；另外，还可趋化单核/巨噬细胞浸润，通过释放细胞因子和炎症介质参与慢性组织损伤。

(3) IC 通过抗体 Fc 段与嗜碱性粒细胞、肥大细胞和血小板 FcR 结合，促进血管活性物质释放，增强血管通透性，引起水肿，或者形成微血栓，导致缺血、出血和组织坏死。

二、临床常见的Ⅲ型超敏反应

临床上常见的 ICD 有局部 ICD 和全身性 ICD 以及某些自身免疫病。

（一）局部 ICD

1. Arthus 反应 1903 年由 Arthus 给家兔及豚鼠注射马血清时发现并名为 Arthus 反应。其发病的原因是多次皮下注射异种蛋白质而刺激机体产生 IgG 类抗体，后者随血循环扩散至皮肤，在局部再次注射相同抗原时，过量抗原与相应抗体形成 IC，沉积于局部血管基底膜，激活补体系统，引起一系列反应，开始时皮肤发红、水肿，最后出现局部出血和血栓形成，严重时导致局部组织坏死。

2. 蓝眼病 见于少数感染Ⅰ型腺病毒或接触该病毒活疫苗的犬，病毒－抗体复合物沉积后，中性粒细胞浸润到角膜，引起前葡萄膜（色素膜）炎，导致角膜水肿和混浊。发生于感染发病后 1～3 周，病毒清除后可自愈。

3. 过敏性肺炎 长期大量吸入植物性或动物性蛋白及真菌孢子，会引起急性肺泡炎并伴随脉管炎和间质性肺泡炎。

4. 葡萄球菌超敏反应 是犬的一种瘙痒性脓疱性皮炎。用葡萄球菌抗原皮试发现该病可能涉及Ⅰ、Ⅱ、Ⅳ型超敏反应，但在某些中性粒细胞性皮肤血管炎过程中，Ⅲ型超敏反应可能起主导作用。

另外，胰岛素依赖型糖尿病患者因长期注射胰岛素，在局部可出现类似的 Arthus 反应。

（二）全身性 ICD

1. 血清病（serum sickness） 该病通常是患者初次大量注射抗毒素血清，体内产生的抗毒素抗体与过量注射的抗毒素结合形成中等大小的可溶性 IC 所致，主要呈现发热、皮肤红斑、水肿、荨麻疹、全身性血管炎，以及中性粒细胞减少、淋巴结肿大、关节肿痛以及蛋白尿等。停止注射抗毒素后症状自行消退。

2. 链球菌感染性肾小球肾炎 本病通常发生于 A 族链球菌感染后 2～3 周，体内产生的抗链球菌抗体与链球菌抗原结合后形成 IC，沉积在肾小球基底膜，引起免疫复合物型肾炎。此型肾炎也可由肺炎球菌、葡萄球菌、乙型肝炎病毒、疟原虫等引起。

（三）自身免疫病

1. 类风湿性关节炎（rheumatoid arthritis，RA） 类风湿性关节炎属于全身性 AID，该病发病机制尚不明，可能与病毒或支原体持续感染相关。上述病原及其代谢产物使体内 IgG 分子发生变性，并刺激机体产生变性 IgG 分子相对应的抗体，主要是 IgM，也有 IgG 和 IgA，通常称为类风湿因子（rheumatoid factor，RF）。变性 IgG 与 RF 结合形成 IC 反复沉积于关节滑膜引起 RA。

2. 系统性红斑狼疮（systemic lupus erythematosus，SLE） 系统性红斑狼疮也是常见的全身性 AID，多发于育龄妇女。患者体内可检测出以抗核抗体为主的自身抗体，如抗组蛋白抗体、DNA 抗体、抗 RNA-非组蛋白抗体、抗核仁抗体以及抗血细胞抗体等，可通过Ⅱ、Ⅲ、Ⅳ型超敏反应导致组织器官损伤，以Ⅲ型为主，出现发热、皮疹、关节痛、肾损害、心血管病变、浆膜炎、贫血、精神症状等复杂的临床表现，预后不良。

此外，Ⅲ型超敏反应还见于风湿热（感染溶血性链球菌）、免疫复合物型血细胞减少症（药物过敏反应）、食物过敏（牛犊饲喂大豆蛋白代替乳品）、出血性紫癜（马感染急性兽疫链球菌或注射疫苗）等。

第四节 Ⅳ型超敏反应

Ⅳ型超敏反应（type Ⅳ hypersensitivity）是效应 T 细胞再次与特异抗原结合引起的以单个核细胞（淋巴细胞、单核/巨噬细胞和中性粒细胞）浸润和组织损伤为主的炎症反应，该反应属细胞免疫应答，发生迟缓，起始于 12~24 h，24~72 h 达最高强度，又称迟发型超敏反应（delayed type hypersensitivity，DTH）。Ⅳ型超敏反应与效应 T 细胞、吞噬细胞及其产生的细胞因子或细胞毒性介质密切相关。

一、Ⅳ型超敏反应发生机制

1. 致敏抗原 引起Ⅳ型超敏反应的抗原主要有胞内寄生菌（如分枝杆菌、麻风杆菌等）、真菌、病毒、寄生虫、细胞抗原（肿瘤抗原、移植细胞）和某些化学物质等。其中以胞内寄生菌引起的最为常见。

2. 效应 T 细胞介导机制 T 细胞被抗原致敏后，成为致敏 T 细胞，主要为 $CD4^+$ Th1 细胞和 $CD8^+$ CTL 细胞。其作用机制包括：

（1）致敏 $CD4^+$ Th1 细胞再次与相应抗原结合后，释放多种细胞因子，如 IFN-γ、TNF-α、IL-2、IL-3、GM-CSF、LT-α、MCP-1 等，参与炎症反应。

（2）致敏的 $CD8^+$ CTL 细胞直接杀伤具有相应致敏原的靶细胞。

（3）持续存在的抗原致使单核/巨噬细胞呈慢性活化状态，导致局部组织出现纤维化和肉芽肿。

经典的Ⅳ型超敏反应属细胞免疫应答，近年发现，由 IgE 触发、Th2 细胞介导的慢性过敏性炎症也类似于 DTH。Ⅳ型超敏反应 T 细胞介导机制见图 9-4。

二、临床常见的Ⅳ型超敏反应

1. 传染性Ⅳ型超敏反应 该型反应多发生于胞内寄生菌（分枝杆菌、鼻疽杆菌等）、病毒、真菌及某些原虫感染等，机体在清除病原体时，可引起 DTH 而造成组织炎症损伤。如肺结核病人对分枝杆菌产生的 DTH，可致肺空洞和干酪样坏死等。最典型的Ⅳ型超敏反应是结核菌素试验，即将结核菌素（OT）注入皮内做皮内试验（SID），局部出现 DTH 则为结核菌素试验阳性，表示受试者已感染过结核杆菌，因此，可以此判定机体对结核菌素具有免疫力。

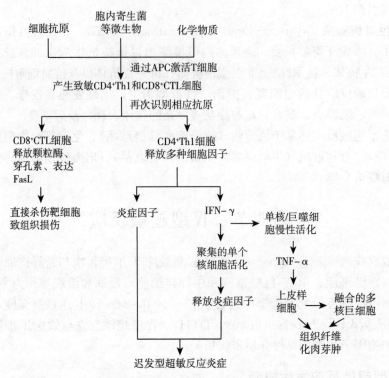

图 9-4　Ⅳ型超敏反应 T 细胞介导机制

2. 接触性Ⅳ型超敏反应　接触性Ⅳ型超敏反应最典型的是接触性皮炎，一些农药、油漆、染料、化妆品、塑料制品及某些药物（青霉素和磺胺）等小分子半抗原能与体内蛋白质结合成完全抗原，并使 T 细胞活化、分化成效应 T 细胞，机体再次接触相应致敏抗原后可发生接触性皮炎，表现为局部皮肤红肿、水疱，严重者可出现剥脱性皮炎。

此外，Ⅳ型超敏反应也在移植排斥反应、胰岛素依赖型糖尿病、甲状腺炎、多发性硬化、多发性神经炎等疾病的发生、发展中发挥重要作用。

值得注意的是，临床上的某些免疫相关疾病并非仅为单一机制所致，如 SLE 就是Ⅱ、Ⅲ、Ⅳ型均参与，并以其中一型为主的混合型超敏反应性疾病；同一变应原也可引起不同类型的超敏反应，如青霉素既可引起Ⅰ型超敏反应导致过敏性休克，也可同时引起Ⅱ、Ⅲ、Ⅳ型超敏反应导致不同疾病发生，如接触性皮炎等。

第五节　自身免疫病

自身免疫（autoimmunity）是指自身耐受遭到破坏时，机体免疫系统对自身抗原产生免疫应答的现象。自身耐受（self-tolerance）是指正常情况下免疫系统对自身抗原无应答或仅产生微弱应答。而自身免疫病（autoimmune disease，AID）则是指机体免疫系统对自身抗原发生过强的免疫应答或持续时间过长而致自身组织损害而引起的疾病。目前已证明，自身免疫病患者体内可检测出自身抗体（autoantibody）和/或自身反应性 T/B 细胞（autoreactive T/B lymphocyte）。

一、导致自身免疫病的相关因素

（一）自身抗原

1. 隐蔽抗原释放　Burnet 的无性细胞系选择学说认为，在胚胎时期尚未发生的少数组织细胞（如精子），或处在特殊解剖位置的自身抗原（如晶状体、甲状腺球蛋白和神经髓鞘磷脂碱性蛋白等）与机体免疫系统相隔离，均未形成免疫耐受，这些抗原称为隐蔽抗原（secluded antigen）或隔离抗原（sequestered antigen）。在某些病理情况下，隐蔽抗原释放进入血流与免疫系统接触，即引起自身免疫应答。但是，只有当隐蔽抗原浓度升高或免疫功能异常时，如抑制性 T 细胞功能降低，可使先前处于无能或抑制状态的细胞株得以活化，从而才可能发生自身免疫病，如输精管结扎术引起的自身免疫性睾丸炎和眼外伤引发的交感性眼炎等。

2. 自身抗原改变　外界环境中的物理、化学和生物因素均可导致自身组织的抗原性改变，如：新的抗原表位暴露、抗原构象改变、抗原被修饰或降解、外来半抗原或完全抗原与自身组织成分结合等。由于自身抗原性质的改变，机体免疫系统对自身抗原的耐受性失调，从而引起自身免疫反应而导致自身免疫病的发生，例如，肼苯哒嗪、普鲁卡因胺、异烟肼等药物的长期使用可引起系统性红斑狼疮样综合征。

3. 自身抗原的表位扩展　抗原表位可分为优势表位和隐蔽表位，优势表位（dominant epitope）具有强免疫原性，可首先激发初次应答，但往往不足以清除相应抗原，而隐蔽表位（cryptic epitope）隐藏于抗原大分子内部或密度较低，随着应答的持续，在后续应答中才可激活免疫细胞，此现象即为表位扩展（epitope spreading）。已报道表位扩展与 AID 有关，如系统性红斑狼疮（SLE）、类风湿关节炎、多发性硬化症等。

（二）外来抗原

某些外来抗原如病原微生物具有与宿主正常细胞或细胞外基质相似的抗原表位，宿主针对外来抗原产生的抗体能与自身抗原发生交叉反应，此现象称为分子模拟（molecular mimicry）。由此引发的自身免疫病包括风湿性心脏病、急性肾小球肾炎等。

（三）自身抗体

自身抗体分为生理性自身抗体和病理性自身抗体。生理性自身抗体不依赖于外源性抗原刺激，多为 IgM，有交叉反应性，与自身抗原亲和力低，具有特定功能，受到机体严密调控，并不引起疾病；而病理性自身抗体则可直接导致疾病发生，其特点是受抗原刺激产生，多是 IgG，特异性强，与自身抗原亲和力高，又分为器官特异性自身抗体（如抗甲状腺球蛋白抗体等）和器官非特异性自身抗体（如抗核抗体等）。

（四）自身反应性淋巴细胞失控

因中枢和外周的"克隆清除"障碍而导致自身反应性淋巴细胞逃避"克隆清除"，或是自身反应性淋巴细胞的异常激活，都可导致自身耐受终止或破坏而引起自身免疫病。

自身反应性淋巴细胞的异常激活途径包括以下几种。

1. 多克隆淋巴细胞的非特异性活化　其内因是：淋巴细胞生长控制机制紊乱，如 SLE 动物模型 MRL-lpr 小鼠，其 Fas 基因突变，Fas 蛋白细胞质区无信号转导作用，不能诱导活化 T 细胞凋亡；其外因则是各种淋巴细胞的活性物质 IL-2 等细胞因子的作用及 LPS 和超抗原的作用等。

2. 辅助刺激因子表达异常　APC 辅助刺激因子表达异常,会刺激产生自身抗体和自身反应性 T 细胞。

3. 旁路 Th 细胞活化　某些微生物如细菌和病毒的超抗原含有与自身抗原相似或相同的 B 细胞表位,但具有不同的 T 细胞表位,这些微生物抗原可以通过激活其他 Th 细胞而向自身反应性 B 细胞提供辅助信号,刺激其产生自身抗体,从而引发 AID。

4. PAMP - Toll 样受体(TLR)激活途径　某些病原相关分子模式(PAMP)可通过与自身反应性 B 细胞表面相应 TLR 结合而使之激活。

(五)免疫调节功能失调

正常的自身免疫是通过精密的免疫调节机制实现的,如果免疫调节功能紊乱就会导致自身免疫应答异常。MHC Ⅱ 类分子及共刺激分子表达异常,细胞因子产生失调,Th1、Th2、Th17、Tfh 细胞功能紊乱以及 Treg 细胞发生异常等都可引起 AID 的发生。如 Th1 细胞功能亢进促进器官特异性 AID 的发生,如胰岛素依赖性糖尿病(IDDM)、多发性硬化(MS)等;Th2 细胞功能亢进则促进抗体介导的全身性 AID 发生,如系统性红斑狼疮(SLE);Th17 细胞致 IL-17 分泌增加可通过各种方式,如促进 B 细胞活化产生更多自身抗体、促进趋化因子表达而增加炎症反应等,引起各种 AID 的发生;同样 Tfh 细胞致 IL-21 和 ICOS 的过度表达也会激活 B 细胞产生自身抗体;而 Treg 细胞缺失则会导致各种 AID。

(六)免疫系统异常或缺陷

胸腺发育异常、免疫缺陷、免疫增生等均可导致异常自身免疫应答。如胸腺肥大或胸腺炎症与重症肌无力发病相关。

此外,遗传因素如 MHC、免疫相关蛋白基因突变以及年龄、性别等都与 AID 有较高的相关性。

自身免疫病的组织损伤机制类似于 Ⅱ、Ⅲ、Ⅳ 型超敏反应,一种 AID 可能是由几种机制同时或先后参与,而不同 AID 其发病机制也各异。

二、常见的自身免疫病

迄今为止,确认的 AID 已达数十种,其临床表现复杂多样,尚无统一分类标准。按自身抗原分布的范围分为器官特异性 AID 和非器官特异性 AID。器官特异性 AID 是指自身靶抗原为某一器官的特定的组分,病理损害和功能障碍仅局限于该特定器官,如自身免疫性内分泌疾病、神经疾病、眼病、生殖系统疾病、皮肤病、肾炎、血小板减少症、肌病,免疫介导的溶血性贫血、慢性活动性肝炎等。非器官特异性 AID,即系统性 AID,是指自身靶抗原为多器官、组织的共有组分(如细胞核、线粒体等),其病变可见于多个器官和结缔组织,故又称为结缔组织病或胶原病,如系统性红斑狼疮、盘状红斑狼疮、肖格伦综合征、自身免疫性多发性关节炎、类风湿性关节炎、皮肌炎、免疫血管炎等。

三、自身免疫病的治疗

由于 AID 的病因及发病机制尚待进一步研究,目前仍主要采用缓解 AID 临床症状的常规疗法。有关 AID 的免疫治疗研究多处于实验探索阶段,仅少数方案进入临床试验。

(一)常规疗法

1. 去除诱因　对于药物诱发的 AID,应立即停用致病药物;多种病原体的感染可通过抗原模拟诱发自身免疫病，应用疫苗或抗生素控制病原体感染以减少自身免疫病的发生。

2. 抗炎药物疗法 应用皮质激素、水杨酸制剂、前列腺素抑制剂以及补体拮抗剂等抗炎药物可抑制炎性反应，以减轻 AID 临床症状。其中肾上腺皮质激素最常用，但有很多副作用，临床上应掌握适应证和禁忌证，以便正确用药。

3. 免疫抑制疗法 细胞毒制剂如环磷酰胺最常用于对类风湿性关节炎（RA）、系统性红斑狼疮（SLE）、血管炎等的抗炎治疗，但其毒副作用也极为明显；免疫抑制剂如环孢菌素 A（CsA）、FK506，因可抑制 IL-2 等细胞因子的产生，使 T 细胞增殖、分化受阻，可用于治疗类风湿性关节炎、系统性红斑狼疮、多发性硬化和多发性肌炎等。

4. 手术疗法 手术是治疗 AID 的手段之一，它可以去除自身抗原或自身抗体的来源而又不严重影响患者的健康。目前，可行的手术有脾切除、胸腺切除和甲状腺次全切除等。

（二）特异性免疫疗法

1. 口服抗原诱导自身耐受 口服抗原能通过肠相关淋巴组织诱导免疫耐受，从而预防或抑制 AID 发生。如口服重组胰岛素防治糖尿病；口服Ⅱ型胶原可防治 RA 等。

2. 阻断自身反应性 T 细胞克隆激活 抗 MHCⅡ类分子抗体可阻断 MHCⅡ类分子递呈自身抗原肽，类似于自身抗原的多肽与 TCR 竞争性结合以阻断自身抗原诱发 T 细胞应答，抗 CD4 分子单抗和抗 TCR 独特型单抗阻断自身反应性 $CD4^+$ T 细胞应答，抗共刺激分子（CD28、CD40）单抗阻断共刺激信号使自身反应性 T 细胞失能等途径，这些都可抑制自身反应性 T 细胞克隆的激活。

3. 清除自身反应性 T 细胞克隆 自身 T 细胞疫苗（T-cell vaccination）可诱导针对自身反应性 T 细胞的特异性应答；用抗自身反应性淋巴细胞表面 TCR 和 BCR 独特型抗体以清除抗自身反应性淋巴细胞；与毒素或放射性物质偶联的自身抗原肽特异性结合 TCR 可选择性杀伤自身反应性 T 细胞。

此外，特异性免疫疗法还有诱生调节性 T 细胞、同种异体造血干细胞移植以及建立针对特定自身抗原的中枢/外周耐受等方法。

Summary

Hypersensitivity is a set of undesirable reactions which stimulated by certain antigens once again, producing physiological dysfunctions and lesions in tissues. Coombs and Gell (1963) classified hypersensitivity in four groups of Ⅰ-Ⅳ, known as allergy, cytotoxic, immune complex disease, and delayed-type hypersensitivity, according to the differences in the involved cell, active compound, mechanism, clinical features, and the speed of reactions. Among the four types, delayed-type hypersensitivity is mediated by cell, and the rest are by antibody.

Type Ⅰ hypersensitivity, characterized by acute inflammation, is a fast response to antigens which enter hosts once again in an extremely short time. This reaction is mediated by allergen, IgE, mast cell, basophil, eosinophil, platelet, and FcεR. Type Ⅰ hypersensitivity includes two phages, the allergy development, and allergy effect. In the stage of allergy development, allergens enter into the body for the first time through respiratory tract, digestive tract and injection, and irritate plasmocytes in mucosa of nasopharynx, tonsil and weasand to produce IgE. Secreted IgE circulates in the blood and binds to an IgE-specific receptor (a kind of Fc receptor called FcεR Ⅰ) on the surface of mast cells and basophils. Hypersensitivity reaction occurs when the sensitized body encounters the allergens again. Allergens activate the target cells, resulting in degranulation. Lipid active mediums, including histamine, kininogenase, prostaglandin, 5-hydroxytryptamine, and leukotrienes, are released from cells, and produce various biological effects. In the early stage, the main systemic effects are smooth muscle contraction, vasodilation, high vasopermeability, and mucous secretion. Later, inflammatory response occurs. In clinical, type Ⅰ hypersensitivity usually has two types: allergia anaphylaxis, which is acute general or systematic response, and specific response, which is local anaphylaxis, the anaphylaxis in respiratory tract, digestive tract, and skin. In addition, some autoimmune diseases (AID) also belong to type Ⅰ hypersensitivity. AID refers to the strong and persistent immune response of the immune system to auto-antigen like soluble antibody, cell, and tissue, causing pathologic change and dysfunction. The mechanism is the activation of cell potency, similar to type Ⅳ hypersensitivity. There are a lot kinds of AIDs in clinical cases. The effective treatments are epinephrine, corticosteroids, specific desensitizer, and avoiding encounter of allergen.

Type Ⅱ hypersensitivity is also known as cytotoxic type or cytolytic type. In this reaction, IgG or IgM binds to antigens on the target cell surfaces (erythrocyte, leukocyte, platelet, and some histocytes), and causes cell agglutination, followed by the cell dissolution and death which are mediated by complement activation and the involvement of macrophage and NK cell. The whole reaction is very short. In clinical, there are blood cells and histocyte related type Ⅱ hypersensitivity, as well as AID and acute rejective reaction.

Type Ⅲ hypersensitivity is also named immune-complex and vasculitis hypersensitivity. In this reaction, the combination of antibody and antigen comes into the middle sized immune complex (IC). Most of the ICs depose the whole body or the blood capillary base and tissue space. With the involvement of complements and assistance of mastocyte, basophil, platelet, neutrophil, mononuclear and macrophage, IC results in inflammatory reactions in vessel and peripheral tissue. Diseases induced by type Ⅲ hypersensitivity are usually called immune complex disease (ICD). ICD clinically includes local ICD, general ICD, and AID.

In Type Ⅳ hypersensitivity, T effector cell binds specific antigens, and evokes the infiltration of mononuclear cell and tissue lesion. Type Ⅳ hypersensitivity is a type of cell-mediated response and the speed is slow, therefore, it is also known as delayed type hypersensitivity (DTH). Intracellular bacterium (*Mycobacterium tuberculosis*, leprosy bacillus), fungus, virus, parasite, cellular antigens (tumor antigen, transplant cell), and certain chemical substances can cause type Ⅳ hypersensitivity. Type Ⅳ hypersensitivity is related to T effector cell, phagocyte, and cytokines and cytotoxicity secreted by them, resulting in fibrosis and granuloma in local tissue. There are infective and contact type Ⅳ hypersensitivity in clinic.

Actually, hypersensitivity in clinical cases often presents mixed type. Response intensity varies a lot in different individuals.

参考文献

陈慰峰,2004. 医学免疫学 [M].4版.北京:人民卫生出版社.
崔治中,等,2004. 兽医免疫学 [M].2版.北京:中国农业出版社.
杜念兴,1995. 兽医免疫学 [M].2版.北京:中国农业出版社.
龚非力,2009. 医学免疫学 [M].3版.北京:科学出版社.
金伯泉,2008. 医学免疫学 [M].5版.北京:人民卫生出版社.
王世若,等,2001. 现代动物免疫学 [M].2版.长春:吉林科技出版社.
杨贵贞,2002. 医学免疫学 [M].5版.北京:高等教育出版社.
杨汉春,2003. 动物免疫学 [M].2版.北京:中国农业出版社.
IAN R T,2009. Veterinary Immunology:An Introduction [M].8th ed.[S.l.]:Elsevier.

思考题

1. 什么是超敏反应？分为哪几类？其分类依据是什么？
2. 试述Ⅰ型超敏反应的发生机制。
3. Ⅱ型超敏反应的发生机制是什么？举例说明常见的Ⅱ型超敏反应。
4. 形成Ⅲ型超敏反应的基本条件是什么？
5. 试述Ⅳ型超敏反应的发生机制，它有哪些特点？
6. 什么是自身免疫病？试举例说明。

课外读物

Th17细胞对机体是具保护性还是致病性？

2005年，新发现的能分泌白细胞介素-17（IL-17）的T辅助细胞亚群（Th17）成为免疫学研究的热点。早期研究中，人们把Th17细胞当作导致众多自身免疫病和免疫缺陷疾病的元凶；后来，对免疫缺陷病人IL-17的研究发现，Th17细胞在防御真菌和细菌的感染中扮演重要角色。而且，在克罗恩氏病中，通过对促炎因子IL-17A中和抗体（AIN457）的研究，发现了Th17细胞的促炎和损伤作用。有证据表明，Th17细胞受环境因素影响，可以改变其分化程序，最终分化为保护或促炎细胞。实际上，Th17细胞不但可以通过其分泌的细胞因子诱导趋化的中性粒细胞，同时也可以与其他获得性免疫细胞亚群相互作用，将固有免疫及获得性免疫有机联系起来，因此对原有的相关疾病的认识得以修正。目前，Th17细胞被证实在自身免疫、超敏反应、抗感染、免疫缺陷病、肿瘤、移植反应、自身炎症性疾病中具有重要作用，以下将介绍Th17促炎细胞在自身免疫、过敏中的作用。

(一) Th17 与自身免疫病

Th17 细胞的发现开始于对自身免疫疾病如多发性硬化 (MS)、实验性自身免疫性脑脊髓炎 (EAE) 及类风湿性关节炎 (RA) 的研究,之后,人们对 Th17 在这三类及其他自身免疫疾病中的作用进行了广泛的研究。

在 EAE 实验中,IL-23 是致 EAE 的主要因素,这改变了以往认为 Th1 细胞是主要致病因素的观点,后来发现 IL-17 及 Th17 细胞在 EAE 中的作用。另一项研究认为 EAE 中 Th17 细胞可以向 Th1 细胞转化,辅助性 T 细胞亚群之间的关系还有待进一步研究。

在 MS 患者外周血及脑脊液中均发现 IL-17 的升高,IL-17 致中枢神经系统 CXCL1 和 CXCL2 等细胞因子升高,与受体结合后可以诱导中性粒细胞趋化,破坏血脑屏障 (BBB),引起局部炎症反应,IL-17 还可以活化骨髓中的中性粒细胞,进而激活单核细胞成为抗原递呈细胞并在中枢神经系统聚集,促进免疫炎症反应,同时 IL-17 还以正反馈的方式促进炎症因子 IL-1、IL-6 等表达,使疾病加剧。

在 RA 的研究中,IL-17 可以促进关节纤维母细胞、巨噬细胞、软骨细胞等分泌基质金属蛋白酶 (MMP),从而促进软骨损伤,IL-17 可以通过诱导破骨细胞表达核因子 κB 受体活化子配体 (RANKL) 而促进破骨细胞分化,IL-17 促进的 IL-6 表达也有类似的生物学效应,从而促进骨的重吸收及骨破坏。在 RA 的研究中,Treg、Th17、Th1 细胞之间相互转换尚需深入研究。

在系统性红斑狼疮 (SLE) 患者中,也检测到 IL-17$^+$ 细胞升高,IL-17 可以促进 B 细胞活化,从而产生更多的自身抗体,同时也能通过促进趋化因子的表达增进炎症反应。应用重排活化基因 Rag1 缺失小鼠模型 (Rag1-/-) 可以观察到输入卵清蛋白特异的 Th1、Th17 细胞均能引起肾小球肾炎,不过输入 Th1 后引起反应较迟,细胞特征以激活单核细胞为主,输入 Th17 细胞则引起反应较快,并且主要激活中性粒细胞。

此外,在炎症性肠道病 (IBD)、I 型糖尿病和银屑病等疾病中也均发现 Th17 与致病性有关。

(二) Th17 与过敏性疾病

在哮喘患者肺、痰、支气管灌洗液、血清中均发现 IL-17 的升高,并且和疾病程度相关。IL-17 可以促进气管纤维细胞、上皮细胞、平滑肌细胞及静脉内皮细胞等分泌 TNF-α、IL-1β、G-CSF、IL-6、CXCL1、CXCL2 及 CXCL8 等细胞因子,同时,IL-17 还可以同 IL-6 或 IL-1β,TNF-α 等共同作用,促进黏液蛋白及 VEGF 等分子表达,促进炎症反应。应用 IL-17A-/-基因缺失小鼠模型,被证实与 Th2 细胞诱导、嗜酸性粒细胞及 IgE 增高有关,但并没有直接的证据表明 IL-17 可促进 Th2 细胞分化。IL-17 家族细胞因子 IL-25 (IL-17E) 也被认为与 Th2 细胞诱导、嗜酸性粒细胞及 IgE 增高有关。另外,在过敏性鼻炎及过敏性皮炎等疾病中,也有 Th17 及其相关细胞因子升高的报道。

第十章 感染免疫与免疫缺陷

病原体进入机体后可通过各种不同的形式保护自己并扩大增殖，对机体造成损伤，而此时机体也发挥特有的防御功能，阻止病原体的增殖和扩散，降低病原体所造成的危害。这就形成了病原体和机体之间相互作用的感染和感染免疫的复杂过程。

感染是指病原体侵入机体，在体内繁殖、释放毒素、酶，或侵入细胞组织，引起细胞组织甚至器官发生病理变化的过程。感染不仅可以损害机体组织细胞及其功能，也可损伤免疫组织细胞并抑制其功能，使机体免疫功能低下、紊乱，甚至引起免疫功能缺陷，如HIV感染所致人类获得性免疫缺陷综合征（AIDS）。引起感染的病原体包括寄生虫、病毒、细菌、真菌、支原体、衣原体、立克次体、螺旋体和放线菌等。目前，感染性疾病已成为严重威胁人类健康的公共卫生问题，其表现为：某些传统的传染病死灰复燃（如结核病等）或此起彼伏（如传染性肝炎），而新的传染病不断出现（如禽流感）。

感染免疫是动物机体抵抗病原体感染的能力。感染免疫能使机体抵御、清除病原微生物及其有害产物，使机体维持其内部环境的稳定和平衡。由于病毒、细菌和寄生虫等病原体的形态、结构和致病特点不尽相同，所以机体对其免疫的方式、机制也各不相同，甚至对同一病原体，不同动物体所表现的抗感染特性也不完全相同。感染免疫分类有多种形式：①根据免疫应答特性将其分为固有免疫和特异性免疫两大类，当固有免疫不能阻止侵入的病原体生长、繁殖并加以消灭时，机体对该病原体的特异性免疫逐渐形成，加强机体抵抗感染的能力；②根据病原体种类可将其分为细菌感染免疫、病毒感染免疫、真菌感染免疫、寄生虫感染免疫等；③根据病原体入侵细胞的特性，又可将其分为胞内微生物感染免疫和胞外微生物感染免疫。病原体在长期进化过程中也形成多种免疫逃逸机制，以抵抗感染免疫，导致慢性感染。

第一节 感染免疫类型及其机制

一、细胞内微生物感染免疫

病毒和胞内菌藏匿在宿主细胞内并进行复制，抗体不能直接中和胞内微生物，因而清除胞内微生物主要是靠细胞免疫。

（一）病毒感染免疫

1. 病毒结构和抗原 病毒颗粒又称病毒子，其基本结构包括核心（核酸）和衣壳（蛋白质或脂蛋白），二者构成核衣壳，构成衣壳的形态亚单位称为壳粒，有些病毒核衣壳外还有囊膜和刺突。病毒子的结构各不相同，如痘病毒结构较复杂，而口蹄疫病毒结构则相对简单。位于病毒子内部和表面的蛋白质表位均可诱导产生抗体，由核蛋白诱导产生的抗体在诊断中具有一定意义。

2. 病毒感染的致病机制 病毒与宿主细胞表面具有其生理功能的受体结合（如禽流感病毒AIV通过其表面膜蛋白-血凝素HA与Ⅱ型肺泡上皮细胞的相应受体结合，狂犬病病毒可与神经递质乙酰胆碱受体结合，传染性单核细胞增多症病原 EB 病毒可与 C3 受体结合，HIV 可与 T 细胞表面 CD4 分子结合）而感染宿主细胞，导致细胞结构和功能损伤，继而造成特定组织器官损伤和功能障碍，因而，宿主细胞的性质、数目与分布决定了病毒的宿主范围和组织嗜性，决定了不同病毒感染可引发不同的系统疾病，也可以导致机体病理变化和继发感染。另外，病毒感染诱发的特异性免疫应答亦可导致免疫病理损伤。

病毒致病机制因病毒种类不同而异，具体表现为：①病毒与宿主细胞表面受体结合入侵宿主细胞；②阻止宿主细胞大分子合成，致宿主细胞死亡；③引起宿主细胞膜结构和功能发生改变，继续侵染邻近正常细胞；④病毒的产物直接或间接诱导感染细胞凋亡；⑤病毒基因整合到宿主细胞基因组，导致宿主细胞的增殖、转化；⑥病毒包涵体可破坏正常细胞结构和功能，导致细胞死亡；⑦抗病毒免疫的过度炎症反应造成免疫病理损伤。

3. 病毒感染免疫机制

（1）病毒感染的固有免疫。在病毒感染初期，机体抗病毒主要通过细胞因子，如 TNF-α、IFN、IL-12 和 NK 细胞，而 IFN 是机体抗病毒的主要因子。巨噬细胞内模式识别受体（TLR3、TLR7、TLR8 和 RIG-I、MDA-5 等）识别病毒相应病原相关分子模式（PAMP），通过分泌 I 型 IFN-α/β 发挥抗病毒作用。

另外，溶菌酶、肠道酶类和胆汁都能破坏多种病毒；胶原凝集素（collectin）可结合病毒糖蛋白，以阻断病毒与宿主细胞相互作用；明胶固素（conglutinin）、甘露糖结合凝集素（MBL）、表面活性蛋白（SP-A、SP-D）能灭活流感病毒；防御素可破坏病毒囊膜或与糖蛋白作用灭活病毒，也可作用于病毒感染细胞，干扰病毒 RNA 转录。

（2）病毒感染的适应性免疫。

①体液免疫。抗体不仅是针对胞外游离病毒的蛋白质抗原，同时也针对表达在感染细胞的病毒抗原，其中对体液免疫起主要作用的抗体是 IgG、IgM 和 IgA。分泌型 IgA 可防止病毒对消化道、呼吸道、生殖道黏膜的局部入侵，而 IgG、IgM 可阻断已入侵的病毒通过血液循环向全身扩散。其机制主要包括：中和作用、ADCC 作用、调理作用及补体激活后的免疫溶解作用。

②细胞免疫。细胞免疫可杀灭细胞内病毒，其机制主要包括：(a) NK 细胞被干扰素激活后，可识别和破坏异常细胞；(b) CTL 可特异性识别病毒抗原，直接杀死病毒或使感染细胞裂解；(c) T_{DTH} 细胞通过释放细胞因子，可直接破坏病毒，分泌的干扰素可抑制病毒复制，也可增强巨噬细胞吞噬破坏病毒的活力。（图 10-1）

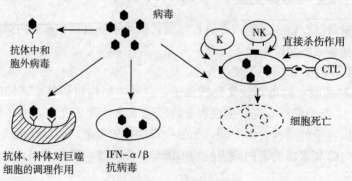

图 10-1 病毒感染免疫机制

（杨汉春. 2003. 动物免疫学）

4. 病毒感染免疫的结局

（1）病毒感染免疫细胞导致机体免疫抑制。

（2）持续性感染。有些病毒能长期持续存在于动物体内而不显示临床症状，同时机体免疫系统也不能将其清除。当这些被感染的畜禽被引入易感群，便会引起疫病的暴发。持续性感染还可以再次引起宿主疾病复发，也与肿瘤的形成有关。

（3）宿主细胞的增殖、转化，可诱发细胞恶变，形成恶性肿瘤。

（4）抗病毒免疫应答在某些情况下可损伤宿主机体，引起超敏反应和自身免疫病。如水貂阿留申病、猫传染性腹膜炎、马传染性贫血、猪繁殖与呼吸综合征等。

5. 禽流感病毒感染免疫

（1）病原。流感病毒为单股负链 RNA 病毒，呈球形或杆状，有包膜，属正黏病毒科，基因组分为 8 个节段，分别编码血凝素（HA），神经氨酸酶（neuraminidase，NA），基质蛋白 M1 和 M2，非结构蛋白 NS1 和 NS2，核衣壳蛋白以及三个聚合酶复合体 PB1、PB2 和 PA 等 10 种蛋白。根据核蛋白、M1 和 M2 的抗原性差异，可将流感病毒分为甲、乙、丙三型，禽流感病毒（AIV）为甲型。根据 HA 和 NA 抗原性不同，甲型流感病毒可分为 16 个 H 亚型（H1~H16）、9 个 N 亚型（N1~N9）。而引发高致病性禽流感（HPAI）的病毒均为 H5 和 H7 亚型，已知可直接感染人的亚型为 H5、H7、H9 和 H10 四个亚型。

（2）AIV 感染的致病机制。

①HA 蛋白与宿主细胞表面受体（如呼吸道上皮细胞表面的唾液酸受体）结合介导病毒与细胞融合后，病毒核糖核蛋白复合物（RNP）被释放入细胞质中。HA 裂解为 HA1 和 HA2，这是病毒与细胞内体膜融合的关键，因为膜融合时需要 HA2 的 N 末端介导。HA 亚型决定了 AIV 病毒的组织嗜性，HPAI 病毒的前体 HA0 中连接 HA1 和 HA2 间的碱性多肽可被全身组织广泛分布的蛋白酶水解，如弗林蛋白酶和前体蛋白转化酶，因此，该病毒可在除呼吸道和胃肠道以外的其他各部位复制，从而可引发全身性病理反应；H1、H2 和 H3 亚型流感病毒与 HPAI 病毒不同之处在于裂解位点处均只包含 1 个碱性氨基酸（Arg），所以 HA 只能被一些特定细胞分泌的胞外胰蛋白酶样蛋白酶识别并裂解，如呼吸道细胞。

②NA 蛋白在流感病毒复制循环中至关重要。主要表现为：NA 也称为唾液酸酶，病毒可通过识别感染细胞表面流感病毒受体末端的唾液酸残基而进入细胞；NA 又是受体破坏酶，可水解病毒与宿主之间的糖酸连接，以防止病毒颗粒聚集，从而促进子代病毒从感染的宿主细胞膜表面释放。

③M2 作为离子通道组装蛋白，调节病毒内部 pH，负责病毒入侵细胞后的脱衣壳，对病毒感染起重要作用。

④流感病毒聚合酶有三个亚基 PB2、PB1 和 PA，其中 PB1 具有聚合酶活性，参与 mRNA 转录和病毒 RNA（vRNA）复制。PB2 具有内切酶活性，参与识别宿主 mRNA 切割其 5′帽子结构，并具有 3′→5′核酸内切酶活性，负责校对功能。PA 可能参与 vRNA 的复制，其功能尚不清楚。

⑤NP 蛋白在病毒感染中发挥多种功能。NP 是一种碱性蛋白，富含 Arg。在体外，NP 可非特异结合 RNA；在病毒粒子中，只与 cRNA 和 vRNA 结合分别形成 cRNP 和 vRNP。NP 蛋白因具亲核信号，可向细胞核定向移动，与聚合酶蛋白共同作用，可将脱衣壳后的 vRNA 转移到细胞核内。Avalos 等发现 NP 还可与 M1 蛋白相互作用，可能参与病毒粒子的

出芽过程。此外，NP 是磷酸化蛋白，在体外仍具有磷酸化活性，既可催化其他底物也可催化自身磷酸化。NP 蛋白在病毒从转录向复制过程转换时也起着关键作用，NP 蛋白还可能参与 vRNP 向核外转移。

⑥早期细胞因子如 IFN-α、TNF-α 和 IL-1α/β，与感染部位的损伤及一些全身性反应有关，也与发热、嗜睡及食欲不振有关。它们是由感染部位细胞在 IL-6 及一些细胞趋化因子 [IL-8、巨噬细胞炎性蛋白（MIP）和 MCP-1] 作用下而快速产生的具有多功能活性的细胞因子，TNF-α、IL-1 具有刺激中性粒细胞及巨噬细胞的功能，可使脉管上皮上调表达白细胞黏附分子，介导呼吸道产生中性粒细胞及巨噬细胞，而化学增活素促使中性粒细胞及巨噬细胞向组织迁徙。

(3) AIV 感染人的致病机制。

①HA 结合位点突变导致 AIV 易感染人类细胞。AIV 与宿主结合的特异性与 HA 受体结合位点的第 226 位氨基酸密切相关，AIV 的该位点是谷氨酰胺，具有与禽类呼吸道上皮细胞表面受体（SAa-2，3-Gal 受体）结合特异性；人流感病毒该位点是亮氨酸，具有与人呼吸道上皮细胞表面受体（SAa-2，6-Gal 受体）结合特异性，若该位点为蛋氨酸，则对 SA a-2，3-Gal 和 SAa-2，6-Gal 受体具有相同的结合能力。猪呼吸道上皮细胞表面受体同时支持 α-2，3-和 α-2，6-连接，可混合感染人流感和禽流感病毒，因此，AIV 可能在猪宿主体内发生与人流感的重组，从而获得可感染人的新禽流感病毒株。

②PB2 基因位点突变导致人禽流感病毒增殖能力增强。流感病毒的宿主范围由 PB2 基因决定，AIV 的 PB2 第 627 位为谷氨酸（Glu），人流感病毒则是赖氨酸（Lys），因而 AIV 不能在人体细胞内进行有效复制。通过对 1997 年人禽流感 H5N1 病毒基因分析发现，香港 H5N1 毒株中 PB2 第 627 位氨基酸由 Glu 型转化为 Lys 型，可能与 PB2 第 199 位的丝氨酸（Ser）突变有关。

③NS1 突变可导致人 AIV 致病能力显著增强。人禽流感 H5N1 亚型由于非结构基因发生变异，NS1 第 92 位天冬氨酸变异为谷氨酸，致使 H5N1 病毒可逃避干扰素等细胞因子的抑制作用，又可诱导高水平的 IFN 和 TNF 而对机体产生免疫损伤作用，产生更强的致病力。此外，高致病性的人禽流感 H5N1 病毒 NS1 结构域可诱导机体的淋巴细胞凋亡，导致 CD4/CD8 比值明显降低，从而促进病毒扩散。

(4) AIV 感染免疫机制。

①AIV 病毒感染的固有免疫：AIV 可诱导高水平的炎性细胞因子 IL-6、IL-8、IL-1β、TNF-α、IFN-β、IL-2R 和趋化因子 IP-10、MCP-1 等，介导炎性细胞浸润和吞噬作用。

②AIV 病毒感染的适应性免疫。

(a) 黏膜免疫：AIV 侵犯机体主要是通过呼吸道或消化道表面黏膜，因而感染初期局部分泌型抗体 IgA 可能对感染禽的恢复及防止继发感染起重要作用。

(b) 体液免疫：AIV 的 10 种蛋白中，其表面蛋白 HA、NA 和 M2 都可诱导产生中和抗体，对抗病毒感染起重要作用。鸡和火鸡在感染后 5d 能检测到 IgM，14d 后可检测到 IgY。

(c) 细胞免疫：不同亚型 AIV 毒株之间的 CTL 具有交叉保护性，可能是由于 CTL 可识别共同的 M1 蛋白。而 AIV 中容易发生的抗原转换或漂移而形成的决定簇，有可能被诱导的细胞免疫所控制。

(5) AIV 病毒感染免疫的结局。

①AIV 感染后巨噬细胞的吞噬作用可导致呼吸爆发抑制和对外来刺激物的趋化反应，同时吞噬作用和杀菌作用受到抑制，因此容易发生继发感染。

②H5N1 严重感染的个体，感染早期出现淋巴细胞减少症，而后出现 $CD4^+T/CD8^+T$ 细胞比例倒转，以及血小板减少症、血清转氨酶升高，提示 T 细胞应答可导致组织细胞损伤。

③在高致病性的人禽流感 H5N1 亚型病毒感染者体内存在高浓度的 IFN 和 TNF-α，由于此病毒对 IFN 和 TNF-α 具有极强的抵抗力，因此不能将其抑制或杀死，反而造成病毒大量增殖，诱导炎性细胞因子进一步产生，最终引起全身性炎症反应综合征。

(二) 胞内菌感染免疫

1. 胞内菌种类　胞内寄生菌包括兼性胞内菌和专性胞内菌两类，前者主要有分枝杆菌、布鲁氏菌、李斯特菌、沙门菌、库氏棒状杆菌、类鼻疽杆菌、鼻疽杆菌等，后者多寄居于内皮细胞、上皮细胞，主要为立克次体和沙眼衣原体。不同胞内菌致病性各异，多为慢性感染。

2. 胞内菌感染致病机制　胞内菌感染的致病机制主要是对宿主细胞进行黏附、入侵并在宿主细胞内生长繁殖，形成肉芽肿组织。

(1) 黏附。胞内菌与靶细胞（主要为单核/巨噬细胞）膜表面受体相结合而得以黏附，表面受体包括两类：调理性受体有 CR1、CR3、CR4 和 FcR 等，细菌可通过抗体和补体的调理作用间接与靶细胞黏附；非调理性受体有植物血凝素样受体，可与细菌表面的 N-乙酰葡糖胺、甘露糖等直接结合发生黏附。

(2) 入侵。胞内菌产生侵袭素，与靶细胞表面整合素或生长因子受体结合而介导其入侵，或直接在接触部位形成膜内陷而侵入靶细胞。

(3) 存活。吞噬细胞不能将胞内菌消化和杀灭，使其在胞内得以存活。

(4) 肉芽肿组织形成。肉芽肿组织在局部可造成一定炎性病理损害，破溃后胞内菌散播，形成新的病灶。

3. 胞内菌感染免疫机制

(1) 胞内菌感染的固有免疫。病原菌侵入机体后，一般先由中性粒细胞吞噬，但不能被杀灭，反而在其中繁殖并被带至体内深部。中性粒细胞一旦死亡破溃，病菌随之散播；巨噬细胞也不能将吞入的病菌消灭，任其在细胞内繁殖，直至机体产生特异性免疫，巨噬细胞在其他因素协同作用下，才可逐步将病菌杀死。

(2) 胞内菌感染的适应性免疫。特异性抗体主要通过调理吞噬、激活补体清除游离的胞内菌；参与细胞免疫的细胞包括 $CD4^+T$ 细胞（Th1、Th2、T_{DTH}）、$CD8^+T$ 细胞、单核细胞/巨噬细胞以及 NK 细胞。致敏 Th1 细胞释放的 IFN-γ 可增强单核/巨噬细胞杀伤胞内菌和抗原递呈能力；IL-12 可激活 NK 细胞，促进杀灭胞内菌。$CD8^+CTL$ 也可杀伤胞内菌感染细胞。如致敏 Th1 细胞释放的 IFN-γ 和 TNF-α 可引起 M1 巨噬细胞的产生酸化吞噬小体，从而杀死分枝杆菌。

4. 胞内菌感染免疫结局　胞内菌感染可引起 Ⅳ 型超敏反应，形成肉芽肿。

二、细胞外微生物和寄生虫感染免疫

(一) 胞外菌感染免疫

1. 胞外菌种类 致病性胞外菌包括革兰阳性球菌：葡萄球菌、链球菌；革兰阴性球菌：脑膜炎球菌、淋球菌；革兰阳性杆菌：梭状芽胞杆菌；革兰阴性杆菌：志贺氏菌、霍乱弧菌和致病性大肠杆菌等。细菌结构复杂，含有多种抗原成分，如鞭毛抗原、菌体抗原、荚膜抗原、菌毛抗原等；另外，当细菌被吞噬并在中性粒细胞中受到呼吸爆发作用时可随机形成细菌的热休克蛋白（heat shock protein，HSP），包括HSP90、HSP70、HSP60，具有很强的抗原性，胞外菌通常引起急性侵袭性感染。

2. 胞外菌感染的致病机制 细菌一般以释放毒素或借侵入和增殖引起宿主细胞的物理性破坏而致病。

（1）侵袭力。

①细菌黏附定殖。细菌需在一定部位定殖，牢固黏附于黏膜上，以抵抗黏液的冲刷、呼吸道纤毛运动及肠蠕动等清除作用。菌毛、脂磷壁酸及某些细菌的外膜蛋白等均可发挥黏附作用。

②细菌繁殖扩散。致病菌在体内可产生一些具有侵袭性的酶，如透明质酸酶、链激酶、蛋白水解酶、胶原酶和弹性蛋白酶等，以分解结缔组织中的透明质酸、破坏胶原纤维和弹性纤维侵入细胞组织从而引起繁殖扩散。

（2）毒素。

①外毒素。许多革兰阳性菌如破伤风杆菌、炭疽杆菌、肉毒梭菌、葡萄球菌、链球菌等，以及部分革兰阴性菌如大肠杆菌、霍乱弧菌、铜绿假单胞菌、气单胞菌等均能产生外毒素。外毒素分为细胞毒素、神经毒素和肠毒素3大类，具有高度的组织特异性，其毒性极强，只需极小量即可致动物死亡。

②内毒素。是革兰阴性菌细胞壁的脂多糖（lipopolysaccharide，LPS）成分，可导致机体发热，降低吞噬细胞功能，激活补体、激肽、纤溶及凝血系统，导致弥散性血管内凝血、休克等。LPS主要通过CD14与单核吞噬细胞作用，刺激巨噬细胞分泌促炎细胞因子（IL-1、IL-6、IL-12、TNF-α等）、活性氧和氮的代谢产物（如氧气、过氧化氢、一氧化氮），以及花生四烯酸代谢物（白三烯和前列腺素）等，由这些活性因子参与脓毒性休克。

3. 胞外菌感染免疫机制

（1）胞外菌感染的固有免疫。应对胞外菌感染的固有免疫主要包括中性粒细胞、巨噬细胞的吞噬作用；通过旁路途径和MBL途径激活补体系统而产生的杀伤作用；补体的调理作用；产生炎性因子引起局部炎症反应。

（2）胞外菌感染的适应性免疫。主要以体液免疫为主，包括抗外毒素性免疫，补体参与的溶菌杀菌作用、调理吞噬作用，以及在肠道感染病原菌的免疫中局部分泌型IgA抗体的黏膜免疫作用。此外，抗HSP应答也是抵御许多细菌性病原体的主要机制。

4. 胞外菌感染免疫的结局 免疫应答可能仅影响细菌性疾病的进程但并不能治愈，细菌毒性因子和针对细菌抗原的免疫应答均可导致组织损伤，有的还可引起Ⅰ、Ⅱ、Ⅲ型超敏反应和自身免疫病。

(二) 真菌感染免疫

真菌种类很多，主要有念珠菌、新型隐球菌、孢子菌等，真菌感染有三种形式：①真菌侵害皮肤或其他组织表面导致原发性感染，如小孢子菌和念珠菌感染；②由双相性真菌引起的原发性感染，主要是呼吸道感染，如荚膜组织胞浆菌、皮炎芽生菌和粗球孢子菌等；③由机会性真菌引起的免疫缺陷动物的继发性感染，如毛霉目中的根霉属、毛霉属、犁头霉属等。真菌在体内主要依靠顽强的增殖力及产生破坏性酶及毒素破坏易感组织。

1. 真菌感染免疫机制

(1) 真菌感染的固有免疫。

①完整的皮肤及黏膜可抵御真菌入侵，皮肤分泌的脂肪酸可抗真菌。

②阴道分泌的酸性分泌物可抑制真菌增殖。

③补体系统旁路途径激活机制可抵御念珠菌、曲霉菌等侵袭性霉菌的感染，中性粒细胞被吸引至感染部位，摄取入侵的菌丝及假菌丝；霉菌形体较大，中性粒细胞不能将其完全吞噬，可通过向组织液中释放酶类破坏霉菌菌丝。

④IL-23/IL-17轴可激活中性粒细胞。真菌病原体相关分子模式通过作用于TLR2或树突状细胞相关性C型植物凝集素-1 (lectin-1)，开启合成IL-23，IL-23激活Th17产生IL-17，从而激活中性粒细胞和血管内皮细胞，以促发急性炎症。

⑤真菌在细胞内增殖，刺激组织增生，引起细胞浸润，形成肉芽肿。

⑥小的霉菌碎片和孢子可被巨噬细胞或NK细胞吞噬杀灭。

(2) 真菌感染的适应性免疫。真菌在深部感染中，由于真菌抗原的刺激，产生特异性抗体及效应细胞参与免疫，以细胞免疫为主。致敏淋巴细胞释放细胞因子，吸引吞噬细胞消灭真菌。如念珠菌以菌丝形式存在时，能促进Th17细胞产生，而以酵母形式存在时，则促进IL-12的生成并引发Th1型免疫应答；霉菌感染一旦出现，主要通过Th1介导的机制加以破坏，以激活巨噬细胞、促进表皮的生长和角质化而发挥其功能。

2. 真菌感染免疫的结局　真菌入侵后，如果机体的防御机能不健全（如T细胞系统缺陷）或受到抑制时，则导致慢性、渐进性经过，于局部形成肉芽肿及溃疡性坏死，痊愈动物会产生对霉菌抗原的IV型超敏反应。

(三) 寄生虫感染免疫

寄生虫具有其自身的生物学特性，结构复杂，种类多样，具有复杂的生活史，在宿主体内寄生部位各异，可在宿主体内移行。在长期进化中，宿主与寄生虫相互适应而建立了一种生物学平衡关系，这主要是依赖于寄生虫和宿主相互作用的免疫学平衡，既能维持寄生虫的寄生，又不危及宿主群大多数个体的生命。寄生虫感染多表现为隐性感染、慢性感染、带虫状态、重叠感染（多寄生现象）、幼虫移行症和异位寄生等。了解寄生虫感染免疫的规律及特点，对寄生虫感染的诊断和防治具有重要意义。

1. 寄生虫种类及特点　寄生虫包括原虫、蠕虫和体外寄生虫等。其虫体结构复杂，抗原组成多样。寄生虫具有多种抗原成分，在新陈代谢过程中还可产生和分泌一些抗原物质。寄生虫抗原有多种分类方法，按其从虫体的来源可分为表膜抗原、分泌排泄抗原（代谢抗原）和虫体抗原。

原虫是单细胞动物，其免疫原性的强弱取决于入侵宿主组织的程度。例如，肠道的痢疾阿米巴原虫只有当侵入肠壁组织后，才激发抗体产生。引起弓形虫病的龚地弓形虫，在滋养体阶段，其寄生性几乎没有种的特异性，能感染所有哺乳动物和多种鸟类。

蠕虫属于多细胞动物，在宿主体内以幼虫和成虫两种形式存在，幼虫在组织中，成虫则寄生于胃肠道或呼吸道。同一蠕虫在不同发育阶段，可有共同抗原，也有特异性抗原。蠕虫有厚厚的细胞外角质层保护其皮下的原生质膜；有的线虫有一个疏松外壳，受到攻击时可随时丢弃。因此，高度适应的寄生蠕虫是专性寄生虫，在宿主体内并不复制，其数目不比侵入时的多，很少引起宿主强烈的免疫应答，而容易逃避宿主的免疫，仅出现很轻微的症状或不显示临床症状。

2. 寄生虫感染对宿主的损害作用

(1) 摄取宿主营养。寄生虫在宿主体内生长、发育和繁殖，主要靠摄取宿主体内营养物质来实现。肠道寄生虫除摄取宿主营养成分外，还对宿主的肠道功能造成损伤，影响机体对营养的吸收，导致宿主营养不良。

(2) 机械性损伤。寄生虫可对宿主细胞和组织造成机械性损伤，多见于胞内寄生的原虫、移行中的蠕虫幼虫及成虫。如利什曼原虫损伤单核/巨噬细胞，疟原虫破坏红细胞等。

(3) 寄生虫毒性。寄生虫的分泌物、排泄物以及死亡虫体的分解物都可对宿主产生毒性作用，同时，代谢产物和分解物具有免疫原性，可诱导宿主产生病理性免疫应答。如棘球蚴囊壁破裂，囊液进入腹腔后，可引起宿主发生过敏性休克，甚至死亡；一些毒性物质类似于内毒素和超抗原，可引起机体强烈免疫应答而造成组织损伤。

3. 原虫感染免疫

(1) 原虫感染的固有免疫。通常认为对原虫感染的固有免疫机制在性质上与细菌性和病毒性疾病的免疫机制相似，而动物种的影响似乎是最重要的因素，如布氏锥虫、刚果锥虫和活跃锥虫对东非野生蹄兽不致病，但对驯养牛则可致死；球虫类是高度宿主特异性的，如龚地弓形虫的速殖子能感染任何哺乳动物，而其球虫期只感染猫科动物（猫和虎），这种种属的差异与长期选择有关。动物本身遗传性能决定其对原虫病的抵抗力，如镰刀状细胞贫血病及其在抗疟疾中的作用研究得最清楚。

(2) 原虫感染的适应性免疫。体液免疫发挥作用主要是针对血液和组织液中游离生活的原虫，而对细胞内寄生的原虫主要依赖于细胞免疫。

①原虫感染的体液免疫。原虫表面抗原的特异性抗体能调理、凝集或固定原虫，通过抗体、补体及细胞毒细胞将原虫杀死。有些抗体（或称抑殖素，ablastin）能抑制原虫分裂。在由阴道毛滴虫引起的人生殖道感染中，局部IgE应答被激活，引起超敏反应，而且该反应通过增加血管通透性使IgG抗体达到感染部位，并固定和消灭病原体。

②原虫感染的细胞免疫。专性细胞内寄生的龚地弓形虫和泰勒虫的免疫应答主要为细胞免疫。对于弓形虫核糖核蛋白的应答，致敏的Th1细胞分泌IFN-γ，IFN-γ激活巨噬细胞，通过使溶酶体与吞噬小体融合而杀死弓形虫，或者活化的巨噬细胞M1产生的NO与氧化剂作用产生的氮自由基对弓形虫有致死作用；某些T细胞亚群能分泌一些可直接干扰弓形虫复制的细胞因子；CTL细胞能破坏弓形虫的速殖子和弓形虫感染细胞，而对于梨形虫感染的牛淋巴细胞，$CD8^+$ T细胞能够通过识别与MHC I类分子结合的寄生虫抗原，杀死受感染的淋巴细胞。

4. 蠕虫感染免疫

(1) 蠕虫感染的固有免疫。影响蠕虫感染的因素多而复杂，不仅包括宿主方面，而且也包括同一宿主体内其他寄生虫的影响、存在种类和种间的竞争作用。蠕虫对肠道内的共同栖息地和营养的种间竞争，也会影响到动物体内蠕虫群体的数量、存在部位和组成。另外，肠道内成虫的存在，会延迟同种寄生虫幼虫阶段在组织内的进一步发育。

对于宿主而言，影响蠕虫寄生的因素包括年龄、性别以及宿主的遗传背景。性别和年龄对蠕虫寄生的影响主要是激素的作用。动物的性周期是有季节性的，寄生虫的繁殖周期与宿主的性周期相一致。例如，母羊粪便中的线虫卵数量在春季明显增多，这与母羊产羔和泌乳期一致。另外，遗传因素对蠕虫的抵抗力也有较大影响，如具有血红蛋白 A 的绵羊比具有血红蛋白 B 的绵羊对捻转血矛线虫和环纹奥斯特线虫的抵抗力高。

（2）蠕虫感染的适应性免疫。由于蠕虫结构的复杂性，对其感染的免疫机制与其他病原体感染免疫有着明显差异。

①参与蠕虫感染免疫的免疫球蛋白主要是 IgE，其次是 IgA，并由嗜酸性粒细胞和肥大细胞介导。蠕虫感染通常使免疫系统产生 Th2 应答，产生 IgE、IgA 以及 Th2 细胞因子（IL-3，IL-4 和 IL-5）和趋化因子（eotaxin）即 CCL11、CCL24 和 CCL26 等。Th2 细胞因子以及趋化因子对嗜酸性粒细胞和肥大细胞有趋化性。如在蠕虫感染中，血液内 IgE 抗体显著增高，呈现典型的 I 型超敏反应，使肠管强烈收缩，可有利于驱虫。嗜酸性粒细胞表面也有 IgA 受体，当这些受体发生交联时可释放出效力强大的拮抗性化学物质和蛋白质等颗粒内容物，包括阳离子蛋白、神经毒素和过氧化氢，这些都有助于造成不利于蠕虫栖息的环境。

②细胞免疫对高度适应的寄生蠕虫虽不引起强烈排斥反应，但致敏 T 淋巴细胞可通过迟发型超敏反应抑制蠕虫的活性，使局部环境不适合幼虫的生长和迁移；也可通过 CTL 直接杀伤幼虫。

5. 寄生虫感染免疫的结局

（1）保护性免疫。寄生虫所诱发的宿主免疫应答产生了两类效应：消除性免疫和非消除性免疫。消除性免疫仅见于少数寄生虫感染，如皮肤利什曼病；大多数寄生虫感染属于非消除性免疫。另外，寄生虫感染的保护免疫还包括：伴随免疫和带虫免疫。寄生虫与宿主在长期进化中形成了一种平衡机制，使寄生虫感染处于慢性感染状态；若宿主免疫功能低下，不能有效控制寄生虫在体内生长、繁殖，则可导致明显的寄生虫病。

（2）免疫病理损伤。

①寄生虫抗原诱发超敏反应。不同寄生虫所致超敏反应类型各异，同一寄生虫又同时可诱发多种类型超敏反应。

②免疫应答导致组织损伤。

③发生免疫抑制或继发性免疫缺陷。

第二节 病原体免疫逃逸及其机制

免疫逃逸是指病原体为存活更长时间，从宿主的免疫应答中隐藏或逃脱。病原体在长期进化中形成多种机制以逃逸机体的免疫防御：一方面，病原体可隐匿于免疫细胞内部或寄生于免疫赦免部位以逃逸机体免疫系统的识别和攻击；另一方面，病原体可以通过其抗原改变或表达某些抑制分子而拮抗和阻断机体的抗感染免疫效应。

一、细胞内微生物免疫逃逸

(一) 病毒免疫逃逸

病毒免疫逃逸是造成病毒持续性感染和抗病毒无效的主要原因。在各种选择压力的促进下，病毒借助其易变的生物学结构特点，形成一整套对免疫系统各环节的逃逸机制，包括：病毒抗原变异、病毒基因的整合及其限制性表达、病毒潜伏于免疫赦免部位、病毒干扰宿主细胞对抗原的递呈、病毒干扰细胞因子的功能以及诱导机体产生免疫耐受等。

病毒免疫逃逸机制可分为三大类。

1. 逃避体液免疫应答 流感病毒可通过抗原漂移和抗原转变的方式逃避宿主的免疫清除。抗原漂移主要引起编码血凝素（HA）和神经氨酰酶（NA）基因的点突变，与抗体结合的表位关键氨基酸发生改变，逃避抗体的中和，其变异幅度小，仅引起局部中小流行。而抗原转变则是在二级宿主中流感病毒株 RNA 片段之间发生了交换，导致 HA 抗原发生了较大变化。其变异幅度大，可引起世界范围的流感暴发。

2. 抑制细胞免疫应答

（1）干扰宿主细胞对病毒抗原的加工和递呈。病毒基因编码的某些蛋白质可作用于抗原递呈过程，从而逃避免疫系统的识别和清除。主要包括以下方式：

①病毒编码蛋白可影响宿主细胞蛋白酶的酶解作用，以阻碍抗原肽的产生。

②病毒基因组编码蛋白抑制抗原多肽运输，如腺病毒和单纯疱疹病毒（herpes simplex virus，HSV）感染机体细胞后，病毒即刻早期基因的表达产物 ICP47 能有效抑制抗原肽转运体（TAP）对抗原肽的转运。

③病毒编码蛋白阻止或破坏多肽/MHC Ⅰ类分子复合体的形成，牛疱疹病毒-1 型（bovine herpesvirus-1，BHV-1）通过干扰抗原肽转运体的功能，下调 MHC Ⅰ类分子的表达。

④诱导树突状细胞（DC）功能失活，如慢性乙肝患者的 DC 表型缺陷和功能障碍，感染人巨细胞病毒（human cytomegalovirus，HCMV）的晚期细胞可分泌可溶性细胞因子 TGF-β1 等，抑制 DC 的成熟；流感病毒（IAV）编码的 NS1 蛋白能特异性抑制 DC 的成熟、迁移和对 T 细胞的刺激，从而导致 IAV 感染的人 DC 激活 Th1 细胞的能力降低。另外，IAV 编码的辅助蛋白 PB1-F2 能诱导肺泡巨噬细胞的凋亡，从而丧失了抗原递呈细胞的能力。

（2）限制 NK 细胞介导的杀伤作用。如病毒蛋白可拮抗 NK 细胞激活受体和配体之间的相互作用，HCMV 的 UL16 与 ULBP 结合，竞争性抑制了其与 NK 细胞表面激活受体 NKG2D 的结合，从而抑制 NK 细胞的细胞毒性作用。

3. 干扰免疫效应

（1）干扰细胞因子功能。病毒可抑制或调解细胞因子和趋化因子的功能，如病毒可以阻断细胞因子的产生、干扰细胞因子信号转导过程以及干扰细胞因子的功能。如人类疱疹病毒能产生 vIL-10。狂犬病病毒（rabies virus，RABV）主要通过拮抗维甲酸诱导基因Ⅰ（RIG-Ⅰ）通路及干扰素作用通路逃逸机体的免疫。IAV 编码的 NS1 蛋白也能从多个途径干扰Ⅰ型 IFN 的抗病毒功能，包括转录水平、mRNA 转录后加工及运输、抑制干扰素诱导的抗病毒效应分子活性等途径。有些病毒通过阻断 IL-18、IL-12 的活性而抑制干扰素的合成。另外，黏液瘤病毒和痘病毒产生 IFN-γR 相关蛋白，通过与 IFN-γ 结合阻断该干扰素与细胞受体的结合及其对病毒复制的抑制作用。

(2) 干扰补体系统。一些痘病毒和疱疹病毒可编码、表达补体激活调节因子 RCA 的同源物或其他补体调节因子，保护病毒包膜和被感染细胞的细胞膜。如天花病毒可编码一种补体调节蛋白 SPICE，与 C3b 结合影响 C3 转化酶形成而抑制补体激活。

(3) 诱导淋巴细胞凋亡。HIV 可诱导 T 淋巴细胞凋亡，如 gp120 可结合并封闭 CD4 分子，诱导 $CD4^+$ T 细胞凋亡；Tat 蛋白可促进 FasL 表达，抑制 Bcl-2 表达，从而促进 $CD4^+$T细胞凋亡；Vpr 和 gp160 可诱导 $CD4^+$ T 细胞和 $CD8^+$ T 细胞凋亡。

(4) 抑制靶细胞凋亡。被感染的靶细胞自发凋亡，可促进病毒释放、免疫识别及清除。而病毒进化出多种机制可在感染阶段延迟或抑制细胞凋亡，使病毒蛋白在细胞内合成、装配和复制。如 EB 病毒可编码 LMP-1 蛋白诱导靶细胞表达 BcL-2，以抑制细胞凋亡。

(5) 病毒自身可产生调节因子以逃避免疫监视。HIV 可产生病毒负性调节因子（negative regulate factor，NEF），调节宿主细胞膜表面受体，结合各种信号转导分子，影响免疫细胞的免疫活性，逃避免疫监视。

(6) 潜伏病原体逃避免疫监视。疱疹病毒几乎都具有终身潜伏能力。水痘-带状疱疹病毒（VZV）潜伏时，转录和表达受到抑制，其 DNA 不被整合到靶细胞 DNA 中，而是在细胞中以游离形式存在。

病毒逃避机体感染免疫的机制十分复杂，诸如病毒潜伏于免疫赦免部位、表达 Fc 受体、黏附素及超抗原、合成类固醇相似物等方式均与病毒逃避机体感染免疫有关。这些机制是病毒和宿主长期共同进化的结果。

(二) 胞内菌免疫逃逸

胞内菌进入宿主体内，吞噬细胞将其吞噬，但不能将其有效杀灭和消化，而得以在胞内存活，其机制如下。

1. 逃避吞噬溶酶体的杀伤效应 在内体形成过程中，pH 先碱后酸。防御素在碱性条件下发挥作用，溶酶体酶在酸性条件下发挥作用。内体和溶酶体融合后，有利于溶酶体酶分解、杀死细菌。但胞内菌可通过不同机制逃避吞噬溶酶体的杀伤作用。

(1) 鼠伤寒杆菌 *phoP* 基因编码产物具有抗防御素功能。

(2) 分枝杆菌产生的 NH_4^+ 能中和内体，硫酸脑苷脂和某些糖脂能干扰内体与溶酶体的融合。

(3) 产单核细胞李斯特菌产生的 SH 活化的细胞溶素（也称李斯特溶素），可使其从内体逃离到细胞质中，躲避吞噬溶酶体的杀伤。

2. 逃避吞噬细胞呼吸爆发引起的杀伤效应 吞噬细胞在吞噬过程中常引发呼吸爆发，产生活性氧以杀伤细菌。胞内菌逃避氧爆发所致的杀伤效应机制如下。

(1) 肺炎军团菌通过与靶细胞表面补体受体（CR1/CR3）结合被吞噬的方式不激发呼吸爆发，有利于维持胞内菌存活。

(2) 某些胞内菌可产生超氧化物歧化酶（SOD）和过氧化氢酶，降解超氧阴离子（O_2^-）和过氧化氢（H_2O_2），以避免吞噬细胞的杀伤作用。

此外，分枝杆菌可抑制巨噬细胞活化，不仅抑制了其吞噬杀菌能力，同时下调 MHC Ⅱ类分子表达和细胞因子产生，也降低了其抗原递呈的功能；某些胞内菌可产生热休克蛋白

(HSP)，以减轻细胞内毒性分子的阻遏细菌蛋白质折叠与合成的作用，有利于胞内菌生存；一些胞内菌通过细胞与细胞间直接扩散以逃避细胞外环境的不利因素；有些胞内菌可寄居于非专职吞噬细胞（如内皮细胞、上皮细胞），避免被专职吞噬细胞内的多种杀菌物质所杀伤。

二、细胞外微生物和寄生虫免疫逃逸

（一）胞外菌免疫逃逸

已发现，胞外菌可以多种方式逃逸机体免疫功能，其机制如下。

1. 抗吞噬作用 细菌的荚膜、微荚膜或其类似结构（如化脓性链球菌 M 蛋白、肠道杆菌 O 抗原、伤寒沙门菌 Vi 抗原等）均可抵抗吞噬细胞吞噬和体液中杀菌物质的作用，使病原菌在宿主体内迅速繁殖并产生病变。例如，给小白鼠腹腔注射无荚膜肺炎链球菌，容易被吞噬、清除，而注入有荚膜菌株，则可大量繁殖，使小鼠在 24 h 内死亡；金黄色葡萄球菌产生的血浆凝固酶（coagulase）能加速血浆凝固，形成纤维蛋白网状结构，阻止吞噬细胞接近和吞噬，同时使细菌免受抗体等体液因子的作用；金黄色葡萄球菌和化脓性链球菌可产生溶血素、杀白细胞素，有抑制粒细胞趋化及杀伤粒细胞的作用，对巨噬细胞也有毒性；另外，淋病奈瑟菌的菌毛具有抗吞噬作用。

2. 抗调理作用 许多 G^+ 和 G^- 细菌荚膜含一个或多个唾液酸残基，其与血清补体 H 因子有高亲和力，二者结合后 H 因子能使补体旁路途径 C3 转化酶解离，并在细菌表面结合为 H - C3b 复合物，致使 C3 不能继续活化，阻断了旁路途径正反馈效应及 C3b 的调理作用；金黄色葡萄球菌 SPA 与 IgG 类抗体 Fc 段结合，能使已受该抗体调理的细菌免遭吞噬。

3. 细菌表面抗原基因变异 淋球菌和大肠杆菌等细菌表面抗原位于菌毛内，如淋球菌菌毛蛋白基因含 1~2 个表达位点，另有 10~20 个沉默位点，每个位点含 6 个编码序列，称为微型暗盒（mini-cassette）。上述细菌表面抗原可发生基因变异，其机制是：沉默和表达位点间出现快速转换，即沉默位点的某一微型暗盒的复制品取代表达位点上的微型暗盒。以 10 个沉默位点计算，每个有 6 个微型暗盒，即可能出现 10^6 种组合。这种组合的蛋白质产物，其免疫反应性各异，从而有助于细菌逃脱特异性抗体的攻击。空肠弯曲菌等有动力的细菌能产生一种非寻常的鞭毛素，逃避 TLR5 的识别，感染哺乳动物宿主。

另外还发现：化脓性链球菌可分泌针对特异性抗链球菌 IgG 抗体的蛋白水解酶，溶血曼氏杆菌能分泌一种牛 IgG_1 特异性蛋白酶，通过水解 IgG 帮助细菌生存；某些淋病奈瑟菌、流感嗜血杆菌、肺炎链球菌及变形杆菌菌株可产生 IgA 蛋白酶，使 sIgA 裂解，阻止调理作用，降低机体的局部防御功能。

（二）寄生虫免疫逃避

在寄生虫与宿主长期相互适应过程中，寄生虫通过多种途径逃逸宿主免疫效应的攻击，此为免疫逃避（immune evasion），其可能的机制如下。

1. 抗原变异 寄生虫可改变自身抗原成分而逃避免疫系统的攻击。如血液内寄生原虫非洲锥虫表膜抗原表型易变，导致体内特异性抗体对新的变异体无效；边缘鞭虫生活在牛红细胞中，通过不断的抗原变异逃避机体免疫系统的攻击。

2. 分子模拟和抗原伪装 分子模拟（molecular mimicry）指寄生虫表达与宿主抗原相似的成分，抗原伪装（antigenic disguise）指寄生虫能将宿主抗原结合到虫体表面。二者均可干扰宿主免疫系统对寄生虫抗原的识别。血吸虫肺期童虫和猪带绦虫感染就可能借助此机制而逃避机体免疫系统攻击。囊尾蚴能将 MHC 分子吸收到虫体表面；血吸虫能将宿主的功能衰变加速因子即 CD55 插入到虫体脂双层中，以中和补体旁路途径。

3. 释放可溶性抗原或虫体抗原脱落 在寄生过程中，寄生虫释放某些可溶性抗原，以中和或阻断特异性的免疫保护作用。蠕虫虫体可不断脱落抗原，具有此类似作用。

4. 解剖位置隔离 一些胞内寄生虫，如红细胞内寄生的疟原虫、巨噬细胞内寄生的利什曼原虫、肌细胞内寄生的旋毛幼虫包囊等，其虫体与宿主免疫系统隔离，从而可能逃避宿主的免疫攻击。另外，寄生于脑部的猪囊尾蚴可激发脑组织产生轻度反应，形成包膜包绕虫体，连同囊尾蚴体壁细胞分泌的 B 抗原，共同构建具有保护作用的微环境，阻断宿主免疫系统与囊体接触，使之逃避宿主免疫攻击。

5. 干扰信号转导通路 某些寄生虫在感染过程中生活于细胞内，其并不发生实质性的抗原变异，但可改变感染细胞内的信号转导，从而逃避宿主免疫应答。如利什曼原虫、血吸虫感染巨噬细胞后，可干扰巨噬细胞内信号系统，使其丧失抗原递呈能力，通过影响保护性免疫应答而有利于寄生虫存活；多种单细胞及多细胞性寄生虫可干扰 T 细胞和 B 细胞激活的信号转导通路，从而避免被免疫系统识别和杀伤，如啮齿动物的丝状线虫、棘唇线虫分泌一种含磷酸胆碱的糖蛋白（ES-62），可干扰 T 细胞和 B 细胞内 PKC、Ras、丝裂原激活蛋白激酶和磷酸肌醇-3-激酶（PI-3K）等信号转导途径。巨颈绦虫能分泌绦虫 taeniastatin 蛋白酶抑制剂，抑制中性粒细胞趋化、补体活化、T 细胞增殖和 IL-2 的产生。马来丝虫能分泌一些抑制中性粒细胞丝氨酸蛋白酶的丝氨酸蛋白酶抑制剂。

6. 产生封闭抗体 感染曼氏血吸虫、丝虫和旋毛虫的宿主体内可产生封闭抗体，后者与虫体结合，可阻断保护性抗体的作用，从而有利于虫体生存。在血吸虫流行区，低龄儿童虽产生高滴度抗体，却对再感染无保护力，此现象可能与封闭抗体产生有关。

综上所述，病原体进入宿主机体后，可通过多种致病机制损伤机体，机体也动员固有免疫及适应性免疫抵御入侵的病原体，限制其扩散甚至被清除，以维持内环境平衡与稳定。而病原体为维持其在宿主体内的生存繁衍，可通过各种方式逃避宿主免疫系统攻击，因此，病原体与宿主机体间的相互作用构成了感染与免疫的基本内容。

第三节 免疫缺陷病

一、免疫缺陷及免疫缺陷病

（一）概念

人和动物机体发挥免疫防御、免疫自身稳定和免疫监视功能，都需要一个完整的免疫系统。免疫系统中的免疫器官、免疫细胞、免疫分子等一种或几种成分缺失引起的功能障碍或缺陷，称为免疫缺陷（immunodeficiency，ID）。由于先天或后天损伤引起的免疫缺陷而使机体产生某些临床综合征，即称之为免疫缺陷病（immunodeficiency disease，IDD）。

（二）分类

根据免疫缺陷发生的原因，可将其分为原发性免疫缺陷（primary immunodeficiency，PID）、继发性免疫缺陷（secondary immunodeficiency，SID）。同样，可将免疫缺陷病分为原发性免疫缺陷病（primary immunodeficiency disease，PIDD）、继发性免疫缺陷病（secondary immunodeficiency disease，SIDD）。

1. 原发性免疫缺陷　PID 又称先天性（congenital）免疫缺陷或遗传性免疫缺陷，是由遗传因素引起的先天性免疫系统缺失或发育不全导致的免疫障碍。PIDD 可发生于免疫系统发育、成熟的各个环节，多有遗传倾向，常染色体隐性遗传约占 1/3，X 性连锁隐性遗传占约 1/5，以男性患儿多见。约 50% 以上 PIDD 从婴幼儿开始发病，年龄越小，病情越严重，死亡率也越高。迄今，临床已发现 PIDD 达 3 000 余种，但多数发病率极低。

根据免疫缺陷所涉及的免疫组分，可将其分为以下几类。

（1）特异性免疫缺陷。

①细胞免疫缺陷。约占 10%，如先天性胸腺发育不良。

②体液免疫缺陷。约占 50%，常见有先天性无（或低）丙种球蛋白血症、选择性 IgA 缺陷病、高 IgM 丙种球蛋白血症等。

③联合免疫缺陷。即前两者同时缺损，约占 30%，如性联严重联合免疫缺陷、裸淋巴细胞综合征等。

（2）原发性固有免疫缺陷。

①补体缺陷。约占 4%，常见的有遗传性血管神经性水肿。

②吞噬细胞功能缺陷。约占 6%，常见有慢性肉芽肿。

人和动物中由于先天性免疫缺陷导致的 PIDD 种类多，但发病率不高，目前尚缺乏准确统计数据。

2. 继发性免疫缺陷　继发性免疫缺陷是与遗传因素无关、继发于其他原发疾病或因某些理化因素的后天影响，引起免疫系统暂时或持续性损害，导致的免疫功能缺陷，亦称获得性免疫缺陷（acquired immunodeficiency，AID）。原发病因主要有：微生物感染、恶性肿瘤、消耗性疾病、低蛋白血症、放射性损伤以及免疫抑制剂和某些抗生素的长期使用等。SIDD 的发病率远高于 PIDD，可见于不同年龄阶段的人群，无特征性病变。

（三）免疫缺陷易引发的疾病

免疫缺陷病患者因免疫缺陷类型不同，临床表现也各异，可同时累及多系统、多器官，因而出现复杂的功能障碍和症状，而且患同一种免疫缺陷病的不同患者，其临床表现也不同。

1. 病原体感染　由于免疫防御功能下降或缺失，IDD 患者对病原体的易感性明显增强，并反复发作、难以治愈，而且主要易受条件致病菌的继发感染，其感染病原体的种类与免疫缺陷类型直接相关，如：体液免疫缺陷、吞噬细胞功能缺陷及补体缺陷者易发化脓菌、无包膜病毒（肠道病毒）感染；细胞免疫缺陷者则易发真菌、分枝杆菌、疱疹类病毒及原虫感染。

2. 恶性肿瘤　因其免疫监视功能下降，IDD 患者的恶性肿瘤发病率明显增高。PIDD 患者多为儿童，其肿瘤发生率远高出正常人群 100~300 倍，以淋巴瘤、淋巴性白血病最多见；SIDD 患者多为成人，晚期艾滋病患者肿瘤发生率明显增加，以 Kaposi 肉瘤、B 细胞瘤、皮肤鳞癌多发。

3. 自身免疫病和过敏性疾病　IDD 患者因其免疫自身稳定功能紊乱，易患自身免疫病和过敏性疾病。

（四）免疫缺陷病的治疗

1. 抗生素和抗病毒药物治疗　对于反复发作的细菌性感染可用抗生素进行治疗，并需考虑抗真菌、抗原虫、抗支原体及抗病毒的治疗，控制感染以缓解病情。

2. 补充和替代性治疗 为提高机体免疫功能，可补充各种免疫分子，包括胸腺素、转移因子、淋巴因子以及免疫球蛋白等。

3. 免疫细胞移植 通过胸腺、骨髓、造血干细胞或胎肝移植，补充免疫细胞，重建免疫功能，可缓解 PIDD 患者病情。

4. 基因治疗 将目的基因导入骨髓造血干细胞或外周血细胞，将其定期输给患者，以纠正其基因缺陷，如腺苷脱氨酶（ADA）缺乏的联合免疫缺陷病患者，可进行 ADA 基因治疗。

二、原发性免疫缺陷

（一）原发性特异性免疫缺陷

1. 原发性体液免疫缺陷 B 细胞发育或功能异常导致的抗体缺陷，包括无丙种球蛋白血症（agammaglobulinemia）和缺少某一类型免疫球蛋白的丙种球蛋白异常血症（dysgammaglobulinemia）。

（1）X 连锁无丙种球蛋白血症（X-linked agammaglobulinemia, XLA）。XLA 是一种典型的 B 细胞缺陷病，是 1952 年由 Bruton 首次发现的一种遗传性免疫缺陷病，又称之为 Bruton's 综合征，属于人的性 X 染色体隐性遗传，仅发生于男性婴幼儿。XLA 患者血液及淋巴组织（无生发中心和浆细胞）中没有 B 细胞或数量极少，血清中 IgG 含量极低（IgG＜6000 mg/L 为先天性低丙种球蛋白血症，IgG＜2000 mg/L 为先天性无丙种球蛋白血症），也无其他亚类免疫球蛋白，是 B 淋巴细胞成熟过程受阻所致。在出生后 6～8 个月，随着母源 IgG 的消失开始发病，患童临床表现为反复、持久的化脓性细菌感染，可注射外源性人免疫球蛋白进行治疗。

（2）选择性 IgA 缺陷（selective IgA deficiency）。在人类也存在某些类和亚类免疫球蛋白如 IgA 和 IgG 抗体缺陷症，其中主要是 IgA 亚类缺乏。IgA 缺乏症患者能表达膜 IgA，有的也同时缺失 IgG_2 和 IgG_4，这与 B 淋巴细胞最后的分化过程障碍有关。此外，有的患者血液中缺乏 IgG 和 IgA 的同时，却伴有高浓度的 IgM，这与 B 细胞由生成 IgM 向生成 IgG、IgA 和 IgE 的转化障碍相关。多数患者不出现明显症状，或只表现为呼吸道、消化道、泌尿道的反复感染；仅少数出现反复严重感染，伴有类风湿关节炎、系统性红斑狼疮（SLE）等 AID 以及哮喘、过敏性鼻炎等过敏性疾病。因约 50% 患者血清含抗 IgA 自身抗体，因此应避免注射含 IgA 的血制品，以防过敏性休克。

2. 原发性 T 细胞免疫缺陷 因胚胎期胸腺发育不全使 T 细胞数目减少或功能障碍，导致细胞免疫缺陷，并伴有体液免疫功能下降。

原发性胸腺发育不良（congenital thymic aplasia）又称 DiGeorge 综合征或第三、四咽囊综合征，在胎龄 5～6 周时，由于第三、四咽囊受侵害，神经嵴发育障碍，造成胸腺与甲状腺发育不全。它可以引起所有类型的 T 淋巴细胞成熟障碍，导致细胞免疫缺陷及 Th 依赖性体液免疫缺陷。患儿出生 24 h 内出现低钙血症、手足抽搐，或伴有心脏和大血管畸形。患儿对胞内寄生菌、真菌和病毒感染抵抗力显著下降，5 岁前会因严重胞内寄生性微生物感染而死亡。切忌接种活疫苗，对患儿进行胚胎胸腺移植有一定疗效。

另外，对于 T 细胞活化功能缺陷患者，T 淋巴细胞数量正常或高于正常，但其对抗原或有丝分裂原刺激反应减弱。其可能的发病机制包括：① T 细胞受体复合体（TCR-CD3）在细胞表面表达受阻；② TCR-CD3 复合体的信号传导受阻；③ 某些细胞因子如 IL-2 或 IFN-γ 表达缺失；④ IL-2 和 IL-1 受体表达缺失等。

牛遗传性胸腺发育不全、犬和小鼠的免疫缺陷性侏儒症等，又称遗传性锌缺乏症，是由致死基因 A46 决定的一种常染色体隐性遗传类型的原发性细胞免疫缺陷病。患畜锌吸收功能障碍，胸腺发育不全，T 细胞免疫功能缺陷。临床表现为角化不全、脱毛、腹泻等缺锌症状，患畜表现为易感染、迟发型过敏反应低下、体外 T 淋巴细胞转化率低下等。

3. 原发性 T、B 细胞联合免疫缺陷 联合免疫缺陷（combined immunodeficiency，CID）是指 T、B 细胞均缺乏或功能缺陷。CID 由原发性淋巴细胞发育异常所致，或伴随其他先天性疾病发生，包括多种不同疾病，且发病机制也各异，治疗效果不佳。重症联合免疫缺陷病（severe combined immunodeficiency，SCID）是一组常染色体或 X 连锁隐性遗传疾病，其临床表现各异，但共同之处是胸腺小、胸腺和外周淋巴组织均发育不全、Ig 缺乏等。SCID 包括 X 连锁 SCID（X-linked SCID，XSCID）和常染色体隐性遗传 SCID 等。

（1）X 连锁 SCID。多发于男性婴幼儿，约占 SCID 的 50% 以上，主要是由于 IL-2 受体 γ 链基因突变，表达异常，使淋巴细胞活化受阻，导致 T 细胞成熟障碍。临床表现多见于 6 月龄患儿，细胞免疫、体液免疫均下降，造血干细胞移植可治愈。

（2）常染色体隐性遗传 SCID。由 2 号染色体腺苷脱氨酶（ADA）和 14 号染色体嘌呤核苷磷酸化酶（PNP）基因缺陷所致，因 ADA 或 PNP 功能缺失，dATP 和 dGTP 核苷酸毒性代谢产物在细胞中蓄积，导致 T、B 细胞发育成熟过程受阻。ADA 缺失主要影响 T 细胞成熟，而 PNP 缺失主要影响 B 细胞成熟。

（二）原发性固有免疫缺陷

1. 原发性吞噬细胞功能缺陷 吞噬功能缺陷主要是中性粒细胞数目异常或功能障碍。吞噬细胞在机体抗化脓性细菌感染和其他细胞感染中起重要作用，吞噬细胞的吞噬功能包括：吞噬细胞黏附于血管内皮、通过组织移行至炎症部位、吞噬已调理的颗粒以及在胞内杀死摄入的微生物。因此，吞噬功能缺陷可导致机体对病原微生物，尤其是条件性化脓性细菌的易感性增高，导致继发感染。慢性肉芽肿（chronic granulomatous disease，CGD）是粒细胞（尤其是中性粒细胞）杀菌作用先天缺陷所致的一种 X 染色体连锁或常染色体隐性遗传性吞噬细胞功能紊乱病。患者中性粒细胞黏附、移行、吞噬功能相对完好，但细胞内杀菌反应明显低下，由此导致中性粒细胞数量代偿性增多，形成脓灶和肉芽肿。本病目前尚无有效治疗方法。

另外，白细胞黏附缺陷病（leukocyte adhesion deficiency，LAD）是由白细胞黏附分子表达障碍导致的吞噬细胞游走和趋化功能缺陷，属于常染色体隐性遗传。

2. 原发性补体缺陷 补体系统中几乎所有固有成分、调控蛋白及补体受体均可发生遗传性缺陷，大多属于常染色体隐性遗传，极少数属常染色体显性遗传。如遗传性补体 C3 缺乏症，是因合成 C3 的基因发生突变而不能合成 C3 蛋白所致的一种原发性补体缺陷病。人类补体系统几乎每一种成分都会发生原发性遗传缺陷，其中多属于常染色体隐性遗传，C1 的抑制基因则属于常染色体显性遗传，只有备解素属于性染色体上的隐性遗传。

一些补体成分的原发性缺失本身不一定表现出病症，但可导致患者杀菌能力下降，特别是对一些化脓性细菌感染抵抗力下降。补体系统缺陷还发生于除人类以外的动物，如患原发性补体缺乏症的犬虽能活到成年,但极易在皮肤和呼吸道发生非典型感染反复发作或持续性感染。

三、继发性免疫缺陷

继发性免疫缺陷指由其他疾病或某些理化因素所致的免疫功能障碍,下面主要介绍获得性免疫缺陷综合征和免疫系统增生性疾病所致的免疫功能障碍。

(一) 获得性免疫缺陷综合征

获得性免疫缺陷综合征(acquired immunodeficiency syndrome,AIDS),又称为艾滋病,于1981年首次报道,1984年被证实。AIDS是由人类免疫缺陷病毒(human immunodeficiency virus,HIV)引起的一种继发性免疫缺陷病,以细胞免疫严重缺陷为特征,且伴有反复的条件性感染、恶性肿瘤以及中枢神经系统退行性病变等临床表现。HIV的致病机制主要是进行性破坏机体的免疫系统,尤其是$CD4^+T$细胞,HIV使$CD4^+T$细胞数量显著减少,$CD4^+T$细胞和$CD8^+T$细胞比值下降甚至倒置,是其致病的关键所在。$CD4^+T$细胞在细胞免疫应答和体液免疫应答中的核心地位决定了HIV感染最终导致机体免疫系统全面破坏,使得机体免疫应答最终不能阻止疾病的进展。此外,$CD8^+T$细胞、巨噬细胞、DC、B细胞、NK细胞功能等均受到损伤。HIV感染亦可诱导机体产生多种细胞因子,可促进病毒宿主细胞表达HIV病毒蛋白,这进一步加重了HIV的损伤效应,最终导致严重的细胞和体液免疫缺陷。

李太生等(2011)认为艾滋病患者免疫功能是否能重建,取决于$CD4^+T$细胞亚群中胸腺新生亚群的数量,从而可以解释艾滋病"免疫学无应答"的发生机制,为此,改善胸腺功能或许是治疗艾滋病的有效途径。而对于中药研发也可从提高胸腺功能的方向开展。

(二) 免疫系统增生性疾病所致免疫功能障碍

免疫增生病(immunoproliferative disease)是指免疫细胞分化发育中出现失控性增生及恶性病变,分为良性增生和恶性增生,但以恶性增生多见。究其原因,可分为2类:外因包括病毒感染、照射、化学致癌物等;内因包括遗传因素、内分泌或免疫功能紊乱。免疫细胞恶性增生可引起局部组织损伤和全身性疾患,而且异常细胞的极度增生及其分泌大量的产物会导致正常的免疫功能障碍。常见的恶性免疫增生病有:人T细胞性白血病、霍奇金病、多发性骨髓瘤、巨球蛋白血症、传染性单核细胞增多症等。

▶ Summary

Pathogens protect and amplify themselves in different ways, resulting in injuries when they enter into the body. Meanwhile the body will defense pathogens by inhibiting their proliferation and diffusion, in order to reduce the damage. It forms the complex process of interactions of infection and infection immunity between pathogen and body. Pathogens include parasite, virus, bacterium, fungus, mycoplasma, chlamydia, rickettsia, spirochete, and actinomycetes. Infection immunity is an ability of animal to resistance to infection of pathogens. It enables animals to defense and eliminate the pathogens and their harmful products, maintaining the stabilization and balance of the body internal environment. Because of the differences in morphology, structure, and pathopoiesia of virus, bacteria, and parasite, the pattern and mechanism of infection immunity are different. Even infected by the same pathogen, different individuals present different infective feature. Classification of infection immunity varies a lot. In this chapter, it will be divided in to intracellular and extracellular microbe infection immunity, based on the character of the cells infected by pathogens. On the other hand, pathogens generate various immune escape ways in the evolutionary process, in order to resist infection immunity and cause chronic infection. As for intracellular microbe infection immunity, virus and intracellular bacteria copy themselves in host cell. Antibodies fail to bind the intracellular microbe directly. Therefore, the elimination of intracellular microbe mainly relies on cell-mediated immunity. Infection immunity includes virus and intracellular bacterium infection immunity. Virus infection immunity composes of innate immunity and specific immunity, such as infection immunity induced by avian influenza virus. Intracellular bacterium infection immunity can also be divided in to innate immunity and specific immunity. It can evoke type IV hypersensitivity, forming granuloma. Intracellular microbe infection immunity includes intracellular bacterium, fungal, parasitic (protozoon and helminth) infection immunity. Innate immunity and specific immunity involve in all type of extracellular bacterium infection immunity.

Immune escape is that pathogens ensconce or escape from the immune response of the host in order to survive a longer time. To escape from the immune defense in the host, pathogens generate various immune escape ways in the evolutionary process: on the one hand, pathogens can hide themselves in immune cell or parasitize in the immune privilege tissue, to escape from the recognition and attraction; on the other hand, pathogens can change their antigen and express certain inhibitory molecules to block the infection immunity. In the immune escape of intracellular microbe, the mechanism of virus immune escape includes escape from humoral immune response, inhibition of cellular immune response, and disturbing immunological effect. Intercellular bacterium enters in the host, undergoes phagocytosis of phagocyte, and survives in phagocyte because of ineffective digestion. The mechanism involves escape from the lethal effect of phagolysosome and respiratory burst of phagocyte. In the immune escape of extracellular microbe, extracellular bacterium adopts diverse ways such as phagocytosis, anti-opsonization, and genovariation to avoid the immune function. During the long adaptive process, parasite avoids the attraction of host immune reaction through various ways, which named immune evasion and the mechanism include antigen mutation, molecular mimicry, releasing soluble antigens, anatomical position, interfering signal transduction, and producing blocking antibody. Infection immunity can induce hypersensitivity, autoimmunity disease, and cancer.

Both human and animal require an intact immune system to defense infections, maintain homeostasis and immunological surveillance. The deficiency of one or more immune organs, immune cell, and immune molecule will cause functional disorder and defect, which is called immunodeficiency (ID). The clinical syndrome induced by innate or acquired ID is named immunodeficiency disease (IDD). ID can be divided into primary immunodeficiency (PID) and secondary immunodeficiency (SID). Similarly, IDD can be classified into primary immunodeficiency disease (PIDD) and secondary immunodeficiency disease (SIDD). PID also named congenital immunodeficiency (SID), which is due to the congenital immunity deficiency or dysimmunity induced by hypoplasia. Based on the immune components involved in the immunodeficiency, it classified into specific immune deficiency and nonspecific immune deficiency. Secondary immunodeficiency is independent of genetic factor. It is caused by other primary diseases and some physicochemical factors, induces temporary and persistent damages, and results in immunodeficiency, which is called acquired immunodeficiency (AID). Secondary immunodeficiency includes acquired immunodeficiency syndrome and immune system proliferation disease. Immunodeficiency is shown as pathogen infection, cancer, autoimmunity disease, and allergic disease.

参考文献

陈慰峰，2004. 医学免疫学 [M] . 4 版 . 北京：人民卫生出版社 .
成玉兴，2005. 病毒免疫逃逸机制研究进展 [J] . 国外医学病毒学分册，12 (5)：150 - 154.
崔奕杰，付艳梅，张秀丰，2012. 病毒免疫逃逸防卫机制 [J] . 中国兽药杂志 46 (3)：56 - 60.
崔治中，等，2004. 兽医免疫学 [M] . 2 版 . 北京：中国农业出版社 .
杜念兴，1995. 兽医免疫学 [M] . 2 版 . 北京：中国农业出版社 .
龚非力，2012. 医学免疫学 [M] . 3 版 . 北京：科学出版社 .
金伯泉，2008. 医学免疫学 [M] . 5 版 . 北京：人民卫生出版社 .
王林栋，2013. 基于 RIG - I 的狂犬病病毒免疫逃逸机制 [J] . 中国生物制品学杂志 . 5：1 - 5.
王世若，等，2001. 现代动物免疫学 [M] . 2 版 . 长春：吉林科技出版社 .
杨贵贞，2002. 医学免疫学 [M] . 5 版 . 北京：高等教育出版社 .
杨汉春，2003. 动物免疫学 [M] . 2 版 . 北京：中国农业出版社 .
张改平，等译，2012. 兽医免疫学 [M] . 8 版 . 北京：中国农业出版社 .
赵朴，郑玉姝，乔传玲，2008. A 型流感病毒逃避免疫应答的策略 [J] . 生物化学与生物物理进展，35 (10)：1137 - 1141.
IAN R T，2009. Veterinary Immunology An Introduction [M] . 8th ed. [S. l.]：Elsevier.
Peter M L，等，2010. 免疫学 [M] . 林慰慈，等，译 . 2 版 . 北京：科学出版社 .

思考题

1. 什么是感染免疫？
2. 感染免疫分为哪几类？
3. 举例说明感染免疫的机制。
4. 什么是病原体逃逸？
5. 举例说明病原体逃逸的机制。
6. 什么是免疫缺陷？分为哪几类？

课外读物

滤泡辅助性 T 细胞调控新机制

我国第三军医大学免疫学研究团队周新元、叶丽林、吴玉章教授等以《转录因子 TCF-1始动病毒急性感染时 Tfh 细胞分化》为题在《Nature Immunology》杂志发表了其研究成果,揭示了 TCF-1 调控 T 细胞亚群-滤泡辅助性 T 细胞(follicular helper T cell, Tfh)分化的新机制。目前疫苗仍是预防传染病的最经济、最有效的手段。疫苗可诱导高亲和力保护性抗体的产生,而抗体产生要受到 Tfh 的严格调控。周新元教授等以急性病毒感染小鼠为动物模型,采用流式细胞术、组学、基因操控等技术以及生物信息学分析手段,发现在急性病毒感染期,转录因子 TCF-1 在初始 T 细胞向 Tfh 分化过程中起决定作用。他们采用 CD4-Cre-Tcf7$^{fl/fl}$、骨髓嵌合体(bone marrow chimera)以及逆转录病毒快速敲低等技术体系,发现病毒特异性 T 细胞上调表达的 TCF-1 可直接结合 Bcl-6、Blimp1 的基因调控序列,使 BcL-6 上调、Blimp1 下调,以调控初始 T 细胞向 Tfh 细胞分化、Tfh 辅助生发中心反应、浆细胞产生以及抗体生成等,这一现象在 LCMV、流感病毒等的感染中普遍存在。该成果对揭示抗体生成调控机制、有效疫苗研究、发现新佐剂以及为因抗体生成紊乱造成自身免疫性疾病预防等提供新思路和新靶点。著名免疫学家 Masato Kubo 也在同期的 News and Views 栏目对此成果的重要意义做了进一步解释(《Nature Immunology》2015)。

第十一章 植物免疫

第一节 植物免疫的概念和应用

人类和动物对疾病有免疫能力的这一生物特性早已为人所知，那么，植物是否也像人类和动物一样具有免疫功能呢？随着科学研究的发展，人们探索研究发现，植物在面对病、虫入侵时具有与动物免疫系统相似的免疫反应，而且这些免疫抗性反应是可诱导的。

一、植物免疫的概念

植物在自然界生存中常会受到各种病菌的侵染，引起植物发病甚至死亡，然而植物并没有因此而灭绝，这种现象表明植物与动物一样在面对有害生物侵染时会启动其免疫抗病机制来抵抗病原物的入侵，阻碍病害的发展。同时，人类长期以来运用不同的手段，从不同角度发现和证实：在长期的进化过程中，植物逐步获得对不良环境的适应能力，抵抗病原菌侵入的各种机制得以形成，植物通过释放植保素、乙烯、水杨酸、茉莉酸以及多酚类物质产生免疫抗性，而且自然界中多种激发子或诱导因子可激活和诱导这种免疫抗性。

19世纪中后期，一些重大病害事件的发生，例如1844—1846年爱尔兰的马铃薯晚疫病促使人们对植物抗病性开始有了认识。1896年Eriksson和Henning发现小麦对锈病的反应有严重感染、轻度感染和近乎完全抵抗三种类型，这为植物免疫学的形成和发展，以及人类利用植物抗病性防治植物病害奠定了基础。20世纪初期，遗传学理论的建立、病菌生理分化现象的发现、病原菌致病性的遗传和变异以及一些与植物免疫机制相关的学说的提出，使植物免疫学作为一门学科逐渐形成。Chester等病理学家于1933年发现植物用病菌侵染后发生防御反应，信号产物从被侵染的叶片中释放出，并且可转移到植物其他部位，进而诱发防御反应。20世纪中期，植物抗病性理论和实践应用研究得到了进一步的发展，特别是1942年Flor提出的"基因对基因"假说（gene-for-gene hypothesis）为植物免疫学提供了理论基础。1955年Kuc.J提出了新的概念——"植物免疫"（plant immunity），即在外界因子的诱导下，植物可以产生诱导抗性，从而抵抗病菌入侵，减免或减轻植物所受的病害。后来，人们陆续发现植物可被真菌、细菌、病毒等诱导产生抗病能力。

随着科学技术的发展，以及人们对植物抗病性的不断研究，人们对植物免疫又有了新的认识。例如水杨酸，被公认为能激活植物抗性基因。Jen Sheen发现了能使植物对致病菌产生抗性的途径。2006年在《Nature》上Jonathan等进一步提出了植物免疫系统的概念。Shen等2007年在《Science》杂志发表文章指出：自然界中的植物具有特殊免疫传感器，可以用于识别病毒、细菌和霉菌等微生物入侵。同年，Klessig确定了水杨酸甲酯（methyl salicylate）在植物免疫响应过程中是一个关键信号。随着植物免疫的路径、信号传导等被深入研究，最终形成了植物免疫学（plant immunology），它是植物病理学的一门分支学科，是专门研究植物抗病性及应用的一门科学。

二、植物免疫的应用

自从植物被人类开始栽培进行农业生产活动以来，植物病害一直是生产中的重要危害之一。人类对一些流行严重的病害进行了大量的记载，如公元前 700 年古罗马时代就有麦类锈病的记载；1844—1846 年爱尔兰暴发的马铃薯晚疫病；20 世纪 50 年代我国严重发生的小麦条锈病等。人类为了保障自身的生存和发展，一直在与各种植物病害进行斗争，来避免和减少病害的发生。在此过程中，人类也自觉与不自觉地开始利用抗病性来防治植物病害。1880 年英国科学家 J. Clark 用马铃薯"早玫瑰"品种与"英国胜利"品种进行杂交，培育成了抗晚疫病品种"马德波特·沃皮特"；1896 年 Liebig 发现增施磷肥可以提高马铃薯对晚疫病的抗性，而偏施氮肥可加重发病。

20 世纪中期人们发现：植物能被真菌诱导产生免疫力，以病毒为诱导因子可使烟草、豇豆、蚕豆产生对病毒的抵抗能力，进一步研究发现，作为诱导植物抗性的诱导因子也包括细菌。截至目前，在自然界中已经发现多种微生物或微生物代谢产物可诱导植物产生免疫抗性作用。这些外界的各种诱导因子、激发子或弱病原菌刺激植物后，能诱导植物产生对病害的抗性。这种能诱导植物产生抗性的物质促使人们研究和生产植物疫苗来防御植物病害的发生，并已经取得了一大批的成果。例如，我国在 20 世纪 80 年代成功研制出黄瓜花叶病毒卫星 RNA 生防制剂，可使青椒、番茄、烟草和瓜类免遭黄瓜花叶病毒（CMV）的侵染；枯草芽胞杆菌 TL2 可改变茶树受轮斑病菌侵染后体内活性氧代谢相关酶系（如超氧化物歧化酶）的活性，并诱导茶树产生抗性酶系如苯丙氨酸转氨酶（PAL）和 $\beta-1,3-$葡聚糖酶，以限制茶树轮斑病菌的扩展。利用化学方法合成出一种与水杨酸（激活植物抗性基因的有效物质）功效相同的代用品（甲基-2,6-二氯烟酸，ZNA），克服了水杨酸喷洒于植物后有效时间短和易降解的缺点，可以产生显著的抗性效果。

除了研究和开发这些免疫抗性诱导物质外，抗病育种也是人类利用植物抗病性来防治病害的一种重要手段，而且具有非常悠久的历史。事实证明选育和使用抗病品种是防治农作物病害最经济、有效的措施，可以有效地控制大范围流行的毁灭性病害。孟德尔遗传规律和"基因对基因"规律的发现，促使人们研究进行抗病育种的合理策略，并深入研究抗病性的机制，例如远缘杂交和诱变育种技术。随着细胞工程和基因工程的兴起，一些新兴的育种方式已经产生，即用基因工程（遗传转化）的手段提高植物的抗病能力，获得转基因植物。例如，抗环斑病毒的转基因木瓜的成功应用，拯救了美国夏威夷等地区濒危的木瓜产业。美国 Biotechnica 公司将豇豆胰蛋白酶抑制基因导入玉米，以对付日益猖獗的欧洲玉米螟（玉米的主要虫害），这一基因还将应用于大豆、苜蓿和小麦等作物中。此外，这些新型的研究手段也使人类对植物自身的免疫特性有了新的认识，为植物免疫抗性相关的研究提供了一些新的理论知识。

第二节　植物免疫的诱导因子及作用机制

植物在与病原物长期共同演化的过程中，形成了许多能力和特性用来抵抗病原生物侵袭，其中包括由激发子诱导或外界因子诱导的免疫抗性和植物自身的免疫抗性。通过研究这些植物抗病性机制，可以揭示抗病性的本质，合理利用植物的抗病性达到预防和降低病害的目的。

一、植物免疫的物质基础及理化作用

植物免疫根据其物质基础可分为物理免疫和化学免疫。

（一）物理免疫

物理免疫主要指植物表皮及在表皮部位形成的蜡质层、角质层，在受伤组织周围形成的木栓组织，高度木质化的植物组织，以及由组织分泌的各种树脂和树浆等这些都用于防御病原微生物的入侵。

构成植物抵抗病原物入侵的最外层防线是植物表皮以及表皮上的角质层、蜡质层等。蜡质层不利于病原菌孢子的萌发，从而有减轻和延缓发病的作用。而角质层则是依靠其厚度来影响病原物的入侵。例如，苹果品种 Yarlington Mill 的果实，绿色一侧蜡质较多，角质较厚，而红色一侧蜡质少，接种黑星病菌（$Venturia\ inaequalis$）后，绿色一侧发病率为 3%，而红色一侧则为 100%。番茄果实的角质层随果实的成熟而增厚，抗侵入能力也随之增强。此外，植物表皮层细胞壁发生钙化作用后积累的果胶钙对病原物的果胶酶水解作用有较强的抵抗能力；细胞壁和细胞质硅化物的含量高会减少病原菌的侵入，也能阻止侵入菌丝的扩展；气孔的结构、数量和开闭习性，以及其他自然孔口如皮孔、水孔和蜜腺等的形态和结构也与抗侵入有关；纤维素细胞壁是限制一些穿透力弱的病原真菌的侵染和定殖的物理屏障；木本植物组织中胶质、树脂、单宁类物质的沉积可阻滞一些病原物的扩展；有些果实的果皮细胞壁和植物茎的表皮中还含有硅酸盐和碳酸钙等无机化合物，这些坚固的屏障可以阻止病菌孢子的侵入；另外，植物的一些生理机构（如导管的结构、花器的结构等）也有利于其抗病。

木栓化组织的细胞间隙和细胞壁充满木栓质（由多种高分子量酸类构成），构成了抵抗病原物入侵的物理和化学屏障。受到机械伤害后，植物伤口周围形成木栓化的愈伤周皮，从而有效地抵抗从伤口侵入的真菌和病原细菌。由于木质素在细胞壁沉积，组织木质化程度得到增强，细胞壁抗穿透、抗酶溶解的能力增强，限制了营养物质和水从寄主向病菌扩散，使病原菌营养匮乏，从而对病原微生物的扩展起阻碍作用，阻止病菌的繁殖，从而保护细胞免受侵害。

当病原物入侵植物时，植物代谢会发生变化，导致组织或细胞的结构和形态改变。植物细胞壁发生木质化、木栓化，酚类物质和钙离子沉积；在植物细胞壁的内侧或外侧表面沉积新生细胞壁类物质；形成愈伤组织，即病变和受伤部位外围薄壁组织细胞变为次生分生组织细胞，重新分裂增生，细胞壁逐渐木栓化和木质化，形成一圈紧密的离层，将受侵染部位与健全组织隔开，阻断了其物质输送和病菌扩展，特别是木本植物和储藏根、块茎等；在维管束中产生胶质和侵填体，造成维管束阻塞来抵抗维管束病害。

（二）化学免疫

化学免疫的表现主要是指植物形成的次生物质对某些病原物的杀灭或抑制作用。目前已知的次生物质种类有 2 万多种，主要是含氮化合物、萜类和酚类物质等。

植物胞间层、初生壁和次生壁都可积累木质素（lignin），木质素是一种由酚类化合物聚合而成的化合物，酚类化合物的前体对细菌、真菌是有毒的，因此，木质素是一种重要的抗病物质，可以防止病原菌产生的毒素进入植物体内。不仅如此，木质素可在蛋白质分子和多糖分子的外面包上一层膜，使病原菌不能水解植物组织。

一些次生物质在植物非诱导条件即健康状态下产生，参与植物正常的生理代谢，如作为植物激素的赤霉素、吲哚乙酸，参与光合作用的类胡萝卜素、叶绿素，以及组成细胞次生壁的木质素。而另一些次生物质包括低分子质量的酚类、醌类、萜类化合物、不饱和内酯、硫化物等，以及高分子质量的单宁、抗菌蛋白和抗菌肽、溶菌酶、蛋白酶抑制剂等，与有机体的基本生命过程维持无直接关系，在生命活动中并非是必需的，而是预先生成的抑菌物质，用于参与受感染的植物的免疫作用。例如，洋葱中鳞茎表皮是紫色的品种因最外层死鳞质分泌原儿茶酸和邻苯二酚，能抑制炭疽病病原菌（*Colletotrichum circinans*）孢子的萌发，因而比无色表皮品种有更强的抗性。植物根部和叶部可分泌多种物质，如酚类、氰化物、有机酸、氨基酸等，其中有的对微生物有毒性，可抑制病原孢子萌发、芽管生长和侵染。

植物在受到病菌侵袭时会产生"过敏反应"。过敏性反应（hypersensitive reaction，HR）是植物抗病（细菌病、病毒病、真菌病）的基本反应，当非亲和性病原物侵染时植物表现高度敏感的现象，迅速坏死受侵染的细胞及其邻近细胞，病原物受到遏制，或者被封锁、杀死在枯死组织中。过敏性反应的发生会伴有一系列细胞学、生理学和生物化学变化。

植物能分泌抗菌物质，直接杀灭病菌。受到病原物侵染后或受到多种物理的、生理的刺激后植物会产生、积累一类低分子质量的抗菌性次生代谢产物，即植保素（phytoalexin），或者称为植物保卫素或植物抗毒素。其产生的速度和积累的量直接反映了植物抗病性的强弱，是植物诱导抗性的一个重要标志。健康植物中没有植保素存在，因此这是植物对病原菌侵染的一种抗病性反应。目前已发现并鉴定的植保素达 200 多种，多为异黄酮类和萜类化合物。在豆科植物中已发现 120 种植保素，其中异黄酮的衍生物有 84 种。番茄、马铃薯、辣椒等茄科植物中已发现 43 种，其中萜类衍生物有 34 种。植物产生的抗菌物质还有绿原酸、咖啡酸、奎尼酸等。植保素对真菌毒性较强，并对一些细菌和线虫也有毒性。在病原物侵染点、褐变细胞周围代谢活跃的细胞中合成并向已被病菌定殖的细胞扩散，在死亡和即将死亡细胞中含量相对较多。除植物保护素外，一些花卉植物叶片细胞能产生有效阻止花卉花叶病毒繁殖的干扰素，类似于人体干扰素。

植物体内的酶系统也有防御病菌的侵入的作用。植物的某一组织一旦被病菌进入后，这个部位的氧化酶就异常活跃，从而将病菌产生的毒素氧化分解，将毒素转化为无毒害的物质；同时加快植物呼吸作用，病菌水解酶的作用可被抑制，使植物的有机物不能被其分解利用而死亡；另外，还能促进形成植物伤口部位的木栓层，加快愈合伤口，将健康组织与受害部位隔离开，阻止病菌的进一步蔓延。

二、激发子诱导的植物免疫及作用原理

在植物-病原菌的互作系统中发现了许多外源性的诱导因子，能够诱导植物的抗病防卫反应，这些诱导因子就是激发子。

（一）激发子

激发子（elicitor）是除了病原物以外的、能诱导植物产生植保素的生物和非生物的诱导因子，作为一类重要的植物抗病性诱导因子，已引起了人们广泛的兴趣和重视，将有可能成为新一代的环境友好型植物保护剂。激发子可以促使植物感知病原侵袭信号，并进行信号转

导,进而做出一系列有效的防御反应,从而获得对病原菌的抗性。根据其来源不同,激发子可分为生物激发子(biotic elicitor)和非生物激发子(abiotic elicitor)两大类。生物激发子是指来源于病原微生物、其他微生物、寄主植物或由寄主与病原物互作后所产生的激发子。非生物激发子是指具有激发子活性的非生物化学物质及一些理化胁迫。

1. 生物激发子 生物激发子根据其来源的不同又可以分为内源激发子(endogenous elicitor)和外源激发子(exogenous elicitor)。内源激发子是由植物本身所产生的激发子。外源激发子是由病原微生物和其他微生物产生的激发子。内源激发子和外源激发子共同对植物起诱导作用,从而达到最大的诱导效果。

(1)内源激发子。大量研究表明,植物细胞表面与微生物接触时,内源激发子由植物细胞释放,寄主防卫机制能够激活。真菌产生的酶类也可从植物细胞壁上释放出激发子,例如大豆子叶、大豆细胞壁、马铃薯和其他植物组织所含的葡萄糖、蔗糖等物质都是植保素的有效诱导物。植物细胞壁中的寡糖物质是目前研究最多的,如木聚糖片段和寡聚半乳糖醛酸等。例如,用果胶酶处理萝卜细胞,释放出来的寄主细胞组分可激发萝卜植保素的产生。

根据对寄主植物的特异性反应,可将生物激发子分为非专化性激发子和专化性激发子两类。

①非专化性激发子。非专化性激发子对植物防卫反应的激发没有特异性,对不同品种甚至不同种的植物都有同样的激发活性,这类激发子称为非专化性激发子。目前所发现的激发子多数为非专化性激发子,其成分主要有糖蛋白、葡萄糖甘露糖胶、葡聚糖、花生酸、二十碳四烯酸、多聚半乳糖醛酸内切酶、脱乙酰几丁质、果胶内裂解酶、草酸、半乳糖醛酸酶等。例如,从黄枝孢菌的培养液、菌丝提取液以及菌丝细胞壁中都分离到一种大分子的激发子,可以诱导马铃薯产生日齐素、豌豆产生豌豆素、大豆产生大豆素等,表明它没有种间的专化性。当然,寄主植物中同样也存在诱发植保素合成的非专化性激发子,如从大豆子叶、大豆细胞壁、马铃薯和菜豆胚轴以及其他植物组织中所获得的葡聚糖、蔗糖、10~15个糖残基的糖链等物质,都是植保素的有效诱导物。一种病原物往往产生多种类型的激发子,既有非专化性激发子,又有专化性激发子存在,这从一个侧面反映了植物病原物激发子存在的普遍性及其在病害系统中的重要作用。从信号物质激发子的角度分析,也正好解释了植物对大多数病原物具有普遍抗性的机制。

②专化性激发子。专化性激发子都是由病原微生物产生,存在于病原物的组分或分泌物中,主要包括寡葡聚糖、糖蛋白、多肽等,而且一些专化性激发子为病菌无毒基因的产物。例如,从丁香假单胞菌大豆致病变种的非亲和性小种中分离到的 syringolide 激发子为无毒基因 $AvrD$ 的产物,可诱导含抗病基因 $Rpg4$ 的大豆品种产生植保素。

激发子与植物体接触后,有的可以穿过叶表进入植物体内(如脱落酸、病毒衣壳蛋白等),有的穿过细胞表面(如过敏蛋白、激活蛋白),有的通过水孔或气孔(如寡糖等)而作用于植物组织。受到激发子的诱导后,各种与抗病原物有关的物质可以通过各种代谢途径在植物体内形成。这些物质就是植物抗病的物质基础。

(2)外源激发子。外源激发子广泛存在于微生物的组成成分中,而目前研究和发现的激发子多数是由真菌产生的。从真菌细胞壁中获得的糖蛋白、β-葡聚糖、几丁质、脂类、蛋白质及其降解产物等,都有激发植物产生防卫反应的活性。外源激发子有以下几类。

①糖蛋白类激发子。这是一类很重要的激发子,各种糖蛋白类激发子已从许多病原菌中

分离到。大多数糖蛋白激发子活性位点在糖基部分，如从水稻稻瘟病菌（*Magnaporthe grisea*）中分离的 CBSI 和 GP66 糖蛋白激发子，经胰蛋白酶处理和热处理后，其活性并不丧失，而经高碘酸钠处理，激发子丧失活性，说明该激发子的糖基部分为活性组分。另外，一些糖蛋白激发子的活性部分在蛋白质部分，如从大豆大雄疫霉（*Phytophthora megasperma*）滤液与细胞壁中分离到的可诱导植保素产生的糖蛋白激发子，用高碘酸和高压灭菌处理后，激发子活性没有受影响，而经胰岛素或链霉蛋白酶处理后，则丧失活性，说明激发子的活性部分是蛋白质部分。

②蛋白质/多肽类激发子，研究最早的一类激发子，早在 1968 年 Cruickshank 和 Perrin 首次报道了提取自菜豆链核盘菌（*Monilinia fructicola*）菌丝的一种多肽能诱导菜豆果皮中异黄酮类植保素——菜豆素（phaseolin）的形成和积累。许多激发子也已被确定为多肽，如几种致病疫霉属（*Phytophthora* spp.）真菌可产生一类高度保守的小分子蛋白家族，称为激发素（elicitin），这类激发子为全蛋白。

③寡糖类激发子。这是最早被定性的一类激发子。常见的寡糖类激发子有葡聚糖、半乳糖醛酸寡糖以及几丁质寡糖等。大多数真菌细胞壁的主要由分支的 β-葡聚糖组成，这些极微量的结构有差异的寡糖似乎都能被植物识别，进而促使植物的防卫反应。许多真菌细胞壁的重要组分几丁质（N-乙酰-D-葡糖胺以 β-1，4 连接而成的线状多聚体分子）和脱乙酰几丁质（β-1，4 葡糖胺的多聚体分子）及其降解产物能够诱导水稻、小麦、番茄等植物的防卫反应。

④脂类激发子。这是真菌来源的一类激发子，目前研究最多也最深入的是马铃薯晚疫病菌（*Phytophthora infestans*）的脂肪酸激发子，一般具有很高的诱导活性，多糖的存在能大大加强这些脂类的激发子活性。

⑤其他类型激发子。如燕麦叶枯毒素是由长蠕孢菌产生的寄主专化性毒素，与长蠕孢菌亲和性互作的燕麦品种用低浓度的该毒素处理后，可激发燕麦植保素（avenalumin）的产生，因此该毒素起到了激发子作用。

2. 非生物激发子 非生物激发子包括乙烯、水杨酸、茉莉酸、茉莉酸甲酯、合成肽和高浓度盐等化学物质和机械损伤、紫外光、加热和触摸等物理因素。用非生物激发子处理植物，能使植物产生抗病性反应，例如，外源水杨酸处理可以显著减轻水稻幼苗稻瘟病的发生，喷雾处理后第二天即产生了诱导抗病效果，这种抗性可以维持 15d 左右，如果进行二次水杨酸处理可以增强诱导抗病性，延长抗性的持续期。这些非生物激发子有些起酶的辅基和新酶合成因子的作用；有些通过激活未受病原菌侵染的植物体内非活性状态的激发子而起作用；有些通过刺激细胞壁而使被刺激植物释放内源激发子；有些非生物激发子的作用并不是诱导植保素的合成，而是抑制植保素的降解。

（二）激发子作用原理

由激发子诱导的植物防卫反应主要包括：氧化突发，离子渗漏，过敏反应，降解病菌细胞表面多聚物的糖基水解酶（如几丁质酶和葡聚糖酶等）的产生，抗菌物质（如植保素）的合成和积累，抑制病原水解酶活性的蛋白质的产生，细胞壁伤口栓质化、木质化加固，侵填体和细胞壁胼胝质的形成、富含羟脯氨酸糖蛋白的积累等。在防卫反应过程中，植物所产生的抗病信号经内源信号转导物质（如水杨酸、茉莉酸、乙烯和一氧化氮等）转导到整个植株，经过调控和表达一系列抗病相关基因引起寄主防御酶系如 β-1，3-葡聚糖酶（β-1，

3-glucanase)、苯丙氨酸解氨酶（PAL）、脂肪酸氧化酶（LOX）、几丁质酶（chitinase）、过氧化物酶（POX）、查尔酮合成酶（CHS），及抗病物质如木质素与植保素等的变化，以及病程相关蛋白的调控与表达，来抵抗病原菌的侵入和发展，减轻和防止病害的发生。所谓病程相关蛋白（pathogenesis-related protein），是一类可以直接攻击病原菌的蛋白质，是植物在病理或病理相关的环境下诱导产生的。植物在受到激发子诱导后，很多植物防御酶的活性也增强。例如，木质素、植保素及酚类物质合成的关键酶是苯丙氨酸裂解酶，激发子诱导植物后，其活性明显增强，而且其活性与木质素含量的变化呈相似趋势。其他酶如超氧化物歧化酶、过氧化物酶等，都分别以不同方式直接或间接参与抗病防卫反应。大多情况下植物的诱导抗性物质通过不同的信号网络途径协同作用，从而起到抗病的作用。

植物细胞上存在识别激发子的特定受体，能够与激发子发生识别反应、诱导植物防卫基因表达、活化信号传递过程，而且具有某些特定结构的激发子被植物识别，并使特定的基因快速诱导活化，对其他激发子组分却没有反应。例如，研究引起大豆根和茎腐烂的大雄疫霉大豆专化型真菌时发现，植物对特定结构的葡聚糖才具有激发子活性，改变葡聚糖的结构将大大降低其活性，甚至没有诱导抗病活性。而其β-1,3-葡聚糖激发子能被大豆根细胞膜上的特异性结合蛋白质识别，诱导大豆素的形成，并发现其结合位点具有高度专化性。目前，已在豆科植物、小麦、大麦、番茄、欧芹和水稻悬浮细胞上都发现或分离到激发子受体，这些受体大都存在于细胞质膜上，但也有些存在于微粒体上。

植物经激发子处理后引起免疫抗性，根据这种原理将激发子制成免疫剂（植物疫苗）或诱抗剂，可针对其功能用于防治植物病害。

三、活体微生物诱导的植物免疫及作用机制

活体微生物是诱导植物免疫抗性的一类重要生物激发因子。活体微生物主要指细菌、真菌和病毒等，其中包括非病原菌和病原菌，病原菌中主要是弱致病力或无毒的菌株。

（一）真菌诱导的植物免疫

真菌细胞壁中的糖蛋白、β-葡聚糖、蛋白质、几丁质及一些氧化脂肪酸和不饱和脂肪酸可诱导植物使之获得抗性。如亚麻酸、花生四烯酸、油酸和亚油酸可诱导番茄对致病疫霉（*Phytophthora infestans*）的抗性；用稻瘟病菌（*Magnaporthe grisea*）来源的糖蛋白激发子处理水稻幼苗后，可以迅速诱导非亲和性互作水稻品种叶片木质素含量的增加，来增强植物的物理免疫作用。一些促进植物生长的真菌（plant growth-promoting fungi，PGPF）能诱导植物产生系统抗性，如利用从结缕草根际分离的腐生真菌茎点霉（*Phoma* spp.），诱导黄瓜对瓜类炭疽病（*Colletotrichum orbiculare*）的抗性。此外，近年来的细胞学研究表明，木霉菌（*Trichoderma* sp.）可定殖于植物根系组织内，具有作为植物共生菌的安全性，并在根组织全育期扩展定殖，从而诱导叶部对病原菌局部和系统的抗性。

（二）细菌诱导的植物免疫

活体和死体病原细菌或非病原细菌以及细菌的不同组分都能够诱导植物产生免疫抗性。一些称为促进植物生长的根际细菌（plant growth-promoting rhizobacteria，PGPR）能诱导植物产生系统抗性，即诱导系统抗性，这种抗性可以扩展到植物的地上部分。例如，荧光假单胞菌（*Pseudomonas fluorescens*）菌株 Wes417r 在番茄根部的定殖可以使植株的抗性提高，减轻对土传病菌尖孢镰刀菌萝卜专化型（*Fusarium oxysporum* f. sp. *raphani*）引起的

枯萎症状以及丁香假单胞菌番茄致病变种（*Pseudomonas syringae* pv. tomato）引起的叶部症状。到目前为止，在链霉菌（*Streptomyces* sp.）、农杆菌（*Agrobacterium tumefaciens*）、自生固氮菌（*Azotobacter* spp.）、短小芽胞杆菌（*Bacillus pumilus*）、枯草芽胞杆菌（*B. subtilis*）、恶臭假单胞菌（*Pseudomonas putida*）、荧光假单胞菌（*P. fluorescence*）和黏质沙雷氏菌（*Serratia marcescens*）等细菌中已发现具有这种作用。在美国，枯草芽胞杆菌被用于控制黄瓜和番茄上的瓜果腐霉和烟草疫霉（*Phytophthora nicotianae*），它不仅对病害有防治作用，也能促进作物的生长。此外，非寄主植物产生过敏性可由细菌 *hrp* 基因产物诱导，进而获得系统抗性。

（三）病毒诱导的植物免疫

早在1929年 McKinney 就发现了植物病毒不同株系间存在相互干扰的现象，而到1931年 Thung 证实了此现象并提出了交互保护作用。长期以来人们对植物病毒强、弱株系间的交互作用机制进行了大量的研究发现，其中一个重要的机制就是先侵入的病毒诱发寄主植物产生了干扰类物质，提高了寄主的植物的系统获得抗性，从而抑制了后侵入病毒的侵染。研究发现，在同一植株内两个相同或者相似序列的基因间会产生相互作用，最终导致相同或相似基因不表达的现象，即基因沉默。Ratcliff 等研究烟草脆裂病毒 TRV 和马铃薯 X 病毒 PVX 的交互保护作用机制，发现用这两个核酸序列相似的病毒株系接种同一植株后，后接种的株系启动了植物体内的基因沉默机制，导致了接种植物的病毒株系的 RNA 的降解，从而表现出交互保护的现象。

（四）作用机制

一般来说，植物免疫的诱导因素来源于病原微生物的直接感染，如植保素是在诱导条件下产生的，但致病和非致病的菌株都能诱导植保素的形成。这些致病和非致病活体微生物本身含有或代谢产生的蛋白质、糖蛋白、几丁质、葡聚糖及脂类等物质，均可以激发植物的防卫反应，使植物产生免疫抗病性。另外，一些根际微生物如细菌或真菌，不仅可以促进植物生长，而且可以诱导植物的免疫反应，如附着在植物根部的表皮和皮层外部，在土壤及根部周围产生黄草次苷类物质，从而诱导作物抗性。作物感病部位能够引起木质素积累，从而使病斑扩展得以抑制。此外，植物还能被诱导产生各种与防卫代谢相关的酶，例如多酚氧化酶（PPO）、过氧化酶（POD）、β-1,3-葡聚糖酶、壳聚糖酶等，从而使病菌活性降低，病菌的生长受到抑制。

四、植物免疫的发生机制

植物对病原物侵害的忍耐、抵抗和适应性都是在共同进化过程中逐渐形成和发展的。植物免疫是植物与病原物协同进化的结果。经协同进化，仅有相当少的微生物在植物上建立起了其致病生态位（pathological niche）从而成为病原物。不同的学者从不同侧面分析植物的抗性时，可能给予不同的名称。从寄主和非寄主的角度来看，某种病原物不能侵染的某种植物时，这种植物为此病原物的非寄主（nonhost），反之则为寄主（host）。此时，非寄主植物对病原物的抗性称为非寄主抗性（nonhost resistance），如白叶枯病菌能够危害水稻，但不能侵染烟草，则烟草对白叶枯病菌表达了非寄主抗性。而寄主植物种或品种对病原物的抗性就属于寄主抗性（host resistance），生产上多数表现为品种-小种专化性抗性（cultivar-race specific resistance）。

寄主与病原物的识别是指病原物在与寄主接触时双方产生特定的信号及分子交流与作用的过程，包括病原物接触、识别和侵染等重要阶段，进而启动和引发寄主植物一系列病理变化，并最终决定植物的抗病或感病反应类型。当病原物接收到有利于生长和发育的最初识别信号，进而突破或逃避寄主的防御体系，成功地从寄主体内获得生长发育的营养，此时病原物与寄主之间即建立了亲和性互作关系。如果最初识别信号导致植物产生强烈的防卫反应，如过敏性反应、植物保卫素的积累等，使病原物在植物体内生长和发育受到抑制，此时的双方就表现出非亲和性互作关系。病原物与寄主之间的亲和性识别导致病害的发生，而非亲和性识别则导致植物抗病性的产生。寄主与病原物的识别作用可根据发生时间分为接触识别和接触后识别两个阶段。

（一）接触识别

接触识别是指寄主与病原物发生机械接触时引发的特异性反应，通常不涉及寄主品种与病原物小种之间的特异性分子直接互作。这种特异性反应依赖于两者表面结构的理化感应及表面化学分子的互补性。大多数真菌的孢子黏附于寄主植物表面是其建立侵染的第一步，主要是将繁殖结构锚定于寄主植物表面，这也是寄主识别及随后真菌发育所必需。许多真菌的孢子黏附所需的特定环境信号为表面硬度和疏水性等物理信号，例如稻瘟病菌需要潮湿的空气或露滴，以便使孢子顶端黏质水化并溢出，从而通过顶端黏附于植物疏水表面。孢子黏附所需的比较典型的黏着物质为水不溶性糖蛋白、脂质和多糖等，如稻瘟病菌（*Magnaporthe grisea*）及玉米炭疽病菌（*Colletotrichum graminicola*）可以分泌水不溶性糖蛋白。真菌种类的不同，其孢子黏附所需的特定信号及分泌的黏着物质有显著区别。例如，禾谷类白粉菌孢子释放的角质酶，不仅可将孢子黏附于寄主表面，而且使孢子与寄主表面接触区域更加亲水化，有利于孢子萌发形成的芽管在寄主表面的附着和发育。

多数真菌孢子在合适条件下萌发形成芽管后，进而分化形成附着胞和侵入栓，这些结构对寄主表面接触刺激具有强烈的反应，如引起芽管生长方向改变，或诱导附着胞的形成。例如，表面硬度和疏水性是稻瘟病菌和炭疽菌属的多种真菌形成附着胞的重要刺激信号；对菜豆锈菌（*Uromyces appendiculatus*）的研究结果表明，芽管顶端 10 μm 是最主要的信号接收区，只有与寄主表面的接触面才对信号具有感应能力。

（二）接触后识别

寄主和病原物之间发生机械接触后，植物对病原物的识别主要有以下两种机制：病原物相关分子模式识别（pathogen-associated molecular pattern，PAMP）和病原菌效应分子识别。

1. 病原物相关分子模式（pathogen-associated molecular pattern，PAMP） 最早指诱发哺乳动物固有免疫反应的病原微生物表面某些共有的高度保守的分子结构，而现在在与植物致病相关的微生物中也发现了这类分子模式。这些分子实际上不是病原微生物所特有的，而是广泛存在于微生物中，因而也称为微生物相关分子模式（microbe-associated molecular pattern，MAMP）。同时，还发现寄主植物通常存在能够感受不同病原物相关分子模式或微生物相关分子模式的专化性模式识别受体（pattern-recognition receptor，PRR），可与微生物表面衍生分子直接结合，被植物识别后激活植物的防卫反应，阻止病原物的侵染。例如，在细菌中的鞭毛蛋白（flagellin）就是病原物相关分子模式，植物中对应的模式识别受体是FLS2蛋白，该鞭毛蛋白可通过FLS2而激活植物的固有免疫，从而使植物表现广谱抗病性。

植物病原物的病原菌关联分子包括真菌中的木聚糖酶、麦角固醇、多聚半乳糖醛酸内切酶、细胞壁衍生物葡聚糖和几丁质等；细菌中的冷休克蛋白、鞭毛蛋白、延伸因子 Tu 及脂多糖等；以及卵菌中的转谷氨酰胺酶及 β-葡聚糖等。植物针对每种病原菌关联分子模式具有各自的识别体系，一种植物可能有多种病原关联分子模式的识别体系，而同一种病原菌关联分子模式的识别体系可能同时存在于多种植物之中。

2. 病原菌效应分子识别 病原物相关分子模式触发的免疫（PAMP-triggered immunity，PTI）对大部分病原微生物有效，也有少数病原微生物进化出了抵挡策略，它们通过效应子来对抗这种免疫现象，从而得以进一步入侵。有的效应子可能在卵菌及真菌攻击植物细胞、形成吸器外基质的过程中起结构性作用，有的效应子可能促进植物细胞养分渗漏或病原物扩散，而许多效应子通过一个或多个成分直接或间接的产生抑制作用。许多植物致病细菌，如革兰阴性植物病原细菌通过Ⅲ型分泌系统（type Ⅲ secretion system，TTSS）向植物细胞内输入效应分子，每种病原细菌的效应分子有 30～50 种不等，其中水稻白叶枯菌的毒性因子据推测至少有 50 种。许多效应分子为病原细菌的毒性因子，这类效应因子以模仿或抑制真核生物的细胞功能的方式帮助病原菌侵染寄主。在植物病原细菌中，由 *hrp* 基因编码Ⅲ型分泌系统，细菌 *hrp* 突变体导致易感植物产生防卫反应，而野生型致病菌能够抑制这些反应的产生，这首次证明了由效应子所介导病原物相关分子模式触发的免疫抑制。对于植物真核病原菌效应子的了解与细菌相比较少。效应子既能在宿主细胞里作用，也能在真菌和卵菌的细胞外基质中作用。大部分已知的真菌及卵菌效应子都有位于 N 末端的Ⅱ型分泌信号肽，它们具有像真核生物的分泌途径（Ⅱ型分泌系统）一样通过胞吐作用分泌到细胞外基质的特点。多数的卵菌效应子还有位于信号肽的下游的 RXLR-(D)EER 基序，该基序在胞吐过程中不起作用，而在效应子进入植物细胞的过程中却是必需的。然而，一些真菌效应子虽没有 RXLR 区域和其他保守的多肽基序，也同样能够进入植物细胞，其分子机制还有待进一步研究。

在病原物利用效应子的作用攻克植物免疫系统的第一道防线后，由于自然选择的作用，植物也相应地进化出了能够特异性识别这些效应子的受体，因而启动了另一道免疫防线，即效应分子触发的免疫（effector-triggered immunity，ETI），即植物的基础防卫反应。参与植物的基础防卫反应的分子是定位在植物细胞内的产物抗病蛋白，该蛋白质由抗病基因（resistance gene，R）编码，能直接或间接的识别病原物效应子基因即无毒基因（avirulence gene，Avr）编码的无毒蛋白而产生，也称为基因对基因的抗病性（gene-for-gene resistance）。

抗病蛋白对无毒蛋白的识别方式多数情况下为间接识别，符合"保卫假说"（guard hypothesis）。该假说认为，病原物效应分子作为毒性因子在寄主植物中有一个或多个作用靶标，通过操纵或修饰此作用靶标，病原物效应分子有助于病原物在感病寄主中的侵染和致病；在抗病寄主植物中，病原物效应分子对植物作用靶标的操纵或修饰导致"病原物诱导的修饰自我"（pathogen-induced modified self）的分子模式形成，从而激活互补的抗病蛋白，活化下游信号转导途径，导致抗性的产生。已在多个 R/Avr 识别互作体系中证实该"保卫假说"。该假说很好地解释了植物 R 基因和病原物 Avr 的生物学功能，即 R 基因的作用是作为监控蛋白/保卫者，保卫植物的重要组分免受病原物的攻击；而 Avr 基因的作用是作为病原物的毒性因子，在病原物的侵染、抑制寄主防卫反应或获取水分或营养等过程中起重要作用。

抗病蛋白对无毒蛋白的识别方式也有直接识别方式，即受体配体模式，符合基因对基因假说（gene-for-gene hypothesis）。在受体配体模式下，受体为植物抗病蛋白，配体为病原物无毒蛋白，两者直接结合，致使抗病信号的产生和转导；该模型在识别研究的早期被提出，并在当时被普遍接受。根据 Flor 所提出的基因对基因假说，该假说认为寄主植物与病原菌的关系分为不亲和与亲和两种类型，也就是说病原菌具无毒基因（Avr）和有毒基因，寄主植物具有抗性基因（R）和感病基因，只有在携带无毒基因的病原菌感染携带抗性基因的寄主植物的情况下，植物被诱导产生抗性，否则植物就会感染致病。信号分子（激发子）由病原无毒基因直接或间接编码，植物抗病基因对其进行识别，然后编码该病原信号分子的受体，在这个过程中两者互作激活与抗病有关的信号转导级联网络，从而使植物产生防卫反应。任何一方的有关基因都只有在另一方相对应的基因作用下才能被鉴定出来。目前已提出或证实在水稻稻瘟病、小麦锈病、小麦白粉病、马铃薯晚疫病、苹果黑星病、番茄病毒病、马铃薯金线虫病等 40 多个寄主-病原物系统中存在基因对基因关系。

目前已从 40 多种植物中克隆得到针对不同类型病原物的抗病基因（R），如水稻抗白叶枯基因 $Xa1$、$Xa3$（$Xa26$）、$Xa5$、$Xa13$、$Xa21$ 与 $Xa27$，水稻抗稻瘟病基因 $Pi9$，小麦抗叶锈病基因 $Lr10$，番茄抗叶霉病基因 $Cf2$、$Cf4$、$Cf5$、$Cf9$，苹果抗黑星病基因 $HcrVf2$，亚麻抗锈病基因 $L6$、$L11$ 等。大多数抗病基因编码产物具有保守的结构域，绝大多数 R 蛋白为胞内 NBS-LRR 类型，N 端带有 CC 或 TIR 结构域，如水稻抗稻瘟病基因 $Pi9$ 和小麦抗叶锈病基因 $Lr10$ 为 CC-NBS-LRR 类。典型的抗病蛋白还有主体在胞外的 eLRR-TM-PK 类、胞内的 PK 类等。与植物抗病基因相比，病原菌无毒基因（Avr）研究得更为深入，目前已从真菌、细菌、病毒和卵菌中克隆到无毒基因。由于细菌和病毒的 Avr 基因容易进行克隆和鉴定，克隆于病原物上的 Avr 基因数量较多，相对而言，克隆于其他病原物如卵菌、真菌中的 Avr 基因数目较少。在病毒中，无毒基因已在 TMV、PVX、PVY、TvMV 和 ToMV 等 10 多种病毒中得到鉴定。病毒无毒基因功能执行蛋白大多为病毒的运动蛋白、外壳蛋白和复制酶蛋白等，无毒基因激发子可能仅为这些蛋白的部分片段。在细菌中，已克隆有 60 多个无毒基因，其中 $AvrBs3$ 基因家族编码产物具有明显的由富含亮氨酸重复单元组成的结构域，该特征结构域在多数寄主植物过敏性反应中起重要作用。而其他细菌无毒基因产物无明显序列同源性。在真菌中，已从番茄叶霉菌（Cladosporium fulvum）、水稻稻瘟病菌（Magnaporthe grisea）、亚麻锈菌（Melampsora lini）等病菌上克隆到无毒基因，其中亚麻锈菌 $AvrL567$ 是从形成吸器的专性寄生真菌中克隆的第一个无毒基因。卵菌无毒基因的克隆工作起步较晚，目前已克隆的包括大豆疫霉菌（Phytophthora sojae）的 $Avr1b$、致病疫霉（P. infestans）的 $Avr3a$、拟南芥霜霉菌（Hyaloperonospora parasitica）的 $ATR1$ 和 $ATR13$。从总体上来说，大部分病原物的无毒基因无论相互之间，还是其与已知序列之间均无显著性相似，表明植物识别病原物的高效性及病原物中被植物识别位点的多样性。病原物无毒基因具有双重功能，在抗病寄主植物中，与植物 R 基因互作导致小种品种专化性抗性产生，而在不含 R 基因的感病寄主植物中，起促进病原物侵染或有利于病原物生长发育等毒性作用。

综上所述，不同的植物种类拮抗不同类型的病原生物，但也有许多共同特征存在于植物抗病基因产物的序列结构中，在病原生物与植物的相互作用中，这些蛋白质可作为识别病原生物无毒基因编码的激发子的受体，从而激发一系列防卫反应，使植物表现出抗病性。另外，科学家也推测，抗性的实现还有可能是通过植物修饰甚至"丢弃"亲和基因的作用受体，或病原生物与寄主植物发生基因亲和。在病原生物的无毒基因被植物抗病基因识别过程中，是如何进行信号转导的，其机制目前尚不清楚，编码蛋白的结构和功能以及在细胞中的定位、植物抗病基因与相关基因的相互关系等诸多问题也有待进一步研究。

针对寄主植物的抗病蛋白介导的抗性，病原物又进化形成了一组新的效应分子，能抑制基于过敏性坏死反应的抗病蛋白介导的抗性。现已发现至少有 9 个病原物效应分子可有效抑制或逃避基于过敏性坏死反应的程序性细胞死亡（programmed cell death，PCD）。由此可见，不同识别类型以及由此活化的不同抗性类型体现出了一定的进化关系。病原菌关联分子模式的识别为"非自我"识别，导致非寄主抗性和基础抗性的产生。病原物通过进化，可以形成非激发性病原菌关联分子模式来逃避基础抗性，或者进化形成该抗性的抑制因子来抑制和克服基础抗性。而随后植物又进化形成能识别这些病原物效应分子的受体，即抗病蛋白，通过识别被修饰的自我，诱发抗病性的产生，这种抗性即病原物小种-植物品种的专化性抗性。

第三节 植物免疫的诱导抗病性及其信号转导

植物与病原生物在长期相互作用、共同进化中逐渐形成了一系列的防卫机理，但是该过程在植物正常生长发育时并不是总会表现出来，时常是经外界诱导后，才快速、充分的表达，即产生诱导抗病性。植物诱导抗病性（induced resistance，IR）是指当植物收到生物或非生物因子的刺激时，植物的天然防御机制被激活，产生一种后天免疫功能，从而帮助植物免受或减轻病原物侵染的危害。该诱导抗性可以表达在受侵染的局部部位，也可以系统性表达于未受侵染部位。自从 Chestwer（1933）首次报道了由病原菌侵染而诱导寄主植物产生抗病性的现象后，植物诱导抗病性引起了人们的关注。目前的研究表明，主要有两种主要类型的植物诱导抗性，一种是由病原微生物等诱导的系统获得抗性（systemic acquired resistance，SAR），另一种是由非病原微生物介导的诱导系统抗性（induced systemic resistance，ISR）（图 11-1）。

系统获得抗性（SAR）主要是通过病原微生物的无毒基因（Avr）与植物抗病基因（R）识别和相互作用来实现的，诱发植物的过敏性坏死反应（又称超敏反应，hypersensitive response，HR），导致受侵染细胞及其邻近组织快速坏死，降解被侵染的植物细胞核和激活核酸酶，使植物细胞发生程序性死亡（programmed cell death，PCD），达到防止病原物由入侵部位扩散到邻近的健康组织的目的。在植物发生过敏性坏死反应之后，再经过一系列的信号转导，使整株植物获得对病原物的广谱抗性，即系统获得性抗性（SAR）。目前研究表明，过敏性坏死反应既是一种抗病反应，也是一种诱导植物系统抗性的途径。在这个过程中，伴随着病程相关（pathogenesis-related，PR）蛋白质的表达和系统性水杨酸含量的增加（表 11-1）。人们普遍认为，水杨酸（salicylic acid，SA）是 SAR 途径的信号物质，植物在病原菌侵袭后，进行 SA 的积累，自身的免疫机制被激活。诱导系统抗性（ISR）的原始定义为根围细菌在叶片中引起的局部的或系统的抗性，由荷兰的 Picterse 等在 1996 年提出，他们研究的表明荧光假单胞菌（*Pseudomonas fluorescens*）WCS417r 在拟南芥上诱导了

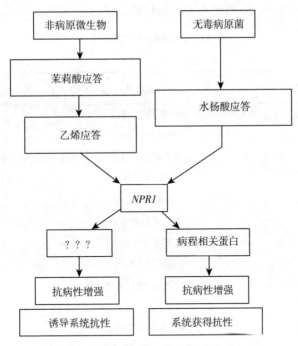

图 11-1 微生物诱导的植物免疫机制

一种控制植物系统抗性的新途径,该途径不同于经典系统获得抗性的途径,而是引导了一种不依赖于 PR 蛋白基因表达与水杨酸积累的系统抗性形式,其信号物质是乙烯(ethylene,ET)和茉莉酸(jasmonic acid,JA)。由此可见,虽然 SAR 与 ISR 在表型上相似,但其存在着重要的区别:① SAR 是由坏死性病原菌刺激寄主植物,产生系统抗性,相应的寄主植物上出现过敏性反应,而 ISR 是由包括生防菌在内的非病原菌诱导寄主植物,产生系统抗性,寄主植物不会出现过敏性反应;② 两者的反应机制不同,在信号转导途径及诱导抗病的分子基础等方面都存在不同程度的差异。

植物激素水杨酸、乙烯、茉莉酸介导的抗病性在不同植物中可以被不同外源信号诱发、抵抗不同类别的病原物,被称为植物抗病防卫的基本信号通路。在植物的抗病信号转导途径中,水杨酸(SA)途径和茉莉酸和乙烯(JA/ET)途径是研究较多的两条抗病信号传递途径。

一、水杨酸介导的抗病信号传递途径

水杨酸(SA)通过抑制过氧化酶或抗坏血酸氧化酶的活性,使 H_2O_2 或其他活性氧积累,导致活性氧爆发;但对水杨酸如何引导抗病性信号转导,还不清楚。在水杨酸信号转导到下游分支的过程中,某些含锚蛋白质重复序列的蛋白质或者蛋白激酶可以激活防卫反应基因的表达,导致抗病性的出现。在植物抗病信号转导过程中水杨酸极为重要。研究表明当烟草或黄瓜受病原菌侵染后,SA 含量会成倍增加,诱导产生 SAR;当使用外源 SA 处理植物后,也可以增强诱导植物对病菌侵染抗病性,产生 SAR。在转入 NahG 基因的拟南芥和番茄中,病原物的侵染刺激不能引起病程相关蛋白 PR1 基因表达,也不诱导产生 SAR(但能产生 HR),转基因植株抗病性明显低于野生株。以上实验现象从正、反两方面表明,SA 是植物抗病信号转导和产生 SAR 的必不可少的信号分子。

表 11-1 病程相关蛋白家族

(张玉，等，2012)

病程相关蛋白家族	代表成员	特性
PR-1	烟草 PR1a 蛋白	未知
PR-2	烟草 PR2 蛋白	β-1, 3-葡聚糖酶
PR-3	烟草 P 蛋白、Q 蛋白	Ⅰ、Ⅱ、Ⅳ、Ⅴ、Ⅵ、Ⅶ型几丁质酶
PR-4	烟草 "R" 蛋白	Ⅰ、Ⅱ型几丁质酶
PR-5	烟草 S 类蛋白	甜蛋白 (TLP)
PR-6	烟草抑制因子 Ⅰ	蛋白酶抑制因子
PR-7	烟草 P 蛋白	蛋白内切酶
PR-8	黄瓜几丁质酶	Ⅲ型几丁质酶
PR-9	烟草木质素形成过氧化物酶	过氧化物酶
PR-10	西芹 PR1 蛋白	类核糖核酸酶
PR-11	烟草 V 类几丁质酶	Ⅰ型几丁质酶
PR-12	萝卜 Rs-AFP3 蛋白	防卫素
PR-13	拟南芥 THI2.1 蛋白	硫素
PR-14	大麦 LTP4 蛋白	脂质转移蛋白
PR-15	未知	萌发素
PR-16	辣椒 GLP 蛋白	类萌发素 (GLP)

水杨酸信号从作用部位一直到产生生理效应，都必须经过一系列紧密联系的级联环节。产生部位的 SA 传递到效应部位，与靶细胞上水杨酸受体结合后，形成水杨酸受体复合物，再将信息传递至胞内第二信使 H_2O_2，最终经由胞内信号转导产生生理效应。SA 及其类似物能够抑制该酶的活性，使得 H_2O_2 水平升高，$PR1$ 基因表达被激活，SAR 形成。水杨酸在与过氧化氢酶结合后，提供一个电子，成为相对不活跃状态（还原态），SA 则转变为处于氧化态的带有一个单电子的 SA 自由基，抑制过氧化氢酶活性，从而过氧化氢含量得到提高，由于过氧化氢或活性氧的衍生物激活，抗病途径中抗病相关的基因进行表达，并且脂质过氧化反应在 SA 的作用下启动，产生茉莉酸、二酰甘油、肌醇-1, 4, 5-三磷酸和花生四烯酸等许多小分子脂质物，并且能对其他大分子进行修饰。$NPR1$ (nonexpressor of PR1) 基因能够激活多种抗病相关基因（$PR1$、$PR5$）的表达，是控制 SA 积累的关键基因，也是 SA 依赖途径中的分支点和抗病信号传递途径下游的一个多功能调节子。当 $NPR1$ 基因过量表达时，可提高植物的抗病性。拟南芥 NPR1 的突变体对诱导植物产生 SAR 的生物或化学激活剂不敏感，PR 基因不表达，没有明显抗病特征，但仍然有与野生型植株同等数量的 SA 在体内积累，这说明 $NPR1$ 基因出现在 SA 信号传递途径下游，PR 基因的上游。

二、茉莉酸/乙烯介导的抗病信号传递途径

植物的另一条重要的抗病信号传递途径是茉莉酸/乙烯（JA/ET）途径。通过对与 JA

信号转导有关的 Coi1 基因和与 ET 信号转导有关的 ETR1、EIN2 基因进行研究，发现 JA 和 ET 都对植物防御素 PDF1.2 的合成有影响。研究表明，在外源 JA 和 ET 的作用下，PDF1.2 基因的转录和翻译水平均有提高，而 PDF1.2 基因的表达不能被 SA 诱导。在拟南芥中，PDF1.2 具有抗 Alternaria brassicicola 的活性，A. brassicicola 接种在拟南芥下部叶片后，植保素在接种叶片及非接种叶片中均发现有积累，且 JA 含量增高，而 Jar1 和 Coi1 两种 JA 不敏感突变体不能应答 JA 的诱导作用，并且 JA 介导的抗性反应被阻断。同样，外源应用 ET 也可诱导拟南芥植株积累植保素，而不用 ET 处理的拟南芥突变株 Ein2 接种后，既不积累防卫素，也不能表现 SAR。在 ET 不敏感突变体 Ein2 中，阻断 PDF1.2 基因的表达，并不会对其抗 Botrytis cinerea 的性质产生影响。抑制 JA/ET 合成的物质也同样具有抑制一些蛋白酶抑制基因的表达的作用，所以 JA/ET 也被看作在抗性信号传递、诱导植物产生的抗病性过程中起作用的第二信使。用 JA 和 ET 处理可降解 SA 的转基因拟南芥，仍然诱导产生抗病性，说明 JA/ET 介导的抗病信号转导不依赖于 SA 途径。

茉莉酸被受体 JARⅠ识别，调节转录调控因子 Coi1 的功能，Coi1 激活泛素连接酶 SCFCoi1 介导的 26S 蛋白酶体对转录因子 SOC1 的水解，调控效应基因表达，结果影响植物生长与植物衰老等过程，调节植物抗病性。Coi1 基因编码一种具 F-box 基序的富含亮氨酸重复序列的蛋白质，含有此结构的蛋白质具有以下特点：在结合某些抑制蛋白后，由泛素的酶解系统来识别并降解抑制蛋白。因而，Coi1 可能结合感应 JA 的负调控因子，形成复合体，而泛素识别并降解复合体，从而使得负调控因子的抑制作用消除。乙烯是一种具有生物活性的简单有机分子，对植物的发育和生长具有明显作用，主要作用是促进横向性生长、茎加厚、茎伸长和增加顶钩弯曲。乙烯信号转导对植物生长发育、抗病、抗逆等过程都有影响。以荧光素酶报告基因和茉莉酸应答基因 VPS1 的启动子融合构建载体转化植株，从经诱变处理的转基因植株中筛选出组成性表达报告基因的突变体 cev1。该突变体组成性产生茉莉酸和乙烯，表达茉莉酸和乙烯应答基因 PDF1.2、Thi2.1、VSP2 和几丁质，提高了对真菌病原体和害虫的抗性。

三、水杨酸途径和茉莉酸/乙烯途径的关系

1. SA 途径和 JA/ET 途径的不同之处　普遍认为，SA 主要介导的是植物对寄生性强的病原物的抗病信号的转导，而 JA/ET 主要介导的是对寄生性弱的病原物的抗病信号的传递。转 NahG 基因拟南芥对活体营养病菌的抗性减弱，而对死体营养病菌抗性却未发生改变；相对的，拟南芥 coi1 突变株对死体营养病菌抗性降低，对活体营养病菌的抗性则不受影响。但事实上并非如此简单，研究发现，转 NahG 基因的番茄显著提高其对死体营养真菌 B. cinerea 的感病性，但对 Oidium neolycopersici 的感病性不改变；而转 NahG 基因的烟草增强其对 O. neolycopersici 的感病性，而对 B. cinerea 的感病性却不改变。因此，植物以何种抗病途径介导对病原物的防卫反应，由寄主-病原物互作体系具体情况决定，不同互作体系可能具有不同的抗病防御反应特点。另外，两条途径的信号转导调控因子所激活的效应基因也不同，如在拟南芥中，乙烯和茉莉酸可以诱导抗菌蛋白基因 Thi2.1 和 PDF1.2 以及 PR-3、PR-4 的表达，而水杨酸不能诱导 Thi2.1 和 PDF1.2 的表达，但可以诱发 PR-1、PR-2 和 PR-5 的表达。

2. SA 途径和 JA/ET 途径的联系　两种重要途径之间不是孤立的，它们之间有一定的交

谈（cross-talk）机制，二者相互抑制或互相增强。如前所述，酸性 PR 蛋白主要由 SA 诱导，碱性 PR 蛋白主要由 JA 诱导；在成熟的烟草叶片中，SA 抑制所有碱性 PR 蛋白，而 JA 抑制所有酸性 PR 蛋白。这说明两种重要途径之间存在拮抗作用。另有研究表明，番茄被昆虫取食后，植株内同时启动了 JA/ET 途径和 SA 途径，说明 SA 途径和 JA/ET 途径之间也可能协同作用。SA 途径和 JA/ET 途径之间是通过信号转导网络中的节点基因实现对话的。NPR1 基因不仅在细胞核中直接正向调控 SA 途径，而且还在细胞质内协调 SA 和 JA 信号传导途径之间的关系，是目前研究得较清楚的节点基因之一。另外，研究发现转录因子 WRKY70 对 SA 和 JA 两条抗病途径之间也有着重要的调节作用，而且这种作用产生于 NPR1 基因下游。

植物免疫的信号转导可以由病原物侵染、物理因子、生物或非生物激发子等外源信号的刺激引发，导致对不同类别病原物的抗性。而抗病信号转导是植物诱导抗病性形成的关键和内在机制，信号转导通常开始于细胞对外源信号的识别，细胞膜接受的外源信号通过内源信号的介导，转换为细胞内的可传递信息。诱导的信号通过复杂的信号传递途径（如茉莉酸/乙烯途径、水杨酸途径等）启动或增强防御反应基因活化和表达；同时将信号进行级联放大，使植物在形态和生理上都向着阻遏病原物侵染和抑制其扩展的方向变化（即植物产生防御反应），最终表现出对病原物的抗病性。同一诱导因子在不同条件下引起的信号转导途径可能不同，不同诱导因子引起的信号转导途径可能也不同。一个信号转导过程组成一个信号通路或信号转导途径（signal transduction pathway）。植物的抗病信号传递途径有着专一性、多样性、广谱性、交叉性的特点，由此形成了复杂的信号转导网络。总体来说，植物抗病防卫反应的信号转导过程是十分复杂的。植物抗病性的发生和发展依赖于不同的信号通路。抗病防卫基本信号通路、过敏性通路可能彼此独立，也可能同时被启动，或者在上游的某环节交叉。在不同通路之间相互借用，因而能够快速有效地调动防卫反应。

第四节 植物疫苗与应用

一、植物疫苗

疫苗在人类和动物疾病预防中起到了十分重要的作用，那么植物是否能够通过疫苗制剂获得免疫能力呢？通过前面植物免疫的理论学习，我们可以得出肯定的回答。

研究发现各种诱导因子、激发子或弱病原菌刺激植物后，能诱导或激发植物产生对病害的抗性，即植物存在诱导抗性。随着研究的不断推进，人们已开始探索研制诱导植物产生抗病性的生物诱导物质，即生物诱抗剂，或者称之为植物疫苗。植物疫苗是利用生物诱导抗性的原理，提高植物免疫能力的一种新型生物农药，它通过调节植物的新陈代谢过程，激活植物的免疫系统和生长系统，从而使植物抗病和抗逆能力增强。根据植物免疫的特点或制备方法的不同，可以将植物疫苗分为以下几种类型：弱毒、无毒株系疫苗，活菌疫苗，蛋白质类疫苗，寡糖疫苗，小分子及其他代谢产物疫苗及转基因植物疫苗等六种类型。研究开发高活性植物病害疫苗是我国现代农业研究领域的一个新的重要课题。人们深入研究植物的防御机制，除具有重要的学术价值外，还可利用植物的防御物质有效地开发生物诱导剂或植物疫苗，根据植物病害的发生发展规律制订防治对策，提高防治植物病害的水平，减少化学农药的使用，从根本上减少农药对环境和农产品的污染，服务于农业可持续发展。

二、植物疫苗的应用

（一）弱毒、无毒株系疫苗及其应用

弱毒、无毒株系疫苗包括自然界中存在的弱毒、无毒或经基因改造获得的植物病原菌无毒株系。例如，利用青枯病雷尔氏菌无致病性菌株研制出一种免疫抗病接种剂——"鄂鲁冷特"。实验用该接种剂100倍液浸种番茄，设置清水对照，之后进行番茄种子发芽、苗床育苗、田间移栽，25d后再调查苗期青枯病的发病率，结果使用免疫接种剂的发病率低于3%，不使用免疫接种剂的发病率高于38%，说明鄂鲁冷特对番茄苗期青枯病具有很好的控制能力。再用鄂鲁冷特300倍液对茄子苗进行灌根，设置清水对照，在茄子结实期调查发病率，结果处理组发病率低于8%，而对照组发病率高于47%，防治效果达83%。此外，利用植物病毒强、弱株系间的交互保护作用机制，我国从20世纪70年代后期开始研制并在农业中成功应用弱毒疫苗，如利用TMV-N14和CMV-S52防治番茄和青椒的病毒病，取得了防病和增产的双重效果。

（二）拮抗微生物疫苗及其应用

拮抗微生物疫苗是通过调控寄主植物的微生态系来诱导寄主植物对病原物产生系统抗性，从而实现植物病害防治的方法。该疫苗已经被广泛应用于植物病害防治中。微生态调控（microecological control）是在植物微生态学基本原理的指导下产生的防治植物病害的新方法，是微生态学在植物病害防治实践中的具体应用。该方法通过调节、控制寄主植物组织和生理、寄主个体微环境、微生物种群三者和目标微生物（病原物、次病原物、无症状病原物）种群的微生态平衡关系来达到防治病害的目的，同时达到最佳的经济、社会和生态效益。

植物微生态学认为，植物病害的直接诱因之一为菌群的失衡。拮抗微生物疫苗微生态调控作用与其生物防治的机制相同，即：① 与病原菌竞争生态位及营养物质；② 分泌抗菌物质；③ 寄生于病原菌；④ 多种机制协同拮抗病原菌；⑤ 诱导寄主植物对病原菌产生系统抗性；⑥ 促进植物的生长，提高植物的健康水平，增强植物对病害的抵御能力。

拮抗微生物疫苗已经被广泛应用于植物病害防治中。例如，生防细菌已应用于甜菜叶斑病、番茄病毒病、番茄斑驳病毒病、番茄细菌枯萎病、长甜椒炭疽病、黄瓜花叶病、广东菜薹猝倒病、火炬松梭锈病及甜瓜枯萎病的防治中；生防真菌已应用于棉苗立枯病、柚子采后腐烂病、番茄枯萎病、黄瓜叶斑病、黄瓜细菌性角斑病、灰霉病、黄瓜病毒病、早疫病及炭疽病的防治中，并已取得了一定的防治效果。其中一些拮抗微生物疫苗已经做到了商品化，主要是能够形成芽胞、抗逆性较强、保持活力时间较长的芽胞杆菌。芽胞杆菌是一类广泛使用的生防菌，具有内生芽胞、分布广、抗逆性强、繁殖速度快、营养要求简单和易于在植物根围定殖等特点。已商品化的生防细菌包括 *Bacillus subtilis* GB03，MBI 600 和 QST 713，*B. pumilus* GB34，*Pseudomonas fluorescens*，*P. putida*，*P. chlororaphis* 等。这些拮抗微生物疫苗被加工成颗粒剂、粉剂、胶囊和种子包衣剂，已广泛应用于防治植物病害，并已取得良好的效果。

另一类活菌疫苗是木霉（*Trichoderma* sp.）。植物根系一旦被非致病性木霉菌定殖后，

分别在根部局部性积累和叶部系统性积累拮抗性物质。木霉菌可分泌一系列与诱导抗性有关的代谢物，如蛋白质、肽类、寡糖和抗生素等，其中很多种类已证明具有激发植物系统抗性的功能，而宿主植物恰好能够识别这些激发类物质。研究表明，茉莉酸/乙烯和促分裂原活化蛋白激酶（MAPK）是木霉菌介导的黄瓜系统性诱导抗性重要信号转导途径。木霉菌由于可以定殖于植物根围，并随着根系生长而不断扩展，因此，从免疫学角度分析看，木霉菌可以作为一种长效的免疫原生物存在于免疫位点，持续分泌一系列免疫相关反应诱导分子，从而满足植物疫苗和免疫反应的基本要求。同时，木霉菌可定殖于植物根系的皮层内，为免疫诱导因子和效应因子发挥作用提供了稳定的环境，尤其是可定殖于维管束的内生木霉菌更适合作为免疫反应诱导因子的来源生物，因为植物维管束可为免疫反应诱导因子以及效应因子长距离运输提供途径。

（三）蛋白质类疫苗及其应用

蛋白类疫苗是植物免疫诱导蛋白激发子抗病疫苗，在农药归类中属于蛋白质诱抗剂。这是一类能够激发植物防御反应基因表达与过敏性反应的特殊信号蛋白，在作用过程中，植物自身的抗病功能基因被激发表达，植物对病害的免疫能力增强。已从植物病原菌中发现多种能诱导植物广谱抗性和促生长的激发子类蛋白质，主要包括过敏蛋白（harpin）、隐地蛋白（cryptogea）和激活蛋白（activator）。蛋白质类疫苗诱导植物增强抗病性、抗逆性，可以直接杀死病原菌，不会引起病原微生物的抗性，植物本身的抗病功能能够得到显著提高，在生产上能大幅度减少化学农药的使用量，同时能提高作物的产量和品质。细菌过敏蛋白被美国EDEN公司开发为农药产品。

在2001年在美国登记且被列为免检残留的农药产品，于2004年进入中国市场，被推荐在番茄、辣椒、烟草和油菜上使用。这一生物农药的研制成功标志着第一个抗植物病害蛋白质疫苗的诞生。我国的蛋白质疫苗是从真菌中分离获得的，是由350～450个氨基酸组成的能诱导植物免疫抗性的热稳定激活蛋白，其在100℃高温下处理0.5 h也不会变性，显示出激活蛋白的突出特点。激活蛋白的抗病原理为：当激活蛋白与植物器官的表面接触后，可以作用于植物叶表面的膜受体蛋白，就在植物体内经过一系列信号转导，与抗病性相关的代谢途径被激活而产生具有抗菌活性的茉莉酸和水杨酸等物质，促进植物的生长发育，同时使植物自身获得对病菌的免疫抗性，提高对病菌的抵抗能力。中国农业科学院研制完成的植物激活蛋白疫苗，低毒无残留，对环境友好、具有防病虫、抗逆、促进植物生长发育、改善作物品质和提高产量的作用。3%植物激活蛋白可湿性粉剂的雄性大鼠急性经口毒性$LD_{50}>$5 000 mg/kg，雌性大鼠经口毒性$LD_{50}>$3 830 mg/kg，对家兔皮肤无刺激作用。安全使用浓度为1 000～1 500倍稀释液，喷雾、拌种、灌根均可，适用于番茄、辣椒、西瓜、草莓、棉花、小麦、水稻、烟草、柑橘、油菜等农作物，对病毒病、灰霉病、黑痘病、溃疡病等病害有不同程度的防治效果。

（四）寡糖疫苗及其应用

经过化学方法或酶解作用后，植物或真菌细胞壁中多糖类物质可降解为较小的片段，其中具有生物活性的成分就称为寡糖。寡糖参与植物的形态建成，对植物防卫反应有很高的激发效率，只需极微量的寡糖就可以诱导植物产生防卫反应。目前常见的寡糖疫苗种类有几丁质寡糖、寡聚半乳糖醛酸、壳寡糖、葡聚寡糖等。寡糖疫苗对真菌病害有较好的防治效果，对植物病毒病也有明显的效果，但是在防治细菌病害上报道很少。现在国内外许多单位应用发酵、水解等方法制备寡糖疫苗，已经形成了产业化规模，取得了良好的防治效果。我国报道了用从真菌细胞壁提取的寡糖防治棉花黄萎病的效果，温室接种浸种方式优于喷药方式的防效，50 μg/mL 浓度田间防治效果可达 64%，并且对苗期病害具有较好的防治的效果。

（五）小分子及其他代谢产物疫苗

小分子及其他代谢产物疫苗包括脱落酸（abscisic acid）、病毒卫星 RNA，聚 γ-谷氨酸（poly γ-glutamatic acid）疫苗等。

我国最早的生物小分子疫苗是黄瓜花叶病毒卫星 RNA，由中国科学院于 20 世纪 80 年代研制成功。卫星 RNA 疫苗在严格控制的温室内，在含烟草花叶病毒枯斑基因的三生烟幼苗上繁殖，收获叶片榨取汁液或经进一步粗提取得到的制剂，稀释后即可使用。用于青椒和番茄时，在苗床上用卫星 RNA 疫苗接种（可用喷枪或摩擦方法）幼苗，接种后移栽到田间，即获得对黄瓜花叶病毒（CMV）的抵抗能力。这种方法成本低，方法简便，只需苗期使用一次，节省工时，不产生公害。

脱落酸具有倍半萜羧酸结构，是一种植物天然生长调节物质，被世界公认为植物抵御逆境的"抗逆免疫因子"。我国建立了世界第一条真菌液体深层发酵生产脱落酸的 20t 发酵罐工业化生产线，并在世界上首次开发了脱落酸（S-诱抗素）生物农药制剂"福施壮""福生壮芽灵"等，抗逆效果显著，已取得了国家的农药临时登记。S-诱抗素的应用研究率先在我国四川、新疆、湖北等地区以及美国、智利、日本、韩国等国家进行，在包括蔬菜、烟草、棉花、花卉、中药材、粮食作物、水果等经济植物中应用，其抗逆增产、改善品质的效果显著。

聚 γ-谷氨酸是一种多聚氨基酸类的环保型多功能可降解生物高分子材料，其衍生物有良好的水溶性，超强的吸附性，能彻底被生物降解，无毒无害，可食用。在几种主要农作物上的应用实践表明，它不仅可促进多种蔬菜、柑橘、玉米、水稻和烟叶等作物的生长和生理活性，而且能诱导作物抗病性，其在水稻上诱导抗稻瘟病的效果较水杨酸更明显，可作为一种促进生长的新型植物疫苗。

研究表明，一些植物来源的次生代谢物质同样可诱导植物产生抗病毒物质，从而提高植物抵抗病毒的能力。多羟基双萘酚（CT）、类槲皮素（EK）和类黄酮（EH）是 3 种从中草药中抽提出的黄酮类抗病毒物质，烟草于接种病毒前 12~24 h 分别喷施浓度为 80 mg/kg 的 CT、EK 和 EH，均能抑制烟草花叶病毒（TMV）和黄瓜花叶病毒（CMV）的侵染，使烟草前期不发病；喷 40 mg/kg 预防效果分别为 97.5%、94.0% 和 88.0%。从菜籽油中提取的脂肪酸，包括顺二十二碳十三烯酸、二十二酸、二十四烯酸、亚麻酸、花生酸、花生烯酸、油酸、亚油酸、木焦油酸、软脂酸和硬脂酸，这些脂肪酸混合使用可诱导植物提高抗、耐病性，且有体外钝化 TMV 和抑制初侵染、降低植物体内病毒扩散的作用，也能用于防止多种植物病毒侵染。

植物疫苗的优越性主要体现在，不是直接杀死病原靶标，而是通过激发植物自身的免疫系统来达到抗病、增产和改善品质的目的。因此植物疫苗相对而言对环境更安全，不会引起病原微生物的抗性，符合健康农业生产的要求，是生产绿色食品和发展优质高效农业的重要措施，具有广阔的应用前景。

Summary

This chapter described the plant immunity including its concept, classification, its action mechanism and application.

The plant immunity include the physical immunity and the chemical immunity according to its material basis. Physical immunity refers to the ability of defensing pathogen by plant skin and parts of cuticle wax layer, the wooden peg formed around injured tissue, highly lignification of the plant tissue, pulp and resin secreted by plant tissues, defensing the invasion of pathogenic microorganisms. The chemical immunity mainly refers action of secondary metabolites from plant itself against pathogen.

Many exogenous inducing factors were found to induce the plant defense in the system of interaction of plant and pathogens. The inducing factors is elicitor. The elicitor was divided into abiotic elicitor and biotic elicitor.

The abiotic elicitors include ethylene, salicylic acid, jasmonic acid, methyl jasmonate, synthetic peptides, and high salt concentrations and other chemical substances. and physical factors including mechanical damage, ultraviolet light, heat and touch.

The biotic elicitor was divided into exogenous elicitor and endogenous elicitor. Mechanism of action induced by the elicitor includes: ion leakage, oxidative burst, allergic reaction, synthesis and accumulation of antibacterial substances (such as phytoalexins) and bacteria cell surface glycosyl hydrolases (such as dextran enzymes and chitinase), inhibition of pathogenic protein hydrolase activity and cell wall lignification reinforcement, wound plug, formation of callose and tyloses on cell wall, accumulation of glycoproteins rich in hydroxyproline.

Induced resistance of plant inmmunity include systemic acquired resistance (SAR) induced by pathogenic microorganism and induced systemic resistance (ISR) induced by non-pathogenic microorganism. Systemic acquired resistance (SAR) is a mechanism of induced defense that confers long-lasting protection against a broad spectrum of microorganisms. SAR requires the signal molecule salicylic acid (SA) and is associated with accumulation of pathogenesis-related proteins, which are thought to contribute to resistance. ISR is characterized by non-specific, wide spectrum and systemic. It is phenotypically similar to the systemic acquired resistance (SAR) induced by the infection of pathogens, and with the same efficiency but without hypersensitive response (HR) and visible symptoms in plant as SAR, which is helpful to open a new way to develop and improve safer and environmentally friendly strategies for plant protection.

Based on the theory of the systemic acquired resistance (SAR) and the induced systemic resistance (ISR), vaccines for protecting plant from infection of pathogen and pest were developed, which include weak poison, avirulent strain vaccine from plant pathogen, vaccine from antagonistic microorganisms, protein vaccine, oligosaccharides vaccine, small molecule vaccines and other metabolites vaccines. The vaccines were applied in control of plant pathogens and pest worldwide. Because the vaccine for plant protection are more secure to the environment, and meet the requirements of the safety of agricultural productional, the vaccines has broad applicational prospects.

参考文献

李振岐，1997. 植物免疫学 [M]. 北京：中国农业出版社.
邱德文，2008. 植物免疫与植物疫苗——研究与实践 [M]. 北京：科学出版社.
商鸿生，2010. 植物免疫学 [M]. 2版. 北京：中国农业出版社.
田波，等，1985. 植物病毒弱毒疫苗——番茄条斑病疫苗 [M]. 武汉：湖北科学技术出版社.
余朝阁，等，2007. 植物诱导抗病性及其信号转导途径 [J]. 北方园艺，7：73-76.
ACHUO E A, et al, 2004. The salicylic acid-dependent defense pathway is effective against different pathogens in tomato and tobacco [J]. Plant Pathology, 53: 65-72.
LI J, BRADER G, PALVA E T, 2004. The WRKY70 transcription factor: a node of convergence for jasmonate-mediated and salicylate-mediated signals in plant defense [J]. Plant Cell, 16: 319-333.
PENNINCKX I A, EGGERMONT K, TERRAS F R, et al, 1996. Pathogen-induced systemic activation of a plant defensin gene in Arabidopsis follows a salicylic acid-independent pathway [J]. Plant Cell, 8: 2309-2323.

思考题

1. 学习和研究植物免疫（植物抗病性）的目的和意义是什么？
2. 列举诱导植物免疫的主要因子，并说明其作用机制和物质基础。
3. 植物免疫诱导抗病性分为几个主要类型？其信号转导的途径是怎样的？
4. 举例说明植物疫苗的种类并浅谈植物疫苗的应用前景。

课外读物

植物防御反应与动物免疫应答的比较

自从19世纪末动物的免疫系统被发现以来，人们推测在植物中是否也存在一个相似的系统，能够对病原物感染产生获得性免疫（acquired immunity）。早期的研究致力于从植物中检测可沉淀抗体（precipitating antibody），但由于植物成分中众多的交叉反应而未获结果，后来通过植物疫苗接种试验（vaccination）寻找与动物等同的抗体（antibody，Ab），亦以失败告终。

虽然植物不能产生和动物相类似的抗体，那么植物能否通过外源诱导物诱导其周身的或系统的抗病性呢？答案是肯定的。目前已至少从6科20种植物获得系统获得性抗性（SAR）的充分证据。寄主植物经接种病毒的弱毒株系后，再次接种同一种病毒的强毒株系时，寄主则能抵抗强毒株系，症状减轻，病毒复制受到抑制。这为进一步论证植物可能具有与动物免疫系统相对应的系统提供了最根本的依据。

特异性是动物免疫应答的根本特征。植物的防御反应是否也是特异的？最能体现植物防御反应特异性的莫过于由基因沉默介导的对植物病毒的抗性了，这是以同源序列为引发信号的抗性机制。植物一旦受到具有与自身基因组（或转基因）有同源片段的 RNA 病毒的入侵后，便会产生一段特异针对同源片段的反义 RNA，反义 RNA 与病毒的正义 RNA 片段特异地互补配对，形成的杂交双链区便为 RNase H 识别并被降解，从而将病毒歼灭。

植物防御反应和动物免疫应答在反应机制，尤其是信号转导机制上有对应性。二者都是典型的可诱导反应途径（inducible pathway），其发生都依赖于一个复杂的信号调控网络（signaling network），其中所包含的信号放大机制（signal amplification mechanism）及严格的调控方式保证了寄主（植物或动物）快捷、高效、实时、实地地对病原进行防御。反应机制的相似之处：①植物采用的激发子-受体模型（elicator-receptor model）类似于动物免疫应答信号传导的配体-受体诱导机制。② 磷酸激酶介导的信号转导（kinase-mediated signal transduction）：磷酸化（phosphorylation）是调节蛋白质活性的普遍形式。与动物的免疫应答，包括 T、B 细胞的活化增殖过程一样，磷酸激酶（kinase）和磷酸化（phosphorylation）在植物防御反应的信号转导中起着中心作用。研究已表明，许多 R 基因产物都存在磷酸激酶结构域，在接受激发子的信号后，就发生自身磷酸化，随即引发一系列磷酸化级联反应，从而引起植物细胞生成氧化斑、产生水杨酸并合成 PR 蛋白的防御反应。

综上所述，植物的防御反应及其信号转导方式和遗传机制的诸多特点都显示了它与动物免疫应答的对应性，有力地表明植物经过长期的进化，也发展了类似于动物的免疫应答的机制以抵御病害。

第十二章 免疫学技术

免疫学技术指根据免疫反应基本原理建立的用于检测与分析免疫分子、免疫细胞和免疫组织的结构、定位和功能的方法和手段，以及免疫分子的各种制备方法，包括：① 用于抗原或抗体检测的体外免疫反应技术，又称免疫检测技术。这类技术通常使用血清进行试验，故又称为免疫血清学技术。②用于研究机体免疫细胞功能与状态的细胞免疫技术。③用于观察和定位免疫细胞和免疫分子的免疫组织化学染色技术。④ 用于获得免疫分子的制备技术，如抗体或抗原的纯化技术、抗体的制备和标记技术等。因此，凡是与抗原、抗体、免疫细胞、细胞因子等有关的技术均称为免疫学技术。免疫学技术已广泛应用于人、动物、植物和微生物等生命科学的各个领域，成为生命科学研究不可缺少的重要工具。

由于抗体分子主要分布在人或动物血清中，因此抗原-抗体反应通常称为血清学反应，包括沉淀反应、凝集反应、补体结合反应和中和反应。如果参与检测的抗原为可溶性蛋白，如血清蛋白、组织液、细菌培养液或外毒素等，则可通过沉淀反应进行检测；如果参与检测的抗原为颗粒性抗原，如红细胞、细菌、颗粒状微球等，则可通过凝集反应进行检测；如果反应体系中有补体的参与，并以红细胞和溶血素作为指示系统，则可通过补体结合反应进行检测；如果抗原为病毒、毒素、激素、酶等，则可用中和反应进行检测。依据抗体的不同标记方式建立的抗原-抗体检测技术包括免疫酶标检测、免疫荧光检测、免疫胶体金技术、放射性免疫检测、免疫印迹等。免疫细胞检测技术包括流式细胞仪检测技术、淋巴细胞转化试验、细胞毒性试验、巨噬细胞吞噬功能测定等。免疫分子检测技术包括细胞因子检测技术、HLA 分型技术等。

基于抗原抗体反应基本特征建立的抗原-抗体检测技术在临床医学、流行病学、兽医学、作物学、环境科学等领域发挥着不可替代的作用。经典抗原-抗体检测方法，例如凝集反应、免疫沉淀反应、酶联免疫吸附试验（enzyme-linked immunosorbent assay，ELISA）等，已经广泛应用于：①临床疾病的诊断，感染性疾病的病原体，如肝炎病毒、人类免疫缺陷病毒、风疹病毒、疱疹病毒、分枝杆菌等，以及感染人群的流行病学普查和疗效监控；②人和动物机体免疫功能评价；③畜禽疾病尤其是群发性传染病和寄生虫病的诊断和防治；④植物病毒和病原菌快速诊断和检疫，植物激素等小分子物质的定量检测及定位分析；⑤环境毒素、农药及抗生素等污染物的检测。现代抗原-抗体检测方法，例如生物素-亲和素免疫检测技术、葡萄球菌 A 蛋白（staphylococal protein A，SPA）免疫检测技术、免疫胶体金检测技术、免疫印迹技术、化学发光免疫测定技术、免疫电镜技术、PCR - ELISA、免疫核酸探针技术、免疫芯片技术等，极大地提高了检测的敏感性、特异性、高通量和应用的广泛性。

第一节 免疫沉淀反应

可溶性抗原在适当环境（如溶液或凝胶）和适当条件（电解质、温度、pH 等）下与其特异性抗体结合，形成复合体以沉淀析出，称为免疫沉淀反应。根据反应介质的不同，免疫沉淀反应可以分为液相沉淀反应和凝胶沉淀反应。免疫沉淀反应主要用于蛋白质、核酸与多糖等小分子抗原物质的检测，如检测血清中特定抗原的有无等，具有稳定性好、敏感度高、简便快速等优点，适合大批量标本检测。

（一）反应原理

可溶性抗原与抗体特异性结合，形成复合物，并在pH、温度等环境条件适当时，抗原与抗体复合物继续聚集在一起，形成肉眼可见或仪器可测的复合物沉淀。

（二）反应类型

免疫沉淀反应依据反应介质的不同分为液相沉淀反应和凝胶沉淀反应。

1. 液相沉淀反应 液相沉淀反应发生在溶液中，根据沉淀外观，又分为絮状沉淀反应和环状沉淀反应。

（1）絮状沉淀反应是直接将抗原与抗体溶液混合，在比例合适时，溶液中即出现絮状沉淀物。因此，絮状沉淀反应主要用于确定抗原与抗体最适反应浓度，通常以出现沉淀最多时的抗原与抗体量定为二者的最适反应量。此外，絮状沉淀反应结果可用比浊仪定量测定抗原浓度的方法，称为免疫浊度法。该方法原理为，不同浓度的抗原与抗体结合后，形成的沉淀量也不同，于是溶液的混浊度也有差异，再利用光学仪器测出溶液的吸光度，与已知浓度标准品的吸光度相比较，从而定量得出抗原溶液的浓度。

（2）环状沉淀反应发生在试管中，在试管底部先加入抗原溶液，再沿试管壁缓慢加入抗体溶液，使抗原与抗体溶液在试管中上下分层。利用其相对扩散的原理，静置一段时间后，两者在试管中形成浓度梯度，在两者浓度最适合的交界面即可形成沉淀环。由于该方法简单、无需特殊反应条件和仪器设备、结果直观，因此多用于抗原或抗体的快速定性检测。

2. 凝胶沉淀反应 发生在琼脂、琼脂糖、聚丙烯酰胺凝胶等介质中，包括单向扩散、双向扩散以及免疫电泳。

（1）单向扩散是指在凝胶内加入定量已知抗原或抗体，将待测抗体或抗原溶液加入预留在凝胶中的孔中，使其向孔的四周自由扩散，形成浓度梯度。当待测抗体或抗原与已知抗原或抗体比例适当时，即可形成沉淀环。

（2）双向扩散则是在凝胶距离合适的两个孔中分别加入抗原与抗体溶液，两者相对扩散，形成浓度梯度，然后在最适比例处形成沉淀线。借助沉淀线出现的位置与形状可以测定抗体效价、推测抗原或抗体相对含量与相对分子质量等。

（3）由于以自由扩散方式产生可见的沉淀线所需时间较长，因此，发展了将凝胶沉淀反应与电泳技术结合的免疫电泳（immunoelectrophoresis）技术，主要有火箭免疫电泳（单向扩散＋电泳）、对流免疫电泳（双向扩散＋电泳）技术。该方法利用电泳大大加快了抗原分子在凝胶中前进的速度，从而缩短了反应所需的时间。与液相沉淀反应相比，凝胶内进行的沉淀反应具有更好的敏感性和特异性，被广泛应用。

（三）试验步骤

免疫沉淀反应操作简单，以表12-1所示棋盘格法为例，其基本步骤如下。

1. 抗原与抗体梯度稀释 常用起始浓度为1/5或1/10，然后进行倍比稀释。

2. 加样 在棋盘格孔中加入对应浓度的抗原或抗体，并设置生理盐水作为对照。

3. 扩散反应 在适当温度（一般为37℃）下静置24~48h，观察或测定沉淀量。

4. 结果判断 根据反应产生沉淀量的多少判断抗原与抗体反应的最适比例，一般选择产生沉淀量最多且抗原、抗体浓度较低的孔作为最适反应量。例如表12-1所示最适抗原稀释度为1/320，抗体为1/40。

表12-1 沉淀反应棋盘格法结果

抗体稀释度	抗原稀释度							对照
	1/10	1/20	1/40	1/80	1/160	1/320	1/640	
1/5	+	++	+++	+++	++	+	+/−	−
1/10	+	++	++	++	+++	++	+	
1/20	+/−	++	++	++	++	++	+	
1/40	−	+/−	+	+	++	+++	++	
1/80	−	−	−	−	+	+	+	

（四）常见问题

（1）沉淀量少。可能原因为反应不充分或反应条件不适合，比如反应时间短、温度低等。可以适当延长反应时间，并通过预实验摸索反应的最适条件。

（2）沉淀量无梯度差别，无法判断抗原与抗体反应的最适量。可能因为反应时间太长或反应体系中的成分容易生成化学沉淀，造成假阳性现象。可通过预实验确定最适反应时间，同时检查抗原与抗体溶液的化学成分，防止其他沉淀产生。

第二节 凝集反应

凝集反应指颗粒性抗原与相应抗体结合后，以抗体为桥连聚集在一起，形成肉眼可见的凝集体。

（一）反应原理

细胞、细菌或结合于颗粒性载体上的可溶性抗原，在一定反应体系中与相应抗体结合，并通过抗体将细胞、细菌或颗粒性载体连在一起，聚集成较大的团块状凝集体。

（二）反应类型

依据凝集反应体系中载体的有无，分为直接凝集反应与间接凝集反应（表12-2）。直接凝集反应主要是完整细胞或细菌表面抗原与相应抗体直接发生凝集，如ABO血型鉴定、细菌感染检测等。间接凝集反应主要是将可溶性抗原结合于无免疫原性的颗粒性载体上，形成致敏颗粒，然后与抗体发生凝集反应。常用载体有活性炭颗粒、硅酸铝颗粒和聚苯乙烯胶乳微球等。间接凝集反应不仅提高了可溶性抗原的检测敏感度，而且操作简单、结果判断容易，可用于乙肝表面抗原、癌细胞甲胎蛋白等的鉴定和检测。

表12-2 凝集反应的基本类型及比较

反应类型		简介	特点	主要应用
直接凝集反应	玻片法	颗粒性抗原与相应抗体在玻片上进行凝集反应	定性试验	ABO血型测定
	试管法	颗粒性抗原与相应抗体在试管中进行凝集反应	半定量试验	病原体检测

(续)

反应类型		简介	特点	主要应用
间接凝集反应	正向间接凝集试验	用可溶性抗原与载体形成的致敏载体检测相应抗体	敏感性高、快速、简便	检测病原体的可溶性抗原、疾病早期检测等
	反向间接凝集试验	用抗体与载体形成的致敏载体检测相应抗原		
	间接凝集抑制试验	可溶性抗原与抗体相互作用后，再加入抗原致敏的载体，不再出现凝集现象		免疫妊娠试验

（三）试验步骤

以 ABO 血型测定为例简要介绍凝集反应的基本步骤。人的 ABO 血型是根据红细胞表面 A、B 抗原进行分型，A 型血红细胞表面只有 A 抗原，血清中含有抗 B 抗体；B 型血红细胞表面只有 B 抗原，血清中含有抗 A 抗体；AB 型血红细胞表面有 A 与 B 两种抗原，血清中无抗体；O 型血红细胞表面没有抗原，血清中既含有抗 A 抗体又含有抗 B 抗体。当抗原与血清中相应的抗体接触时，则会发生凝集反应，根据此原理可以进行 ABO 血型鉴定。玻片法鉴定 ABO 血型是最简单、最常用方法，即在一张玻片上分别滴加一滴抗 A 抗体与抗 B 抗体，再取受试者血液分别滴加在两种抗体中，均匀混合，相同抗原与抗体相遇会发生凝集现象，否则无凝集团。鉴定结果如图 12-1 所示。

（四）常见问题

凝集反应试验中可能发生凝集块不明显等问题，可能是因为抗体浓度低或抗体量少，无法有效地结合足够数量的抗原，反应不完全，不能形成足够大小的可见凝集块。

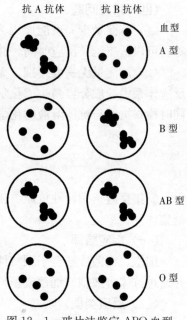

图 12-1 玻片法鉴定 ABO 血型

第三节 补体结合试验

补体结合试验是利用绵羊红细胞与其特异性抗体（溶血素）结合后激活补体，引起红细胞溶解这一反应原理，以溶血量来指示补体活性。它最早由 Bordet 和 Gengou 于 1901 年设计，用于检测样本中抗原-抗体反应，1906 年 Wassermann 将这种方法用于检验梅毒感染。补体结合技术主要应用在人、畜的血清学诊断，例如鼻疽、牛接触传染性胸膜肺炎、乙型脑炎、梨形虫病、无浆体病、弓形虫病等传染病的诊断以及口蹄疫病毒的鉴定等。

（一）反应原理

当抗原与特异性抗体结合后，可暴露出 C 末端的补体结合位点，从而激活补体，引起细胞裂解，细胞被裂解的程度与补体量成正相关。如果待测样本中抗原和抗体发生特异性结合，形成复合物，加入一定量补体后，补体则与该复合物结合，反应体系中无游离补体存在。如果待测样本中抗原和抗体不发生特异性结合，加入补体后，补体依然在反应体系中游离存在。此时，如果加入另一个易于观察并能定量指示的已知抗原-抗体复合物，例如绵羊红细胞与溶血素，此复合物可与游离补体结合并激活补体，引起红细胞溶解，释放出血红素。因此，通过检验游离补体的存在与否，即可推断样品中是否含有特定的抗体或抗原。补体结合试验体系由反应系统和指示系统两部分组成，在反应系统中，待测样本中的抗原与抗体复合物反应，再加入补体；在指示系统中，绵羊红细胞与溶血素结合，根据是否发生溶血反应，指示体系中是否存在游离补体（图12-2）。补体结合试验的关键点在于所加的补体量。如果补体加入量过多，即使样本中的抗原与抗体特异结合，中和补体后，仍会有剩余补体结合到红细胞-溶血素复合物上，引起溶血，导致结果判断错误。因此在试验前，必须准确计算所需补体量。

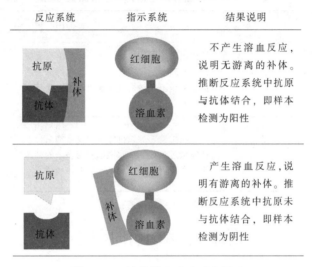

图12-2 补体结合试验反应原理

（二）试验步骤

补体结合试验的过程较为繁琐，试验前需测定溶血素、补体、抗原的效价，确定合适的用量。下面以检测动物血清中是否存在某特定抗体为例，简述补体结合试验的基本步骤。

1. 材料准备

（1）待测血清补体灭活。试验所用的动物血清需先在56℃加热30min，破坏样本中的本地补体和一些非特异性的因素。

（2）抗原选择。应纯度高，特异性强。

（3）补体。一般采自豚鼠血清。

（4）绵羊红细胞。取新鲜绵羊外周血，振摇脱纤维即可。

（5）溶血素。可用绵羊红细胞多次免疫家兔获得的多克隆抗血清。

2. 材料效价评定

（1）溶血素效价评定。将溶血素稀释成不同浓度，分别与相同浓度的绵羊红细胞和补体反应，确定发生完全溶血时最小稀释浓度的溶血素，即可定为一个溶血单位。

（2）补体效价评定。将补体稀释成不同浓度，与相同浓度的致敏绵羊红细胞进行反应，确定完全溶血时最小补体量，即可定为该补体的效价。

(3) 抗原效价测定。将抗原稀释成不同浓度，分别与阳性血清进行反应，确定抑制溶血现象发生最强的抗原浓度，即可定为一个抗原工作量。

3. 试验过程 取待检血清，加入抗原，然后加入一个单位的补体。混合后，在37℃水浴20 min。然后再加入致敏血球，再次水浴。观察溶血现象，判定试验结果。试验中需分别设置阴性和阳性血清对照，以及血清-抗体-补体（无抗原）等对照。

(三) 常见问题

补体结合技术灵敏性高，少量的抗原和抗体也能被检出，但是操作繁琐，反应材料活性和用量对结果影响大。试验中出现的问题大多是因反应材料的活性和用量控制不当所致。表12-3以检测某动物血清中的特定抗体为例，分析问题的可能原因。

表12-3 补体结合试验常见问题及原因分析

常见问题	原因分析
假阳性：样本中无特定抗体，但无溶血反应发生	补体量过少导致致敏细胞不发生溶血反应 补体性质不稳定或温度过高导致部分失活 指示系统不灵敏，红细胞量与溶血素量比例不合适
假阴性：样本存在特定抗体，但发生了溶血反应	抗原质量差，导致抗体抗原复合物结合不充分 补体量过多，导致致敏细胞与多余的补体发生反应 样本血清灭活不充分，本底补体残留

第四节 中和反应

中和反应是利用病毒或毒素与其特异抗体结合后，生物活性被降低的特性来进行免疫检测，通常用于检测人、畜血清内的某种特定抗体量，诊断相关传染病或自身免疫疾病。

(一) 反应原理

当病毒或毒素与特异抗体结合后，其生物活性丧失，因此其对细胞或生物体的作用将减弱。利用该原理，通过在体内或体外进行检测，就可以判定相应抗体的存在或测量抗体的效价。

(二) 反应类型

根据与抗体结合对象的不同，可将中和试验分为病毒中和试验、毒素中和试验。

1. 病毒中和试验 其原理是病毒被特异抗体结合后，其对靶细胞的浸染能力将降低。常用病毒中和试验来判定某种抗体抗病毒的效价。病毒中和试验又分为体内攻击试验和体外空斑减少试验。

体内攻击试验一般使用小鼠作试验材料，测定特定抗体的抗病毒效力。试验中，将待检抗体作不同浓度稀释，加入等量的病毒混匀。然后注入小鼠体内，根据小鼠的发病情况来计算抗体的效价。

体外空斑减少试验是一种较为精确的测量血清中特定抗体的方法，其原理是，当病毒与抗体结合后，其感染细胞的能力下降，因此培养盘中存活的细胞数目将增加。存活的细胞可被染色剂着色，而死亡的细胞则被清洗形成空斑。理论上讲，由于固体介质的限制，一个空斑只表示一个病毒对细胞的侵染，因此空斑的个数即为处于活性状态的病毒个数。通过对减少的空斑计数，便可以计算相应的抗体的效价。

2. 毒素中和试验 其原理是毒素中的特定化学基团被抗体结合后，对生物体的毒性将减弱。常用毒素中和试验来检测人体内特定抗体，推断毒素是否存在，进而诊断人体是否感染特定病毒或患有特定疾病。毒素中和试验又分为体内试验和体外试验。

体内毒素中和试验包括检测白喉毒素的锡克试验、检测化脓性链球菌红疹毒素的狄克试验等。以锡克试验为例，白喉杆菌可在体内产生白喉毒素。对白喉具有免疫力的人体，其血清内含有抗白喉毒素的抗体。对人体两臂皮肤分别注射白喉毒素及对照液（失活的白喉毒素），观察局部皮肤的反应：试验臂皮肤红肿，7~14d 后消退，而对照臂无反应，说明体内无白喉毒素抗体；若两臂均无反应，说明体内有白喉毒素抗体，即已对白喉具有免疫力。

体外毒素中和试验包括抗链球菌溶血素 O 试验等。链球菌溶血素 O 是溶血性链球菌的一种代谢产物，能使红细胞发生溶血反应。若人体血清中有抗体，可使之失活，因而不发生溶血反应；反之，则会发生溶血反应。在试验中，将病人血清先与链球菌溶血素 O 混匀，一段时间后加入人红细胞，若不发生溶血，则说明血清中有相应抗体，进而说明人体已感染溶血性链球菌，可作为风湿热、肾小球肾炎等疾病的辅助诊断（表 12-4）。

表 12-4 中和试验的试验分类和应用举例

试验类型		举例	应用
病毒中和试验	体内攻击试验	狂犬病病毒中和抗体测定	测定犬群中狂犬病的免疫状况
	体外空斑减少试验	乙脑病毒抗体测定	测定病毒抗体的中和效价
毒素中和试验	体内毒素中和试验	锡克试验/狄克试验	检测白喉毒素、化脓性链球菌红疹毒素
	体外毒素中和试验	抗链球菌溶血素 O 试验	检测溶血素 O，作为风湿热、肾小球肾炎的辅助诊断

（三）试验步骤

不同类型中和反应的试验步骤相差较大。下面以体外空斑减少试验为例进行介绍。

（1）选取合适的动物细胞，如猴肾细胞（Vero），在培养皿中培养成单层细胞。

（2）取人体新鲜血液，并分离血清。注意处理过程不要破坏血清中可能存在的抗体。试验前将血清经 56℃，30min 灭活。

（3）将定量病毒与不同浓度的血清混合，接种在动物细胞上，吸附 1h，洗掉未结合的病毒和血清。

（4）制备含中性红的营养琼脂，其中中性红作为染料。在细胞表面覆盖营养琼脂，以防病毒在液相介质中扩散。在培养箱中培养数天。

（5）显微镜下观察空斑长至合适大小，进行计数。用 Karber 法计算血清的抗体中和效价。

中和反应适用于已知病毒或毒素的中和抗体的检测。由于其特异性高且检测准确，目前在流行病学、病毒性疾病及自身免疫疾病的诊断中被广泛运用。

第五节 免疫标记检测法

免疫标记检测法是利用标记物标记已知抗原或抗体,通过检测标记物信号,反映有无抗原-抗体反应的方法。免疫标记技术的特点是敏感度高,并且可以对组织或细胞内的待测物质进行精确定位。

(一) 免疫标记检测原理

用酶、荧光素、胶体金、放射性同位素标记抗原或抗体分子,然后与待测对象孵育,如果有抗原-抗体反应发生,则可以检测出标记物存在,进而推断被测对象是否存在相应的抗体或抗原分子。

(二) 免疫标记检测类型

根据标记物种类和检测方法的不同,可将免疫标记检测法分为酶免疫、荧光免疫、免疫胶体金、放射免疫检测等。由于标记物不同,检测方法也大为不同,试验步骤相差较大。

1. 酶免疫技术 酶免疫技术是将抗原-抗体反应的高特异性与酶催化反应的高效专一性有效结合的方法。其基本原理是酶标抗体或抗原与相应的抗原或抗体发生特异性反应后,加入酶底物,经酶催化发生一系列生物化学反应,产生有色产物或发出特定波长的光。通过对产物或特定光波的观察和检测,可以对抗原或抗体分子进行定性、定量以及定位分析。

通常用于标记的酶有辣根过氧化物酶 (horseradish peroxidase,HRP)、碱性磷酸酶 (alkaline phosphatase,AP)、β-半乳糖苷酶 (β-galactosidase,β-Gal) 等。这些酶比活性高、性质稳定、专一性强、来源方便、易于纯化、显色信号容易判断和测量。由于 HRP 相对分子质量仅 4×10^4,易制备,比活性较大,穿透性较强,并且在 pH3.5~12 范围内稳定,60℃加热 15 min 不会失活,因此广泛应用于酶联免疫吸附试验、免疫组织化学染色、免疫印迹等实验技术中。HRP 常用底物有二氨基联苯胺 (DAB)、邻苯二胺 (OPD)、四甲基联苯胺 (TMB)、化学发光物鲁米诺 (luminol) 等。DAB 的反应产物为具有一定电子密度的不溶性棕褐色沉淀物,适于酶免疫染色或电镜观察;OPD 的反应产物呈深橘黄色,可用 492nm 波长检测;TMB 的反应产物呈蓝绿色,可用 450nm 波长检测。碱性磷酸酶的常用底物为对硝基苯磷酸盐 (p-nitrophenyphosate,pNPP),在碱性磷酸酶的作用下生成黄色对硝基酚 (pNP),可用 405 nm 波长检测。

2. 荧光免疫技术 荧光免疫技术 (fluorescence immunoassay,FIA) 是一种将已知的抗原或抗体分子标记上荧光染料分子,制成荧光标记物,然后用这种荧光分子标记的抗体或抗原作为分子探针,检查被测样本中相应抗原或抗体的定性、定量和定位技术。此技术结合了抗原-抗体反应高度特异性和荧光标记检测高敏感性的特征,反应准确、速度快、易观察。常用的荧光物质有异硫氰酸荧光素 (FITC)、四乙基罗丹明 (rhodamine)、四甲基异硫氰酸罗丹明 (TRITC)、镧系元素、量子点 (quantum dot,QD) 等。FITC 最大吸收光波长为 490~495nm,最大发射光波长 520~530nm,呈黄绿色荧光;罗丹明最大吸收光波长为 570nm,最大发射光波长为 595~600nm,呈橘红色荧光;TRITC 最大吸引光波长为 550nm,最大发射光波长为 620nm,呈橙红色荧光。利用荧光显微镜观察含有荧光标记的抗原-抗体复合物,受激发光激发,荧光物质激发出特异波长的荧光,从而确定抗原或抗体的性质,确定形成抗原-抗体复合物的部位,以及利用定量技术测定抗原或抗体含量。此外,随着量子点制备技术的发展,量子点也被用于荧光标记。和传统荧光素相比,量子点具有以下优势:① 发射光谱可通过量子点大小来控制;② 激发谱宽、发射谱窄、斯托克斯(strokes)位移大,避免了发射光谱与激发光谱的重叠;③ 光稳定性好,荧光寿命长,抗光漂白能力强;④ 生物相容性好。

3. 免疫胶体金技术 胶体金是氯金酸($HAuCl_4$)在还原剂作用下聚合而成的胶体状态金颗粒,其表面可与抗体、葡萄球菌蛋白 A 等分子通过静电吸附力相结合形成免疫胶体金。以本身呈红色的胶体金为标志物,示踪抗原-抗体凝聚反应即为免疫胶体金技术,分为免疫胶体金光镜/电镜染色技术、斑点免疫金渗滤技术(dot immumogold filtration assay, DIG-FA)、胶体金免疫层析技术(gold immune chromatographic assay, GICA)等。

(1) 免疫胶体金光镜染色技术。在细胞悬液涂片或组织切片上,用胶体金标记的抗体进行染色,通过光学显微镜观察是否有红色凝聚块的形成,判断是否发生抗原-抗体特异性反应。免疫胶体金电镜染色技术是用胶体金标记的抗体或抗抗体与病毒样本或组织超薄切片样本进行反应,然后进行负染,通过电子显微镜观察病毒形态或检测病毒颗粒中是否发生相应的抗原-抗体特异性反应。

(2) 斑点免疫金渗滤技术。以微孔滤膜为载体,经膜的渗透作用进行抗原与胶体金标记的抗体结合,从而判断是否发生抗原-抗体特异性反应。

(3) 胶体金免疫层析技术。在硝酸纤维素膜表面的试纸条上,将胶体金标记抗体以条带状形式吸附在结合垫上,将作为抗抗体的二抗吸附在检测带上(图 12-3)。将待检测的液体样本加到样品垫中,由于毛细作用,液体样本首先移动至胶体金标记抗体处,如果样本中的待检物与胶体金标记的抗体发生特异性结合形成免疫复合物,继续移动至带有二抗的检测带区域被截留,在已形成的抗原-金标记抗体复合物上,进一步形成抗原/金标记抗体-抗抗体复合物,聚集在检测带上,形成肉眼可见红色条带,结果判断为阳性。如果样本中不含待检物,样本则越过结合带和检测带,无抗原-抗体复合物形成,不被捕获,无可见红色条带,结果判断为阴性。

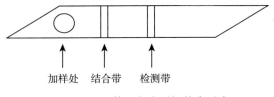

图 12-3 胶体金免疫层析技术示意

此方法特异性强、灵敏度高、简便快速、无需特殊仪器设备,广泛应用于动物检验检疫,传染病病原微生物的抗原、抗体检测,以及激素、抗生素残留、瘦肉精检测等。

4. 放射免疫技术 放射免疫技术(radioimmunoassay, RIA)是用^3H、^{125}I、^{131}I 等放射性同位素标记的抗原或抗体与待测样本进行反应,如果发生特异性的抗原-抗体反应,则将形成被同位素标记的抗原-抗体复合物,通过检测放射性强度,定性或定量检测抗原或者抗体的存在与否以及含量的多少。此技术是一种精确地呈现抗原-抗体反应的体外测定技术,检测精度可达 $11^{-9} \sim 10^{-15}$g 超微量级。通常分为竞争性 RIA 和非竞争性 RIA。竞争性 RIA 技术是同位素标记的抗原与样本中未标记抗原竞争有限量的抗体,然后通过测定标记抗原-

抗体复合物中放射性强度的改变，测定出未标记抗原量。未标记的抗原越多，则标记的抗原与定量抗体结合的复合物就少，放射性强度越强。非竞争性 RIA 则是未标记抗原直接与同位素标记的抗体结合。放射免疫技术虽然存在放射线辐射和污染等问题，但是由于特异性强、灵敏度高、重复性好，广泛应用于微量蛋白质、肿瘤标志物以及激素、小分子药物等的定量检测。

（三）免疫标记检测法的应用

免疫标记检测法应用广泛，但不同类型的免疫标记检测技术，因其特点不同，应用范围亦有差别（表 12-5，表 12-6）。

表 12-5 不同类型免疫标记检测法的特性

	ELISA	FIA	RIA
敏感性	高	较低	高
特异性	高	高	高
重复性	好	差	好
检测对象	Ag/Ab	Ag/Ab	Ag

表 12-6 不同类型免疫标记检测法的用途

类别	标记物	用途
酶	辣根过氧化物酶、碱性磷酸酶	免疫组化、免疫印迹、ELISA
荧光素	FITC、RB200、TRITC、量子点	免疫荧光、免疫层析
金属颗粒	胶体金、铁蛋白	免疫组化、免疫层析
放射性同位素	^{3}H、^{14}C、^{32}P、^{57}Gr、^{125}I、^{131}I	放射免疫

第六节 多克隆抗体制备技术

（一）多克隆抗体制备原理

在带有多个抗原表位的抗原物质刺激下，机体内多个 B 细胞克隆被激活，然后分泌针对多个不同抗原表位的混合抗体，称为多克隆抗体。此外，多克隆抗体还可来源于疾病恢复期患者的血清或经免疫接种的人群。

（二）多克隆抗体制备步骤

1. 抗原制备及佐剂选择 依据抗原的种类（蛋白质抗原、多糖抗原、核酸抗原、脂抗原等）及其化学性质进行纯化。依据其抗原性（完全抗原或半抗原）选择合适的非特异性免疫增强剂（佐剂）以增强免疫原性、改变反应类型、节约抗原。佐剂包括本身具有免疫原性的生物性佐剂如卡介苗、百日咳杆菌、抗酸杆菌等以及本身无免疫原性的无机化合物如氢氧化铝、磷酸钙等。此外还有人工合成佐剂如多聚肌苷酸、胞苷酸、矿物油、表面活性剂等。最常用的是弗氏完全佐剂和弗氏不完全佐剂。

2. 免疫动物的选择　通常选用多只适龄健康雄性兔或羊进行免疫。

3. 初次免疫　制备好的抗原通过皮下、静脉、肌内、腹腔注射等途径对试验动物进行免疫。

4. 加强免疫　初次免疫约7d后即可在血清中检测到低效价的抗体，然后再次进行抗原注射，刺激机体产生二次或多次免疫应答，获得高亲和力抗体。二次免疫间隔时间以10~20 d为佳，以后间隔时间一般为7~10 d。

5. 抗体效价测定及采血　通常采用凝集试验（颗粒性抗原）、免疫扩散或者ELISA（可溶性抗原）检测抗体效价。如果抗体效价达到了免疫要求，则在最后一次免疫后1周通过静脉、颈动脉或心脏采血方式收集免疫血清。

6. 多克隆抗体的纯化与保存　收集到的血液放置于室温凝固后，置4℃析出血清，56℃ 30 min灭活补体，获得免疫血清；经盐析、辛酸-硫酸铵沉淀、离子交换、亲和层析和凝胶过滤层析等方法除去抗体之外的成分；分装后保存。4℃可保存3~6个月；-20~-40℃可保存2~3年；真空冻干可保存3~5年。

（三）应用

多克隆抗体的优点在于能够识别多个抗原表位，多用于未知种属抗原的检测，并且因为能够和更多的抗原表位结合，故更容易捕捉抗原，产生更强的检测效果，可用于ELISA、免疫印迹等检测和作为疫苗。缺点在于特异性差，容易产生交叉反应，纯化和标记都较为困难。

（四）常见问题

（1）抗原剂量。在一定范围内，抗体效价和抗原剂量成正比。如果过低，则不足以引起足够的免疫应答反应；过高则有可能诱发免疫耐受。

（2）个体差异。应多只动物同时免疫，避免因个体差异而导致的抗体产量和质量问题。

（3）佐剂的选择。试验中抗体产生水平较低时，可更换佐剂以得到较高水平的抗体。

第七节　单克隆抗体制备技术

在抗原分子的单个抗原表位刺激下，激活机体内单一B细胞克隆，然后分泌产生只针对该抗原表位的单一抗体，称为单克隆抗体（monoclonal antibody，mAb）。

（一）单克隆抗体制备原理

制备单一表位特异性抗体的理想方法是获得仅针对单一表位的浆细胞克隆，使其在体外扩增并分泌抗体。然而，浆细胞在体外的寿命较短，难以体外培养。为克服此缺点，Kohler和Milstein将可产生特异性抗体但短寿的浆细胞与无抗原特异性但长寿的恶性瘤细胞融合，建立了可产生mAb的杂交细胞。融合形成的杂交细胞系称为杂交瘤（hybridoma），既具有骨髓瘤细胞能够体外大量扩增和永生的特性，又具有致敏B细胞合成和分泌特异性抗体的能力。此技术即为单克隆抗体技术。目前该技术广泛运用于抗体制备、各种免疫检测和疾病诊断。

(二)制备步骤

1. 抗原免疫 首先用特定抗原免疫小鼠。如果是颗粒性抗原,则不需佐剂,多次免疫后,分离脾脏 B 淋巴细胞;如果是可溶性抗原,通常加入等体积佐剂进行多次免疫,然后分离脾脏 B 淋巴细胞。

2. 细胞融合和杂交瘤细胞筛选 将骨髓瘤细胞与脾细胞按 1∶10 或 1∶5 的比例混合,加入聚乙二醇(PEG)促进细胞融合,用 HAT 选择培养方法筛选杂交瘤细胞,并进一步用 ELISA、流式细胞术、免疫荧光染色、放射免疫 RIA 等技术选择能产生所需抗体的杂交瘤细胞。

3. 杂交瘤细胞的克隆和保存 用有限稀释法和软琼脂平板法将产生抗体的杂交瘤细胞与不分泌抗体的细胞分开,形成单个克隆的细胞。杂交瘤细胞通常保存于液氮中。

4. 单克隆抗体的生产 单克隆抗体的大量生产包括体外和体内两种生产方法。体外生产技术是在旋转培养管中大量培养杂交瘤细胞,然后从上清中获得单克隆抗体;体内生产技术是在动物体内接种杂交瘤细胞,从腹水或血清中获取单克隆抗体。

(三)常见问题

单克隆抗体制备周期长、环节多,常见问题主要如下。

(1)污染。主要包括细菌、霉菌和支原体等污染。污染的杂交瘤细胞可以采取过滤方法,或者将污染的杂交瘤细胞注射于小鼠腹腔,待长出腹水或实体瘤时,重新分离杂交瘤细胞。

(2)杂交瘤细胞不分泌抗体或停止分泌抗体。若融合后有细胞生长,但无抗体产生,可能是免疫原抗原性弱或 HAT 筛选系统失效。如果杂交瘤细胞停止分泌抗体,则可能是克隆化不完全,非抗体分泌细胞克隆竞争性生长,从而抑制了抗体分泌细胞的生长;也可能是细胞被支原体污染。

第八节 基因工程抗体技术

基因工程抗体是用基因工程技术加工改造抗体分子,使之具备新的特性,如人-鼠嵌合抗体以及抗体人源化等。

(一)基因工程抗体原理

抗体分子由两条重链和两条轻链构成,每条重链或轻链都含有可变区和恒定区。利用基因工程技术改造抗体基因序列,连接到合适的载体上,转染细胞或组织,使之表达和分泌抗体分子。例如,用人源序列替代部分鼠源序列,可减少抗体的异源性,但不影响抗体的抗原识别能力。

(二)基因工程抗体类型

基因工程抗体主要有人源化抗体(humanized antibody)、小分子抗体、双特异性抗体(bispecific antibody)、抗体融合蛋白等。

1. 人源化抗体技术 利用基因克隆及 DNA 重组技术将鼠源性单克隆抗体的可变区与人免疫球蛋白的恒定区融合,构建人鼠嵌合抗体(chimeric antibody),使之保留亲本鼠抗体的亲和力和特异性,降低抗体的鼠源性。

如 CDR 植入抗体(CDR grafting antibody)技术,即将鼠源单抗的 CDR 区基因替换到人源抗体可变区 CDR 部位，使人源抗体获得鼠源单抗的抗原结合特异性。

2. 小分子抗体技术 小分子抗体仅含抗体分子的抗原结合部位功能片段，可在大肠杆菌等原核细胞表达，分子质量小，易于穿透血管或组织；不含 Fc 段，生物活性弱；半衰期短，有利于毒素中和及清除。

3. 双特异性抗体技术 通过基因工程技术将双价抗体分子改造成特异性不同的两个单价小分子抗体，即为双特异性抗体，又称双功能抗体。可用分子克隆技术直接将两个抗体分子片段融合，或者设计两个单链可变区片段，使之相互配对，形成具有两个不同抗原结合部位的抗体分子等。

4. 抗体融合蛋白技术 将抗体分子片段与其他蛋白融合，可得到具有生物功能多样性的融合蛋白。例如，抗肿瘤相关抗原的抗体与毒性蛋白融合，形成的重组毒素或免疫毒素可靶向杀伤肿瘤细胞。

（三）基因工程抗体的应用

基因工程抗体技术可以改变抗体性能，减少抗体的异源性或分子质量，在疾病检测和治疗上得到广泛运用。例如，小分子抗体具有通透性强、组织滞留时间短、免疫原性低等特征，容易进入实体瘤周围微循环及肿瘤内部。如果将单链抗体分子进行 ^{123}I 标记，可在体内显示抗原与抗体结合部位及其动态过程，可以得到高清晰度的免疫显像，实现病变部位的准确定位，有助于疾病的准确诊断和治疗。通过抗体融合蛋白技术将抗体与毒性蛋白（如白喉毒素）或细胞因子（如 IL-2、TNF 等）融合得到重组蛋白，利用抗体的靶向性将具有细胞杀伤效应的效应分子引向特定部位，实现疾病的靶向治疗。另外，带有两个抗原结合位点的双特异性抗体，可在靶细胞和效应分子之间架起桥梁，导向性激活免疫反应。如果双特异性抗体的一个臂结合靶抗原，另一个臂偶联酶标等标记物分子，则可简化免疫检测操作、提高检测质量。

第九节 免疫学技术举例

随着生物学与化学、物理学和光学等多学科交叉融合，以及为了解决层出不穷的生物学问题的迫切需要，免疫学技术得到不断的发展与壮大。基于抗原-抗体特异性反应这一基本原理衍生出了众多新免疫学技术，包括检测血清等液体样品中抗原或抗体的酶联免疫吸附试验（enzyme-linked immunosorbent assay，ELISA）、检测石蜡组织切片或细胞中蛋白质表达水平和定位的免疫组织化学染色（immunohistochemistry，IHC）和免疫荧光染色（immunofluroscence，IF）技术、检测组织或细胞样品中蛋白质表达的免疫印迹（Western blot）技术、检测蛋白质-蛋白质相互作用的免疫共沉淀技术（immunoprecipitation）以及检测活细胞悬液中细胞表面或内部特定抗原表达的流式细胞术（flow cytometry）。现举例简要介绍几种常用技术。

一、酶联免疫吸附试验

（一）基本原理

酶联免疫吸附试验（ELISA）的基本原理是将抗体或抗原预先结合在微孔板等固相载体上，保持其免疫学活性，然后加入待测样本，如果两者发生抗原-抗体反应，加入酶标记的抗体或抗原后,经底物显色,通过观察或测定吸光值,可对待测样本中的抗原或抗体进行定性或定量检测。ELISA 技术因其简单、敏感、可定量等优点,被广泛应用于临床血清、尿液、唾液等体液病原物检测、病原微生物检测和抗体质量检测等。常规 ELISA 技术有直接法、间接法和双抗体夹心法。以双抗体夹心法为例,简述如何检测待测样本中是否存在某种抗原或某种抗原的量。原理如图 12-4 所示,将该抗原的特异性抗体包被在固体载体上,加入待检样本。若样本中存在该抗原,则会形成抗原-抗体复合物。加入酶标记的该抗原的抗体,然后加入底物显色,由于颜色深浅与抗原量成正相关,因此可以定量样本中的抗原。

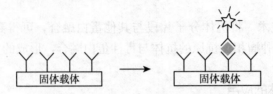

图 12-4 ELISA 双抗体夹心法原理

(二) 试验步骤

尽管 ELISA 技术有不同体系,但基本步骤大致相同:①吸附或包被,将抗体或抗原结合到固相载体上;②加样;③抗原-抗体反应;④加入显色底物;⑤终止反应,观察或酶标仪测定。

(三) 常见问题

(1) 显色淡。原因有:抗原或抗体失活或量太少;反应温度和时间不合适;洗涤动作过激或时间过长;底物作用时间不足。

(2) 背景深。原因有:样品污染;反应温度过高和时间过长;底物作用时间过长。

(3) 重复性差。原因有:加样量或加样时间不一致。

(4) 不显色。原因有:显色液配置时间过长。

二、免疫组织化学技术和免疫荧光技术

(一) 基本原理

免疫组织化学技术 (immunohistochemistry, IHC) 是通过化学反应将酶、荧光素、金属离子或同位素等标记物标记在抗体分子上,然后通过标记物的生物、光学或物理学特征呈现抗原-抗体反应的进程和结果,并可对抗原分子(蛋白质、多肽、氨基酸、多糖、磷脂等)在个体、组织或细胞内进行定位、定性及定量检测和分析。免疫组织化学技术具有特异性强、敏感性高、定位准确等特点,广泛应用于疾病的病理诊断。

(二) 基本步骤

免疫组织化学染色中最为常用的抗体标记物为辣根过氧化物酶(HRP),以石蜡包埋样本免疫组织化学染色为例简述其基本步骤如下。

1. 样本准备 将石蜡切片在 65℃烘箱中烤片 2 h,然后脱蜡。

2. 抗原修复 常使用微波辐射、高压、电炉加热等方式在修复液中对被封闭、发生扭曲的抗原分子进行修复,使之重新暴露出来,便于发生抗原-抗体反应。

3. 封闭内源性过氧化物酶 由于 HRP 催化底物 DAB 时需过氧化氢参与反应,内源性过氧化物酶的存在将导致假阳性结果,因此,修复后的样本需用 3% 过氧化氢溶液处理以封

闭组织内的过氧化物酶。

4. 封闭非特异性结合位点 用5%BSA处理样本,封闭组织内非特异性结合位点。

5. 抗原-抗体反应 加入特异性非标记物标记抗体(简称"一抗"),与组织或细胞样本孵育,使之与可能存在的抗原分子充分反应。

6. 酶标抗体与抗原-抗体复合物反应 加入HRP标记的抗抗体(简称"二抗")与抗原-抗体复合物再次结合,形成抗原-抗体-HRP-抗抗体复合物。

7. 显色 通常采用HRP常用底物有二氨基联苯胺(DAB)进行显色,阳性结果呈棕褐色。

8. 苏木素复染 根据需要可用苏木素复染,则细胞核呈蓝紫色;用伊红染色,则细胞质呈粉红色。

9. 脱水、透明和封片 染色后的样本经酒精脱水、二甲苯透明、中性树胶封片后即可进行显微观察和分析。

免疫荧光技术基本步骤与免疫组织化学技术类似,不同的是:免疫荧光技术中以荧光素标记的二抗代替酶标记的二抗,用荧光显微镜或者激光扫描共聚焦显微镜观察结果。

(三)常见问题

(1)染色背景太深,无法区分特异性着色和非特异性着色。可能是由于抗体浓度过高、抗原-抗体反应时间过长或温度较高、DAB变质或显色时间太长、组织修复时变干、样本在缓冲液或修复液中浸泡时间太长、抗体失活或使用质量差的抗体等原因导致。

(2)组织脱片。可能是玻片没有经多聚赖氨酸包被处理或本身质量太差或操作不当所致。

(3)DAB染色不均匀。可能是由于切片厚度不均、显色液底物不均匀或显色液覆盖面不够大而产生了边缘效应。

三、蛋白质免疫印迹

(一)基本原理

蛋白质免疫印迹技术(Western blot)是通过变性聚丙烯酰胺凝胶电泳,将样品中混合的蛋白质分子按分子质量大小分开,并转移和固定到硝酸纤维素薄膜等支持物上,加入特异性一抗与相应的蛋白质抗原分子反应,再与酶或荧光标记的二抗反应,通过检测底物化学发光或激发荧光信号的有无或强弱,判断目的蛋白表达情况(图12-5)。

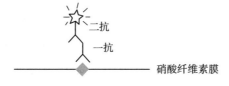

图12-5 蛋白质免疫印迹技术基本原理

(二)基本步骤

蛋白质免疫印迹的基本步骤包括样品制备、电泳、转膜、封闭、抗体孵育、检测、结果分析。

1. 样品制备 组织或细胞样品加入含蛋白酶抑制剂的裂解液后,经物理匀浆、超声或化学酶解等处理,得到蛋白质上清。加入上样缓冲液在 100℃ 水浴中煮 5~10 min 进行变性。

2. 电泳 聚丙烯酰胺凝胶分上层浓缩胶和下层分离胶。浓缩胶用于浓缩蛋白样品,浓度不变;分离胶则需根据待检蛋白质的大小选择不同的浓度或使用梯度胶。电泳时可根据标准分子质量蛋白质(marker)的位置,选择合适的电泳时间,然后用考马斯亮蓝染色或银染法指示目的蛋白带。

3. 转膜 通常采用湿转或半干转的方法将经电泳分离的蛋白质条带转移到硝酸纤维素薄膜或 PVDF 膜上。转膜的电流和时间需根据待检蛋白质的大小合理设定。

4. 封闭 通常使用含 5‰ 牛血清蛋白(BSA)或脱脂牛奶的 TBS - Tween 溶液,在室温或 4℃ 环境中封闭膜上未被蛋白质占据的空白位置,减少抗体的非特异性结合。

5. 抗体孵育 通常使用特异性一抗和酶或荧光标记的二抗两步法检测目的蛋白。合适的抗体浓度有利于降低非特异性背景。

6. 检测 最常用的检测体系是辣根过氧化物酶(HRP)标记的二抗在过氧化物存在下催化鲁米诺试剂氧化发光,再用胶片显影或 CCD(charge-coupled device,电耦合)成像仪器观察和记录结果。如果使用荧光标记的二抗,则直接使用荧光显微镜或激光扫描器等仪器检测。

7. 结果分析 检测后得到的图片结果可以使用 Image J 等软件进行量化处理,通过比对内参蛋白的量,进而分析目的蛋白表达的差异。

(三)常见问题

实验体系的优化是获得可信和稳定的实验结果的关键,在优化实验体系的过程中,会出现不同的问题,常见问题见表 12-7。

表 12-7 蛋白质免疫印迹试验常见问题及原因分析

常见问题	原因分析
转膜后膜上蛋白质少	凝胶与膜接触不够紧密
	转膜时电极插反或转膜时间不够
	缓冲液中甲醇或 SDS 浓度不当
	膜与其他层间有气泡
检测信号弱或无信号	封闭液选择不当
	抗原位点被封闭液封闭
	曝光时间短
	抗体浓度太低或孵育时间过短
	洗涤时太过剧烈
	样品中目的蛋白太少或已降解
	抗体失效或二抗种属选择错误

（续）

常见问题	原因分析
背景太高	所使用的溶液中非特异性杂质蛋白与膜结合
	洗涤或封闭不充分
	二抗浓度过高
	封闭液和抗体的交叉反应
	抗体质量太差
	曝光时间太长
非特异性条带	一抗或二抗浓度过高
	样品中蛋白质浓度过高
	一抗与其他蛋白的非特异性结合

四、免疫共沉淀技术

（一）基本原理

免疫共沉淀（co-immunoprecipitation）是利用抗原-抗体特异性结合的原理研究蛋白质-蛋白质相互作用的方法之一。其原理是：如果蛋白质 X 和蛋白质 Y 相互作用，当用抗 X 抗体沉降蛋白质 X 时，可将蛋白质 Y 也同时沉降下来；如果二者无相互作用，则只有蛋白质 X 被沉降下来（图 12-6）。

免疫共沉淀常使用 ProteinA/G 预结合的琼脂糖珠（agarose beads）沉降抗原-抗体复合物。ProteinA/G 是一种细菌蛋白质，可以特异性地与抗体 Fc 段结合，形成"抗原-抗体-ProteinA/G-琼脂糖珠"的复合物，经离心、洗涤等即可分离、纯化抗原-抗体复合物，然后通过变性使复合物中的抗原、抗体、ProteinA/G-琼脂糖珠等彼此分离，再用 Western blot 或质谱分析技术进一步检测和鉴定。Western blot 适用于检测和鉴定预知蛋白质；质谱分析可鉴定未知蛋白质。

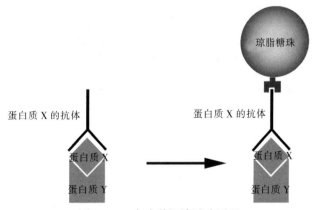

图 12-6 免疫共沉淀试验原理

（二）基本步骤

免疫共沉淀试验在非变性条件下进行，故对试验条件要求严格，尤其是抗体的质和量。

基本步骤如下。

1. 样品制备 维持蛋白质活性是蛋白质样本制备的关键。因此，所有操作需在冰上或低温条件下进行，缓冲液中除包含离子缓冲液、生理浓度的 NaCl 溶液外，通常加入 10％的甘油、去垢剂、蛋白酶抑制剂等。

2. 抗原-抗体反应 在样品中先加入适量抗体，孵育数小时，使之与样本中对应的抗原分子以及与抗原分子结合在一起的其他分子充分反应。抗体量非常重要，过少会导致假阴性，过多会出现假阳性。故反应体系中必须设置阳性/阴性对照加以确认。

3. 抗原-抗体复合物与 ProteinA/G-琼脂糖珠结合并沉降 在反应混合物中加入适量 proteinA/G-琼脂糖珠，继续孵育数小时，使之与抗体分子的 Fc 端充分结合。低速离心，得到蛋白质-琼脂糖珠复合物沉淀。

4. 鉴定分析 将上述混合物在含有巯基乙醇的缓冲液中高温变性，使混合物中的蛋白质彼此分离，同时与 proteinA/G-琼脂糖珠分离，再采用 Western blotting 技术进行免疫共沉淀蛋白质分子，判断是否存在与已知抗原相互作用的其他蛋白质分子。

（三）常见问题

免疫共沉淀技术中最要注意的问题是：假阴性，即本来应有的蛋白质 Y 未出现其蛋白质带；假阳性，即本来不应出现蛋白质 Y 的位置上有阳性条带。试验过程中除了注意试验中的各种操作外，必须设置好阳性和阴性对照（表 12-8）。

表 12-8 免疫共沉淀试验的常见问题及原因分析

常见问题	原因分析
Western blotting 显影未得到与蛋白质 X 相互作用的目的蛋白质 Y	蛋白质 X 和 Y 未结合，可能原因有：① 去垢剂导致蛋白质构象变化；② 未低温操作导致蛋白质构象变化；③ 试验中蛋白质降解等 抗体与蛋白质 X 未结合，可能的原因有：① 抗体量过少；② 抗体亲和性差；③ 洗涤过于激烈等 抗体与 proteinA/G-琼脂糖珠未结合，可能的原因有：① proteinA/G-琼脂糖珠加入量不够；② 孵育时间不够等 Western blotting 试验操作不当 试验本身预测有误，可用质谱重新分析
假阳性或与 X 非特异性结合的蛋白质被检测出	抗体浓度过高、抗体特异性差、抗体孵育时间过长 proteinA/G 与裂解液中的其他蛋白质相作用 洗涤时间过短或洗涤不充分

五、流式细胞术

（一）基本原理

流式细胞术（flow cytometry）是利用流式细胞仪快速、定性、定量检测单个活细胞或生物颗粒的特征和数量，并能将特定群体加以分选的现代细胞分析技术。其基本原理是待检细胞或其他颗粒性物质与荧光素标记的特异性抗体分子结合，通过流动室及液流驱动系统将待检细胞或颗粒分离成单个悬液，激光光源及光束形成系统提供单波长、强度高、稳定性好的光源；光学系统则快速、实时检测细胞或颗粒的理化特性，捕获细或颗粒受激光光源激发所发出的不同荧光信号,再经计算机存储和分析,测定细胞或颗粒的大小、性状,检测细胞表面和细胞质抗原分子、细胞内 DNA 和 RNA 含量等,并可进行多参数分析。

(二) 基本步骤

流式细胞术的免疫荧光标记可分为两类:细胞膜标记和细胞内标记。细胞膜免疫荧光检测步骤包括制备单细胞悬液、一抗标记、荧光二抗标记和检测。细胞内的免疫荧光检测基本步骤包括制备单细胞悬液、细胞膜打孔、一抗反应、荧光二抗反应和检测。流式细胞术具有特异性强、效率高、操作简单、快速等特点。

(三) 常见问题

(1) 样本堵塞。细胞未充分悬浮成单个细胞悬液。细胞团以及细胞碎片均易造成进样系统和流动系统堵塞。

(2) 非特异性染色。自体荧光的存在以及荧光标记二抗的低特异性均会导致非特异性染色。两种或两种以上荧光标记抗体所偶联的荧光颜色必须不同,且尽量保持避光、低温,以保持荧光抗体活性。

(3) 弱阳性或假阳性。细胞数量不合适导致数据失真。细胞数过少或过多均会导致结果不准确。

(4) 结果判断困难。缺乏阳性、阴性对照组以及同型对照。需设置与荧光标记抗体同来源、同标记、同剂量和同亚型的免疫球蛋白对照组,以消除抗体与细胞表面抗原间的非特异性结合。

Summary

Immunological methods or immunological assays are established *in vitro* or *in vivo* to detect the basic stucture, localization and physiological functions of immune molecules, immune cells, immune tissues or organs, to prepare the immune molecules and cells in laboratory or in industry. In 1901, Germany immunologist Emil von Behring won the first Nobel Prize in Physiology or Medicine by his discovery of antitoxin to diphtheria. Behring and Shibasaburo Kitasato in 1890 demonstrated that the serum pre-immunized animals with diphtheria could protect diphtheria infection to unimmunized animals. They found this active component isolated from the immune serum which is now called immunoglobulin or antibody could precipitate and neutralize toxins. In the following century, more antibodies have been isolated and prepared for clinic detection and therapy. The discovery and detection of human blood groups, the development of radioimmunoassay and monoclonal antibody are the landmarks in immunological methods.

This chapter mainly describes methods including: ①Serological techniques for antigen and serum antibody detection based on the specific interaction between them, such as immunoprecipitation test, agglutination test, complement fixation test, neutralization reaction test, enzyme linked immunosorbent assay (ELISA), and fluorescence immunoassay (FIA), radioimmunoassay (RIA). ②Immune molecular detection such as Western blot, co-immunoprecipitation. ③Cellular immune techniques for immune cell preparation, culture, functional assays including flow cytometry. ④Immunohistochemical staining techniques such as enzyme-labeled IHC, immunofluroscence-IHC, immunogold assay. ⑤ Immune molecules preparation such as antigen isolation and vaccine development, polyclonal antibody and monoclonal antibody preparation.

参考文献

曹雪涛，2010. 免疫学技术及其应用［M］. 北京：科学出版社.
沈关心，周汝麟，2002. 现代免疫学实验技术［M］. 2版. 武汉：湖北科学技术出版社.
杨汉春，2003. 动物免疫学［M］. 2版. 北京：中国农业大学出版社.

思考题

1. 抗原-抗体反应的原理和特征是什么？
2. 抗原/抗体检测技术通常有哪几种？
3. 请举例说明抗原/抗体检测技术的应用。
4. 沉淀反应的分类有哪些？分类依据是什么？
5. 影响沉淀反应中沉淀生成的因素主要有哪些？
6. 结合棋盘格法，简要说明如何确定抗原和抗体的最适稀释比。
7. 凝集反应的特点是什么？
8. 什么是直接凝集反应？什么叫间接凝集反应？它们之间有何异同？
9. 简述ABO血型的鉴定原理方法，并说明输血时应该遵循的原则。
10. 补体结合试验中，如何检测反应体系中是否有补体存在？若试验结果检测无补体存在，请问抗原与抗体是否发生了反应？
11. 为什么要做反应材料的效价评定？如何进行评定？
12. 与其他免疫技术相比，补体结合试验的优势何在？
13. 病毒中和试验与毒素中和试验的原理有何不同？
14. 如何检测某抗病毒抗体的效价？
15. 体外空斑减少试验属于哪种中和试验？
16. 请举例说明常用免疫标记技术的应用。
17. 请比较常用免疫标记技术的优、缺点。
18. 如何运用免疫层析技术快速检测禽流感病毒及血清抗体？
19. 简述单克隆抗体制备原理。
20. 单克隆抗体制备过程中，如何挑选出融合的杂交瘤细胞？挑选出的杂交瘤细胞一定能产生抗体吗？为什么？
21. 为什么要进行杂交瘤细胞的克隆化？
22. 免疫组织化学技术的原理是什么？举例说明其用途。

23. 什么是抗原修复？如何进行抗原修复？
24. 免疫组织化学染色过程中常见问题有哪些？如何应对？
25. 蛋白质免疫印迹试验的原理是什么？若没有要检测的蛋白质的抗体，能否进行该试验？
26. 蛋白质免疫印迹试验中，对蛋白样品进行加热、加入 SDS 的作用分别是什么？
27. 若蛋白质免疫印迹试验中最终显影出现非特异性条带，你认为可能有哪些原因？
28. 什么是 ProteinA/G？免疫共沉淀试验中，加入 proteinA/G 的作用是什么？
29. 在免疫共沉淀试验中，如何保证蛋白质 X 和蛋白质 Y 的结合始终不被破坏？
30. 对于免疫共沉淀试验得到的蛋白，如何进行进一步的鉴别？
31. 简述流式细胞术的原理。
32. 膜上标记法和膜内标记法有何不同？
33. 流式细胞术在细胞生物学中有何应用？

课外读物

瘦肉精的免疫学检测

瘦肉精是指盐酸克伦特罗、莱克多巴胺、等肾上腺素类、β-兴奋剂类药物，这类药物能够促进脂肪分解代谢、抑制脂肪生成和沉积，导致动物脂肪含量降低，骨骼肌比例增加，使得动物瘦肉率以及瘦肉产量提高，因此俗称"瘦肉精"。瘦肉精的常用免疫学检测方法如下。

1. 酶联免疫吸附试验（ELISA） 根据抗原-抗体特异性结合以及酶对其底物的高效催化作用的原理，在固相载体上包被特异性抗克伦特罗抗体，然后加入待测样本和辣根过氧化物酶偶联的克伦特罗，通过与克伦特罗抗体的竞争结合以及酶-底物反应，用比色法测定 450 nm 波长处的吸光值，即可计量待测样本中克伦特罗的含量。若样本中克伦特罗含量高，则被结合的酶偶联克伦特罗少，OD 值低，否则相反。

2. 胶体金层析技术（瘦肉精检测卡） 根据抗原-抗体特异性结合以及胶体金显色原理，浸润于膜载体上的样本与金标记的抗克伦特罗抗体反应，通过观察是否形成肉眼可见金标抗原-抗体复合物，即可判断样本是否含有克伦特罗。如果检测液中克伦特罗含量低于检测临界值值，未结合的金标抗体流到检测区（T 区）时，与固定在膜上的 CL-BSA（牛血清白蛋白）结合，形成肉眼可见的抗原-抗体复合物（T 线），剩余抗体继续流至对照区（C 区），被预先包被的二抗捕获，形成肉眼可见的 C 线；如果样本中克伦特罗含量高，则直接与金标抗体形成复合物，不能在 T 区的 CL-BSA 结合，无 T 线形成；复合物继续流到 C 区，被预先包被的二抗捕获，形成肉眼可见的 C 线（图 12-7）。因此，结果判断如下：T 线和 C 线均出现，为阴性；只有 C 线出现，为阳性。

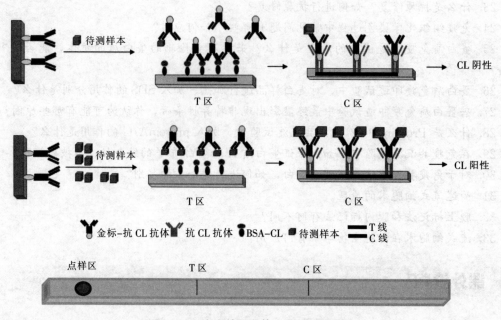

图 12-7 瘦肉精的胶体金层析检测方法

第十三章 免疫学的应用

随着免疫学理论与技术的发展，免疫学在医学、养殖业、种植业、食品质量与安全、检验检疫、环保等领域中得到广泛应用，并产生了显著的经济效益。免疫学不仅在人类疾病的诊断、预防和治疗方面发挥巨大作用，而且在动物疫病的诊断和免疫防治方面得到应用，近年来植物疫苗作为作物病虫害的免疫防治剂开始得到应用。

第一节 免疫预防

一、人类疾病的免疫预防

人类疾病的免疫预防是将抗原、抗体、免疫活性细胞等制成各种制剂，接种于人体，使人体获得特异性免疫力，以达到预防疾病的目的，包括人工主动免疫预防和人工被动免疫预防。抗原刺激人体使其获得免疫力称为主动免疫，其免疫活性物质由人体自身产生，包括人工主动免疫和自然主动免疫，前者是抗原通过人工方法进入人体内而获得免疫力，后者是病原体等抗原通过自然途径进入人体内而获得免疫力。人体通过从外界获得抗体、免疫活性细胞等而获得免疫力称为被动免疫，其免疫活性物质不是由人体自身产生，包括人工被动免疫和自然被动免疫，前者是抗体、免疫活性细胞等通过人工方法进入人体内而使其获得免疫力，后者是抗体、免疫活性细胞等通过自然途径进入人体内而使其获得免疫力。通过人工方法将免疫活性细胞输入到人体内而使其获得免疫力也称为过继免疫。

表 13-1 主动免疫和被动免疫特点

	主动免疫	被动免疫
免疫物质	抗原	抗体、免疫活性细胞等
免疫次数	1～3 次	1 次或多次
生效时间	慢（2～3 周）	快（立即）
维持时间	长（数月至数年）	短（2～3 周）
主要用途	预防或治疗	治疗或紧急预防

（一）主动免疫预防

用于人工主动免疫预防的抗原制剂即疫苗。人体接种疫苗后产生特异性免疫应答过程并获得免疫力，从而预防疾病的发生。人类接种疫苗预防疾病的历史悠久，早在 10 世纪（中国宋朝时代），我国人民在长期防治天花的经验中，发明了用人痘痂皮进行接种预防天花的技术。15 世纪，这种人痘接种技术传至邻近国家。18 世纪末，英国医生 Jenner 发明接种牛痘预防天花的技术。之后各种疫苗得到广泛应用，疫苗的功能从预防发展到预防和治疗。疫苗总的发展趋势是增强免疫效果，简化接种程序。

1. 传统疫苗

（1）灭活疫苗。又称死疫苗，是免疫原性强的病原体，经人工大量培养后，用理化方法进行灭活制成。常用的灭活疫苗有霍乱、伤寒、鼠疫、流感、百日咳、钩端螺旋体病、狂犬病、乙型脑炎等。灭活疫苗制造工艺简单，免疫原性稳定性高，易于制备多价疫苗，安全性好，易于保存。缺点主要是：①接种剂量大；②注射后局部和全身的不良反应较大；③免疫维持时间短，需接种多次；④灭活疫苗不能模拟病原体在宿主中的自然感染过程，主要刺激宿主产生体液免疫，细胞免疫应答和黏膜免疫应答不强，免疫效果比活疫苗差；⑤可能由于灭活不彻底导致疾病流行等。

（2）活疫苗。用减毒或无毒的活病原微生物制成。制备方法是从自然界寻找，或通过人工培育筛选，或通过基因突变或重组，获得毒力减小到对机体没有危险或无毒力的活病原微生物，但保留免疫原性。常用的活疫苗有脊髓灰质炎活疫苗、麻疹活疫苗、卡介苗等。与灭活疫苗相比，活疫苗的优点是：①活疫苗接种如同隐性感染，能模拟自然感染过程，诱发全面、稳定、持久的体液免疫、细胞免疫和黏膜免疫应答，不需要佐剂；②剂量较小，免疫力持久，一般只需接种1次，即可达到预防目的；③可采用口服、喷鼻或气雾途径免疫，避免一些因注射免疫而引起的局部反应或合并症。

活疫苗也有其缺点，包括：①存在毒力回复突变危险；②保存要求高，需冷藏保存，且保存期短（可用冻干法改进剂型）；③免疫缺陷者和孕妇一般不宜接种活疫苗。

2. 新型疫苗

（1）多联多价疫苗。多种疫苗混合在一起使用即是多联多价疫苗。常用的多联多价疫苗有破伤风类毒素、百日咳死菌苗、白喉类毒素三联制剂（DTP），及风疹、麻疹、腮腺炎、脊髓灰质炎四联制剂。多联多价疫苗可节省人力、物力和时间，并可减少注射带来的痛苦，但由于接种时的叠加反应，所以要考虑到接种后的安全问题，并考虑不同疫苗之间的相互影响，保证每种疫苗都能诱导机体产生有效的免疫力。

（2）亚单位疫苗。去掉病原体中与激发保护性免疫无关的甚至有害的成分，仅保留有效免疫原成分而制成的疫苗，其优点是安全、副作用小；缺点是免疫原性不够，免疫效果差。

（3）结合疫苗。细菌荚膜多糖属于T细胞非依赖性抗原，不需T细胞辅助，直接刺激B细胞产生IgM类抗体，不产生记忆细胞，也无Ig的类别转换，对婴幼儿的免疫效果较差。结合疫苗是将细菌荚膜多糖的水解物与白喉类毒素通过化学连接而制成的。结合疫苗能被T、B细胞联合识别，B细胞产生IgG类抗体，免疫效果良好。目前已获准使用的结合疫苗有脑膜炎球菌疫苗和肺炎链球菌疫苗等。

（4）多肽疫苗。多肽疫苗包括基因工程表达活性肽疫苗和合成肽疫苗。基因工程表达活性肽疫苗是利用DNA重组技术制备的只含保护性抗原的纯化疫苗。合成肽疫苗是根据有效免疫原性肽段的氨基酸序列，人为设计和合成的免疫原性多肽。目前研究较多的是抗病毒和抗肿瘤合成肽疫苗。多肽疫苗针对性强，不含活的病原体和病毒核酸，安全、稳定、有效，易于大量生产。目前获准使用的有乙型肝炎疫苗、口蹄疫疫苗和莱姆病疫苗等。

（5）重组活疫苗。重组活疫苗包括基因缺失疫苗和载体疫苗两类。

载体疫苗是以细菌或病毒为载体构建的活疫苗，其原理是将编码病原体有效免疫原的基因插入减毒的细菌或病毒疫苗株基因组中，但不会影响该疫苗株的生存与繁殖。接种了这种重组疫苗之后，插入的抗原基因随疫苗株在体内的增殖而表达。目前使用最广的病毒载体是痘状病毒，用其表达的外源基因很多，已用于乙型肝炎、麻疹、单纯疱疹、疟疾、狂犬病等疫苗的研制。目前正在开发应用的细菌载体包括沙门氏菌、伤寒杆菌、卡介苗（BCG）、大肠杆菌等。BCG 非常符合理想细菌载体的标准，多价 BCG 疫苗可防御疟疾、肝炎、麻疹、破伤风、白喉和艾滋病等疾病。

基因缺失疫苗是直接从强毒株删除毒力相关的基因而构建的活疫苗，不易返祖，更为安全，且由于其感染途径与诱发的免疫机制相似，故应答较强而持久，特别适用于局部接种（口服或吸入）而产生黏膜免疫。在病毒中曾研究单纯疱疹重组活疫苗，在细菌中曾研究霍乱重组活疫苗。

（6）避孕疫苗。避孕疫苗是近年来活跃的研究领域。例如，用人绒毛膜促性腺激素（HCG）制备的疫苗免疫机体，产生的抗体可终止妊娠。此外，还有用卵子透明带的 ZP3 抗原、精子表面酶或膜抗原制成的疫苗等。但这些疫苗尚处于研究阶段。

（7）转基因植物疫苗。其原理是将免疫原基因导入可食用植物细胞的基因组中，并在植物的可食用部分稳定表达和积累，被机体摄食后达到免疫接种的目的。目前转基因植物生产疫苗有两种方法：一是建立稳定的整合抗原基因的表达植株，通过无性或有性繁殖生产大量的转基因植物；二是建立瞬时表达植株，比如用烟草花叶病毒作为表达载体转染植物细胞，然后目的抗原随病毒在植物细胞内复制增殖而得以高效表达。常用的植物有香蕉、番茄、马铃薯等。此类疫苗具有价廉、可口服、易被儿童接受等优点，但目前尚在初期研制阶段。

（8）基因疫苗。又称核酸疫苗或 DNA 疫苗，是 20 世纪 90 年代发展起来的一种新的疫苗，主要原理是在带有强启动子的质粒载体上插入抗原编码基因，然后将此重组质粒导入人体细胞，抗原编码基因即在人体细胞内合成抗原蛋白，诱发机体产生保护性免疫反应。接种方式包括直接接种和基因枪接种。

基因疫苗的优势：① 作为一种重组质粒，基因疫苗可以在工程菌中实现快速增殖，生产工艺简单，纯化简便，制备起来省时省力，避免了传统疫苗制备的繁琐过程，可大大降低成本。② 核酸疫苗接种后，可模拟病毒感染的体内蛋白质合成进入 MHC Ⅰ 类分子途径，也可由 APC 识别进入 MHC-Ⅱ 类分子途径，同时诱导细胞免疫应答和体液免疫应答。③ 在体内持续表达抗原基因，可诱发持久的免疫。④ 核酸疫苗都具有共同的理化性质，制备和接种方式相同，为联合免疫提供了方便。⑤ 不同于病毒载体的重组疫苗，基因疫苗不会诱发针对载体自身的免疫反应，因此可重复使用同一载体，且疫苗载体构建更加容易。⑥ 直接转入 DNA，包括适当的真核转录和翻译调控因子、可译框架，在体内合成蛋白质，并且合成蛋白质的折叠和翻译后修饰在大多数情况下与普通感染类似，以其天然构象被递呈至免疫识别系统，这对于构象型抗原表位引发的保护性免疫来说尤为重要；而用目前的重组技术在体外合成的蛋白质抗原常常发生构象型抗原表位的改变或/和丢失。⑦ 方便在基因水平上进行操作和改造，基因疫苗骨架中可添加多种转录、翻译增强元件及免疫激活序列，在多层次上增加抗原表达量和免疫原性。⑧ 转入的 DNA 本身缺乏复制机制，因而不会与宿主染色体基因整合，所以毒力恢复的可能性极小。⑨ 成熟的质粒 DNA 纯化技术能够促进新疫苗的发展，并可提供广谱的疫苗。

基因疫苗目前存在的问题：① 基因免疫时通过外源遗传物质的体细胞转导和抗原基因的细胞内表达引发免疫应答，在理论上存在着导入的外源 DNA 整合到细胞内基因组，从而导致正常细胞异常转化的可能性，因此需要较长时间的观察。② 注射 DNA 疫苗可能会引起抗 DNA 抗体和自身免疫疾病。③ 持续地表达外源基因有对机体造成免疫耐受、超敏反应的可能性。因此，基因疫苗应用于临床的安全性尚待进一步验证。

目前很多研究支持，基因疫苗的最大价值可能并非在于取代普通的疫苗预防接种，而是用于治疗疾病，即作为一种全新概念的免疫治疗方法，是治疗性疫苗最有力的候选者之一，因此，基因疫苗具有广泛的应用前景。

（二）被动免疫预防

被动免疫预防是人体即将或已经接触病原微生物及其毒素，存在潜在致病的可能性，在临床症状出现前，给人体直接输入抗体等免疫活性物质（如抗毒素、丙种球蛋白、抗菌血清、抗病毒血清）而使其获得免疫力，紧急预防感染、中毒等疾病的发生。

1. 抗毒素　抗毒素是用细菌外毒素或类毒素免疫动物制备的含有抗细菌外毒素或类毒素抗体的免疫血清，具有中和毒素的作用。一般将健康马匹作为免疫对象，待马体内产生高效价抗毒素抗体后，采血，将血清分离，提取免疫球蛋白制成。该制剂对人而言属异种蛋白，在应用到人身上时应防范超敏反应的发生。常用的有白喉抗毒素、破伤风抗毒素等。

2. 正常人丙种球蛋白和胎盘丙种球蛋白　正常人丙种球蛋白是正常人血浆的提取物，含 IgG 和 IgM；而胎盘丙种球蛋白则是健康孕妇胎盘血液中的提取物，主要含 IgG。由于多数成人已隐性或显性感染过麻疹病毒、脊髓灰质炎病毒和甲型肝炎病毒等病原体，血清中含有相应抗体。因此，这两种丙种球蛋白可用于上述疾病的紧急预防。

3. 人特异性免疫球蛋白　来源于恢复期病人及含高效价特异性抗体供血者血浆以及接受疫苗免疫者血浆。人特异性免疫球蛋白含高效价特异性抗体，且在体内滞留时间长，超敏反应发生率低，常可用于感染、中毒等疾病的紧急预防。

人类疾病的免疫预防取得了巨大成就，全世界消灭了天花，多数国家消灭了脊髓灰质炎；麻疹、白喉等的发病率大幅度下降。但人类健康仍然受到严重威胁，不少传染病仍缺乏有效的疫苗，如疟疾、结核病、呼吸道感染及肠道感染性疾病等，发病和死亡人数仍居高不下；新的传染病又不断出现，如艾滋病、丙型肝炎、埃博拉出血热、SARS 冠状病毒以及禽流感病毒等。因此，人类疾病的免疫预防依然任重而道远。

二、养殖业疫病的免疫防治

我国是一个养殖业大国，养殖业规模化水平发展带动了相关产业的发展。但是养殖业易受到疫病的严重威胁，疫病一旦流行，就会给养殖业造成极大危害，一些人畜共患病还会威胁人类健康。免疫防治是防治养殖业疫病的重要手段，其主要方法包括疫苗、免疫血清以及非特异性免疫增强剂，疫苗又包括活疫苗和死疫苗。免疫防治有利于减少畜禽的药物残留，增加畜禽产品安全性，提高畜禽产品质量。近年来国内外养殖业疫病防控实践说明，以免疫防治为主，与扑杀、监测、封锁等措施相结合的防控对策，取得了显著成效。

（一）畜禽养殖业疫病的免疫防治

1. 家畜养殖业疫病的免疫防治　可用疫苗或/和免疫血清有效防治的家畜疫病有：猪瘟、口蹄疫、丹毒、链球菌病、病毒性腹泻、仔猪黄/白痢、大肠杆菌/C 型产气荚膜梭菌病、沙门氏菌病、伪狂犬病、支原体肺炎、蓝耳病、乙型脑炎、细小病毒病、副猪嗜血杆菌病、气喘病、萎缩性鼻炎、回肠炎、圆环病毒病等猪疫病，产气荚膜梭菌病、鼻气管炎、病毒性腹泻、布鲁氏菌病、结核病、出血性败血症、副伤寒、伪狂犬病、炭疽病、破伤风等牛疫病；羊痘、链球菌病、快疫、猝狙、肠毒血症、羔羊痢疾、黑疫、传染性胸膜肺炎、口疮、衣原体性流产、破伤风、大肠杆菌病、炭疽病等羊疫病；兔病毒性出血症、多杀性巴氏杆菌病、产气荚膜梭菌病等兔疫病。

2. 家禽养殖业疫病的免疫防治　马立克氏病、鸡新城疫、传染性法氏囊病、传染性支气管炎、禽流感、传染性喉气管炎、呼肠孤病毒感染、传染性鼻炎、支原体炎症、球虫病等家禽疫病可用疫苗或/和免疫血清有效防治。

3. 畜禽养殖业疫病免疫防治的注意事项

（1）准备接种疫苗的畜禽应健康无病，疫苗要用专用的稀释液正确稀释，注意消毒；剂量要准确，稀释后的疫苗要尽快用完，用后的疫苗瓶要消毒后处理，接种后要注意观察畜禽状况，出现问题及时处理。

（2）疫苗与免疫血清配合使用，干扰素、转移因子等非特异性免疫制剂与疫苗或/和免疫血清配合使用，同时配合相应的抗生素等治疗。

（3）免疫程序应该根据不同的实际情况制订合适的、科学的免疫程序，切忌按照他人的免疫程序生搬硬套。应从管理上严格制定制度和进行人员培训，以保证免疫程序的质量，每次预防注射都应备案，以备随时查验。

（4）避免免疫过程中不同疫苗之间的相互干扰，避免药物对免疫的影响。所使用的疫苗与药物必须是兽药 GMP 验收通过企业生产的有批准文号、有生产许可证和产品质量标准的产品。疫苗与药物保存方法要科学。

（5）必要时对畜禽进行抗体监测，抗体效价偏低的可以再次进行免疫，直到抗体 OD 值达标为止。如在反复免疫注射疫苗后抗体效价仍然达不到合格标准时，应看作带毒畜禽，坚决淘汰。

（6）免疫防治只是畜禽疫病防控综合措施的一个重点，并非全部，要正确评估免疫防治在畜禽疫病防控策略中的地位和作用，认真开展免疫防治的效果评价。

（二）水产养殖业疫病的免疫防治

近年来，水产养殖业疫病的免疫防治获得显著发展，并取得了可喜成绩，特别是在有价值的草鱼和青鱼，疫苗预防病毒性出血病可以使成活率从原来的只有 20%～30% 提高到 80% 以上。

水产养殖业疫病免疫防治有重要意义：①通过人工免疫以及筛选发病后有免疫力的鱼体，培育免疫品种和个体，使其对病原体产生免疫力，这是控制水产养殖业疫病发生的有效途径之一；②免疫防治使有效地预防大水面养殖疫病的流行成为可能；③免疫防治水产养殖业疫病比药物防治水产养殖业疫病更为经济，而且可减少对水体环境的污染；④用免疫方法防治水产养殖业疫病可减少水产养殖品种的抗药性；⑤免疫防治维持时间较长，而药物防治维持时间较短。

三、种植业病虫害的免疫防治

（一）植物疫苗

植物疫苗不同于传统的疫苗和杀菌剂，不直接杀害病原体，而是通过激发植物自身的免疫反应，使其获得免疫力，产生对病虫害的广谱抗性，从而起到抗病增产的作用，并减少化学农药的使用量,例如,植物免疫激活蛋白是重要的植物疫苗之一,并在实际应用中取得了较好的效果。但是植物疫苗只是防治植物病虫害的手段之一,并不意味着可以完全替代其他农药。

(二) 转基因技术的应用

利用转基因技术使植物具有某种新的抗病虫害特性,这是人类作物栽培史上的一场空前革命,大大提高了作物的质量和产量。世界上第一种转基因作物是一种有抗生素药类抗性的烟草,我国已实现规模种植的抗病虫害的转基因作物有抗病毒甜椒、抗病毒烟草、抗虫棉等。

虽然转基因作物已在实践中应用,并为人类做出了重要贡献,但转基因作物安全性是个长期话题,要慎重和规范化地应用,避免泛滥而危及人类安全和自然生态安全。

第二节 免疫治疗

免疫治疗是利用免疫学原理或/和技术,针对疾病发生机制,通过各种手段治疗相关疾病的一种治疗策略。免疫治疗方法很多,不同的免疫治疗方法相互补充,对疾病的有效治疗和人类健康发挥越来越多的作用。

一、免疫治疗的分类

免疫治疗根据不同的原则有多种不同的分类方法,目前还没有统一规定。根据机体免疫活性物质的来源分类,免疫治疗可分为被动免疫治疗和主动免疫治疗。根据对免疫应答能力的影响分类,免疫治疗可分为免疫抑制治疗与免疫增强治疗。根据治疗剂是否诱导特异性免疫应答,可分为非特异性免疫治疗与特异性免疫治疗。根据治疗手段的性质,免疫治疗可分为化学合成药物治疗、生物制剂(微生物制剂、生物因子疫苗、受体阻断剂、细胞因子/细胞因子拮抗剂、抗体制剂等)治疗、中药治疗、免疫器官/组织/免疫活性细胞移植治疗、基因治疗、反义核酸治疗等。根据治疗剂作用的对象分类,免疫治剂可分为B细胞活化剂/阻断剂、T细胞活化剂/阻断剂、巨噬细胞活化剂/阻断剂等。免疫治疗分类有助于我们全面、系统地掌握免疫治疗。以临床常用的IL-2为例,属于被动免疫-免疫增强剂-非特异性免疫-生物制剂(细胞因子)-T细胞活化剂。再如淋巴因子活化的杀伤细胞(LAK),属于被动免疫-免疫增强剂-非特异性免疫-免疫活性细胞-杀伤肿瘤细胞的范畴。

二、非特异性免疫治疗

(一) 生物制剂

1. 细胞因子/细胞因子拮抗剂 包括外源性细胞因子补充疗法和细胞因子拮抗疗法。

外源性细胞因子补充疗法是通过输入外源性细胞因子达到治疗疾病的目的。细胞因子由于分子质量小、结构简单、极少量就可发挥有效的生理功能,避免了目前基因工程技术难以合成大分子、结构复杂的产物及产率小等不足,所以重组细胞因子类产品易于产业化,附加值高,应用广泛,产生了巨大的社会效益和经济效益。临床应用较多的外源性细胞因子补充疗法主要有:① TNF-α治疗毛细胞白血病、慢性髓性白血病、喉乳头瘤及淋巴瘤等有明显的疗效。② IL-2可促进T细胞、NK细胞、CTL活化及促进B细胞增殖分化产生抗体。因恶性肿瘤病人IL-2产生能力低下,所以需要进行外源性IL-2补充治疗。③ 粒细胞-巨噬细胞集落刺激因子（GM-CSF）和粒细胞集落刺激因子（G-CSF）可刺激骨髓的造血功能，缓解化疗/放疗对骨髓的抑制作用。④ IFN-γ可用于肿瘤、病毒感染及免疫调节的治疗，IFN-β是当前治疗多发性硬化症唯一有效的药物。⑤ 表皮生长因子（EGF）用于表皮创伤的愈合。⑥ 神经生长因子（NGF）用于促进神经损伤的修复。⑦ 促红细胞生成素（EPO）对肾性贫血有显著疗效。

一些疾病与细胞因子的病理生理作用有关，通过抑制细胞因子的产生、阻断细胞因子与相应受体结合或结合后的信号转导，可抑制细胞因子的病理生理效应，这种治疗方法即细胞因子拮抗疗法。例如，肿瘤坏死因子（TNF）单抗可治疗类风湿关节炎（RA），并可减轻或阻断感染性休克的发生；重组可溶性Ⅱ型转化生长因子β（TGF-β）受体能阻断TGF-β介导的免疫抑制和致纤维化作用，在抗肿瘤和抗纤维化实验中有较好的疗效；IL-1受体拮抗剂对自身免疫病、炎症具有一定疗效。

2. 受体阻断剂 免疫细胞膜表面有活化受体和抑制受体。细胞毒T淋巴细胞相关抗原4-Ig（CTLA-4-Ig）、诱导共刺激分子-Ig（ICOS-Ig）等活化受体阻断剂可抑制免疫细胞活化，从而抑制免疫应答，可用于移植排斥反应、自身免疫病、超敏反应等的治疗。PD-1-Ig等抑制受体阻断剂，可阻断抑制受体的功能，从而增强免疫应答，可用于肿瘤治疗等。

3. 微生物制剂 包括抑制免疫的微生物制剂和增强免疫的微生物制剂。

某些微生物代谢产物有免疫抑制作用，可用于抗移植排斥反应和自身免疫病的治疗，包括环孢素A（cyclosporin A，CsA）、麦考酚酸酯（mycophenolate，MMF）、大环内酯类抗生素FK-506和雷帕霉素（rapamycin）等。环孢素A已能化学合成，是防治移植排斥反应的首选药物；麦考酚酸酯是一种强效、新型免疫抑制剂，选择性阻断T和B淋巴细胞的增殖，用于移植排斥反应和自身免疫性疾病；FK-506作用机制与CsA相近，但其作用比CsA强10~100倍，肾毒性较小；雷帕霉素可能通过阻断IL-2诱导的T细胞增殖而选择性抑制T细胞，用于抗移植排斥反应。

某些微生物或其成分能非特异性激活免疫细胞，增强机体的免疫功能。如卡介苗（BCG）是由牛型分枝杆菌制备而成的，能活化巨噬细胞并促进TNF、IL-1、IL-2、IL-4等细胞因子的释放，增强T细胞和NK细胞的活性，目前已用于多种肿瘤的免疫治疗。短小棒状杆菌是灭活的革兰阳性厌氧杆菌制剂，能活化巨噬细胞，增强NK细胞活性，促进IFN-γ、IL-1、IL-4、IL-12等细胞因子的产生，临床上用于肝癌、肺癌等肿瘤的辅助治疗。

4. 其他生物制剂 临床常用的有转移因子、胸腺制剂（胸腺肽、胸腺素、胸腺五肽等）、免疫核糖核酸等。

转移因子是用致敏的淋巴细胞经反复冻融、超滤获得的产物。其特点是无免疫原性、副作用小、分子质量小，而且种属特异性不强，从牛、猪等脾脏中提取的转移因子在人体内同样可发挥作用。目前主要应用于一些细胞免疫功能低下的疾病，如某些真菌感染、乙型肝炎和恶性肿瘤的治疗。

胸腺制剂是从猪或小牛胸腺中提取的可溶性多肽混合物，包括胸腺生成素、胸腺素等，可促进胸腺内前T细胞的发育、分化为成熟的T细胞，提高细胞免疫功能，临床常用于感染性疾病的免疫治疗。

免疫核糖核酸是具有免疫活性的一类核酸，能传递特异性免疫的信息，过继转移细胞免疫活性。免疫核糖核酸可从康复的肿瘤患者淋巴细胞提取，也可将抗原（某些病毒或肿瘤细胞）免疫机体，然后从免疫机体的淋巴结、脾的淋巴细胞中提取免疫核糖核酸，已用于治疗乙型肝炎和肿瘤并取得了一定疗效。

（二）化学合成药

化学合成药包括抑制免疫的化学合成药和增强免疫的化学合成药。抑制免疫的化学合成药主要有烷化剂、抗代谢类药和糖皮质激素等，这些化学合成药可用于感染、自身免疫性疾病、器官移植排斥反应等的治疗。

烷化剂药物包括环磷酰胺、氮芥、苯丁酸氮芥等，其作用是抑制 DNA 复制及蛋白质合成，终止细胞增殖分裂。淋巴细胞被抗原活化后进入增殖分化阶段，对烷化剂尤其敏感，特别是 B 细胞更为敏感，因而对体液免疫作用更强。

抗代谢药物有直接的抗炎作用，主要有嘌呤和嘧啶类似物以及叶酸拮抗剂两大类。临床上主要用于预防器官移植排斥反应、自身免疫病和肿瘤的治疗。

糖皮质激素对免疫系统有多方面的作用，包括抑制 B 细胞和 T 细胞的增殖，对某些 T 细胞亚群有细胞毒作用，从而抑制体液免疫和细胞免疫；还能抑制 IFN-γ、IL-1 和 IL-2 的生成以及抑制白三烯和前列腺素的合成，从而抑制炎症反应。糖皮质激素广泛用于抗炎及超敏反应的治疗，也可与细胞毒药物合用防治移植排斥反应。

增强免疫的化学合成药主要有左旋咪唑、西咪替丁等。左旋咪唑能活化吞噬细胞，促进 T 细胞分泌 IL-2，增强 NK 细胞活性等作用；西咪替丁与抑制性 T 细胞的组胺受体结合，可阻断组胺对抑制性 T 细胞的活化作用，增强 Th 细胞活性，促进抗体和细胞因子产生，从而增强机体的免疫功能。

（三）中药

研究发现一些中药具有不同程度的免疫抑制作用，例如，雷公藤多苷就是效果得到肯定的免疫抑制剂，能延长心、肾、皮肤等移植物的存活时间，应用于骨髓移植中可降低移植物抗宿主反应的强度，现已用于治疗类风湿性关节炎、肾炎、系统性红斑狼疮等疾病。此外，如青藤碱、天冬、五味子、青蒿素、五加皮等均有一定的免疫抑制作用。

另外，多种中药及其提取成分有免疫增强作用，已证明黄芪、人参、当归、灵芝等多种药材具有明显的免疫刺激作用。

（四）免疫活性细胞/组织/器官移植

免疫活性细胞治疗是取自体或异体免疫细胞经体外增殖、活化后输给患病机体，使免疫活性细胞在患病机体内发挥治疗作用。将肿瘤患者外周血分离的单个核细胞在体外经 IL-4、GM-CSF 等诱导扩增为具有强大抗原递呈能力的树突状细胞，再用肿瘤抗原、肿瘤抗原多肽体外冲击致敏树突状细胞，回输患病机体体内，诱导机体产生大量 CTL 细胞，从而发挥对肿瘤细胞的特异性杀伤作用，临床上用于前列腺癌、黑色素瘤、复发性骨髓瘤和结肠癌的免疫治疗。淋巴因子激活的杀伤性细胞（lymphokine activated killer cell，LAK）用于肿瘤和慢性病毒感染的免疫治疗。肿瘤浸润淋巴细胞（tumor infiltrating lymphocyte，TIL）特异性杀伤肿瘤作用强于 LAK。细胞因子诱导的杀伤细胞（cytokine induced killer cell，CIK）用于治疗白血病和某些实体肿瘤。造血干细胞移植可达到促进患者造血和免疫功能重建的目的，已成为癌症、造血系统疾病和免疫缺陷病等的重要治疗手段。胸腺细胞、胎肝细胞及新鲜全血的输注,方法简便,成本低廉,效果明显。

移植胸腺、骨髓等免疫器官可使机体免疫系统迅速重建,恢复免疫应答能力,已用于治疗免疫器官(如胸腺)发育不良或后天损伤等造成的免疫缺陷、再生障碍性贫血和白血病等。

(五)免疫器官机械性去除或X射线照射

切除患者胸腺,可治疗由胸腺异常引起的重症肌无力,效果明显。采用胸导管造瘘长期引流的方法,具有明显的免疫抑制效果,抑制了T细胞活性,可明显延长移植物存活时间。切除接受同种异体器官移植的患者的脾,可使移植物存活时间明显延长。

X射线照射与机械性去除具有同样价值,这种方法应用较早,主要是破坏干细胞和淋巴细胞,目前主要用于骨髓移植前的准备及治疗白血病,也用于重症肌无力患者。但由于它无选择地杀伤淋巴细胞,故临床使用受限。

(六)基因治疗

随着对免疫相关基因的结构与功能了解越来越多,基因治疗成为免疫治疗值得期待的方向。

细胞因子在体内半寿期短,要发挥疗效往往需要给患者大剂量反复多次注射,这会导致严重的副作用。因此,人们建立了细胞因子基因疗法,该法将细胞因子或细胞因子受体基因通过不同技术导入机体内,其将在体内持续表达从而发挥治疗效应,已试用于恶性肿瘤、感染性疾病、自身免疫病等疾病的临床治疗。

将肿瘤抗原基因转染肿瘤细胞或将细胞因子如IL-2、IL-4、IL-7、IFN-γ、TNF-α等的基因转染肿瘤细胞,或将共刺激分子B7基因导入抗原递呈细胞(如树突状细胞),然后回输给患者,以促进抗原递呈细胞对肿瘤抗原的递呈,并诱导机体抗肿瘤免疫应答,也可将MHC I类分子基因转染肿瘤细胞,使其MHC I类分子表达增多,增强肿瘤特异性CTL的杀伤活性。

(七)反义核酸

设计出与病毒的特定基因结构对应的反义核酸,反义核酸与病毒核酸结合能特异性封闭病毒活性,或致病活性丢失,或失去自我复制能力,最终实现清除病毒、治疗疾病的目的。反义核酸还可阻断相应细胞因子、黏附分子等免疫分子的表达,从而达到治疗疾病的目的。

三、特异性免疫治疗

虽然传统的免疫治疗中非特异性免疫疗法使用较多,如生物制剂、化学药物、中药等,但是,对于慢性持续感染、肿瘤、自身免疫病、移植排斥、超敏反应等疾病,只有非特异性免疫治疗是不够的,只有把非特异性免疫治疗和特异性免疫治疗有机结合起来,才有可能最终战胜这些疾病。特异性免疫治疗包括用特异性抗体中和各类毒素和用治疗性疫苗治疗慢性持续感染、肿瘤、自身免疫病、移植排斥、超敏反应等。

(一)抗体制剂

应用特异性抗体或抗血清治疗破伤风毒素、白喉毒素、有机磷等中毒,可起到迅速的疗效。

多克隆抗体制剂主要有免疫血清和免疫球蛋白制剂。用人淋巴细胞免疫动物制备的免疫血清,经纯化制成的免疫球蛋白称为抗淋巴细胞丙种球蛋白,具有抑制T细胞的功能,可用于抗移植排斥反应和系统性红斑狼疮、类风湿性关节炎等的治疗。

由于个体免疫状况的差异，不同批次的多克隆抗体制剂所含抗体的种类和效价不尽相同；多克隆抗体来源于机体的血清，难以大规模、标准化生产，而用于治疗的多克隆抗体的量要求比较大，所以多克隆抗体制剂难以满足临床治疗的需求。

单克隆抗体与多克隆抗体相比，具有结构均一、高度特异性、易于大量标准化生产等优点。在免疫学治疗中具有重要作用的单克隆抗体有三类：① 抗细胞表面分子的单抗，如抗人 CD20 单抗（Rituximab）治疗恶性 B 细胞淋巴瘤，抗表皮生长因子受体单抗（Trastuzumab，又名 Herceptin）治疗乳腺癌，抗 CD3 单抗用于治疗器官移植发生的急性排斥反应等。② 抗细胞因子的单抗，如抗 IL-1 或抗 TNF-α 单抗用于类风湿性关节炎、感染性疾病等的治疗。③ 单抗交联物靶向治疗，是将化疗药物、毒素、放射性核素等细胞毒性物质与肿瘤特异性的单抗相连接制备而成。抗体靶向药物在临床 B 细胞淋巴瘤、非霍奇金淋巴瘤和急性髓样白血病的治疗中已得到应用。

由于迄今特异性靶抗原发现的数目极少，以及所用的单抗多为鼠源单抗，应用于人体后，产生抗鼠源单抗的抗体，影响其疗效，甚至发生超敏反应，因此，限制了单克隆抗体临床应用和疗效提高。

（二）治疗性疫苗

治疗性疫苗是指有别于传统预防性疫苗的、具有治疗作用的新型疫苗，主要应用于慢性持续感染、肿瘤、自身免疫病、移植排斥、超敏反应等，有时兼具预防功能。治疗性疫苗概念的提出及受到关注是在 20 世纪 90 年代的中期。其产生的背景是慢性持续感染、肿瘤等疾病一直没有彻底治愈的方法，人们在寻找彻底治疗慢性持续感染、肿瘤等疾病的技术和方法的过程中，利用传统疫苗的原理，设计用疫苗在已患病或已感染个体诱导特异性免疫应答，特异性彻底清除异常细胞或病原体，让疾病得以彻底治愈，从而使疫苗从传统的预防疾病发展到预防和治疗疾病，治疗性疫苗的概念也就应运而生。治疗性疫苗出现不久，却已成为 21 世纪免疫学的研究热点，且已取得实质性的进展，前景让人期待。

1. 治疗性疫苗的分类 根据应用目的分类，治疗性疫苗可分为感染性疾病的治疗性疫苗、肿瘤的治疗性疫苗、自身免疫性疾病的治疗性疫苗、器官移植用的治疗性疫苗和变态反应的治疗性疫苗；

根据治疗性疫苗的组成分类，治疗性疫苗可分为多水平基因修饰细胞的治疗性疫苗、基因疫苗、蛋白质复合重构的治疗性疫苗等。

2. 预防性疫苗与治疗性疫苗的区别

（1）使用对象不同。治疗性疫苗的使用对象为一些慢性持续感染、肿瘤、自身免疫功能紊乱、过敏性疾病等病的患者，针对患病个体，强调个体的有效性；预防性疫苗的使用对象为健康人群，强调人群的有效性。

（2）使用目的不同。预防性疫苗的目的是预防疾病；治疗性疫苗的目的是治疗疾病。

（3）原理和设计思路不同。治疗性疫苗着眼于患病个体的特殊性，以其致病的关键机制为突破口，靶抗原的选择更倾向于功能明确的病原体表位或由此经分子改造和重组的非天然的新型分子等，多联合使用细胞因子等分子佐剂及其他辅助手段以增强免疫效果，辅助手段因疾病的种类、病程、病因、个体特性不同而各异；预防性疫苗着眼于普遍性、有效性和安全性，因此靶抗原的选择主要为病原体本身或其天然的结构成分。

(4) 监测手段不同。治疗性疫苗接种后疾病是否改善，需要结合体征、临床症状以及疾病相关的实验指标进行综合测试，比较复杂，且其准确性尚有争议。而普通疫苗接种后会产生保护性抗体，可以通过实验室进行监测，结果准确、可靠。

3. 常见的治疗性疫苗

(1) 蛋白质复合重构的治疗性疫苗。治疗性疫苗所针对的是患病的个体，这些患者存在不同程度的免疫禁忌、免疫无能或免疫耐受状态，治疗性疫苗必须能有效突破和逆转患者的病理免疫状态。通常，预防性疫苗多为天然结构抗原成分，无法突破和逆转患者的病理免疫状态。因此，治疗性疫苗必须改造靶抗原的结构，使其相似又不同于预防性疫苗的天然结构抗原成分，或/和辅之以细胞因子等佐剂，才有可能突破和逆转患者的病理免疫状态。如对病原体抗原的全结构进行分析，筛选出其中激活 T 细胞的抗原表位，利用生化手段对这些表位重新集合、浓缩，或重新组合、表达编码这些表位的 DNA 序列，最终得到富含 T 细胞活化位点的超级抗原，成为治疗性疫苗。又如联合靶抗原与细胞因子等佐剂，增强靶抗原的抗原性，打破患者的病理免疫状态，并通过改变免疫反应类型，更多地激活细胞免疫反应，达到治疗疾病的目的。

(2) 基因疫苗。基因疫苗是 20 世纪 90 年代发展起来的一种新型疫苗，使抗原以基因的形式呈现。其机制是通过编码某种抗原的核酸表达载体直接对机体进行转染，机体受激发产生针对外源蛋白的特异性免疫应答。基因疫苗是治疗性疫苗的最有力的候选者之一。

(3) 多水平基因修饰细胞疫苗。治疗性疫苗研究的热点为以细胞为组成的疫苗，主要有树突状细胞和肿瘤细胞。树突状细胞是最强的抗原递呈细胞，用肿瘤抗原对树突状细胞进行修饰，也可诱导肿瘤免疫应答，达到治疗的目的。常以基因形式修饰细胞，以便于修饰分子长期表达；可在多方面进行修饰，如质粒转染、共注射、共构建、偶联表达等。肿瘤细胞具有广谱的肿瘤抗原，但通常缺乏 MHC 分子或/和协同刺激分子，同时也缺乏正常机体内环境中多种趋化因子、细胞因子的调理而不能启动和级联放大免疫应答，所以以这些辅助分子对肿瘤细胞进行修饰，可诱导肿瘤免疫应答，达到治疗的目的。

(4) 生物因子疫苗。生物因子疫苗是以经过结构修饰后的生物因子为抗原，对机体进行免疫，使体内产生针对该因子的特异性抗体，对该因子的生物活性进行拮抗，达到治疗疾病的目的。例如，使用血管紧张素、血管紧张素转换酶和肾素作为免疫原而研制出的抗高血压疫苗已在美国进入临床实验阶段。目前已见报道的还有针对淀粉样肽的阿尔茨海默病疫苗、针对转化生长因子 β1（TGF－β1）的肝纤维化疫苗等。

(5) 其他治疗性疫苗。包括灭活瘤苗、异构瘤苗等。灭活瘤苗是用自体或同种肿瘤细胞经射线、抗代谢药物等理化方法处理，抑制其生长能力，保留其免疫原性制成；异构瘤苗则将肿瘤细胞用过碘乙酸盐或神经氨酸酶处理，以增强瘤细胞的免疫原性。

4. 影响治疗性疫苗效果的因素及其机制 治疗性疫苗是为治疗感染性疾病、肿瘤等而设计的。有效的治疗性疫苗都是通过改善和增强机体摄入、表达、处理、递呈疫苗靶抗原和激活免疫应答的从根本上重新唤起机体针对靶抗原的免疫应答能力。下列因素影响治疗性疫苗效果：

(1) 机体对疫苗的摄入方式。疫苗被机体有效摄入并高效表达是治疗性疫苗发挥功能的前提。如果疫苗不能被机体有效摄入并高效表达，将不能发挥有效治疗功能。

(2) 靶抗原的递呈效率。靶抗原有效递呈是治疗性疫苗发挥功能的保障。靶抗原递呈的效率越高,治疗性疫苗的效果越显著。

(3) 免疫应答的类型。成功的治疗性疫苗应该能同时诱导特异性体液免疫应答和细胞免疫应答。

(4) 免疫应答的导向。在慢性疾病、肿瘤和超敏反应中,常常出现免疫反应类型的缺失、紊乱或比例失衡,治疗性疫苗可通过纠正免疫偏离而治疗疾病,包括导向 Th1 型免疫应答和导向 Th2 型免疫应答。

5. 治疗性疫苗分子设计的基本策略 为增强治疗性疫苗的治疗效果,可在多层次上采用多种有助于治疗功能发挥的策略和方式。

(1) 疫苗靶抗原的改造和组合。为突破和逆转慢性感染、肿瘤等患者的病理免疫状态,治疗性疫苗必须改造和组合靶抗原,使其相似又不同于预防性疫苗的天然结构抗原成分。对于蛋白质靶抗原,可在蛋白质水平进行多种修饰和重组,还可与其他辅助分子如细胞因子、脂质等组合成免疫增强型或有利于摄入的复合物。对于基因形式靶抗原,可在基因序列中去掉抑制性序列或增加有助于转录、翻译或表达的序列,还可与其他抗原基因或/和辅助分子基因偶联,也可与蛋白质、脂质等结合。对于肿瘤细胞抗原,可进行包括转基因、添加佐剂等多种方式改造。

(2) 以抗原表位为基础的疫苗设计。抗原表位包括 B 细胞表位和 T 细胞表位。现在越来越重视以抗原表位为基础的疫苗设计,包括多表位疫苗和多肽疫苗以及以表位为基础的基因疫苗等。

(3) 模拟天然病原体感染。基因疫苗及重组 DNA 痘病毒疫苗可在机体内表达具有天然构象的靶抗原,并具有天然抗原的 MHC Ⅰ 或 MHC Ⅱ 类分子递呈过程,模拟天然病原体感染,可诱导良好的特异性细胞免疫应答和体液免疫应答。

(4) 不同水平基因修饰。大部分新型治疗性疫苗的设计均不同程度在不同水平进行了基因修饰,以增加治疗性疫苗的疗效。如基因疫苗中将辅助基因共同构建于抗原所在的载体而进行共注射;又如用细胞因子、协同刺激分子、趋化因子等基因修饰肿瘤树突状细胞疫苗。

(5) 不同类型疫苗的交替。不同类型疫苗的交替使用可最大限度发挥治疗性疫苗的疗效。常见策略是用基因疫苗进行初免,再以蛋白质疫苗或痘病毒减毒活疫苗进行加强免疫,其机制可能是联合了基因疫苗的低水平、长效和蛋白质疫苗的强免疫原性。

(6) 新型佐剂的辅助。佐剂有助于增加疫苗的免疫原性,因此新兴佐剂的研制倍受重视。编码细胞因子或趋化因子的基因载体可作为新型佐剂,与治疗性疫苗共同免疫,调节免疫应答的偏向和平衡,增加治疗性疫苗的疗效。

(7) 疫苗和基因治疗的联合应用。基因治疗是用于治疗慢性疾病和肿瘤值得期待的一种治疗手段。基因治疗和疫苗联合应用,相互促进,更有可能实现对慢性疾病和肿瘤的突破。

第三节 免疫检测

免疫检测是用已知的抗原(或抗体)检测未知的抗体(或抗原),既可定性又可定量。免疫检测方法简便、快速、安全、成本低、灵敏度高、特异性强、易于标准化,特别是单克隆抗体的发展,使得其特异性更强,结果更准确,现已广泛地应用于医学、养殖业、种植业、食品质量与安全、检验检疫、环保等领域。

一、临床诊断

1. 检测病原体及其组分和相应的抗体，有助于感染性疾病的诊断 各种病原体感染后，在体外应用已知的抗原或抗体可检测出体内病原体特异抗体或病原体及其组分。对细菌性感染的诊断，除经典的肥达反应用于沙门氏菌以外，免疫荧光法、ELISA 用于志贺氏菌、沙门氏菌、霍乱弧菌等感染的检测。在病毒感染中应用更广，如用 ELISA 检测乙肝病毒的抗原与抗体、甲型及丙型肝炎病毒的抗体、HIV 的抗体等。

2. 检测肿瘤抗原等分子，有助于某些肿瘤的诊断与分型 癌胚抗原的检出与结肠癌和肺癌有关；甲胎蛋白的检出与原发性肝癌有关；前列腺特异性抗原的检出与前列腺癌有关；对细胞 CD 分子的检测有助于淋巴瘤、白血病的诊断与分型；在肿瘤的影像学诊断中，采用放射性核素标记的单克隆抗体可显示肿瘤及其转移病灶。

3. 检测免疫相关分子和免疫细胞，有助于免疫缺陷病的诊断 抗体、补体含量的测定有助于低丙种球蛋白血症、抗体缺陷、补体缺陷的诊断；免疫细胞的鉴定、计数以及功能试验可帮助免疫细胞缺陷的诊断。

4. 检测变应原抗体、类风湿因子等有助于超敏反应和自身免疫病诊断 变应原抗体的检测有助于Ⅰ型超敏反应的诊断；抗球蛋白试验可用于辅助诊断自身免疫性溶血型贫血；抗核抗体的检测有助于系统性红斑狼疮的诊断；类风湿因子的检测有助于类风湿关节炎的诊断；利用人类白细胞抗原（HLA）与某些自身免疫病的相关性进行辅助诊断，如通过检测 HLA-B27 辅助诊断强直性脊柱炎。

此外，血浆中多种激素水平的检测、酶类的检测可辅助内分泌疾病等相关疾病的诊断；检测心血管疾病标志物有助于心血管疾病的诊断；抗精子抗体检测用于男性不育的诊断。

二、养殖业疫病的检测

检测病原体及其组分和相应的抗体，有助于养殖业疫病的检测。各种病原体感染后，在体外应用已知的抗原或抗体可检测出体内病原体特异抗体或病原体及其组分。商品化的 ELISA 试剂盒可进行兔、羊、猪、鱼、牛、禽类等多种动物疫病抗体及假单胞菌属、大肠杆菌 O157、霍乱弧菌、金黄色葡萄球菌、蜡样芽胞杆菌、沙门氏菌、弯曲杆菌、志贺氏菌、副溶血性弧菌、李斯特菌等多种病原体的检测。

开展抗体监测，进行动物非感染、接种疫苗和自然感染的鉴别，有助于制订合适的防控方案、采取有效的防控措施。商品化的 ELISA 试剂盒可监测多种动物的抗体。

方便、快捷、经济的免疫学检测技术广泛应用于动物检验检疫，这样不仅能够有效防止病害生物进入我国，保障我国动物产品的养殖安全和生态环境的稳定；而且能够控制疫病从疫区向非疫区进行传播，减少疫病发生，提高动物产品的质量。

三、种植业病虫害的检测及其他应用

检测病原体及其组分有助于种植业病虫害的检测，也是早期潜伏病害现象调查、预报方面的一种有特异性的新手段，为制订及时、有效的防治措施提供依据。免疫学技术用于植物及其产品的检验检疫，有助于防止病害生物进入我国，保障我国植物产品的安全与生态环境的稳定，控制病害生物的传播，减少病虫害的发生，提高种植业产品的质量。

1. 种植物及其产品中毒素、农药和除草剂残留等有害成分的检测 对种植物及其产品中农药、除草剂和毒素残留等有害成分进行检测，对种植物及其产品的不安全因素进行监测，提高种植物及其产品的安全性和质量。应用免疫学法可对芹菜、卷心菜、苹果、胡萝卜中残留的农药进行检测。

2. 种植物及其产品中蛋白质等营养成分的检测 检测种植物蛋白质等营养成分的意义重大，免疫学方法可方便、快捷地检测种植物的蛋白质等营养成分，如用免疫学方法定性和定量检测大麦3种胶原蛋白。

3. 种植物激素等分子的检测 目前免疫学方法已从定性和定量检测多肽、蛋白质发展到对植物特殊组织、细胞内与生物化学功能、生物反应有关的激素等分子的测定，用于种植物生理生化过程的研究方面。

4. 土壤中农药残留、重金属污染的监测 伴随着我国社会经济的迅猛发展，城市化、工业化的推进以及化学农药的大量滥用，土壤的重金属污染、农药残留也日益严重，不利于农业的可持续的发展，影响人类健康。免疫学检测方法因具有高度的灵敏度和选择性、费用低廉、简单易携、速度较快等优点，成为监测土壤中农药残留、重金属污染的重要方法。

四、免疫检测在食品质量控制与安全中的应用

由于环境污染、生产方式的改变和新技术的应用以及新材料的开发，食品质量与安全问题不断面临新的挑战，在21世纪食品质量与安全问题已经成为全世界共同关注的重大问题。由于食品种类丰富，关系到食品质量与安全的食品成分等的待检物质组分和种类繁多，需要进行检测的物质的量极其低，常为微克、纳克甚至皮克级，此外，许多检测项目除检测物质本身，还需测定其衍生物和降解物，对同分异构体以及元素的价态进行区别等。因此作为控制食品质量与安全的重要手段之一的食品检测方法要求更加方便、快速、准确，而免疫学检测方法具有上述特点，在食品质量检查与安全中得到推广和应用，联合国粮食和农业组织（FAO）已向许多国家推荐免疫检测技术。

（一）食品成分分析

免疫学技术可用于食品成分分析，包括香气成分、不期望成分或有重要营养价值或生理功能的成分等，如牛奶中乳清蛋白的检测分析，牛奶产正常和非正常风味的微生物与酶的鉴定，牛奶中掺杂羊奶的识别，巴氏杀菌前后的牛奶或乳酪的成分分析，牛奶中天花粉蛋白的检测，肉品中掺杂的异种类和非肉蛋白质等的鉴别，啤酒中与泡沫稳定性有关的蛋白质等的检测分析。

（二）食品污染检测

食品污染包括生物性污染、化学性污染和物理性污染。免疫学技术在食品污染的检测方面应用广泛。

1. 食品生物性污染的检测 食品生物性污染包括病毒、细菌、真菌、寄生虫及其虫卵等病原微生物、寄生虫和各种毒素等，可引起食物中毒、消化道、呼吸道传染病以及其他人畜共患病等。

免疫学技术可对乳及乳制品、肉类、蔬菜、水果、果汁等食品进行蜡样芽胞杆菌、金黄色葡萄球菌、大肠杆菌O157、沙门氏菌、假单胞菌属、霍乱弧菌、弯曲杆菌、副溶血性弧菌、李斯特菌、溶藻弧菌、志贺氏菌、泰泽氏病原体、耶尔森氏菌、鲁氏菌、炭疽杆菌、镰

刀菌、霉菌等多种病原微生物的检测，并能将假结核耶尔森氏菌、小肠结肠炎耶尔森氏菌和非致病性耶尔森氏菌区别开来；还可对食品中黄曲霉素等病原微生物的毒素、贝类毒素、鱼类毒素、淡水藻毒素等多种毒素进行检测，美国官方分析化学家协会（AOAC）及国际理论和应用化学联合会（IUPAC）已将测定食品中黄曲霉素的免疫学方法列入了正式方法。

2. 食品化学性污染的检测 食品化学性污染包括药物残留、食品添加剂、激素等，严重影响人类的身体健康和生态环境。

（1）检测食品中农药残留。包括氰戊菊酯、右旋反苄呋菊酯、苯醚菊酯、氯苯醚菊酯、菊酯（总量）、西维因、呋喃丹、甲胺磷、对硫磷、杀螟松、甲基嘧啶硫磷等杀虫剂，多菌灵、百菌清、克菌丹、噻菌灵、异菌脲、硝基唑、福美双等杀菌剂，草甘膦、百草枯、阿特拉津、麦草畏、西玛津、莠去津、吡草胺等除草剂，抑芽丹、伏虫脲、甲氧保幼激素等植物（昆虫）生长调节剂。美国环境保护部门，美国官方分析化学家协会（AOAC）和美国农业部食品安全检验部门已经分别进行了有关农药残留的免疫检测试剂盒的评定和认可准则的制定，明确了测定结果的法律效应。

（2）检测食品中兽药残留。包括头孢霉素、氯霉素、新霉素、链霉素、青霉素、氨苄青霉素、邻氯青霉素、头孢噻呋、庆大霉素、依维菌素、四环素族、激动剂、盐酸克伦特罗、磺胺嘧啶、恩诺沙星、磺胺喹噁啉、磺胺二甲嘧啶、地西泮、己烯雌酚、皮质类固醇、阿莫西林、去甲基雄三烯醇酮、β-内酰胺等多种兽药。CharmⅡ7600免疫检测系统就氨唑西林、四环素类、氯霉素类、磺胺类、碱性磷酸酶及β-内酰胺类这六项检测已被美国食品药品监督管理局（FDA）认可。

（3）检测食品中激素的残留和食品添加剂。如食品中二苯乙烯类激素残留量的检测，黄瓜、梨等食品三唑酮的检测，食品中三聚氰胺的检测。

3. 食品物理性污染的检测 食品物理性污染包括放射性污染、重金属污染等。食品重金属污染的免疫学检测方法已成为食品重金属污染检测的首选方法。

目前免疫学技术虽已广泛应用于食品污染的检测，在控制食品质量与安全中发挥重要作用，但仍具有一定局限性，也不可能完全替代传统的色谱分析技术。随着免疫学技术的不断完善，尤其是随着免疫传感器技术的日臻完善和特异性高、亲和力强的标准化抗体生产技术的突破，免疫学技术在食品污染检测中将发挥越来越大的作用。

（三）食品生产和加工过程的监测

食品生产和加工是影响食品质量与安全的关键环节，用免疫学技术评估和控制食品的生产和加工过程，有利于提高食品质量，保障食品安全。免疫学技术可评估食品成分（蛋白质等）在加工前后的分子水平上的变化及其加工特性，如豆粉在挤压烹调中的蛋白质结构变化的评估，阿拉伯胶乳化特性的评估。免疫学技术可定性或定量检测腐败微生物及其成分、酶等引起的质量问题，快速、有效检测葡萄酒、啤酒发酵中野生酵母污染以及其他各种途径的污染物，监测啤酒生产中大麦发芽和酿造过程的特性。

（四）动物性食品检验检疫

近年来牛海绵状脑病、口蹄疫、非典型性肺炎（SARS）、高致病性禽流感等已经引起世界各国的高度重视。动物性食品检验检疫可有效防止病害生物进入我国，保障我国动物性食品的安全，提高动物性食品的质量。动物性食品检验检疫的发展方向是灵敏、快速，许多检测方法无法满足企业大批量样品快速检测的需要和严格的限量要求。免疫学方法具有操作简便、特异性强、灵敏度高、不需要昂贵的仪器设备、处理样品量大特点，作为动物性食品检验检疫的方法非常实用。

五、免疫检测在环境保护中的应用

环境问题严重影响可持续发展，与我们每个人生活和健康息息相关，日益受到关注；随着人民生活水平的提高、环保和健康意识的增强，人们对环境质量的要求也越来越高。传统的环境分析方法因其检测费用高、检测时间长、所需仪器昂贵、前处理复杂等原因已不能完全满足要求，而免疫学分析技术正好弥补了这些不足，因而受到高度重视，在环境保护方面的应用获得了很大的发展，并已广泛应用于区域性环境质量评价中。

（一）免疫检测技术在农药污染上的应用

1971年，Ercegovich首先提出了在环境领域应用免疫化学方法，他建议用免疫学的筛选方法对农药污染进行快速检测。1975年，在环境污染物检测领域应用艾氏剂、狄氏剂和杀虫剂的放射免疫分析被第一次报道。1982年，Huner和Wie分别报道了对硫磷和除虫脲的放射免疫检测，现在已经开发出几十种农药的免疫测定技术，包括苯菌灵、甲草胺、杀草强、涕灭威、阿特拉津、毒莠定、拟除虫菊酯类、西维因、硫丹、氯丹（八氯）、氰戊菊酯、狄氏剂、灭多虫、2，4，5-涕（2，4，5三氯苯氧基乙酸）、乙基对硫磷（1605）、2，4-滴（2，4-二氯苯氧基乙酸）等。

（二）免疫检测技术在工业污染上的应用

工业污染物的免疫检测研究始于20世纪80年代，现在已经开发出五氯酚（PCP2）、2，3，7，8-四氯二苯并二噁英、共面多氯联苯、3，4，3，4-多氯联苯、3，4，3，4，5-多氯联苯、3，4，5，3，4，5-多氯联苯、多氯联苯、二噁英、抗生素等工业污染物的免疫测定技术。

（三）免疫检测技术在重金属污染上的应用

环境中的重金属污染问题备受关注。重金属免疫学检测方法具有高度的灵敏度和选择性、速度快、费用低、简单易携等优点，在批量样品的快速扫描和重金属污染样品的现场检测等方面进行应用，能减少补救工作和定点检测的费用，并且能极大提高风险评估工作的效率和质量。现在已经开发出汞、镉等重金属的免疫测定技术。

（四）免疫检测技术在生物污染上的应用

化学农药的滥用带来的了许多环境问题，人们越来越青睐生物防治。在土壤等自然环境中生防菌多是以活体的形式施放，因此对其在环境中的生长、定植等情况要有足够的了解，就要对生防菌进行监测，免疫学技术可有效检测土壤中的生防菌。杀虫蛋白由于受土壤类型、微生物等因素的影响而难以提取，灵敏性高和特异性强的ELISA可有效监测杀虫蛋白。

（五）问题与展望

环境污染物免疫检测技术尚处于研究和开发阶段，目前在我国还没有得到普遍的认可。由于环境污染物的种类多，既有化学工业污染物，又有农药和重金属等，因此免疫检测分析系统的建立目前主要存在以下问题。

（1）环境污染物大都为小分子物质（相对分子质量小于1 000），免疫原性很低，对半抗原的合成要求很高。

（2）环境污染物的分子结构复杂，许多污染物分子结构相似，在免疫分析过程中，这些结构相似的分子往往会产生交叉反应，出现假阳性结果，因此人们大多将免疫分析作为一项初检的技术来应用。

(3) 免疫检测依赖的是抗原和抗体的反应，该反应受外界的影响很大（pH、离子强度、有机溶剂的干扰、反应的时间、反应的温度等），而环境样品又非常复杂，涉及土壤、水和植物等。因此，免疫检测技术的建立要详尽考虑干扰因素。免疫检测技术的发展有力地推动了环境污染物免疫分析技术的快速发展，相继出现了脂质体免疫测定法、流动注射免疫分析、克隆酶给予体免疫测定法、控温相分离免疫测定法等新技术，此外免疫技术与其他技术联用，利用各种技术的特点，弥补相互之间的不足，更好地满足环境中各种污染物的分析要求，如免疫分析与流动注射系统相结合形成流动注射免疫分析；免疫分析与传感器结合形成免疫传感器；免疫技术与气相、液相色谱联用等。未来免疫分析技术的发展将主要集中在多残留组分免疫测定法、标准化抗体的生产、分析自动化、免疫分析技术与其他分析技术联用等方面。随着环境污染物免疫分析技术的进一步研究和完善，免疫分析技术将在环境污染物监测、田间现场检测等方面发挥越来越大的作用。

第四节 免疫学的其他应用

一、免疫监测

对感染性疾病的免疫学监测有助于疾病的转归与预后判定，如监测乙型肝炎病毒抗原与抗体的消长有助于乙型肝炎的预后判断，HIV 感染者的 $CD4^+T$ 细胞计数有助于艾滋病的诊断、病情分析、疗效判断。

对肿瘤患者的免疫功能状态监测以及肿瘤相关抗原的监测，有助于了解肿瘤的发展、治疗方案制定、疗效评价与预后判断。

对组织器官移植后对受者的免疫学监测则有利于排斥反应的早期发现，以便及时采取有效措施。

对接受骨髓移植或生物治疗的免疫缺陷病患者的免疫学监测，对患者的治疗方案制订和疗效评价有益。

此外，对易积蓄中毒或成瘾性药物的监测有助于患者的治疗。

二、调控动物生长发育

用缩胆囊素（CCK）主动免疫生长猪可提高采食量和增重，对瘦肉/脂肪的比值和蛋白质/脂肪的比值没有影响。通过被动免疫瘦蛋白抗体中和动物体内的内源性瘦蛋白或主动免疫异源瘦蛋白在动物体内产生瘦蛋白抗体均可增加脂肪的生长。免疫能有效抑制动物繁殖机能，并且当体内抗体滴度下降后，其生殖机能还可以恢复。利用孕酮主动免疫母羊来提高排卵率。对山羊进行催产素免疫可使其发情周期延长；对绵羊进行催产素免疫可使妊娠率下降，促性腺激素水平升高。给动物注射脂肪细胞膜抗体可降低体内的脂肪含量。

调控动物生长发育的免疫学技术由于安全性好、效益高等优点，近年来已开始应用于养殖业生产实践中，是一项非常有吸引力、发展前景较好的技术措施。今后，需要对免疫学技术调控动物生长发育的方式以及相关因素进行深入研究，并且要注意其反馈的作用。

Summary

This chapter introduces practical application based on the principle of immunology. The application of immunoprophylaxis and immunotherapy in the prevention and treatment of diseases in various organisms and the application of immunodetection in the field of clinical diagnosis, aquaculture, farming, food safety and quality, environmental protection etc are specifically introduced.

思考题

1. 名词解释
主动免疫 被动免疫 人工免疫 自然免疫
2. 简述免疫预防的原理。
3. 简述主动免疫和被动免疫的特点。
4. 简述灭活疫苗、活疫苗、多联多价疫苗、亚单位疫苗、结合疫苗、多肽疫苗、重组活疫苗各自的优、缺点。
5. 简述免疫检测的原理。

课外读物

牛痘疫苗发明人——爱德华·琴纳

爱德华·琴纳，又译作爱德华·金纳或爱德华·詹纳，以研究及推广牛痘疫苗，防治曾经让人谈之色变的天花而闻名，被称为"免疫学之父"。琴纳1749年出生于英国格洛斯特郡伯克利小镇，1792年在圣·安德鲁大学获得医学学位后，回到自己的故乡开设了一家医院。琴纳开设医院后不久，就对防治天花产生了兴趣。

琴纳听到过家乡广泛流传的一种说法，即牛痘既可以传染给牛，也可以传染给人。那里的人们认为，牛痘和天花是不能同时并存的。琴纳想，自古以来挤奶姑娘和牧牛姑娘漂亮，她们没有麻脸。那么，牛痘和天花又有什么关系呢？果真是牛痘预防了天花了吗？琴纳决心要解答这一连串的问题。当时中国的种痘术已传到了欧洲，他仔细阅读了有关种痘术的报告，并仔细观察了马的"水疱病"和牛的"牛痘"，最后得出结论：水疱病和牛痘都是天花的一种，并揭示挤奶姑娘和牧牛姑娘在和牛打交道的过程中，因感染上牛痘而具有抵抗天花的防疫力。牛痘的秘密终于揭开了，琴纳决定给人进行牛痘的人工接种来预防天花。

琴纳把所有实验环节都考虑成熟、清楚，并在动物身上做了上百次试验后，才决定开始用人做实验。但这个实验还是令人望而生畏的，倘若被试验者死去或因此染病，他就会成为一名罪犯。经过痛苦的思考后，他决定让自己的儿子成为第一个被试者。幸运的是，实验取得了巨大成功。

为了慎重起见，琴纳还想再重复一次这个实验。为了找到一个明显的牛痘患者，他不得不等待了两年。两年的等待使他无比焦躁，但是，他并没有因此而发表只实验过一次的研究成果，而是一直耐心地等待着。1798年，琴纳终于又找到了一位牛痘患者，重复实验的结果也获得了成功。琴纳这才发表了自己的报告，宣布天花是可以征服的。

在拉丁语中，牛叫作 vacca，牛痘叫作 vaccina。因此，琴纳把通过接种牛痘来获得对天花免疫力的方法叫作 vaccination，这就是我们所说的"种痘"。

1797年，琴纳将接种牛痘预防天花的研究成果写成论文，送到英国皇家学会时，曾遭到了拒绝。一年以后，琴纳自己筹集经费刊印发表了这些论文，引起了广泛的争论，有支持的，有怀疑的，有反对的。在无数次实践面前，一切怀疑、反对都被事实所粉碎。种牛痘预防天花终于占据了历史上应有的地位，种痘在欧洲迅速传开了，英国皇室的人也接受种痘。为了鼓励种痘，1803年成立了皇家琴纳协会，由琴纳任会长。天花所引起的死亡在18个月内就下降了2/3，1980年人类彻底消灭了天花。

战胜天花只不过是琴纳功绩的一部分。他的更重要功绩在于发现了预防疾病的办法，他是人类历史上最早成功地对疾病进行预防的人。他利用"免疫"这一人体自身的机能，实现对疾病的预防，从而开辟了"免疫学"这个新领域。

琴纳的工作给人类指出了征服其他危险疾病的道路。他向人类揭示，总有一天，一切传染病都将得到预防。牛痘的接种鼓舞许多科学家不懈地向传染病展开了新的探索。1881年，巴斯德发明预防炭疽病的疫苗；1885年，狂犬病疫苗取得成功；1891年，德国细菌学家贝灵发明具有抗白喉毒素能力的血清；1920年，法国细菌学家卡默德和介兰发明"卡介苗"防治结核病……

图书在版编目（CIP）数据

免疫学／张吉斌主编．—北京：中国农业出版社，2016.8（2023.7重印）

普通高等教育农业部"十二五"规划教材　全国高等农林院校"十二五"规划教材

ISBN 978-7-109-21397-5

Ⅰ.①免… Ⅱ.①张… Ⅲ.①免疫学－高等学校－教材 Ⅳ.①Q939.91

中国版本图书馆 CIP 数据核字（2016）第 180037 号

中国农业出版社出版
（北京市朝阳区麦子店街 18 号楼）
（邮政编码 100125）
责任编辑　刘　梁　宋美仙
文字编辑　陈睿赜

中农印务有限公司印刷　新华书店北京发行所发行
2016 年 8 月第 1 版　2023 年 7 月北京第 2 次印刷

开本：787mm×1092mm　1/16　印张：17
字数：400 千字
定价：39.80 元
（凡本版图书出现印刷、装订错误，请向出版社发行部调换）